中国石化员工培训教材

数控车床工

中国石化员工培训教材编审指导委员会　编
本书主编　李建基

中国石化出版社

内 容 提 要

《数控车床工》为《中国石化员工培训教材》系列之一，全书以数控车工国家职业技能鉴定中级至高级技师的应知应会内容为主线、以生产实际加工工艺和编程案例为重点。主要内容涵盖了数控基础、数控车床结构及原理、数控车床加工工艺、数控车床操作、数控车床编程、数控车床高级编程、数控车床典型加工案例、计算机辅助制造编程软件应用、数控机床的使用与维护等九部分内容。书中所有加工案例均来自石油机械制造生产实例，有较详细的工艺分析、刀具选择、数值计算和完整编程及说明。本书的数控手工编程是以国内企业目前最流行的 FANUC 和 SIEMENS 两大数控系统为主，计算机辅助制造编程软件是以目前最流行的 UGNX7.5 为主要编程软件。全书具有很强的实用性。

本书是数控加工与编程从业人员进行员工岗位技能培训的必备教材，也是专业技术人员必备的参考书。

图书在版编目(CIP)数据

数控车床工／李建基主编．—北京：中国石化出版社，2014.5
中国石化员工培训教材
ISBN 978-7-5114-2747-2

Ⅰ．①数… Ⅱ．①李… Ⅲ．①数控机床－车床－技术培训－教材
Ⅳ．①TG519.1

中国版本图书馆 CIP 数据核字(2014)第 055921 号

中国石化出版社出版发行
地址：北京市东城区安定门外大街 58 号
邮编：100011　电话：(010)84271850
读者服务部电话：(010)84289974
http://www.sinopec-press.com
E-mail：press@sinopec.com
北京科信印刷有限公司印刷
*
787×1092 毫米 16 开本 19.5 印张 488 千字
2014 年 6 月第 1 版　2014 年 6 月第 1 次印刷
定价：58.00 元

中国石化员工培训教材
编审指导委员会

序

中国石化是上中下游一体化能源化工公司，经营规模大、业务链条长、员工数量多，在我国经济社会发展中具有举足轻重的作用。公司的发展，基础在队伍，关键在人才，根本在提高员工队伍整体素质。员工教育培训是建设高素质员工队伍的先导性、基础性、战略性工程，是加强人才队伍建设的重要途径。

当前，我们已开启了建设世界一流能源化工公司的新航程，加快转变发展方式的任务艰巨而繁重，这对进一步做好员工教育培训工作提出了新的更高要求。我们要以中国特色社会主义理论为指导，紧紧围绕企业改革发展、队伍建设和员工成长需要，以提高思想政治素质为根本，以能力建设为重点，积极构建符合中国石化实际的培训体系，加大重点和骨干人才培训力度，深入推进全员培训，不断提高教育培训的质量和效益，为打造世界一流提供有力的人才保证和智力支持。

培训教材是员工学习的工具。加强培训教材建设，能够有效反映和传递公司战略思想和企业文化，推动企业全员学习，促进学习型企业建设。中国石化员工培训教材编审指导委员会组织编写的这套系列教材，较好地反映了集团公司经营管理目标要求，总结了全体员工在实践中创造的好经验好做法，梳理了有关岗位工作职责和工作流程，分析研究了面临的新技术、新情况、新问题等，在此基础上进行了完善提升，具有很强的实践性、实用性和较高的理论性、思想性。这套系列培训教材的开发和出版，对推动全体员工进一步加强学习，进而提高全体员工的理论素养、知识水平和业务能力具有重要的意义。

学习的目的在于运用，希望全体员工大力弘扬理论联系实际的优良学风，紧密结合企业发展环境的新变化、新进展、新情况，学好用好培训教材，不断提高解决实际问题、做好本职工作的能力，真正做到学以致用、知行合一，把学习培训的成果切实转变为推进工作、促进改革创新的实际行动，为建设世界一流能源化工公司作出积极的贡献。

李春光

二〇一二年七月十六日

前　言

根据中国石化发展战略要求，为加强培训资源建设、推进全员培训的深入开展，集团公司人事部组织梳理了近些年培训教材开发成果，调研了企业培训教材需求，开展了中国石化员工培训课程体系研究。在此基础上，按职业素养、综合管理、专业技术、技能操作、国际化业务、新员工六类，组织编写覆盖石油石化主要业务的系列培训教材，初步构建起中国石化特色的培训教材体系。这套系列教材围绕中国石化发展战略、队伍建设和员工成长的需要，以提高全体员工履行岗位职责的能力为重点，把研究和解决生产经营、改革发展面临的新挑战、新情况、新问题作为重要目标，把全体员工在实践中创造的好经验好做法作为重要内容，具有较强的实践性、针对性。这套培训教材的开发工作由中国石化员工培训教材编审指导委员会组织，集团公司人事部统筹协调，总部各业务部门分工负责专业指导和质量把关，主编单位负责组织培训教材编写。在培训教材开发和编写的过程中，上下协同、团结合作，各级领导给予了高度重视和支持，许多管理专家、技术骨干、技能操作能手为培训教材编写贡献了智慧、付出了辛勤的劳动。

《数控车工培训教程》为技能培训类型的教材，在编写时坚持以职业能力为导向，以生产实际应用为核心，突出“新知识、新技术、新工艺、新方法”的应用。编写时依据《国家职业(数控车床操作工)标准》的要求，教程分为数控基础概述、数控车床结构及原理、数控车床加工工艺、数控车床操作、数控车床编程、数控车床高级编程、数控车床典型加工案例、计算机制造编程软件应用、数控机床的使用与维护等九大部分内容。知识与技能体系涵盖了数控车工初级至高级技师各等级的主要知识点与技能要求。是数控车床操作工、数控编程人员、数控车床维修人员较为全面和实用的培训用书。

《数控车工培训教程》教材由江汉油田负责组织编写，主编李建基，副主编黄促华，参加编写的人员有熊立新、李静、王向旗、邱应海、严智虎、钱远惠、曾伏斌、李锐、邓辉。本教材已经由集团公司人事部组织审定通过，主审王峻乔、赖景阳，参加审定人员有刘学中、池胜高、王海波、付爱武，审定工作得到了江汉油田资产装备处、江汉油田职工培训中心、江钻股份公司、第四石油机械厂等单位的大力支持；中国石化出版社对教材的编写和出版工作给予了通力协作和配合，在此一并表示感谢。

由于本教材涵盖的内容较多，不同企业之间也存在着差别，编写难度较大，加之编写时间紧迫，不足之处在所难免，敬请各使用单位及个人对教材提出宝贵意见和建议，以便教材修订时补充更正。

目　录

第1章　概　　述

本章主要介绍了数控车床的基本概念、发展、国内外数控机床的比较及制造厂商。通过本章内容的学习，理解并掌握数控机床的基本概念；了解现代数控机床的发展趋势；了解国内外数控机床的特点及厂商。

1.1　数控机床的产生及基本概念

1.1.1　数控机床的产生

1948年美国帕森斯(Parsons)公司在研制加工直升机叶片轮廓样板时提出了数控机床的初始设想，1949年与麻省理工学院伺服机构实验室一起开始研制，并于1952年公开展示了这台数控机床的样机——电子管式、直线插补和连续控制的三坐标立式铣床。经过3年的试用、改进与提高，数控机床于1955年进入实用化阶段。1959年，美国Keaney和Treckre公司成功开发了具有刀库、刀具交换装置的数控机床即加工中心(Machining　Center)。当今世界著名的数控系统厂家有日本的法那克公司、德国的西门子公司、美国的A－B公司、西班牙的法格公司、意大利的ABOSZA公司等。

1.1.2　基本概念

与数控机床的相关概念较多，具体汇总如表1－1所示。

表1－1　数控机床基本概念

名　称	英文全称	概　念
数字控制	Numerical Control 简称数控 NC	一种借助数字、字符或其他符号对某一工作过程进行编程控制的自动化方法
数控技术	Numerical Control Technology	指用数字及字符发出指令并实现自动控制的技术，是采用计算机实现数字程序控制的技术。它已经成为制造业实现自动化、柔性化、集成化生产的基础技术
数控系统	Numerical Control System	指采用数字控制技术的控制系统
计算机数控系统	Numerical Control Technology	指用数字及字符发出指令并实现自动控制的技术，是采用计算机实现数字程序控制的技术。它已经成为制造业实现自动化、柔性化、集成化生产的基础技术
数控机床	Numerical Control Machine Tools	指采用数字控制技术对机床的加工过程进行自动控制的一类机床
国际信息处理联盟	简称 IFIP	第五技术委员会对数控机床定义如下：数控机床是一个装有程序控制系统的机床，该系统能够逻辑地处理具有使用号码或其他符号编码指令规定的程序。通俗地讲，数控机床就是在普通机床的基础上加装了一套控制系统，在计算机的帮助下，用数字技术对加工过程进行控制的机床

续表

名　称	英文全称	概　念
数控车床	Numerically Controlled Turning Machine	指主运动为工件相对刀具旋转，切削能是由工件而不是刀具提供的数控机床
车削中心	Turning Centre	配有动力驱动刀具装置，并使夹持工件主轴具有围绕其轴线定位能力的数控机床

1.2　数控机床的发展趋势

随着制造业对数控机床的大量需求，机械设计技术和计算机技术的日新月异，数控机床的功能不断扩大以适应生产加工的需求。数控机床正朝着开放化、高速化、高精度化、复合化、并联化、绿色化、智能化方向发展。

1. 体系开放化

数控机床的软硬件接口都采用通用的标准协议，方便不同用户进行功能的扩展、软硬件的升级，兼容新一代的通用软硬件资源。

(1) 目前普遍采用的 PC 嵌入 NC 结构数控系统，具有一定的开放性，但由于它的 NC 部分仍然是传统的数控系统，用户无法介入数控系统的核心。

(2) 部分厂家推出的 NC 嵌入 PC 结构的开放式数控系统，它开放的函数库可供用户在 WINDOWS 平台下自行开发构造所需的控制系统。

(3) SOFT 型开放式数控系统是一种最新开放体系结构的数控系统，它将 CNC 软件全部装在计算机中，而硬件部分仅是计算机与伺服驱动和外部 I/O 之间的标准化通用接口，用户可以利用开放的 CNC 内核，开发所需的各种功能，构成用户所需的各类型高性能数控系统。通过软件智能替代复杂的硬件，正成为数控系统发展的重要趋势。

2. 高速化

为缩短产品加工周期，提高市场的反应速度，高速加工已成为制造业发展的重要趋势。高速加工的同时，还要保证产品的加工质量，就对数控机床的功能组件的要求越来越高。主要体现在：为提高主轴转速，普遍应用电主轴；在保证精度的情况下，最大进给速度大幅提高；微处理器的迅速发展使运算的速度得到极大提高，为数控系统向高速、高精度方向发展提供了保障；快捷的换刀速度，缩短等待时间。

3. 高精度化

数控机床精度的要求已不局限于几何精度，机床的运动精度、热变形以及振动的监测和补偿越来越被重视。数控机床的定位精度即将告别微米时代而进入亚微米时代，超精密数控机床正在向纳米进军。

4. 功能复合化

目前复合机床根据其结构特点，有镗铣钻复合、车铣复合车削、镗铣钻车复合等。采用复合机床进行加工，减少了工件装卸、更换和调整刀具的时间以及再次装夹过程中产生的误差，提高了零件加工精度，提高了生产效率。复合化加工的需求致使数控机床正向模块化、多轴化发展。大量的复合加工机床越来越受到各行业的欢迎。

5. 驱动并联化

并联机床也叫并联运动学机床，因它没有实体坐标轴，故又被称为虚拟轴机床。并联运动机床克服了传统机床移动部件质量大、系统刚度低、设备加工灵活性和机动性不够等缺陷。并联机床主轴(一般为动平台)与机座(一般为静平台)之间采用多杆并联联接机构驱动，通过控制杆的长度使主轴获得相对自由的运动，实现多坐标联动数控加工和测量功能，满足各种复杂零件的加工。并联机床作为一种新型的加工设备，已成为当前机床技术的一个重要研究方向，受到了国际机床行业的高度重视，如图 1－1 所示。

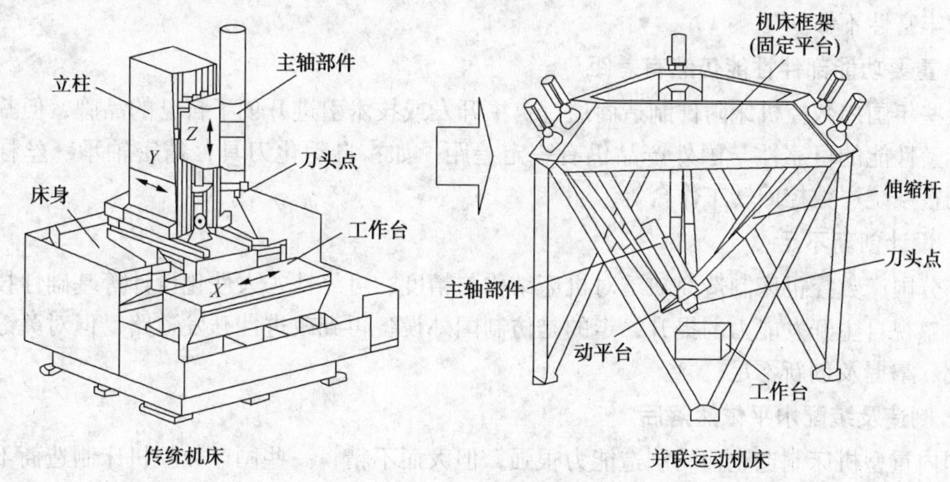

图 1－1　传统机床与并联运动机床

6. 绿色化

随着日趋严格的环境与资源约束，制造加工的绿色化越来越重要。机床在使用过程中不仅消耗能源，还会产生固体、液体和气体废弃物，对工作环境和自然环境造成直接或间接的污染。越来越多的机床制造企业肩负起低碳方式赋予的社会道义和责任，尽量减少对环境带来不利冲击的绿色机床就成为当前研究的热点。主要体现在：机床主要零部件由再生材料制造；通过采用新结构或新的复合材料来实现机床结构轻量化；通过减轻移动质量、降低空运转功率等措施使能耗减少；提升机床刚性和刀具的性能采用干切削和微量润滑形式，大幅度减少冷却液的使用和排放；报废后机床的材料 100% 可回收。

7. 智能化

智能化是制造技术发展的一个大方向。随着人工智能在计算机领域的渗透和发展，为了适应制造业生产柔性化、自动化的发展需求，数控系统引入了自适应控制、模糊系统和神经网络的控制机理，而且人机界面极为友好，系统自诊断和故障监控功能更趋完善，自我检测、自我补偿、自我管理无需或很少需要人工干预，使机床变得越来越“聪明”。

1.3　国内外数控机床的比较

机械制造业的发展离不开数控机床，它集高效、柔性、精密、复合加工等诸多优点于一身，数控机床的制造水平代表了一个国家的综合实力。我国的数控技术发展起步于 20 世纪 50 年代，经过几十年的发展已由成长期进入了成熟期，我国已成为世界最大的机床消费国和机床生产国。虽然目前产品已可以覆盖超重型机床、高精度机床、复合加工机床、特种加工机床等前沿高技术机床领域，但国内数控机床制造企业在中高端与大型数控机床的研究开发方面与国外的差距依然明显。

1. 国产数控机床核心部件依赖进口

国产数控系统缺乏核心技术，数控装置、伺服系统这些核心部件基本还是依赖进口。虽然国产数控系统近些年也有长足发展，但普遍存在自主创新能力不足的缺陷，特别是高端数控机床相对国外产品仍然缺乏市场竞争力。主要原因是研究开发深度，稳定性、控制精度、功能的丰富性不够。

2. 重要功能部件性能仍然有差距

近些年国内数控机床附件制造商通过自主开发或技术引进开创了自己的品牌，但其产品的功能、性能的可靠性与国外产品仍有一定差距。如：自动化刀具，精密轴承、丝杠、导轨，测量系统、数控回转工作台等。

3. 设计创新不足

部分国产数控机床制造商缺乏对机床结构与精度、可靠性、人性化设计等基础性技术的研究，忽视自主开发能力的提升，走的是仿制国外设备再到改进性开发道路，但对关键技术的消化、掌握及创新不足。

4. 制造及装配水平依然落后

国内重型机床制造企业的制造能力很强，但大而不精，一些国产数控机床制造商不重视整体工艺与制造水平的提高，在先进技术应用和制造工艺水平上与世界先进国家还有一定差距。加工手段偏弱，装配调试的标准要求低，加工质量在生产进度的紧逼下得不到保障，以致机床出厂后用户反映问题不断，零部件制造精度和整机精度保持性、可靠性尚需提高。

5. 不能为用户提供成套解决方案

机床制造企业的销售队伍水平参差不齐，对自己企业生产的数控机床缺乏足够了解，加工工艺知识缺乏，不能按用户的需求提供较好的工艺解决方案，用户对制造商缺乏信心，而国外机床制造商在这方面的能力偏强。机床制造商应从研究用户的产品加工需求，帮助用户进行设备选型，推荐工艺方案，辅以良好的培训帮助用户加工出高质量的产品，发挥机床的最大效益，这样才能得到用户的认同。

6. 服务跟不上

综合服务水平与能力是影响市场占有率的一个重要因素。一部分企业对提高自身的综合服务水平不够重视，只注重推销而不注重售前与售后服务。目前大多数机床制造企业也意识到服务能力和服务水平的重要性，对服务越来越重视，合理分布服务网点，提高服务意识和服务能力。

中国作为机床制造大国，在劳动力、价格、资源等方面有着很大优势，产品也正向高精尖产方向发展，实现从制造大国到制造强国的转变。

1.4 国内外主要机床制造商

2011 年末，我国金属加工机械制造工业企业达 2647 家，发展速度远远高于日本、德国等机床主要生产国，仍然保持世界机床第一生产国的地位，保持了连续 10 年来高速稳定发展的趋势。但高档机床对国外的依赖程度还很高。

1.4.1 国内机床厂介绍

（1）沈阳机床集团：机床产销量多年来居国内同行业首位。公司主导产品为金属切削机床，数控机床类包括数控车床、数控铣镗床、立式加工中心、卧式加工中心、数控钻床、高速仿形铣床、激光切割机、质量定心机及各种数控专用机床和数控刀架等；普通机床包括普通车床、摇臂钻床、卧式镗床、多轴自动车床、各种普通专机和附件等。

（2）大连机床集团：主要产品有组专机及柔性制造系统、立/卧式加工中心、数控车床和车铣中心、高效精密车床及附件、汽车动力总成及传动部件等。

（3）齐重数控装备股份有限公司：重型机床产品的技术水平和生产制造能力已经步入世界第一方阵，主要产品有重型立卧车床、数控重型镗铣床、数控重型曲轴车床、数控不落轮对车床、数控动梁龙门移动式镗铣床、高速铣床、数控立式磨床、数控立式钻铣床、数控立式铣齿机等产品。

（4）齐二机床集团有限公司：主要产品有数控落地铣镗床、数控龙门镗铣床、数控立/卧式车床、数控铣床及加工中心、机械压力机及自动锻压设备、大型数控缠绕机、五轴联动混联机床等大型数控专机。

（5）北京第一机床厂：主要品种有数控铣床、数控车床、立卧式加工中心、数控龙门镗铣床等。

（6）济南一机床集团：机床产品种类繁多，目前保持有近 20 个系列的主导产品，是行业中能做到成系列、成批量地向工业发达国家出口高档数控机床的企业。

（7）济南二机床集团：主要产品有数控锻压设备、数控金切机床、自动化设备、数控切割设备、铸造机械设备、环保机械设备六大类。目前中国规模最大的重型数控锻压设备和大型数控金切机床研发制造基地。

（8）汉川机床集团有限公司：主要有立/卧式数控铣床及加工中心、龙门式数控铣床及加工中心、卧式镗床、数控车床、数控钻铣床、数控电火花成形机床等系列产品。

（9）秦川机床集团有限公司：主要有精密数控机床、塑料机械与环保新材料、液压与汽车零部件、精密特种齿轮传动 、精密机床铸件、中高档专用机床数控系统及数控机床维修服务六大主体产业群。

（10）天水星火机床有限责任公司：主要产品有大型数控车床、数控端面车床、数控轧辊车床、精密轧辊磨床、双柱立式车床、端面车床、轧辊车床、专用机床、重型卧式车床、自动精密低压铸造机等系列产品。

1.4.2 国外著名机床厂

（1）德国通快公司：世界上最大的工业激光技术企业，其激光技术种类齐全，是全球唯一一家集光源和整机生产于一身的激光加工设备制造商。通快集团拥有 5 大业务领域：数控机床、电动工具、激光技术、电子和医疗技术，其核心业务是数控机床及精密钣金加工。

（2）日本山崎马扎克公司：MAZAK 公司是一家全球知名的机床生产制造商。主要生产 CNC 车床、复合车铣加工中心、立/卧式加工中心、CNC 激光系统、FMS 柔性生产系统、CAD/CAM 系统、CNC 装置和生产支持软件等。

（3）德国吉迈特：是全球最大的金属切削设备生产厂家之一，主要产品有车床、铣床、超声波加工机床和激光加工机床等，品种规格非常齐全。

(4) 日本大隈：主要产品有数控车床、车削中心、复合式车削中心、立式车床、数控磨床、立/卧式加工中心、龙门五面体加工中心等。

(5) 日本天田机床：在钣金机床，数控冲床，激光加工设备等领域优势明显。日本天田的数控冲床、金属折弯机拥有着压倒性的市场份额。

(6) 美国 MAG：是一个由众多世界一流的机床制造公司及控制系统公司组成的集团公司，产品有自动化综合加工设备、制锻模铣床、雕铣机和大型卧式、立式加工中心等。

(7) 日本森精机：主要产品有数控车床、数控立/卧式加工中心、激光加工机、超声振动加工机、复合机床等。

(8) 美国哈斯：是全球最大的数控机床制造商之一。主要产品有数控车削中心、数控立/卧式加工中心、转台和分度器等。

思考题

1. 什么是数控机床？
2. 数控车床一般适合于哪些零件的加工？
3. 简述现代数控机床的发展趋势。

第 2 章　数控车床结构及原理

本章主要介绍了数控车床的工作原理、结构、分类、加工及应用特点等方面的基础知识。通过本章内容的学习，熟悉数控车床的工作原理、基本结构、各部件的特点、数控车床的分类形式；了解数控车床的加工特点和应用范围、数控车床主要机械结构的工作特点、数控车床中常用数控系统。

2.1　数控车床工作原理

2.1.1　数控车床工作原理

数控车床进行零件加工时，根据被加工零件的图样与工艺方案，用规定的代码和程序格式，将刀具的移动轨迹、各坐标轴的移动方向和速度、主轴旋转方向和速度、换刀、辅助操作，编写成数控系统能够识别的指令形式，即加工程序。

由输入装置将加工程序输入到数控装置中，经过数控装置的处理、运算，将各坐标轴的移动指令送到各轴的驱动电路，经过转换、放大后驱动伺服电动机，带动各轴运动，并对各轴的运动进行位置和速度的反馈控制，使刀具与工件及其他辅助装置严格地按照加工程序的规定有序工作，从而加工出所需零件。

2.1.2　数控加工原理

数控机床的加工其实质是应用了“微分”原理，其工作原理与过程简述如下。

（1）数控装置根据加工程序要求的刀具轨迹，将轨迹按机床对应的坐标轴，以最小移动量(脉冲当量)进行微分(如图 2 - 1 中的 ΔX、ΔY)，计算出各轴需要移动的脉冲数。脉冲当量决定了数控机床的精度及程序小数点的位数。

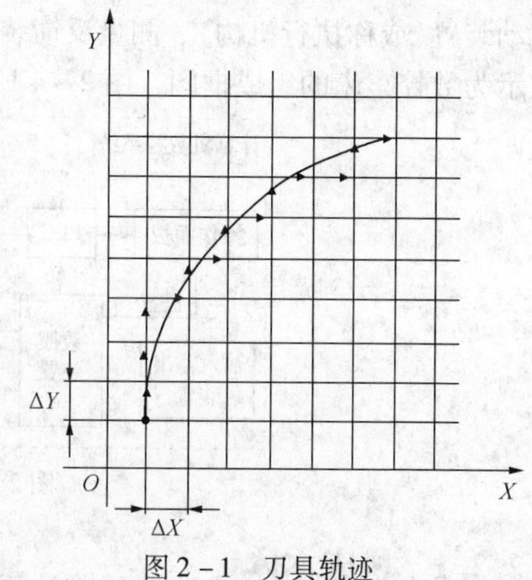

图 2 - 1　刀具轨迹

（2）通过数控装置的插补运算，将坐标轴的移动轨迹用最小移动单位的等效折线进行拟合，找到最接近理论轨迹的拟合折线。

（3）数控装置根据拟合折线的轨迹，给相应的坐标轴连续不断地分配进给脉冲，并通过伺服驱动使机床坐标轴按分配的脉冲运动。

由此可见：

① 只要数控机床的最小移动量(脉冲当量)足够小，所得的拟合折线就完全可以等效代替理论曲线。

② 只要改变坐标轴分配的脉冲数，就可以改变拟合折线的形状，从而达到改变加工轨迹的目的。

③ 只要改变分配脉冲的频率，就可改变坐标轴的移动速度。

2.1.3 插补(Interpolation)的概念

插补是指在被加工轨迹的起点和终点之间，插进许多中间点，进行数据点的密化，从而形成要求的轮廓轨迹，这种“数据密化”就称为“插补”。通常把数控机床上刀具运动轨迹是直线的加工，称为直线插补[图2－2(a)]；刀具运动是圆弧的加工，称为圆弧插补[图2－2(b)]。当然，数控系统还具有抛物线插补、螺旋线插补、极坐标插补、样条曲线插补等丰富的插补功能以满足不同用户的需要。

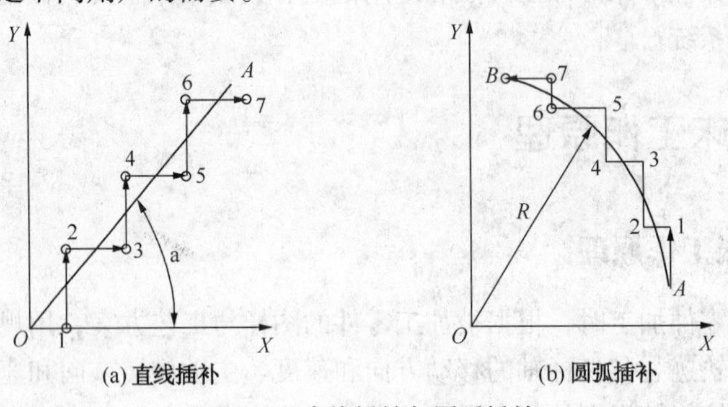

图2－2　直线插补与圆弧插补

2.2 数控车床基本结构

数控车床一般由机床本体、数控装置(或称CNC单元)、输入输出设备、伺服单元和驱动装置(或称执行机构)、测量反馈装置、电气控制装置、辅助控制装置等组成。图2－3所示为数控车床的组成框图，图2－4所示为数控车床的外观图。

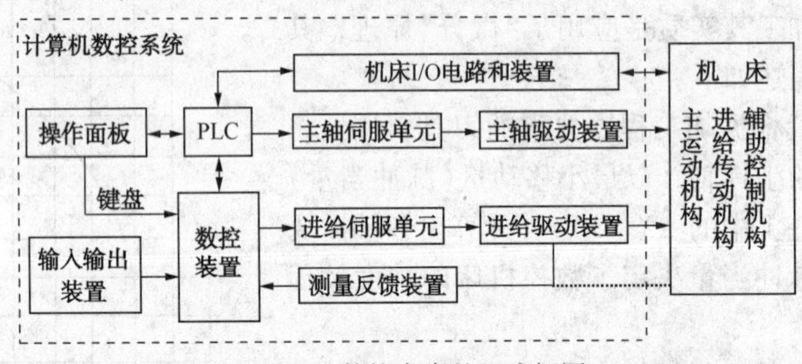

图2－3　数控车床的组成框图

2.2.1 机床本体

机床本体也称为主机，它包括机床的主轴传动部件、进给运动部件、执行部件和基础部件，如底座、立柱、滑鞍、工作台(刀架)、导轨等。数控车床在机床本体上与普通车床相似，但从整体布局、外观、传动机构、换刀系统的结构以及操作方式等方面发生了较大变化，这种变化可以充分发挥数控车床的特点。

(1) 采用高性能的主传动及主轴部件，可实现较高的主轴转速和较宽的调速范围，具有传递功率大、刚度高、抗振性好及热变形小等优点。

(2) 进给传动采用高效传动件，具有传动链结构简单、传动精度高等特点，机械结构上一般采用滚珠丝杠副、直线滚动导轨副等。

(3) 具有完善的刀具自动交换和刀具数据管理系统、自动排屑装置、自动润滑装置、自动冷却装置等，以改善工作环境，提高生产效率。

(4) 数控车床本身结构具有很高的动、静刚度，加工产品精度高、质量稳定。

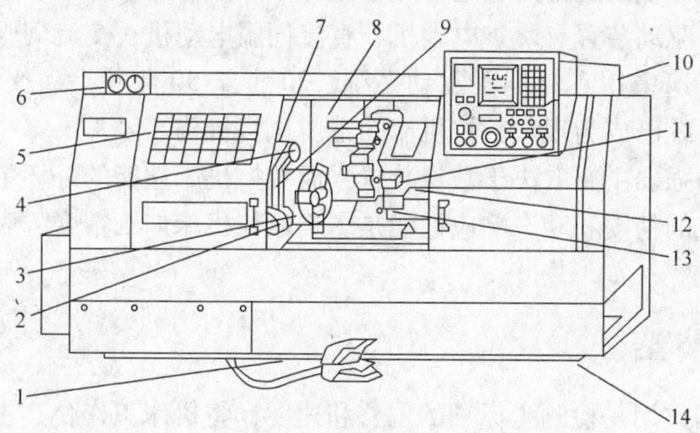

图 2－4　数控车床外观图

1—主轴卡盘松、夹开关；2—对刀仪；3—主轴卡盘；4—主轴箱；5—机床防护罩；6—压力表；7—对刀仪防护罩；8—导轨防护罩；9—对刀仪转臂；10—操作面板；11—回转刀架；12—尾座；13—床鞍；14—床身

2.2.2　数控装置

数控装置(习惯称为数控系统)是数控机床的中枢，是整个数控机床的灵魂所在，包括了硬件和软件部分。普通数控装置硬件部分一般由存储器、输入装置、控制器、运算器和输出装置组成。软件部分包括系统软件和应用软件，其控制方式为数据运算处理控制和时序逻辑控制两大类。

数控机床中，由于数控装置本身即含有运算器、控制器等单元，因此数控装置实际上是一台能完成零件自动加工的专用电子计算机。数控装置通过输入装置接收数字化了的零件图样和工艺要求等信息，经软件将其代码加以识别、储存、运算，输出相应的指令以驱动伺服系统和辅助控制装置，进而控制机床动作，完成零件的加工。

2.2.3　输入输出设备

数控机床工作时，操作人员不需参与直接操作，但人的意图又必须传达给数控机床，所以人和数控机床之间必须建立某种联系，这种联系需通过输入/输出装置来完成。

早期的输入装置有光电阅读机、磁带机、软盘驱动器等。目前数控机床的加工程序可以通过键盘采用手工方式直接输入，也可以由计算机通过 RS232 串行通信的方式或采用网络通信方式传送，近些年新推出的数控系统配置了 USB 接口或 CF 卡插槽使程序的输入和输出更加方便。数控系统配置的显示器可以将机床的运行状态、报警信息等显示出来，方便操作人员和维修人员获得所需要的信息。

2.2.4　伺服单元和驱动装置

伺服单元和驱动装置合称为伺服驱动系统，是数控装置和机床本体的联系环节。伺服单元接收来自数控装置的指令信号并通过变换、调节和放大转变成控制驱动装置的大功率信号。根据接收指令的不同，伺服单元有数字式和模拟式之分，而模拟式伺服单元按电源种类又可分为直流伺服单元和交流伺服单元。

驱动装置把经放大的指令信号转变为机械运动，通过机械传动部件驱动机床主轴、刀架、工作台等精确定位或按规定的轨迹作严格的相对运动，最后加工出图样所要求的零件。与伺服单元相对应，驱动装置有步进电动机、直流伺服电动机、交流伺服电动机和直线电机等。早期数控机床普遍采用直流伺服驱动系统，20 世纪 90 年代后，交流调速技术日趋成熟，交流伺服驱动系统已成为现代数控机床的主要执行机构。

数控机床功能的强弱主要取决于数控装置，而数控机床性能的好坏主要取决于伺服驱动系统。伺服驱动系统的精度和动态响应性能是影响数控机床加工精度、表面质量和生产效率的重要因素。

2.2.5 测量反馈装置

测量反馈装置的作用是检测坐标轴的位移和速度，将机床工作台、主轴的实际位移和速度变成电信号反馈给数控装置，供数控装置与指令值比较，并根据比较后所产生的误差信号，修正机床相应部件的移动速度和位置，提高工件的加工精度。机床移动部件的坐标值可以通过显示器实时显示。因此测量装置是高性能数控机床的重要组成部份，数控机床的加工精度主要是由测量反馈装置的精度决定的，测量反馈装置具体可分为数字式与模拟式。常见的检测反馈装置元件有：旋转变压器、感应同步器、光电编码器、光栅、磁栅等。根据不同的工作环境和不同的检测要求，数控机床可采用不同的检测元件。

2.2.6 电气控制装置

数控机床常用的电气控制装置包括：

(1) 控制电器。如：用于控制电路的接触器、继电器等；用于发送控制指令的按钮、行程开关等。

(2) 保护电器。如：用于保护电路的熔断器、热继电器、低压断路器、隔离器等。

(3) 执行电器。如：用于完成机床某动作的电磁铁、电磁离合器等。

2.2.7 辅助控制装置

辅助控制装置的作用主要是接收数控装置输出的开关量指令信号，经过编译、逻辑判别和运算，再经功率放大后驱动相应的电器，带动机床的机械、液压、气动等辅助装置完成指令规定的开关动作。这些控制包括主轴运动部件的换档、换向，刀具的交换指令，冷却、润滑、排屑装置的启动停止，工件和机床部件的松开、夹紧等辅助动作。运屑器、中心架、尾座、冷却系统、液压系统、润滑系统等都是数控机床的辅助装置。

由于可编程逻辑控制器(PLC)具有响应快、性能可靠、编程和调试程序简便等特点，并可直接驱动部分机床电器，因此，大多数数控系统都带有内部 PLC，用于处理数控机床的辅助指令。

2.3 数控车床的分类

数控车床的规格很多，我们可以根据其加工方法、控制原理、功能和组成方式，从不同的角度进行分类。

2.3.1 按加工工艺方法分类

1. 经济型数控车床

经济型数控车床与普通车床机床本体结构类似，在普通车床的基础上增加了数控系统和伺服驱动系统，从而形成能自动完成预定加工过程的车床。经济型数控车床与传统的普通车床相比，具有精度一致性好、生产效率和自动化程度高的特点。其数控系统和伺服驱动系统采用的配置较低，床身结构简单，使其具有较大的价格优势，在机械制造行业数量应用较多。

因经济型数控车床的数控系统和伺服驱动系统配置较低，一般应用于精度要求不高、形状简单的零件加工。机械结构上由于没有改变普通车床 Z 向驱动力偏心引起的执行机械的变形和导轨承载面不均匀磨损问题，普遍使用的滑动导轨也不能适应高负载系数的自动化加工，刀架装刀数量少也限制了经济型数控车床加工工艺范围。图 2－5 是经济型数控车床。

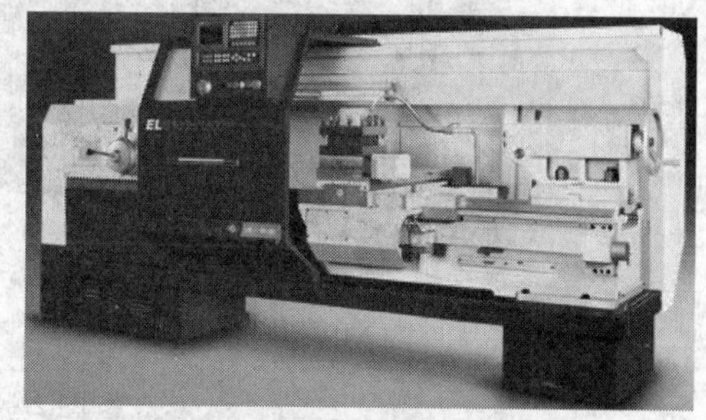

图 2－5　经济型数控车床

2. 全功能型数控车床

全功能型数控车床(图 2－6)通常采用倾斜床身或平床身－斜滑板结构，这类车床的结构先进、控制功能齐全、辅助功能完善、加工自动化程度比经济型数控车床高、性能更稳定，适宜精度要求较高、形状复杂工件的加工。全功能型数控车床配置的回轮式刀塔上可以安装更多的切削刀具，加工适应范围更广。回轮刀架上刀具的转位通常采用液压马达或伺服电机驱动。

采用倾斜床身的全功能型数控车床刚性好，排屑方便。倾斜床身的截面形成的封闭腔形结构内部，一般充填有混凝土、人造花岗石等阻尼材料，在加工中阻尼材料可以用来耗散振动能量，减少机床振动对工件表面加工质量的影响。

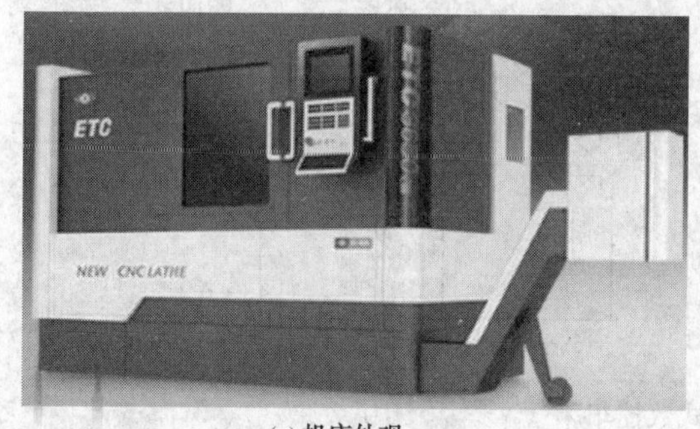

(a) 机床外观

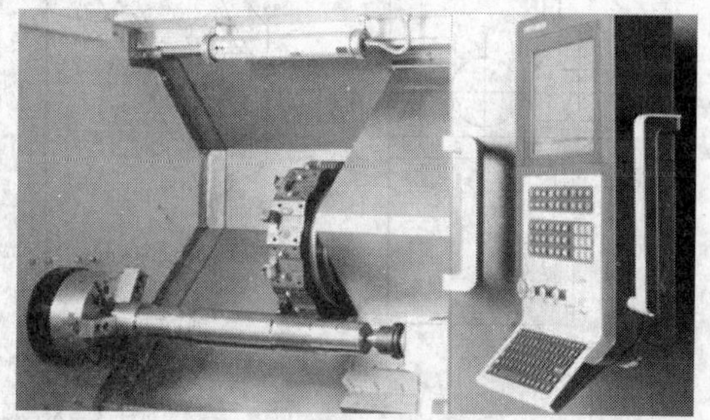

(b) 刀架

图 2－6　全功能型数控车床

3. 车削中心

车削中心(图 2－7)床身通常采用倾斜结构，回轮式刀架上可配备多功能的动力刀头扩展其加工工艺范围，有些车削中心还配置有双刀架、双主轴、刀库、铣削动力头、上下料机械手和换刀机械手等，使得机床的工艺范围进一步扩大。车削中心除具有常规的 X 轴、Z 轴外，主轴均具有 C 轴功能，在铣削加工时作为旋转坐标轴使用，与铣削动力头配合可以在工件上完成特殊型面的加工。

常见的数控车床虽然可以完成各种回转表面加工，但如需在圆周表面或端面上加工槽或孔时，就要移到其他机床上去加工，在很多情况下，零件的重新装夹会影响加工的精度，而这类工件在车削中心上就比较得心应手。

(a) 数控车削中心　　(b) 动力刀具

图 2－7　数控车削中心

2.3.2　按主轴的配置形式分类

1. 卧式数控车床

主轴采用水平布置，主轴轴线处于水平位置。适合加工各种轴类、套类、盘类等复杂的内外回转表面的零件。床身结构的限制对超大直径的工件加工带来影响，工件越重时主轴及轴承承受的弯矩越大，加工时难以保持精度，但卧式数控车床加工长工件时有优势。图 2－8 为卧式数控车床的几种常见形式。

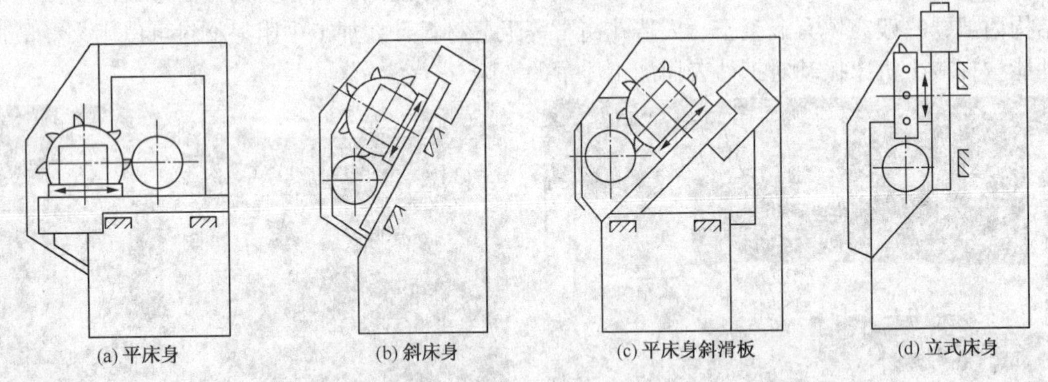

(a) 平床身　　(b) 斜床身　　(c) 平床身斜滑板　　(d) 立式床身

图 2－8　卧式数控车床

2. 立式数控车床

主轴采用垂直布置，车床工作台装在底座上，工件装夹在工作台上，工作台在水平面内旋转，进给运动由垂直刀架和侧刀架实现。机床结构布局减轻了主轴及轴承的荷载，适用于加工直径大、长度短的大型、重型工件和在卧式车床上不易装夹的工件。立式车床一般可分为单柱式和双柱式(图 2－9)。

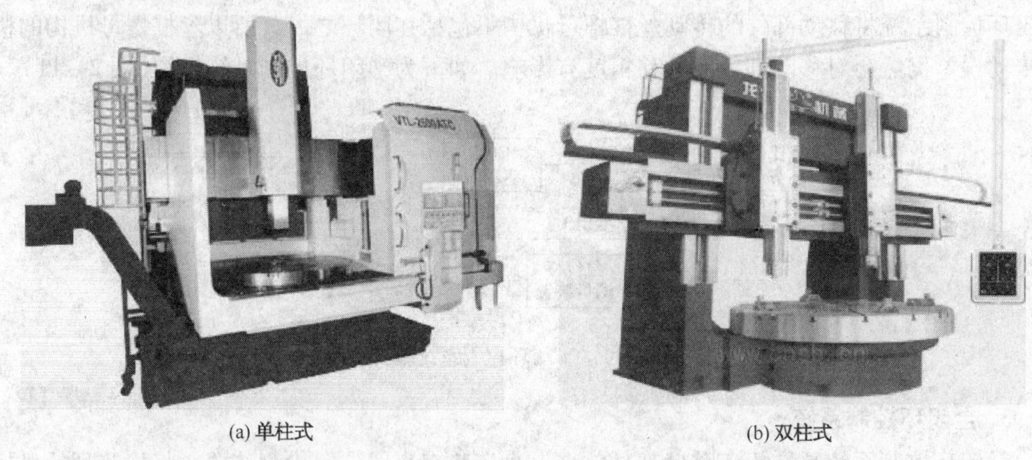

(a) 单柱式　　　　(b) 双柱式

图 2-9　立式数控车床

2.3.3　按控制运动方式分类

数控机床的伺服驱动系统按有无检测反馈装置可分为开环控制和闭环控制。闭环控制系统中，根据检测反馈装置安装的位置又分为半闭环控制和全闭环控制。

1. 开环控制系统

开环控制系统是指不带检测反馈装置的控制系统。数控系统将加工程序处理后，将数字指令输出到驱动系统，驱动坐标轴的运行，但不检测轴的实际运行位置和速度。

开环控制的驱动装置通常采用的是步进电动机。它根据数控系统的数据指令，经运算发出指令脉冲信号，输入到伺服驱动器放大后，驱动步进电动机转动相应的角度，然后经过减速齿轮和丝杠螺母机构，转换为移动部件的直线位移。一个进给脉冲，步进电动机就旋转一个相应的角度，因此坐标轴的移动量与步进电动机转动的角位移成正比。如下为开环控制系统框图(图 2-10)。

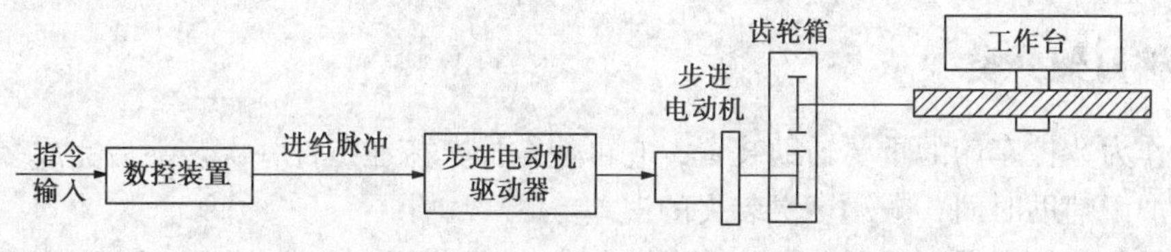

图 2-10　开环控制系统框图

由于开环控制系统不具有检测反馈装置，坐标轴运动中的误差不能进行校正，因此这类数控车床的精度较低。虽然开环控制系统结构简单、调试方便、使用维修成本低，但不能满足数控车床日益提高的精度要求。

2. 半闭环控制系统

半闭环控制系统是在开环控制系统的基础上增加了角位移检测装置。数控车床中半闭环控制通常采用光电编码器做为检测元件。它安装于丝杠端头或伺服电动机端头，通过检测丝杠或伺服电动机的转角，间接地检测坐标轴的实际位移量，然后反馈到数控装置的比较器中，与原指令位移值进行比较，用比较后的差值进行控制，直到差值消除为止。

半闭环控制系统成本较低、调试维修方便、稳定性好，可以获得较高的加工精度。由于半闭环控制系统将移动部件的传动丝杠螺母机构不包括在闭环之内，所以丝杠螺母机构的机械传动误差仍然会对移动部件的位移精度有影响。如下为半闭环控制系统框图(图2－11)。

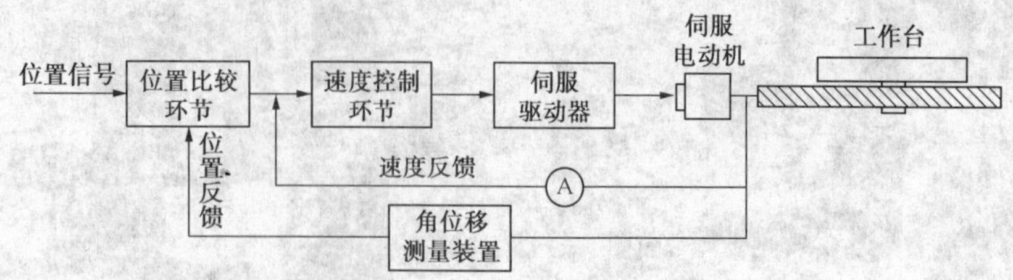

图2－11　半闭环控制系统框图

3. 全闭环控制系统

全闭环控制系统是在机床移动部件位置上直接装有直线位置检测装置，将检测到的坐标轴实际位移值反馈到数控装置的比较器中，与原指令位移值进行比较，用比较后的差值控制，直到差值消除，实现精确定位。数控车床中全闭环控制通常采用的检测元件为光栅尺。由于全闭环控制系统将机床运动中的各传动部件的机械误差都包括在检测反馈环路内，从而大大提高了加工精度。全闭环控制系统定位精度高，一般应用在高精度数控车床中，但检测元件相对昂贵、安装调试比较复杂、对工件环境要求较高，如振动、粉尘等。如下为全闭环控制系统框图(图2－12)。

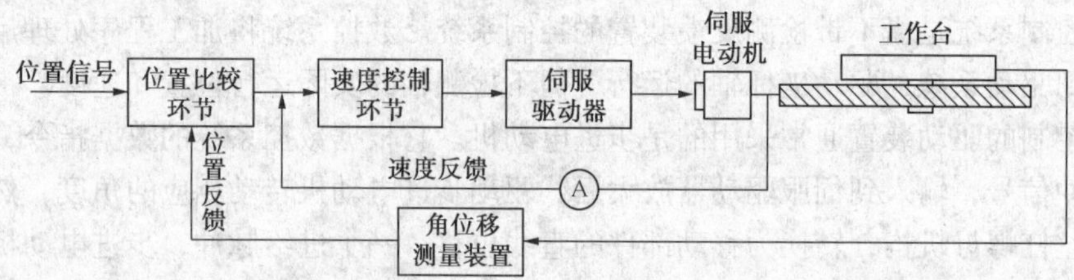

图2－12　全闭环控制系统框图

2.3.4　按刀架分类

刀架作为数控车床的重要辅助装置，它可使数控车床在工件一次装夹后完成多个加工工序，减少加工辅助时间，减小多次装夹的误差。

(1) 回转刀架根据刀架回转轴与安装底面的相对位置，分为立式刀架和卧式刀架两种(图2－13)。

图2－13　回转刀架

(2)按刀架数量分有单刀架数控车床和多刀架数控车床。经济型数控车床和全功能数控车床通常配置单刀架，经济型数控车床一般配置如4刀位自动转位刀架，全功能数控车床一般配置8刀位以上转塔式自动转位刀架。多刀架一般在车削中心中才会配置，刀架配置可以是平行分布，也可以是相互垂直分布。

2.3.5 按数控系统的功能水平分类

按数控系统的功能水平，通常把数控系统分为低、中、高三类。这种分类方式，在我国用得较多。就目前数控系统的发展水平看，可以根据表2－1的一些功能及指标，将各种类型的数控系统分为低、中、高档3类。

表2－1 数控系统不同档次的功能及指标表

功　能	低　档	中　档	高　档
分辨率/μm	10	1	0.1
G00速度/(m/min)	3～8	10～24	24～100
伺服类型	开环及步进电机	半闭环及直、交流伺服	全闭环及直、交流伺服
联动轴数	(2～3)轴	(2～4)轴	5轴或5轴以上
显示功能	数码管显示	CRT、图形、人机对话	CRT、三维图形、自诊断
内装PLC	无	有	功能强大的内装PLC
主CPU	8位、16位CPU	16位、32位CPU	32位、64位CPU
结构	单片机或单板机	单(或多)微处理器	分布式多微处理器

2.3.6 数控机床的其它分类形式

1. 按机床运动的控制轨迹进行分类

(1)点位控制的数控机床。点位控制只要求控制机床的移动部件从一点移动到另一点的准确定位，对于点与点之间的运动轨迹的要求并不严格，在移动过程中不进行加工，各坐标轴之间的运动是不相关的。为了实现既快又精确的定位，两点间位移的移动一般先快速移动，然后慢速趋近定位点，以保证定位精度，图2－14所示为点位控制的运动轨迹。

具有点位控制功能的机床主要有数控钻床、数控镗床、数控冲床等。随着数控技术的发展和数控系统价格的降低，单纯用于点位控制的数控系统已不多见。

(2)直线控制数控机床。直线控制数控机床也称为平行控制数控机床，其特点是除了控制点与点之间的准确定位外，还要控制两相关点之间的移动速度和路线(轨迹)，但其运动路线只是与机床坐标轴平行移动，也就是说同时控制的坐标轴只有一个(即数控系统内不必有插补运算功能)，在移位的过程中刀具能以指定的进给速度进行切削，一般只能加工矩形、台阶形零件。

具有直线控制功能的机床主要有比较简单的数控车床、数控铣床、数控磨床等。这种机床的数控系统也称为直线控制数控系统。同样，单纯用于直线控制的数控机床也不多见。

(3)轮廓控制数控机床。轮廓控制数控机床也称连续控制数控机床，其控制特点是能够对两个或两个以上的运动坐标的位移和速度同时进行控制。为了满足刀具沿工件轮廓的相对运动轨迹符合工件加工轮廓的要求，必须将各坐标运动的位移控制和速度控制按照规定的比例关系精确地协调起来。

因此在这类控制方式中，就要求数控装置具有插补运算功能，在运动过程中刀具对工件表面连续进行切削，可以进行各种直线、圆弧、曲线的加工。轮廓控制的加工轨迹如图 2－15 所示。

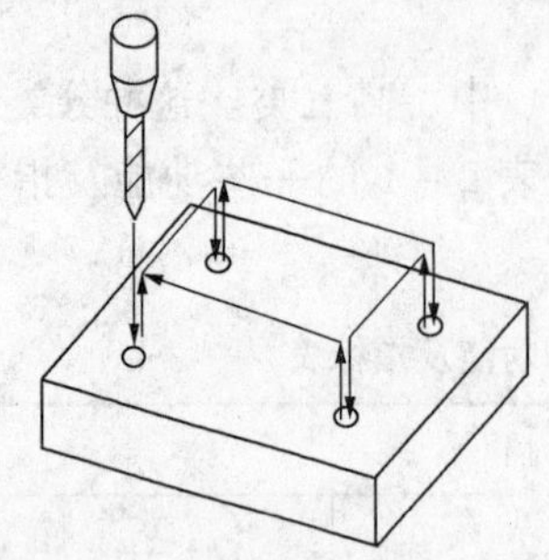
图 2－14　数控机床的点位加工轨迹

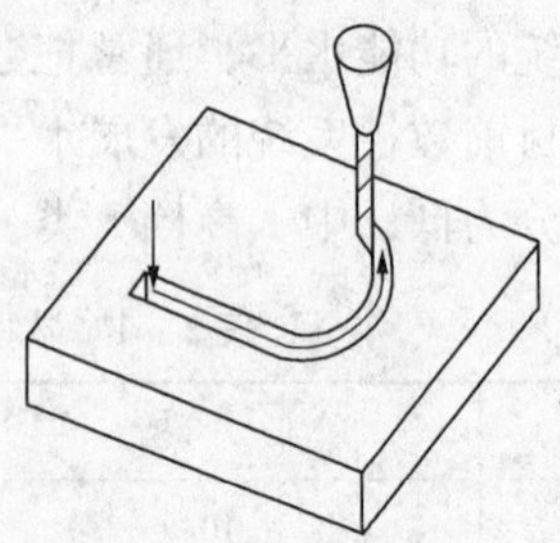
图 2－15　数控铣床的轮廓加工轨迹

这类机床主要有数控车床、数控铣床、数控线切割机床、加工中心等，其相应的数控装置称为轮廓控制数控系统。根据它所控制的联动坐标轴数不同，又可以分为下面几种形式。

（1）二轴联动。主要用于数控车床加工旋转曲面或数控铣床加工曲线柱面。如图 2－15 所示。

（2）二轴半联动。主要用于三轴以上机床的控制，其中二根轴可以联动，而另外一根轴可以作周期性进给。如图 2－16 所示就是采用这种方式用行切法加工三维空间曲面。

（3）三轴联动。一般分为两类，一类就是 X、Y、Z 三个直线坐标轴联动，比较多的用于数控铣床、加工中心等，如图 2－17 所示用球头铣刀铣切三维空间曲面。另一类是除了同时控制 X、Y、Z 其中两个直线坐标外，还同时控制围绕其中某一直线坐标轴旋转的旋转坐标轴。如车削加工中心，它除了纵向（Z 轴）、横向（X 轴）两个直线坐标轴联动外，还需同时控制围绕 Z 轴旋转的主轴联动。

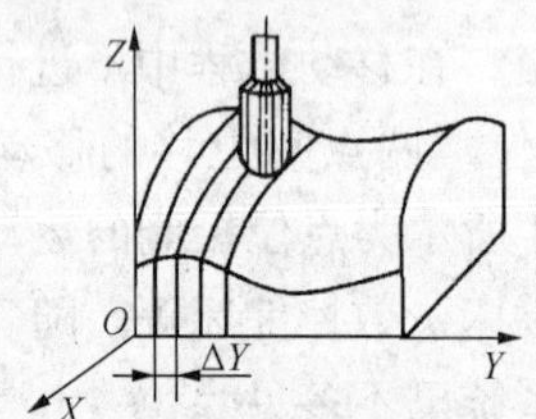

图 2－16　二轴半联动的曲面加工

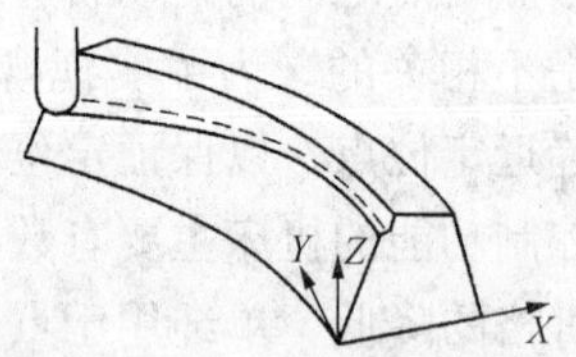

图 2－17　三轴联动的加工曲面

（4）四轴联动。同时控制 X、Y、Z 三个直线坐标轴与某一旋转坐标轴联动，图 2－18 所示为同时控制 X、Y、Z 三个直线坐标轴与一个工作台回转轴联动的数控机床。

（5）五轴联动。除同时控制 X、Y、Z 三个直线坐标轴联动外，还同时控制围绕这些直线坐标轴旋转的 A、B、C 坐标轴中的两个坐标轴，形成同时控制 5 个轴联动。这时刀具可以被定在空间的任意方向，如图 2－19 所示。比如控制刀具同时绕 X 轴和 Y 轴两个方向摆动，使刀具在其切削点上始终保持与被加工的轮廓曲面成法线方向，以保证被加工曲面的光滑性，提高其加工精度和加工效率，减小被加工表面的粗糙度。

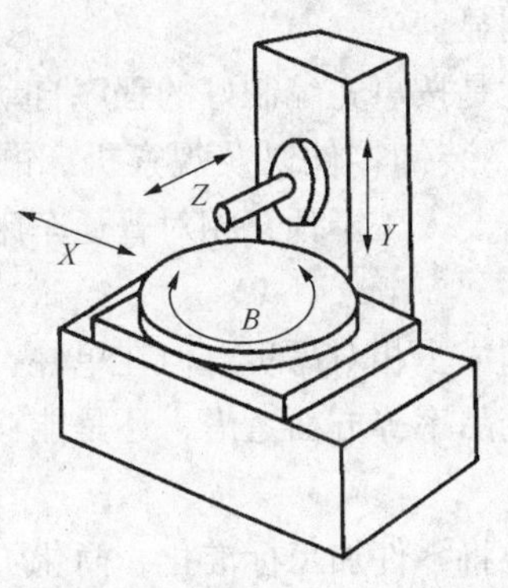

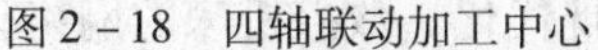
图 2－18　四轴联动加工中心

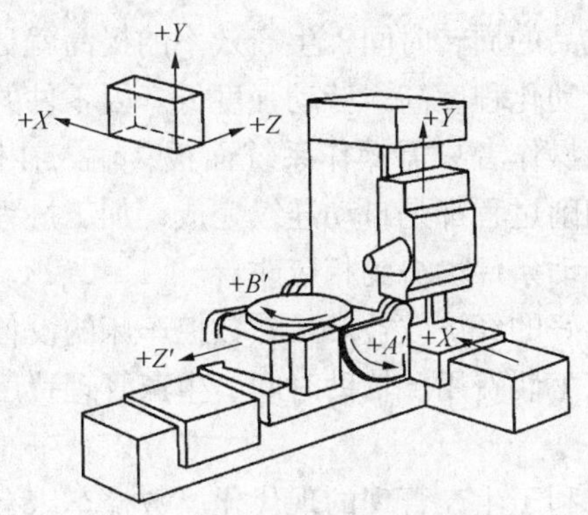

图 2－19　五轴联动加工中心

2. 加工工艺及机床用途的类型分类

(1) 切削类。指采用车、铣、镗、铰、钻、磨、刨等各种切削工艺的数控机床。它又可被分为以下两类。

① 普通型数控机床。如数控车床、数控铣床、数控磨床等。

② 加工中心。其主要特点是具有自动换刀机构的刀具库，工件经一次装夹后，通过自动更换各种刀具，在同一台机床上对工件各加工面连续进行铣(车)、镗、铰、钻、攻螺纹等多种工序的加工，如(镗/铣类)加工中心、车削中心、钻削中心等。

(2) 金属成型类。指采用挤、冲、压、拉等成型工艺的数控机床，常用的有数控压力机、数控折弯机、数控弯管机、数控旋压机等。

(3) 特种加工类。主要有数控电火花线切割机、数控电火花成型机、数控火焰切割机、数控激光加工机等。

(4) 测量、绘图类。主要有三坐标测量仪、数控对刀仪、数控绘图仪等。

2.4　数控车床的特点及应用

2.4.1 数控车床的加工特点

(1) 加工精度高，产品质量稳定。目前数控装置的脉冲当量一般达到了 0.001mm，对于进给传动链中的反向间隙与丝杠螺距误差均可进行参数补偿。数控车床的结构设计上引入了滚珠丝杠螺母机构、各种消除间隙结构等，使机械传动的误差很小。程序自动控制的加工，减少了人为因素对加工精度的影响，使得数控车床能获得比较高的加工精度和质量稳定性。

(2) 加工工件变化的适应性强。在数控车床上改变加工零件时，只需要重新编制零件程序就能实现对新零件的加工，与普通车床相比不需要做过多的调整即可快速地从加工一种零件转变为加工另一种零件，为小批量以及试制新产品提供了极大的便利，缩短了生产准备周期，节省了大量工艺装备费用。

(3) 生产效率高。数控车床通过程序定义最有利的切削量，良好的结构刚性允许数控车床进行大切削量的进给，有效地节省了加工时间。数控车床较高的快移速度减少了空行程的时间。数控车床的加工稳定，产品的一致性好，一般只做首件检验或工序间关键尺寸的抽样检验，可以减少停机检验的时间。自动换刀装置实现了在一台机床上多道工序的连续加工，减少了半成品的周转时间，生产效率的提高就更为明显。

（4）自动化程度高，劳动强度低。因零件的加工是按事先编制好的程序自动完成，所以加工过程中操作者只需操作系统面板，输入补偿值、装卸零件以及观察机床的运行状态即可。整个切削过程都是自动连续完成，加工过程不需要人工干预，相对普通车床劳动强度大为减小，劳动条件也得到相应改善。

（5）良好的经济效益。虽然数控车床的设备采购成本相对昂贵。但在单件、小批量生产情况下，从工装费用、辅助时间、生产管理费用及废品率等方面考虑，还是能够获得良好的经济效益。

（6）有利于生产管理的现代化。数控车床有效地将零件加工标准化，简化了检验和工夹具、半成品的管理工件，这些特点有利于使生产管理现代化。数控机床的网络化也与生产信息化联系更紧密。

2.4.2 数控车床的应用范围

数控车床适合加工形状复杂的轴类或盘类零件，如：内外圆柱面、圆锥面、圆弧面、端面、螺纹等工序。加工零件具有以下特点：

（1）多品种、小批量生产的零件，如某种产品的小批量投产。

（2）形状结构比较复杂的零件，如新产品开发需重新设计制造的结构和形状均复杂的零件。

（3）需要频繁改型的零件，如新产品开发需重新修改制造或模具的更新换代加工。

（4）价值昂贵、高精度且不允许报废的关键性零件，如尖端科技产品的试制加工。

（5）大批量生产且要求一定精度的零件，如长期大规模生产的零件加工。

2.5 数控车床的机械结构

数控车床与普通机床相比，不仅在信息处理和电气系统方面有很大区别，机械结构方面也有自身独特的风格。图 2－20 为卧式数控车床机械结构示意图。

图 2－20 卧式数控车床机械结构示意图

1—主轴箱；2—基座；3—刀架；4—尾座；5—导轨；6—丝杠

2.5.1 主传动系统

数控车床的主传动系统是指由主轴电机经传动装置驱动主轴运动的系统，具备一定的转速和变速范围，适应不同材料的刀具和零件的加工，方便地控制主轴的启停、变速、换向和制动。

因工件加工中对主轴的调速范围需求较宽，单靠调速电机的功率和转矩难以与机床的功率和转矩要求完全匹配，特别是在低速时输出转矩无法满足机床强力切削的要求，所以数控车床主轴调速通常采用齿轮变速与无级调速相结合方式，在电机与主轴之间串一个变速器以满足低速大功率输出，即分段无级变速。

数控车床的主传动系统主要包括主轴电机、传动装置和主轴部件。

1. 主轴电机

目前数控车床的主轴通常采用的是交流电机驱动。交流电机驱动又可分为单速交流电机驱动、调速交流电机驱动和交流伺服电机驱动。调速交流电机驱动有多速交流电机驱动和变频调速交流电机驱动。经济型数控车床主轴多数采用的是变频调速交流电机驱动，而全功能数控车床和车削中心采用交流伺服电机驱动。

2. 传动装置

数控车床主传动系统主要有 4 种传动方式。

(1) 采用变速齿轮。大、中型数控车床采用这种变速形式。图 2－21(a)是通过多级齿轮降速(通常二级或三级齿轮变速)扩大输出转矩。齿轮的移位大多采用液压拨叉变速或电磁离合器变速装置。

(2) 通过带传动。这种传动方式主要用于转速较高、变速范围不大的车床。常见的是 V 型带和同步齿形带[图 2－21(b)]。

(3) 用两个电动机分别驱动。主要是实现高速时电动机通过带轮直接驱动主轴；低速时另一个电动机通过齿轮传动驱动主轴起到降速和扩大变速范围，使恒功率区增大，克服低速时转矩不够问题[图 2－21(c)]。

(4) 内装电动机主轴传动和电机直接驱动。这两种传动形式简化了主传动系统结构。电机直接驱动形式[图 2－21(d)]主轴的变化及输出完全与电动机的输出特性一致，应用中受一定的限制。内装电动机主轴[图 2－21(e)]的最高转速可达 12000r/min 以上，成本相对昂贵，检修困难。

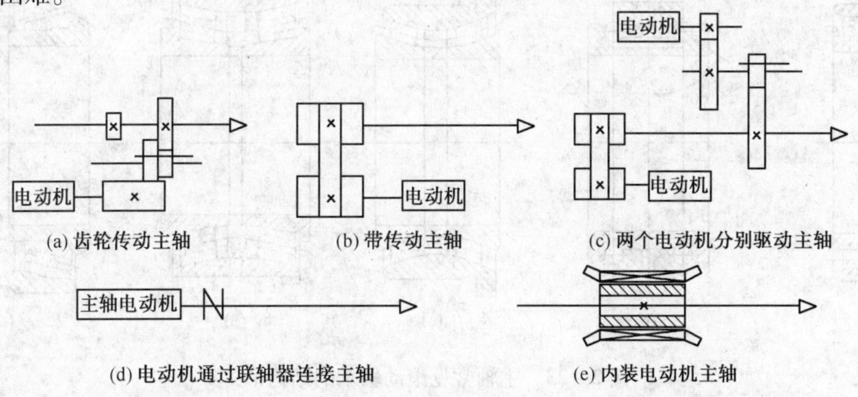

(a) 齿轮传动主轴　(b) 带传动主轴　(c) 两个电动机分别驱动主轴

(d) 电动机通过联轴器连接主轴　(e) 内装电动机主轴

图 2－21　数控车床主轴的传动形式

3. 主轴部件

主轴部件图 2－22 是机床的执行件，它的功能是支承并带动工件的旋转，承受切削和驱动载荷。要求具备良好的回转精度、结构刚性、抗振性、热稳定性、部件的耐磨性和精度的保持性。

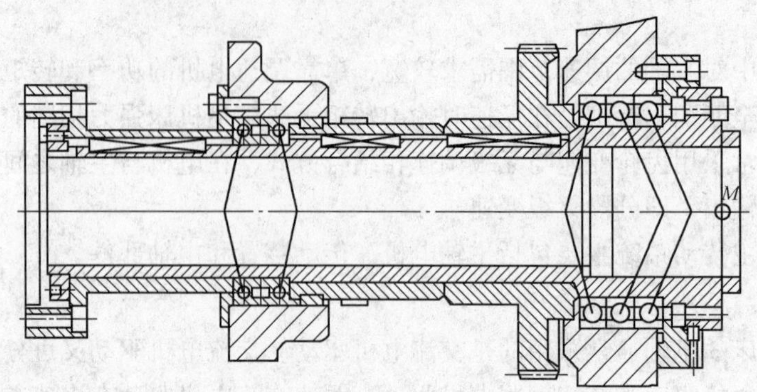

图 2－22　TND360 型数控车床主轴部件示意图

1）主轴轴承

一般中小型数控机床的主轴部件多数采用滚动轴承；重型数控机床的主轴部件多数采用液体静压轴承；高精度数控机床采用气体静压轴承；有高转速要求的主轴采用磁力轴承或陶瓷滚珠轴承。

常见的几种滚动轴承：

（1）锥孔双列圆柱滚子轴承。承载能力大、刚性好、允许转速高，但该轴承只能承受径向载荷[图 2－23(a)]。

（2）双向推力角接触球轴承。该轴承一般与双列圆柱滚子轴承配套用作主轴的前支承，用于承受轴向载荷[图 2－23(b)]。

（3）双列圆锥滚子轴承。这种轴承同时承受径向载荷和轴向载荷，通常用作轴的前支承[图 2－23(c)]。

（4）带凸肩的双列圆柱滚子轴承。该轴承的空心滚子在承受冲击载荷时可产生微小变形，能增大接触面积并有吸振和缓冲作用[图 2－23(d)]。

（5）带预紧弹簧的单列圆锥滚子轴承，均匀增减弹簧可以改变预加载荷的大小[图 2－23(e)]。

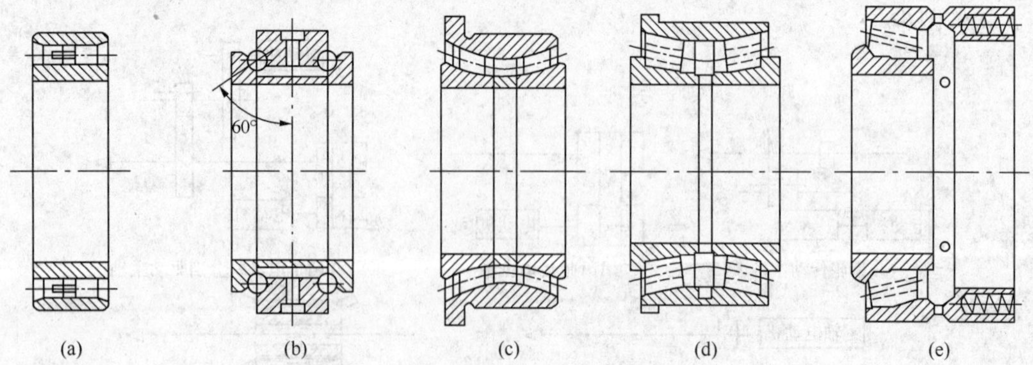

图 2－23　主轴常见滚动轴承的结构形式

2）主轴轴承的预紧

轴承预紧是使轴承滚道预先承受一定的载荷，增大滚动体与滚道之间的接触面积，增强抵抗变形的能力。

轴承的预紧可分为径向预紧和轴向预紧两种形式。径向预紧是用轴承内圈膨胀消除径向间隙，轴向预紧是通过轴承内、外圈之间的相对轴向位移进行预紧。

3）轴承的配置形式

数控车床的几种典型配置形式：速度型、高刚度型和刚度速度型。

（1）速度型。主轴前、后轴承都采用双联角接触球轴承。

（2）高刚度型。前支承采用双列短圆柱滚子轴承承受径向载荷和60°角接触双列向心推力球轴承承受轴向载荷，后支承采用双列短圆柱滚子轴承。

（3）刚度速度型。前轴承采用三联角接触轴承，后轴承采用双列短圆柱滚子轴承。

2.5.2 驱动传动机构

数控车床的进给运动采用的是无级调速的驱动方式，将电机的旋转运动变为工作台的直线运动。机械传动链包括：电机与丝杠之间的联接装置、滚珠丝杠副及导向元件等。

1）电机与丝杠之间的联接

电机与丝杠间的联接形式主要有三种：

（1）机械联接形式。采用齿轮传动副，但由于齿轮在制造中不可能达到理想要求，传动中会存在反向间隙。对闭环系统来说，齿侧间隙会影响系统的稳定性。

（2）经同步带轮传动。这种机械结构联接形式比较简单。同步带传动综合了带传动和链传动的优点，可以避免齿轮传动时引起的振动和噪声，但只能适于低扭矩特性要求的工作环境。

（3）电机通过联轴器直接与丝杠联接。通常是电机轴与丝杠之间采用锥环无键联接或高精度十字联轴器联接，保证了进给传动系统具有较高的传动精度和传动刚度，机械结构也比较简单。目前数控机床的进给运动中普遍采用这种联接形式。

2）滚珠丝杠螺母副

（1）滚珠丝杠螺母副工作原理。滚珠丝杠螺母副工作原理如图2－24所示。图中丝杠和螺母上都加工有圆弧形的螺旋槽，当它们对合起来就形成了螺旋滚道。滚道内装有滚珠，当丝杠与螺母相对运动时，滚珠沿螺旋槽向前滚动，在丝杠上滚过数圈以后通过回程引导装置，逐个地又滚回到丝杠与螺母之间，构成一个闭合的回路。

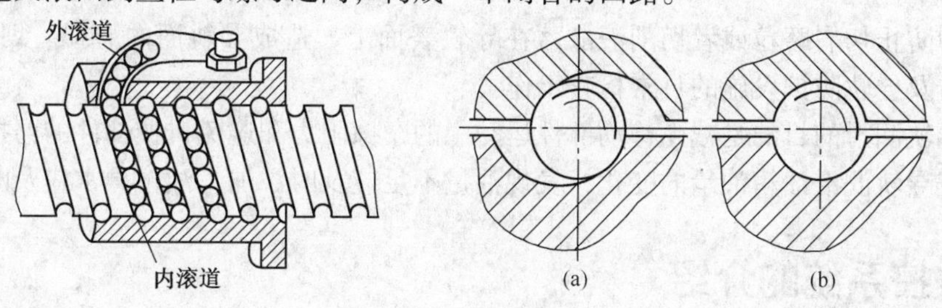

图2－24　滚珠丝杠示意图

（2）滚珠的循环方式。滚珠循环方式分为外循环和内循环两种方式。

外循环滚珠在循环过程结束后，通过螺母外表面上的螺旋槽或插管返回丝杠间重新进入循环(图 2-25)。

内循环这种循环靠螺母上安装的反向器接通相邻滚道，使滚珠成单圈环，滚珠从螺纹滚道进入反向器，借助反向器迫使滚珠越过丝杠牙顶进入相邻滚道，实现循环(图 2-26)。

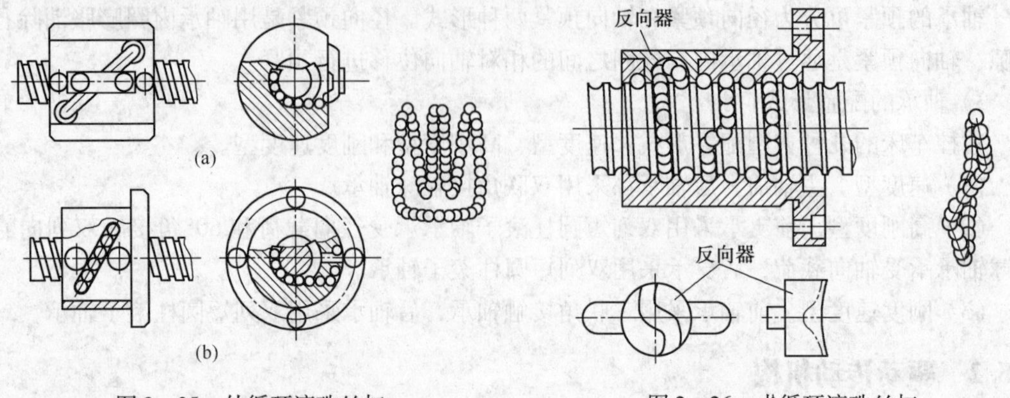

图 2-25　外循环滚珠丝杠　　　　图 2-26　内循环滚珠丝杠

(3) 滚珠丝杠的支承方式。进给系统要获得良好的传动刚度，除了滚珠丝杠螺母本身具备良好的刚度外，滚珠丝杠的正确安装及其支承的结构刚度也是很重要的因素。螺母座、丝杠端部的轴承刚性不足及其支承加工的不好，都会造成它们在受力后的过量变形。为了提高支承的轴向刚度，选择适当的滚动轴承及其支承方式是十分重要的。

(4) 滚珠丝杠的保护。滚珠丝杠副可用润滑来提高耐磨性及传动效率。滚珠丝杠的润滑剂分为润滑油及润滑脂两大类。工作中需要避免磨料微粒及化学活性物质进入滚珠丝杠副和其他滚动摩擦的传动元件内，如果在滚道上落入异物，或使用肮脏的润滑油(脂)，不仅会阻碍滚珠的正常运转，而且会使丝杠的磨损急剧增加。特别是暴露在外的丝杠，一般采用螺旋钢带、伸缩套筒、折叠式塑料等形式的防护罩，以防止细小金属铁屑和磨粒粘附到丝杠表面。

3) 导轨

数控机床的导轨起着支承和引导运动构件沿着一定轨迹运动的作用。数控机床的导轨按运动形式可分为直线运动导轨和圆周运动导轨；按摩擦性质可分为滚动摩擦导轨、滑动摩擦导轨、弹性摩擦导轨、流体摩擦导轨；按结构特点可分为力封式导轨、自封式导轨。

因机床的加工精度与导轨精度有直接的联系，因此日常使用中，要做好导轨的保养工作。

(1) 为防止切屑磨粒或者切削液散落在导轨表面上，造成导轨面的磨损、划伤、锈蚀，要做好导轨及导轨防护设施的日常检查工作。

(2) 导轨润滑的目的是减少移动部件运动中的摩擦阻力和避免机械部件的磨损，必须做到每班检查导轨润滑油箱油量的变化，发现油量不足应及时添加，油位异常应及时检查。

2.6　数控系统的介绍

目前，各种规格和性能指标不同的国内外品牌数控系统有很多，其中 FANUC 和 SIEMENS 数控系统应用最为广泛。本节主要介绍在数控车床中应用较多的 SINUMERIK802D sl 数控系统和 FANUC 0i-TD 数控系统。

2.6.1 SINUMERIK802D sl 数控系统

SINUMERIK802D sl 是一款结构紧凑的控制系统，它将数控系统中的所有模块(CNC，PLC 和 HMI)都集成在同一控制单元中。SINUMERIK802D sl 根据不同用户的需求，有 3 种选择：

(1) SINUMERIK802D sl Value 配置了 10.4in 彩色液晶显示器；高容量 CF 卡，支持 RS232/usb 接口；控制轴数 4 个(包括 3 个进给轴，1 主轴)；3 轴联动插补；系统内置 500kb 零件程序存储器；外置 CF 卡可用来运行海量程序；用于对刀和设定工件测量功能；20 段预读缓冲区；支持 DIN 标准和 ISO 编程语言；2D 零件程序模拟；PLC 梯图显示。适用于标准型数控车床。标准型数控铣床。

(2) SINUMERIK802D sl Plus 在 SINUMERIK802D sl Value 基础功能上增加了 6 个控制轴(包括 4 个进给轴，1 主轴和 1 个 PLC 轴)；系统内置 1MB 零件程序存储器；4 轴联动插补；TRANSMIT－车床的端面加工/TRACYL 车床、铣床的柱面加工；适于磨床的摆动功能、斜轴功能、外圆磨削循环、平面磨削循环；50 段预读缓冲区；刀具寿命管理。适用于带 C 轴功能的全功能数控车床、车铣中心；数控铣床、刀库小于 64 把刀的数控加工中心；数控磨床和数控冲床。

(3) SINUMERIK802D sl Pro 在 SINUMERIK802D sl Plus 基础功能上增加了，以太网接口实现以太网 DNC 在线加工和数控系统的远程诊断；100 段预读缓冲区；程序压缩器(样条函数)；内置 3MB 动态存储器。适用于带联网加工的全功能数控车床、车铣中心；数控铣床、刀库小于 128 把刀的数控加工中心；数控磨床和数控冲床。

SINUMERIK802D sl 数控系统与新一代驱动 SINAMICS S120 完美结合，提供了更为经济的系统连接方式，采用工业现场总线 PROFIBUS 连接数字输入输出及其他总线外设，并且使用高速的驱动串行总线连接驱动系统 SINAMICS S120。SINUMERIK802D sl 数控系统组成如图 2－27。

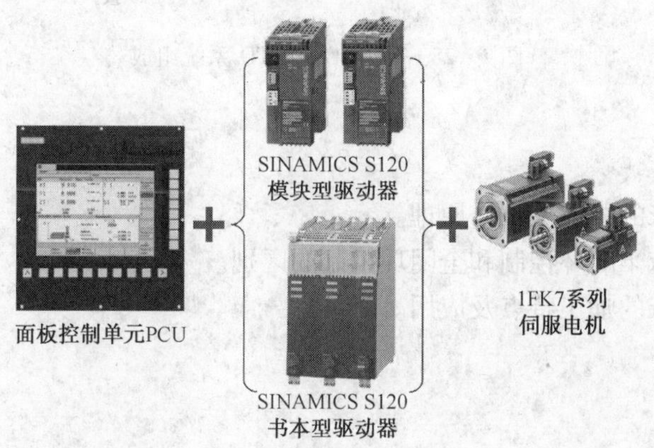

图 2－27 SINUMERIK802D sl 与 SINAMICS S120

2.6.2 FANUC 0i－TD 数控系统

FANUC 数控系统在设计中大量采用模块化结构。这种结构易于拆装，各个控制板高度集成，使可靠性有很大提高，而且便于维修、更换。FANUC 系统性能稳定，操作界面友好，具有比较健全的自我保护电路，可以在较为宽泛的环境中使用，对于电压、温度等外界条件的要求不是特别高，因此适应性很强。

PMC 信号和 PMC 功能指令极为丰富，增加了编程的灵活性。系统提供串行 RS232C 接口、以太网接口、CF 卡接口，能够完成 PC 和机床之间的数据传输。

FANUC CNC 系统 0i – TD 源自于 FANUC 的高端 CNC 30i 系列，性能比 0i – TC 更强，使用速度更高的 CPU，提高了 CNC 的处理速度，标配嵌入式以太网功能，根据用户的需要增加了控制软件，特别是一些适于模具加工和汽车制造应用的功能，如：纳米插补、用伺服电机做主轴控制、电子齿轮箱、存储卡内程序编辑、PMC 的功能模块等。FANUC 0i – TD 系列是高性价比、高可靠性、高集成度的小型化系统，代表了常用 CNC 的最高水平。FANUC 0i – TD 系统组成如图 2 – 28 所示。

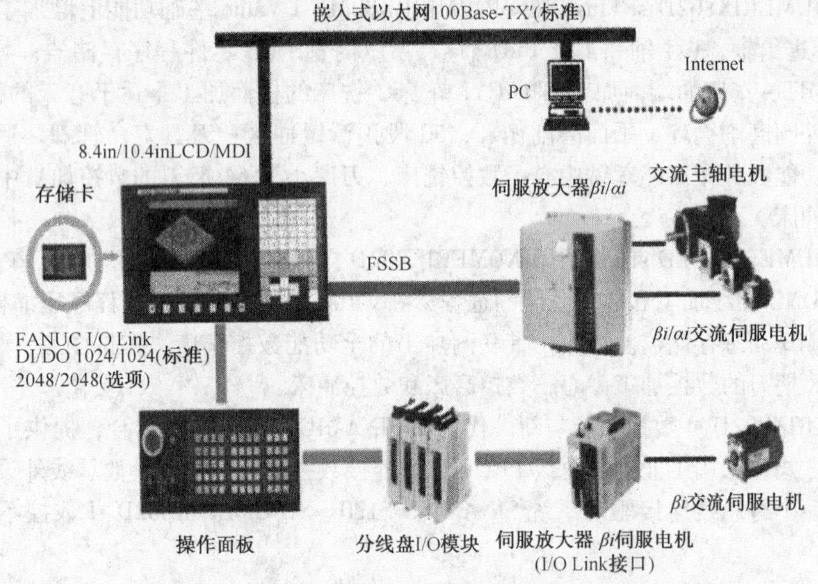

图 2 – 28　FANUC 0i – TD 系统组成

思考题

1. 阐述数控车床的组成及工作原理。
2. 简述数控车床半闭环控制和全闭环控制的区别。
3. 简述数控车床的加工特点及应用。

第 3 章　数控车床加工工艺基础

本章主要介绍了数控车床加工工艺编制知识、数控车床上常用的工装夹具、数控车削刀具、通用量具的使用等内容。通过本章内容的学习，可以了解数控加工工艺的分析和编制方法；了解现代数控车床的常用工装夹具；掌握数控车削刀具的特点及选用；会使用通用量具进行各类零件的测量。

3.1　数控车床加工工艺编制基础

3.1.1　数控车床加工工艺概述

1. 数控车床加工的主要对象

针对数控车床的特点，下列几种零件最适合数控车削加工。

1）精度要求高的回转体零件

由于数控车床刚性好，制造和对刀精度高以及能方便和精确地进行人工补偿和自动补偿，所以能加工尺寸精度要求较高的零件。在有些场合可以以车代磨。此外，数控车削的刀具运动是通过高精度插补运算和伺服驱动来实现的，再加上机床的刚性好和制造精度高，所以它能加工对母线直线度、圆度、圆柱度等形状精度要求高的零件。

对于圆弧以及其他曲线轮廓，加工出的形状与图纸上所要求的几何形状的接近程度比用仿形车床要高得多。不少位置精度要求高的零件用普通车床车削时，因机床制造精度低、工件装夹次数多而达不到要求，只能在车削后用磨削或其他方法弥补。例如图 3－1 所示的轴承内圈，若采用液压半自动车床和液压仿形车床加工，需多次装夹，因而会造成较大的壁厚差，达不到图纸要求。如果改用数控车床加工，一次装夹即可完成滚道和内孔的车削，壁厚差大为减小，且加工质量稳定。

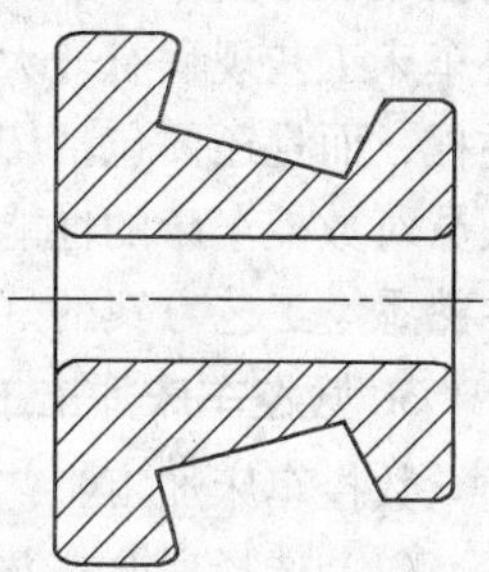

图 3－1　轴承内圈示意图

2）表面粗糙度要求高的回转体零件

某些数控车床具有恒线速切削功能，能加工出表面粗糙度值小而均匀的零件。在材质、精车余量和刀具已选定的情况下，表面粗糙度取决于进给量和切削速度。在普通车床上车削锥面和端面时，由于转速恒定不变，致使车削后的表面粗糙度不一致，只有某一直径处的粗糙度值最小。使用数控车床的恒线速切削功能，就可选用最佳线速度来切削锥面和端面，使车削后的表面粗糙度值既小又一致。数控车削还适合于车削各部位表面粗糙度要求不同的零件。粗糙度值要求大的部位选用大的进给量，要求小的部位选用小的进给量。

3）轮廓形状特别复杂或难于控制尺寸的回转体零件

由于数控车床具有直线和圆弧插补功能，部分车床数控装置还有某些非圆曲线插补功能，所以可以车削由任意直线和平面曲线组成的形状复杂的回转体零件或难于控制尺寸的零件，如具有封闭内成型面的壳体零件。如图 3－2 所示的壳体零件封闭内腔的成型面，“口小肚大”，在普通车床上是无法加工的，而在数控车床上则很容易加工出来。组成零件轮廓的曲线可以是数学方程式描述的曲线，也可以是列表曲线。对于由直线或圆弧组成的轮廓，直接利用机床的直线或圆弧插补功能。对于由非圆曲线组成的轮廓，可以用非圆曲线插补功能；若所选机床没有非圆曲线插补功能，则应先用直线或圆弧去逼近，然后再用直线或圆弧插补功能进行插补切削。

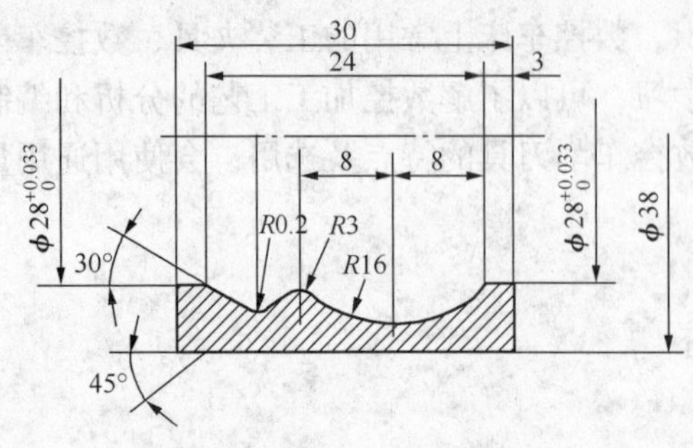

图 3－2　成型内腔零件示例

4）带特殊螺纹的回转体零件

普通车床所能车削的螺纹相当有限，它只能车等导程的直、锥面公制或英制螺纹，而且一台车床只能限定加工若干种导程的螺纹。数控车床不但能车削任何等导程的直、锥面螺纹和端面螺纹，而且能车增导程、减导程及要求等导程与变导程之间平滑过渡的螺纹，还可以车高精度的模数螺旋零件(如圆柱、圆弧蜗杆)和端面(盘形)螺旋零件等。数控车床可以配备精密螺纹切削功能，再加上一般采用硬质合金成型刀具以及可以使用较高的转速，所以车削出来的螺纹精度高，表面粗糙度小。

2. 数控车床加工工艺的基本特点

工艺规程是工人在加工时的指导性文件。由于普通车床受控于操作工人，因此，在普通车床上用的工艺规程实际上只是一个工艺过程卡，车床的切削用量、走刀路线、工序的工步等往往都是由操作工人自行选定。数控车床加工的程序是数控车床的指令性文件。数控车床受控于程序指令，加工的全过程都是按程序指令自动进行的。因此，数控车床加工程序与普通车床工艺规程有较大差别，涉及的内容也较广。数控车床加工程序不仅要包括零件的工艺过程，而且还要包括切削用量、走刀路线、刀具尺寸以及车床的运动过程。因此，要求编程人员对数控车床的性能、特点、运动方式、刀具系统、切削规范以及工件的装夹方法都要非常熟悉。工艺方案的好坏不仅会影响车床效率的发挥，而且将直接影响到零件的加工质量。

3. 数控车床加工工艺的主要内容

数控车床加工工艺主要包括如下内容：

(1）选择适合在数控车床上加工的零件，确定工序内容。

(2）分析被加工零件的图纸，明确加工内容及技术要求。

(3）确定零件的加工方案，制定数控加工工艺路线。如划分工序、安排加工顺序，处理与非数控加工工序的衔接等。

(4）加工工序的设计。如选取零件的定位基准、装夹方案的确定、工步划分、刀具选择和确定切削用量等。

(5）数控加工程序的调整。如选取对刀点和换刀点、确定刀具补偿及确定加工路线等。

3.1.2　数控车床加工工艺分析

工艺分析是数控车削加工的前期工艺准备工作。工艺制定的合理与否，对程序编制、机床的加工效率和零件的加工精度都有重要影响。因此，应遵循一般的工艺原则并结合数控车床的特点，认真而详细地制订好零件的数控车削加工工艺。其主要内容有：分析零件图纸、确定工件在车床上的装夹方式、各表面的加工顺序和刀具的进给路线以及刀具、夹具和切削用量的选择等。

1. 数控车床加工零件的工艺性分析

在选择并决定数控车床加工零件及其加工内容后，应对零件的数控车床加工工艺性进行全面、认真、仔细的分析。主要内容包括产品的零件图样分析、零件结构工艺性分析与零件毛坯的工艺性分析等。

1）零件图分析

首先应熟悉零件在产品中的作用、位置、装配关系和工作条件，搞清楚各项技术要求对零件装配质量和使用性能的影响，找出主要的、关键的技术要求，然后对零件图样进行分析。零件图工艺分析是工艺制订中的首要工作，主要包括以下内容。

(1)尺寸标注方法分析。零件图上尺寸标注方法应适应数控车床加工的特点，如图 3－3 所示，随以同一基准标注尺寸或直接给出坐标尺寸。这种标注方法既便于编程，又有利于设计基准、工艺基准、测量基准和编程原点的统一。

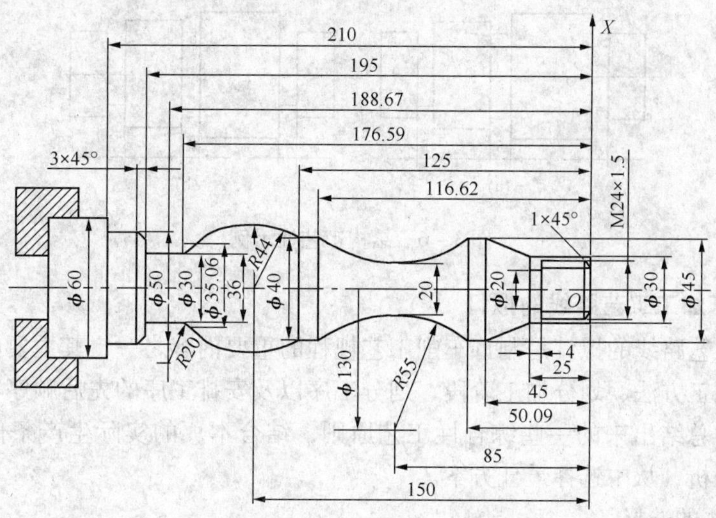

图 3－3 零件尺寸标注分析

(2) 轮廓几何要素分析。在手工编程时，要计算每个节点坐标；在自动编程时，要对构成零件轮廓的所有几何元素进行定义。因此在分析零件图时，要分析几何元素的给定条件是否充分。

如图 3－4 所示几何要素中，根据图示尺寸计算，圆弧与斜线相交而并非相切。又如图 3－5 所示几何要素中，图样上给定几何条件自相矛盾，总长不等于各段长度之和。

(3) 精度及技术要求分析。对被加工零件的精度及技术要求进行分析，是零件工艺性分析的重要内容，只有在分析零件尺寸精度和表面粗糙度的基础上，才能正确合理地选择加工方法、装夹方式、刀具及切削用量等。精度及技术要求分析的主要内容如下：

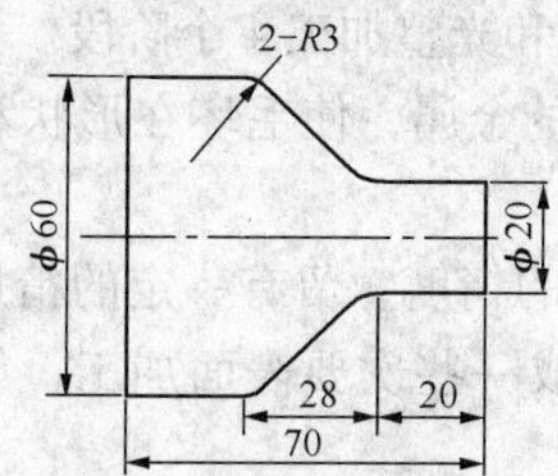

图 3－4 几何要素缺陷示例一

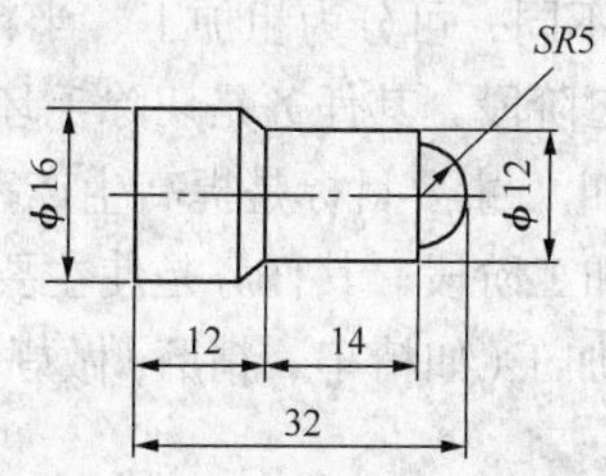

图 3－5 几何要素缺陷示例一

① 分析精度及各项技术要求是否齐全、是否合理。

② 分析本工序的数控车削加工精度能否达到图样要求，若达不到，需采取其他措施(如磨削)弥补的话，则应给后续工序留有余量。

③ 找出图样上有位置精度要求的表面，这些表面应在一次安装下完成。

④ 对表面粗糙度要求较高的表面，应确定用恒线速切削。

2）结构工艺性分析

零件的结构工艺性是指零件对加工方法的适应性，即所设计的零件结构应便于加工成型。在数控车床上加工零件时，应根据数控车削的特点，认真审视零件结构的合理性。例如图3－6(a)所示零件，需用三把不同宽度的切槽刀切槽，如无特殊需要，显然是不合理的，若改成图3－6(b)所示结构，只需一把刀即可切出三个槽。既减少了刀具数量，少占了刀架刀位，又节省了换刀时间。在结构分析时，若发现问题应向设计人员或有关部门提出修改意见。

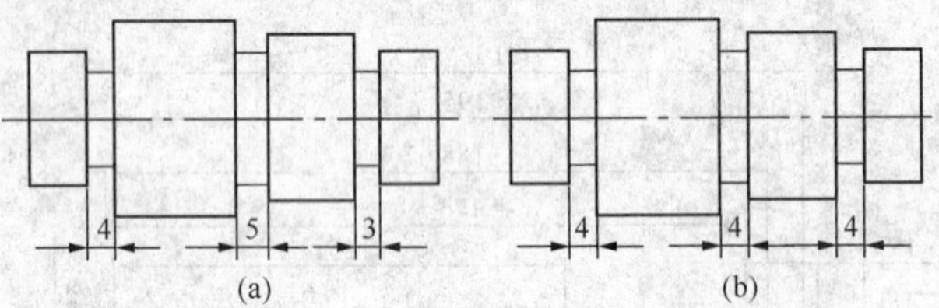

图3－6　结构工艺性示例

2. 数控车床加工工艺路线的拟订

车削加工工艺路线的拟订是制订车削工艺规程的重要内容之一，其主要内容包括：选择各加工表面的加工方法、划分加工阶段、划分工序以及安排工序的先后顺序等。设计者应根据从生产实践中总结出来的一些综合性工艺原则，结合本厂的实际生产条件，提出几种方案，通过对比分析，从中选择最佳方案。

1）加工方法的选择

机械零件的结构形状是多种多样的，但它们都是由平面、外圆柱面、内圆柱面或曲面、成型面等基本表面组成的。每一种表面都有多种加工方法，在数控车床上，能够完成内外回转体表面的车削、钻孔、镗孔、铰孔和攻螺纹等加工操作，具体选择时应根据零件的加工精度、表面粗糙度、材料、结构形状、尺寸及生产类型等因素，选用相应的加工方法和加工方案。

2）加工阶段的划分

当零件的加工质量要求较高时，往往不可能用一道工序来满足其要求，而要用几道工序逐步达到所要求的加工质量。为保证加工质量和合理地使用设备、人力，零件的加工过程通常按工序性质不同，可分为粗加工、半精加工、精加工和光整加工4个阶段。

(1)粗加工阶段。其任务是切除毛坯上大部分多余的金属，使毛坯在形状和尺寸上接近零件成品，因此，主要目标是提高生产率。

(2)半精加工阶段。其任务是使主要表面达到一定的精度，留有一定的精加工余量，为主要表面的精加工(如精车、精磨)做好准备。并可完成一些次要表面加工，如扩孔、攻螺纹、铣键槽等。

(3)精加工阶段。其任务是保证各主要表面达到规定的尺寸精度和表面粗糙度要求。主要目标是全面保证加工质量。

(4)光整加工阶段。对零件上精度和表面粗糙度要求很高(1T6 级以上，表面粗糙度为 R_a0. 2μm 以下)的表面，需进行光整加工，其主要目标是提高尺寸精度、减小表面粗糙度。一般不用来提高位置精度。

划分加工阶段的目的如下：

①保证加工质量。工件在粗加工时，切除的金属层较厚，切削力和夹紧力都比较大，切削温度也比较高，将会引起较大的变形。如果不划分加工阶段，粗、精加工混在一起，就无法避免上述原因引起的加工误差。按加工阶段加工，粗加工造成的加工误差可以通过半精加工和精加工来纠正，从而保证零件的加工质量。

②合理使用设备。粗加工余量大，切削用量大，可采用功率大、刚度好、效率高而精度低的机床。精加工切削力小，对机床破坏小，采用高精度机床。这样发挥了设备的各自特点，既能提高生产率，又能延长精密设备的使用寿命。

③便于及时发现毛坯缺陷。对毛坯的各种缺陷，如铸件的气孔、夹砂和余量不足等，在粗加工后即可发现，便于及时修补或决定报废，以免继续加工下去，造成浪费。

④便于安排热处理工序。如粗加工后，一般要安排去应力热处理，以消除内应力。精加工前要安排淬火等最终热处理，其变形可以通过精加工予以消除。加工阶段的划分也不应绝对化，应根据零件的质量要求、结构特点和生产纲领灵活掌握。对加工质量要求不高、工件刚性好、毛坯精度高、加工余量小、生产纲领不大时，可不必划分加工阶段。对刚性好的重型工件，由于装夹及运输很费时，也常在一次装夹下完成全部粗、精加工。对于不划分加工阶段的工件，为减少粗加工中产生的各种变形对加工质量的影响，在粗加工后，松开夹紧机构，停留一段时间，让工件充分变形，然后再用较小的夹紧力重新夹紧，进行精加工。

3）工序的划分

(1) 工序划分的原则。工序的划分可以采用两种不同原则，即工序集中原则和工序分散原则。

① 工序集中原则。工序集中原则是指每道工序包括尽可能多的加工内容，从而使工序的总数减少。采用工序集中原则的优点是：有利于采用高效的专用设备和数控机床，提高生产效率；减少工序数目，缩短工艺路线，简化生产计划和生产组织工作；减少机床数量、操作工人数和占地面积；减少工件装夹次数，不仅保证了各加工表面间的相互位置精度，而且减少了夹具数量和装夹工件的辅助时间。但专用设备和工艺装备投资大、调整维修比较麻烦、生产准备周期较长，不利于转产。

② 工序分散原则。工序分散就是将工件的加工分散在较多的工序内进行，每道工序的加工内容很少。采用工序分散原则的优点是：加工设备和工艺装备结构简单，调整和维修方便，操作简单，转产容易；有利于选择合理的切削用量，减少机动时间。但工艺路线较长，所需设备及工人人数多，占地面积大。

(2)工序划分方法。工序划分主要考虑生产纲领、所用设备及零件本身的结构和技术要求等。大批量生产时，若使用多轴、多刀的高效加工中心，可按工序集中原则组织生产；若在由组合机床组成的自动线上加工，工序一般按分散原则划分。随着现代数控技术的发展，特别是加工中心的应用，工艺路线的安排更多地趋向于工序集中。单件小批量生产时，通常采用工序集中原则。成批生产时，可按工序集中原则划分，也可按工序分散原则划分，应视具体情况而定。对于结构尺寸和重量都很大的重型零件，应采用工序集中原则，以减少装夹次数和运输量。对于刚性差、精度高的零件，应按工序分散原则划分工序。

在数控车床上加工零件，一般应按工序集中的原则划分工序，在一次安装下尽可能完成大部分甚至全部表面的加工。根据零件的结构形状不同，通常选择外圆、端面或内孔、端面装夹，并力求设计基准、工艺基准和编程原点的统一。在批量生产中，常用下列两种方法划分工序。

① 按零件加工表面划分。将位置精度要求较高的表面安排在一次安装下完成，以免多次安装所产生的安装误差影响位置精度。例如图 3－7 所示的轴承内圈，其内孔对小端面的垂直度、滚道和大挡边对内孔回转中心的角度差以及滚道与内孔间的壁厚差均有严格的要求，精加工时划分成两道工序，用两台数控车床完成。第一道工序采用图 3－7(a)所示的以大端面和大外径装夹的方案，将滚道、小端面及内孔等安排在一次安装下车出，很容易保证了上述的位置精度。第二道工序采用图 3－7(b)所示的以内孔和小端面装夹方案，车削大外圆和大端面。

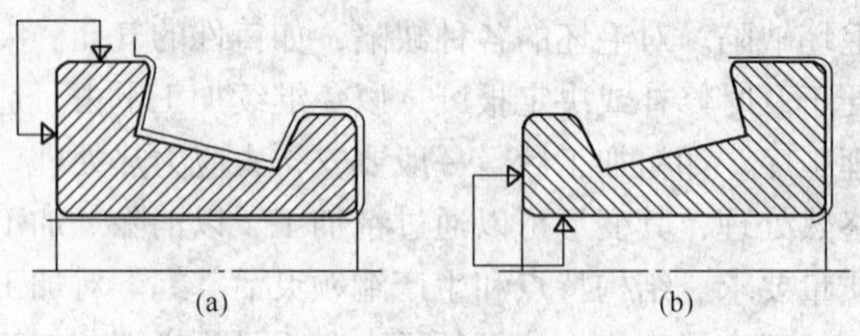

图 3－7　轴承内圈加工方案

② 按粗、精加工划分。对毛坯余量较大和加工精度要求较高的零件，应将粗车和精车分开，划分成两道或更多的工序。将粗车安排在精度较低、功率较大的数控车床上，将精车安排在精度较高的数控车床上。

例如加工如图 3－8(a)所示手柄零件，坯料 $\phi32$ 棒料，批量生产，用一台数控车床加工，要求划分工序并确定装夹方式。

工序 1：如图 3－8(b)所示，夹外圆柱面，车 $\phi12$、$\phi20$ 两圆柱面→圆锥面(粗车掉及 R42 圆弧部分余量)→留出总长余量切断。

工序 2：如图 3－8(c)所示，用 $\phi12$ 外圆柱面和 $\phi20$ 端面装夹，车 30°锥面→所有圆弧表面半精车→所有圆弧表面精车成型。

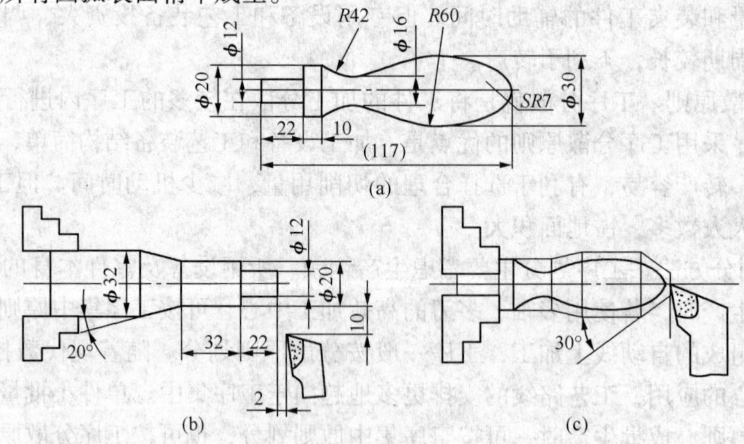

图 3－8　手柄加工示意图

4）加工顺序的安排

在选定加工方法、划分工序后，工艺路线拟定的主要内容就是合理安排这些加工方法和加工工序的顺序。零件的加工工序通常包括切削加工工序、热处理工序和辅助工序（包括表面处理、清洗和检验等），这些工序的顺序直接影响到零件的加工质量、生产效率和加工成本。因此，在设计工艺路线时，应合理安排好切削加工、热处理和辅助工序的顺序，并解决好工序间的衔接问题。

（1）车削加工工序的安排。制订零件车削加工顺序一般遵循下列原则：

① 先粗后精。按照粗车→半精车→精车的顺序进行，逐步提高加工精度。粗车将在较短的时间内将工件表面上的大部分加工余量（如图 3－9 中的双点划线内所示部分）切掉，一方面提高金属切除率，另一方面满足精车的余量均匀性要求。若粗车后所留余量的均匀性满足不了精加工的要求时，则要安排半精车，以此为精车作准备。精车要保证加工精度，按图样尺寸一刀切出零件轮廓。

② 先近后远。在一般情况下，离对刀点近的部位先加工，离对刀点远的部位后加工，以便缩短刀具移动距离，减少空行程时间。对于车削而言，先近后远还有利于保持坯件或半成品的刚性，改善其切削条件。

例如加工如图 3－10 所示零件，当第一刀吃刀量未超限时，应该按 $\phi 34 \to \phi 36 \to \phi 38$ 的次序先近后远地安排车削顺序。

③ 内外交叉。对既有内表面（内型腔），又有外表面需加工的零件，安排加工顺序时，应先进行内外表面粗加工，后进行内外表面精加工。切不可将零件上一部分表面（外表面或内表面）加工完毕后，再加工其他表面（内表面或外表面）。

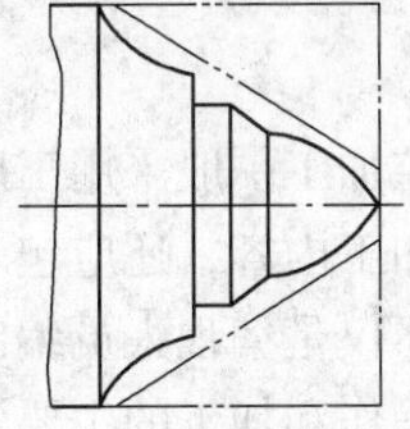

图 3－9　先粗后精示例

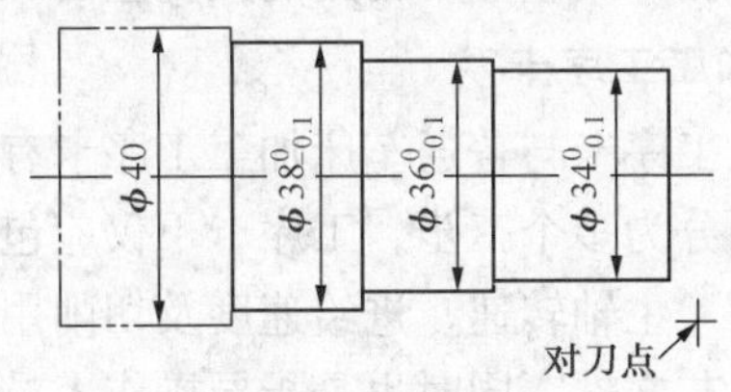

图 3－10　先近后远示例

④ 基面先行原则。用作精基准的表面应优先加工出来，因为定位基准的表面越精确，装夹误差就越小。例如轴类零件加工时，总是先加工中心孔，再以中心孔为精基准加工外圆表面和端面。

（2）热处理工序的安排。为提高材料的力学性能、改善材料的切削加工性能和消除工件的内应力，在工艺过程中要适当安排一些热处理工序。热处理工序在工艺路线中的安排主要取决于零件的材料和热处理的目的。

① 预备热处理。预备热处理的目的是改善材料的切削性能，消除毛坯制造时的残余应力，改善组织。其工序位置多在机械加工之前，常用的有退火、正火等。

② 消除残余应力热处理。由于毛坯在制造和机械加工过程中产生的内应力，会引起工件变形，影响加工质量，因此要安排消除残余应力热处理。消除残余应力热处理最好安排在粗加工之后精加工之前，对精度要求不高的零件，一般将消除残余应力的人工时效和退火安排在毛坯进入机加工车间之前进行。对精度要求较高的复杂铸件，在机加工过程中通常安排

两次时效处理：铸造→粗加工→时效→半精加工→时效→精加工。对高精度零件，如精密丝杠、精密主轴等，应安排多次消除残余应力热处理，甚至采用冰冷处理以稳定尺寸。

③ 最终热处理。最终热处理的目的是提高零件的强度、表面硬度和耐磨性，常安排在精加工工序(磨削加工)之前。常用的有淬火、渗碳、渗氮和碳氮共渗等。

(3)辅助工序的安排。辅助工序主要包括：检验、清洗、去毛刺、去磁、倒棱边、涂防锈油和平衡等。其中检验工序是主要的辅助工序，是保证产品质量的主要措施之一，一般安排在粗加工全部结束后精加工之前、重要工序之后、工件在不同车间之间转移前和工件全部加工结束后。

(4) 数控加工工序与普通工序的衔接。数控工序前后一般都穿插有其他普通工序，若衔接不好就容易产生矛盾，因此要解决好数控工序与非数控工序之间的衔接问题。最好的办法是建立相互状态要求，例如要不要为后道工序留加工余量，留多少；定位面与孔的精度要求及形位公差等。其目的是达到相互能满足加工需要，且质量目标与技术要求明确，交接验收有依据。关于手续问题，如果是在同一个车间，可由编程人员与主管该零件的工艺员协商确定，在制订工序工艺文件中互审会签，共同负责；如果不是在同一个车间，则应用交接状态表进行规定，共同会签，然后反映在工艺规程中。

3.1.3 数控加工工艺文件

编写数控加工工艺文件是数控加工工艺设计的内容之一。这些工艺文件既是数控加工和产品验收的依据，也是操作者必须遵守和执行的规程。不同的数控机床和加工要求，工艺文件内容和格式有所不同，因目前尚无统一的国家标准，各企业可根据自身特点制定出相应的工艺文件。下面介绍企业中常用的几种主要工艺文件。

1. 数控加工工序卡

数控加工工序卡与普通车床加工工序卡有较大区别。数控加工一般采用工序集中，每一加工工序可划分为多个工步，工序卡不仅应包含每一工步的加工内容，还应包含其所有刀具号、刀具规格、主轴转速、进给速度及切削用量等内容。它不仅是编程人员编制程序时必须遵守的基本工艺文件，同时也是指导操作人员进行数控机床操作和加工的主要资料。不同的数控机床，数控加工工序卡可采用不同的格式和内容。表 3－1 是数控车床常用加工工艺卡。

表 3－1　×××的数控加工工艺卡

<table>
<tr><td rowspan="2">单位名称</td><td colspan="2" rowspan="2">×××</td><td colspan="2">产品名称或代号</td><td colspan="2">零件名称</td><td colspan="2">零件图号</td></tr>
<tr><td colspan="2">××××</td><td colspan="2">××××</td><td colspan="2">20120001</td></tr>
<tr><td>工序号</td><td colspan="2">程序编号</td><td colspan="2">夹具名称</td><td colspan="2">使用设备</td><td colspan="2">车间</td></tr>
<tr><td>001</td><td colspan="2">××××</td><td colspan="2">三爪卡盘和活动顶尖</td><td colspan="2">CK6150i</td><td colspan="2">数控车间</td></tr>
<tr><td>工步号</td><td colspan="2">工步内容</td><td>刀具号</td><td>刀具规格/mm</td><td>主轴转速/(r/min)</td><td>进给速度/(mm/r)</td><td>背吃刀量 mm</td><td>备注</td></tr>
<tr><td>1</td><td colspan="2"></td><td></td><td></td><td></td><td></td><td></td><td></td></tr>
<tr><td>2</td><td colspan="2"></td><td></td><td></td><td></td><td></td><td></td><td></td></tr>
<tr><td>3</td><td colspan="2"></td><td></td><td></td><td></td><td></td><td></td><td></td></tr>
<tr><td>4</td><td colspan="2"></td><td></td><td></td><td></td><td></td><td></td><td></td></tr>
<tr><td>编制</td><td>×××</td><td>审核</td><td>×××</td><td>批准</td><td>×××</td><td>年月日</td><td>共　页</td><td>第　页</td></tr>
</table>

2. 数控加工具卡

数控加工刀具卡主要反映使用刀具的规格名称、编号、刀长和半径补偿值以及所加工表面等内容，它是操作人员准备和调整刀具、输入刀补参数的主要依据。表 3－2 是数控车床常用加工刀具卡。

表 3－2　×××的数控加工刀具卡

产品名称或代号		×××		零件名称	×××	零件图号	20120001
序号	刀具号	刀具规格名称	数量	加工表面		刀尖半径/mm	备注
1							
2							
3							
4							
编制	×××	审核	×××	批准	×××	共　页	第　页

3. 数控加工走刀路线图

一般用数控加工走刀路线图来反映刀具进给路线，该图应准确描述刀具从起刀点开始，直到加工结束返回终点的轨迹。它不仅是程序编制的依据，同时也便于机床操作人员了解刀具运动路线(如从哪里进刀、从哪里抬刀等)，设计好夹紧位置及控制夹紧元件的高度，以避免碰撞事故发生。走刀路线图一般可用统一约定的符号来表示，不同的机床可以采用不同的图例与格式。

4. 数控加工程序单

数控加工程序单是编程人员根据工艺分析情况，经过数值计算，按照数控机床的程序格式和指令代码编制的。它是记录数控加工工艺过程、工艺参数、位移数据的清单，同时可帮助操作人员正确理解加工程序内容。

3.2　数控加工中工件的定位与装夹

3.2.1　工件在机床上的定位

切削加工时，必须使工件在机床或夹具中相对刀具及其切削成形运动占有某一正确的位置，称为定位。为了在加工中使工件能承受切削力，并保持其正确位置，还需把它压紧或夹牢，称为夹紧。从定位到夹紧的过程称为安装或装夹。

1. 六点定位原理

一个尚未定位的工件，其位置是不确定的。如图 3－11 所示，在空间直角坐标系中，工件可沿 x、y、z 轴有不同的位置，这种工件位置的不确定性，通常称为自由度。其中 $\vec{x}$、$\vec{y}$、$\vec{z}$ 称为沿 x、y、z 轴线方向的自由度；$\widehat{x}$、$\widehat{y}$、$\widehat{z}$ 称为绕 x、y、z 轴回转方向的自由度。定位的任务，首先是消除工件的自由度。

消除工件自由度最基本的方法，是用合理分布的 6 个支承点限制工件的 6 个自由度，使工件在夹具中的位置完全确定，此即通常所说的六点定位原理。如图 3－12 所示，工件以

A、B、C 三个平面为定位基准，底面 A 紧贴在支承点 1、2、3 上，限制了 $\widehat{x}$、$\widehat{y}$、$\overrightarrow{z}$ 三个自由度，侧面 B 紧贴在 4、5 支承点上，限制了 $\overrightarrow{x}$、$\widehat{z}$ 两个自由度，端面 C 紧贴在支承点 6 上，限制了 $\overrightarrow{y}$ 一个自由度。这样 6 个支承点就限制了工件全部的自由度。

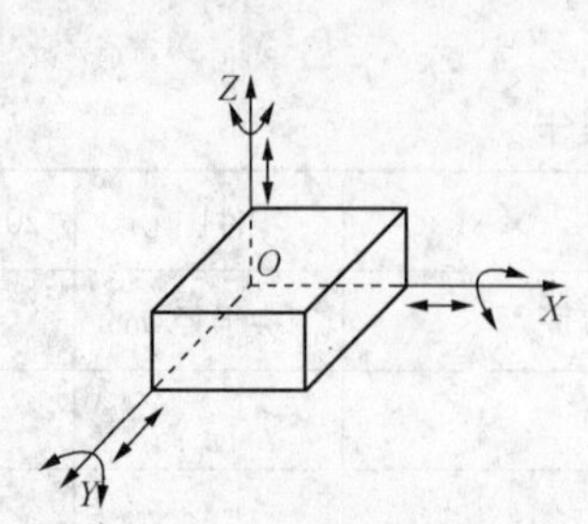

图 3－11　工件的六个自由度

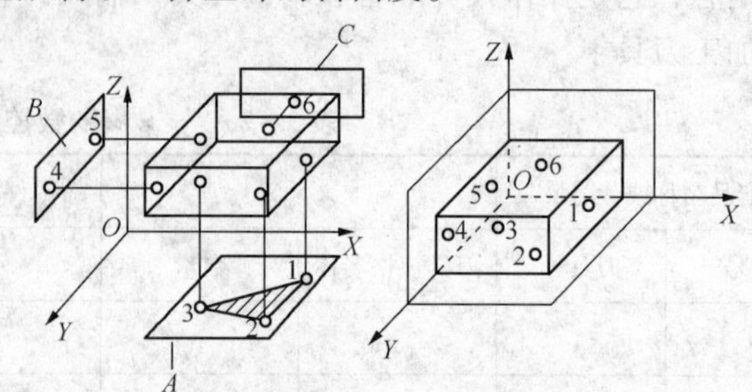

图 3－12　六点定位原理

在应用六点定位原理分析工件的定位时，应注意以下几点：

(1) 只有合理布置定位支承点，才能有效地限制工件的自由度。例如，只有不共线的 3 个支承点才能限制工件的 3 个自由度。

(2) 定位支承点是由定位元件抽象而来的，在夹具中，定位支承点总是通过具体的定位元件体现。例如，一个支承钉视作 1 个点，一个支承板视作 2 个点，一个支承平面视作 3 个点。

(3) 定位支承点限制工件自由度的作用，应理解为定位支承点与工件定位基准面始终保持紧贴接触。若二者脱离，则意味着失去定位作用。

(4) 分析定位支承点的定位作用时，不考虑力(如切削力)的影响。工件的某一自由度被限制，是指工件在这一方向上有确定的位置。夹紧才需要考虑力的影响。

2. 定位基准的选择

使工件在机床上或夹具中占有正确位置的过程，称为定位。在工件的机械加工工艺过程中，合理地选择定位基准对保证工件的尺寸精度和相互位置精度起重要的作用。

定位基准有粗基准和精基准两种。毛坯在开始加工时，都是以未加工的表面定位，这种基准面称为粗基准；用已加工后的表面作为定位基准面称为精基准。

1) 粗基准的选择

选择粗基准时，必须要达到以下两个基本要求：其一，应保证所有加工表面都有足够的加工余量；其二，应保证工件加工表面和不加工表面之间具有一定的位置精度。粗基准的选择原则如下：

(1) 加工表面与不加工表面有位置精度要求时，应选择不加工表面为粗基准。如图 3－13 所示的手轮，因为铸造时有一定的形位误差，在第一次装夹车削时，应选择手轮内缘的不加工表面作为粗基准，加工后就能保证轮缘厚度基本相等，如图 3－13(a)所示。如果选择手轮外圆(加工表面)作为粗基准，加工后因铸造误差不能消除，使轮缘厚薄明显不一致，如图 3－13(b)所示。也就是说，在车削前，应该找正手轮内缘，或用三爪自定心卡盘反撑在手轮的内缘上进行车削。

(2) 对所有表面都需要加工的工件，应该根据加工余量最小的表面找正，这样不会因位置的偏移而造成余量太少的部位加工不出来。如图 3－14 所示的台阶轴是锻件毛坯，A 段余量较小，B 段余量较大，粗车时应找正 A 段，再适当考虑 B 段的加工余量。

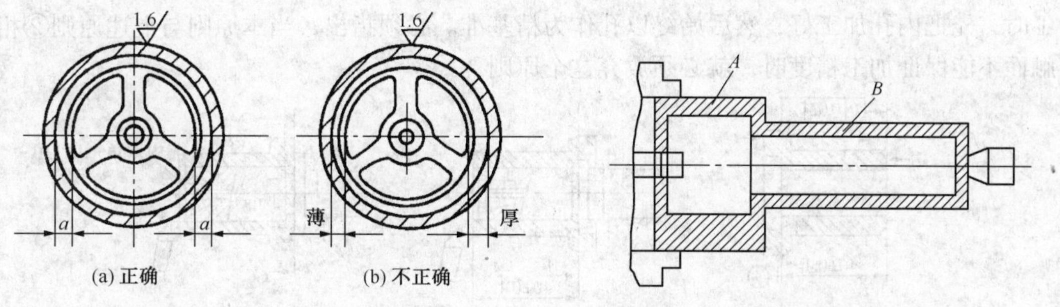

图 3－13　粗基准的选择示例　　　　图 3－14　根据余量小的表面找正

（3）应选用工件上强度、刚性好的表面作为粗基准，否则会将工件夹坏或松动。

（4）粗基准应选择平整光滑的表面，铸件装夹时应让开浇冒口部分。

（5）粗基准不能重复使用。

2）精基准的选择

精基准的选择原则如下：

（1）可能采用设计基准或装配基准作为定位基准。一般的套、齿轮坯和皮带轮，精加工时一般利用心轴以内孔作为定位基准来加工外圆及其他表面，如图 3－15 所示。在车配三爪自定心卡盘法兰时，如图 3－15(d)所示，一般先车好内孔和螺纹，然后把它安装在主轴上再车配安装三爪自定心卡盘的凸肩和端面。这种加工方法的定位基准和装配基准重合，使装配精度容易达到满意的效果。

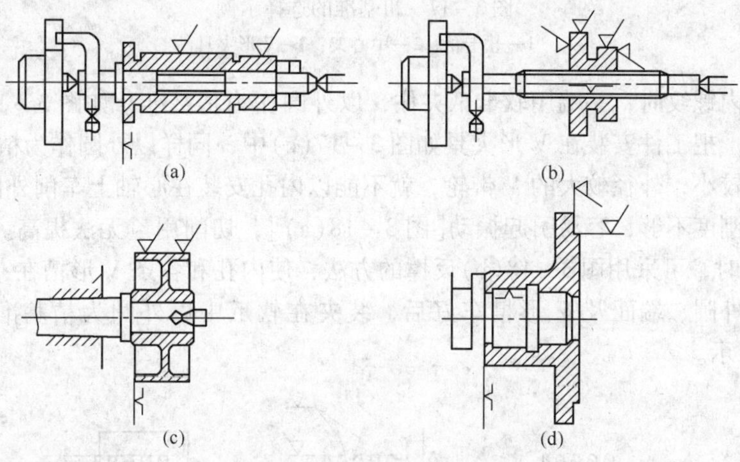

图 3－15　精基准的选择

（2）可能使定位基准和测量基准重合。如图 3－16(a)所示的套，*A* 和 *B* 之间的长度公差为 0.1mm，测量基准面为 *A*。如图 3－16(b)所示心轴加工时，因为轴向定位基准是 *A* 面，这样定位基准跟测量基准重合，使工件容易达到长度公差要求。如果图 3－16(c)用 *C* 面作为长度定位基准，由于 *C* 面与 *A* 面之间也有一定误差，这样就产生了间接误差，误差累计后，很难保证 40mm ±0.1mm 的要求。

（3）尽可能使基准统一。除第 1 道工序外，其余加工表面尽量采用同一个精基准，因为基准统一后，可减少定位误差，提高加工精度，使装夹方便。

如一般轴类工件的中心孔，在车、铣、磨等工序中，始终用它作为精基准。又如齿轮加工时，先把内孔加工好，然后始终以孔作为精基准。必须指出，当本原则与上述原则②相抵触而不能保证加工精度时，就必须放弃这个原则。

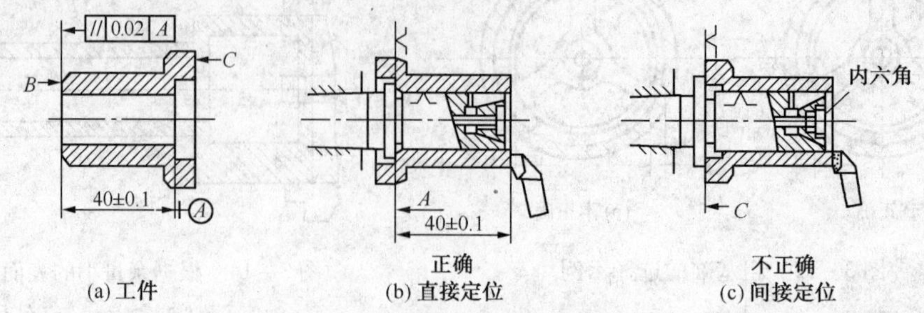

(a) 工件　(b) 直接定位　(c) 间接定位

图 3 - 16　定位基准与测量基准

（4）择精度较高，形状简单和尺寸较大的表面作为精基准。这样可以减少定位误差，使定位稳固，还可使工件减少变形。如图 3 - 17(a)所示的内圆磨具套筒，外圆长度较长，形状复杂，在车削和磨削内孔时，应以外圆作为定位精基准。

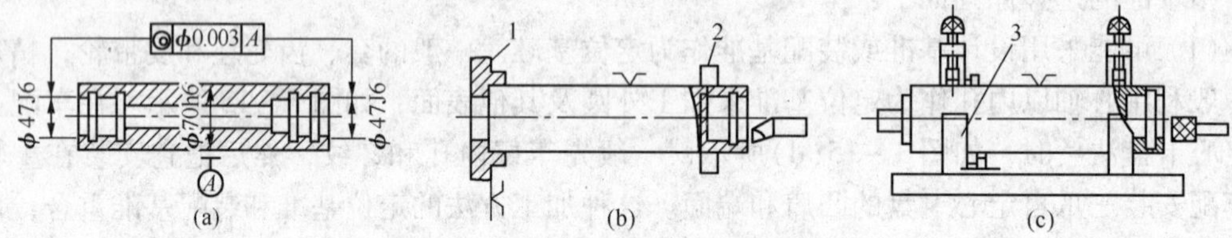

(a)　(b)　(c)

图 3 - 17　粗基准的选择示例

1—软卡爪；2—中心架；3—V 形夹具

车内孔和内螺纹时，一端用软卡爪夹住，以外圆作为精基准，如图 3 - 17(b)所示。磨削两端内孔时，把工件安装在 V 形夹具如图 3 - 17(c)中，同样以外圆作为精基准。

又如内孔较小，外径较大的 V 带轮，就不能以内孔安装在心轴上车削外圆上的 V 形槽。这是因为心轴刚度不够，容易引起振动[图 3 - 18(a)]，切削用量无法提高。因此车削直径较大的 V 带轮时，可采用图 3 - 18(b)反撑的方法，使内孔和各条 V 形槽在一次装夹中加工完毕，或先把外圆、端面及 V 形槽车好后，装夹在软爪中以外圆为精基准加工内孔，如图 3 - 18(c)所示。

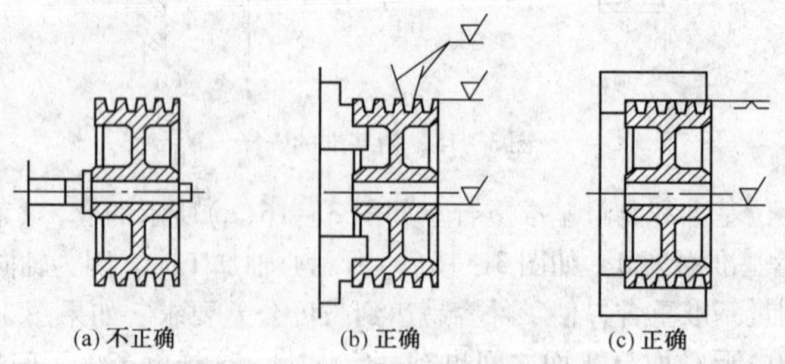
(a) 不正确　(b) 正确　(c) 正确

图 3 - 18　车 V 形带时精基准的选择

3.2.2　工件的夹紧

将工件定位后的位置固定下来称为夹紧，夹紧的目的是保持工件在定位中所获得的正确位置，使其在外力(夹紧力、切削力、离心力等)作用下，不发生移动和振动。

1. 工件装夹的方式

(1) 直接找正装夹。工件的定位过程可以由操作工人直接在机床上利用指示表、划针盘等工具找正某些有相互位置要求的表面，然后夹紧工件称为直接找正装夹。例如套类零件内孔磨削时的装夹，如图 3 – 19 所示，磨削前应将工件轻轻夹在内圆磨床的单动卡盘中，以指示表对外圆进行找正，使外圆轴线与机床主轴轴线相重合，然后夹紧，以保证磨削后工件外圆与内圆的同轴度。这种安装方式效率低，但找正精度可以很高，适合单件小批量生产或在精度要求特别高的生产中使用。

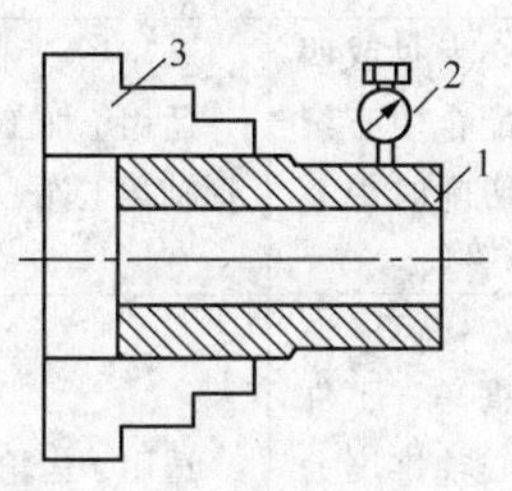

图 3 – 19　直接找正安装

1—工件；2—指示表；3—单动卡盘

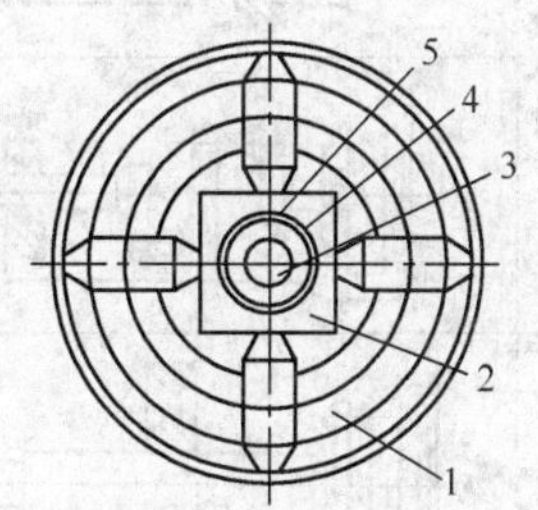

图 3 – 20　划线找正装夹

1—单动卡盘；2—工件；3—毛坯孔；4—划线孔；5—检验线孔

(2) 划线找正装夹。划线找正装夹方法是按图样要求在工件表面上划出位置线以及加工线和找正线，装夹工件时，先在机床上按找正线找正工件位置，然后夹紧工件。例如在长方形工件上镗孔，如图 3 – 20 所示，可先在划线平台上划出孔的十字中心线，再划出加工线和找正线，然后将工件在单动卡盘上轻轻夹住，用划线检查找正线，找正后夹紧工件。划线找正装夹不需要其他专用设备，通用性好，但生产率低，精度不高，适用于单件、中小批量生产中的复杂铸件或零件精度较低的粗加工工序。

(3) 用夹具装夹。夹具是按照被加工工序要求专门设计的，夹具上的定位元件能使工件相对于机床与刀具迅速占有正确位置，不需找正就能保证工件的装夹定位精度。用夹具装夹工件，生产率高，并可保证较高的定位精度，但需要设计、制造专用夹具，广泛用于成批及大量生产。

2. 工件常用的装夹方法

一般工件常用的装夹方法见表 3 – 3。

表 3 – 3　一般工件常用的装夹方法

装夹方法	图　示	特　点	适用范围
外梅花顶尖装夹		顶尖顶紧即可车削，装夹方便、迅速	适用于带孔工件，孔径大小应在顶尖允许的范围内

续表

适用范围	装夹方法	图　示	特　点
内梅花顶尖装夹	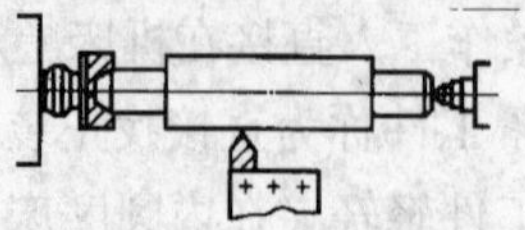	顶尖顶紧即可车削，装夹方便、迅速	适用于不留中心孔的轴类工件，需要磨削时，采用无心磨床磨削
摩擦力装夹	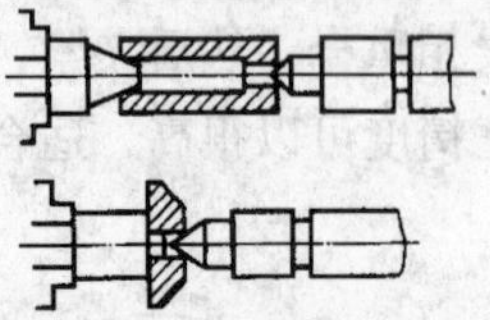	利用顶尖顶紧工件后产生的摩擦力克服切削力	适用于精加工余量较小的圆柱面或圆锥面
中心架装夹	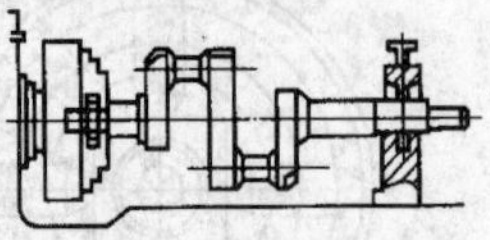	三爪自定心卡盘或四爪单动卡盘配合中心架紧固工件，切削时中心架受力较大	适用于加工曲轴等较长的异形轴类工件
锥形心轴装夹	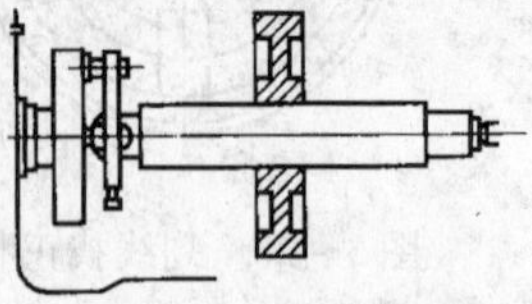	心轴制造简单，工件的孔径可在心轴锥度允许的范围内适当变动	适用于齿轮拉孔后精车外圆
夹顶式整体心轴装夹	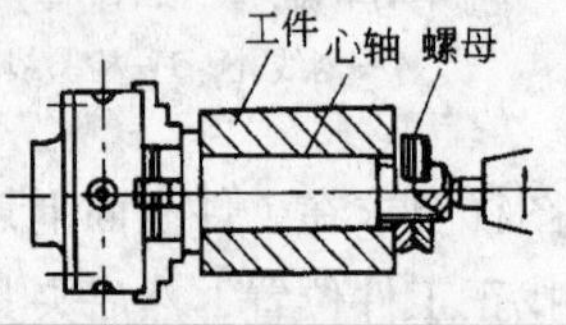 工件 心轴 螺母	工件与心轴间隙配合，靠螺母旋紧后的端面摩擦力克服切削力	适用于孔与外圆同轴度要求一般的工件外圆车削
胀力心轴装夹	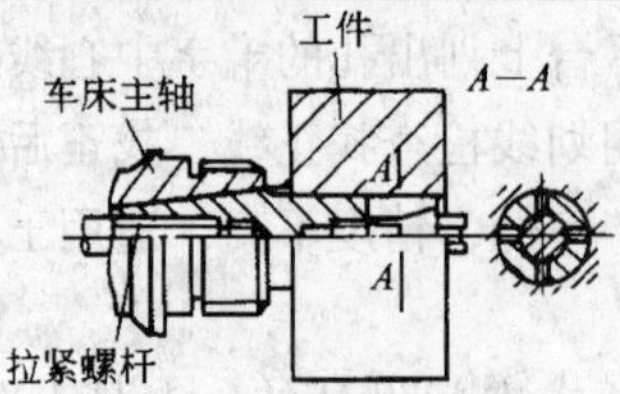 工件 A—A 车床主轴 A A 拉紧螺杆	心轴通过圆锥的相对位移产生弹性变形而胀开把工件夹紧，装卸工件方便	适用于孔与外圆同轴度要求较高的工件外圆车削
带花键心轴装夹	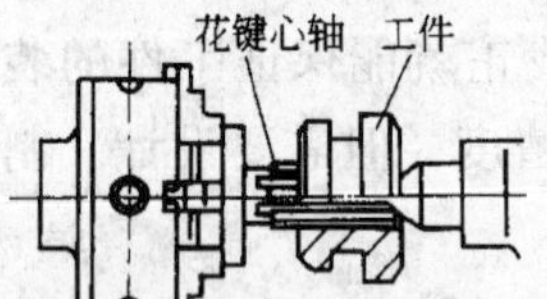 花键心轴 工件	花键心轴外径带有锥度，工件轴向推入即可夹紧	适用于具有矩形花键或渐开线花键孔的齿轮和其他工件
外螺纹心轴装夹	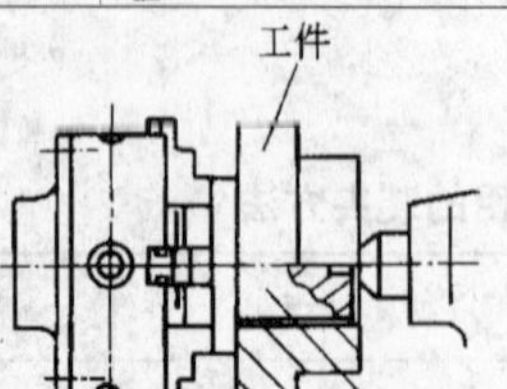 工件 螺纹心轴	利用工件本身的内螺纹旋入心轴后紧固，装卸工件不方便	适用于有内螺纹和对外圆同轴度要求不高的工件
内螺纹心轴装夹	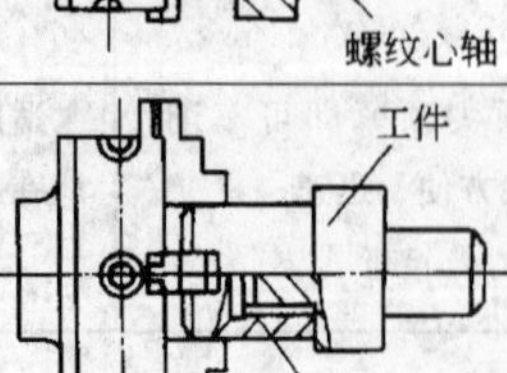 工件 内螺纹心轴	利用工件本身的外螺纹旋入心套后紧固，装卸工件不方便	适用于多台阶而轴向尺寸较短的工件

3.2.3 复杂、畸形、精密工件装夹

车削过程中，主要是加工有回转表面的、比较规则的工件。但也经常遇到一外形复杂，不规则的异形工件。如图 3－21 所示的对开轴承、十字孔工件、双孔连杆、环首螺钉、齿轮油泵体及偏心工件、曲轴等。这些工件不宜用三、四爪卡盘装夹。

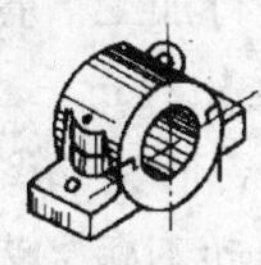
(a) 对开轴承座

(b) 十字孔工作

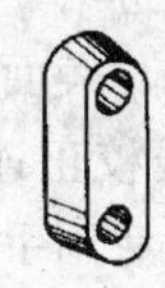
(c) 双孔连杆

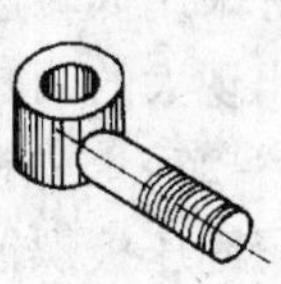
(d) 环首螺钉

(e) 十字孔工件

(f) 齿轮油泵体

图 3－21　复杂工件的种类

1. 花盘、角铁和常用附件

对于一些外形复杂、不规则的异形工件，必须使用花盘、角铁或装夹在专用夹具上加工。

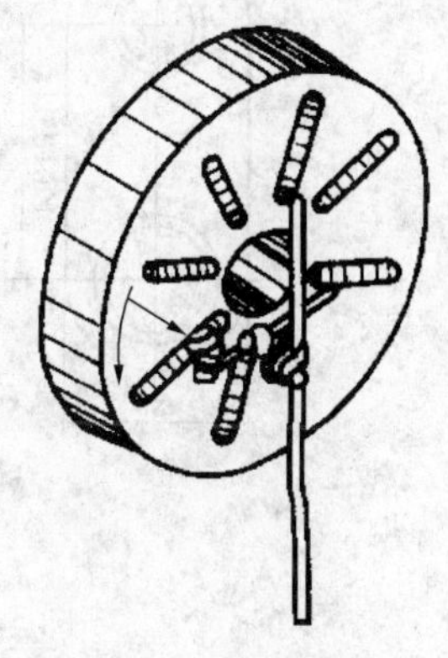
图 3－22　用百分表检查花盘平面

（1）花盘(图 3－22)。花盘是铸铁材料，用螺纹或定位孔形式直接装在车床主轴上，它的工作平面与主轴轴线垂直，平面度误差小，表面粗糙度 $R_a<1.6\mu m$。平面上开有长短不等的 T 形槽(或通槽)，用于安装螺栓紧固工件和其他附件。为了适应大小工件的要求，花盘也有各种规格，常用的有 ϕ250mm、ϕ300mm、ϕ420mm 等。

（2）角铁[图 3－23(a)]。角铁又叫弯板，是铸铁材料。它有两个相互垂直的平面，表面粗糙度 $R_a<1.6\mu m$，并有较高的垂直度精度。

（3）V 形架[图 3－23(b)]。V 形架的工作表面是 V 形面，一般做成 90°或 120°，它的两个面之间都有较高的形位精度，主要用作工件以圆弧面为基准的定位。

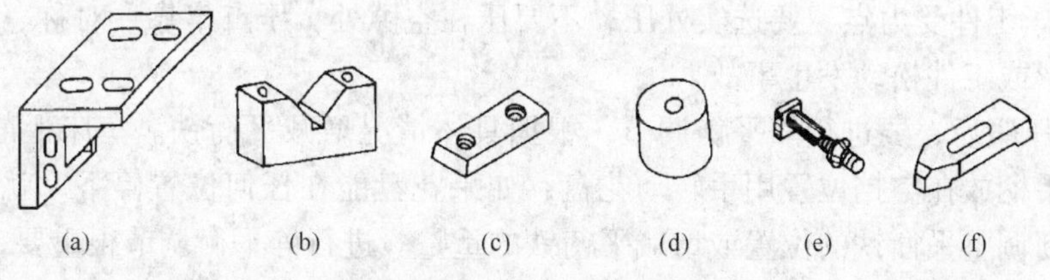

图 3－23　角铁和常用附件

（4）平垫铁[图 3－23(c)]。它装在花盘或角铁上，作为工件定位的基准平面或导向平面。

（5）平衡铁[图 3－23(d)]。平衡铁材料一般是钢或铸铁，有时为了减小体积，也可用铅制作。

2. 在花盘上装夹工件

加工表面与主要定位基准面要求互相垂直的复杂工件(图 3－24)，可以装夹在花盘上加工。双孔连杆的加工步骤如下：

（1）检查花盘精度（图3－22）。用百分表检查花盘端面的平面度和车床主轴的垂直度。用手转动花盘，百分表在花盘边缘其跳动量要求在0.02mm以内。

检查平面度是将百分表装在刀架上，移动中溜板，观察花盘表面凸凹情况，在半径全长上允差0.02mm，但只允许盘面中间凹。如果达不到要求，先把花盘卸下，清除主轴与花盘装配接触面上的脏物和毛刺，再装上检查。若仍不符合要求，可把盘面精车一刀。精车时注意把床鞍紧固螺钉锁紧，同时最好采用低转速、大进给、宽修光刃的车刀进行加工。盘面车削后平面度要求平，应避免盘面出现大的凹凸不平，表面粗糙度应达到 $R_a \leqslant 3.2\mu m$。

（2）在花盘上装夹工件（图3－25）。先按划线校正连杆第一孔，并用V形架靠紧圆弧面，作为第二件工件定位基准，紧固压板螺钉，然后用手转动花盘，如果转动不碰，表明平衡恰当，即可车孔。在装夹和加工中要注意如下几点：

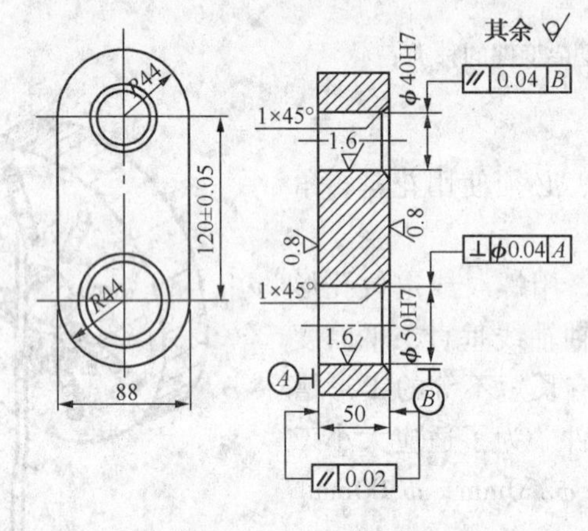

图3－24　双孔连杆

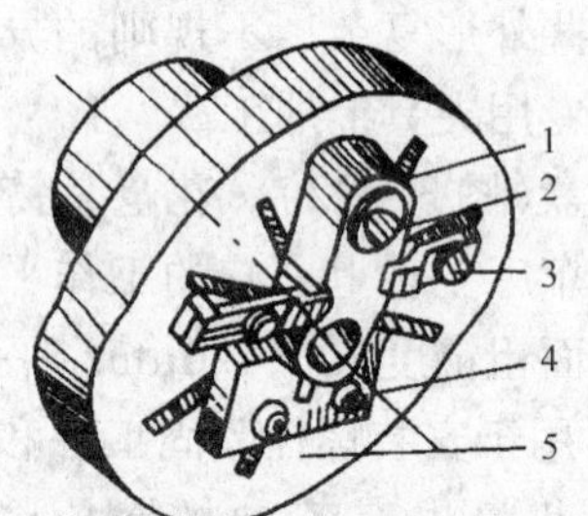

图3－25　在花盘上装夹连杆

1—连杆；2—圆形压板；3—压板；4—V形架；5—花盘

① 花盘本身的形位精度比工件要求高1倍以上，才能保证工件的形位公差要求。

② 工件的装夹基准面一定要进行精加工，保证与花盘平面贴平。

③ 垫压板的垫铁面要平行，高度要合适，最好只垫一块。

④ 压板压工件受力点，要选实处压，不要压在空隙处，压点牢靠、对称、压紧力一致，以防工件变形或工件松动发生事故。

⑤ 工件压紧后，要进行静平衡调节，根据具体情况增减平衡铁。车床上静平衡就是将主轴箱转速手柄放在空挡位置用手转动花盘，如果花盘能在任何位置停下，就说明已平衡，否则就要重新调整平衡铁的位置或增减平衡铁的重量。进行静平衡调节很重要，是保证加工质量和安全操作的重要环节。

⑥ 加工时切削用量不能选择过大，特别是主轴转速过高，会因离心力过大，使工件松动造成事故。

加工双孔连杆第二孔时，可用图3－26所示的方法装夹工件，先在花盘上安装一个定位柱，它的直径与第一孔具有较小间隙配合。再调整好定位柱中心到主轴中心的距离，使其符合双孔连杆的两孔中心距。装夹上工件，便可加工第二孔。

（3）在角铁上加工工件。如图3－21（a）所示的对开轴承座，当工件的主要定位基准面与加工表面平行时，可以用花盘上加角铁来加工（图3－27）。这种加工方法，也是代替卧镗的方法。装夹和找正的步骤如下：

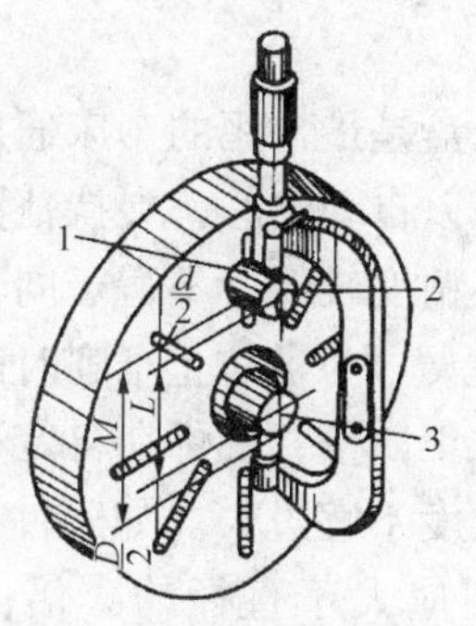

图 3 - 26　用定位圆柱找正中心

1—定位柱；2—螺母；3—心轴

图 3 - 27　用百分表检查角铁平面与主轴轴线的平行度

① 找正角铁精度。在复杂的装夹工作中，找正每一个基准面的精度是必不可少的。加工对开轴承座，首先找正花盘的平面，达到要求后，再把角铁装在花盘合适的位置上，把百分表装在刀架上，摇动床鞍，检查角铁乎面与主轴轴线的平行度。这个平面的平行度误差要小于工件同一加工位置平行度误差的1/2。如果不平行，可把角铁卸下，清除角铁结合面的脏物和毛刺，再装上去测量。若仍不平行，也可在角铁和花盘的结合面中间垫薄纸来调整。

② 装夹和找正。先用压板初步压紧，再用划针盘找正轴承座中心线（图 3 - 28）。找正轴承座中心时应该先根据划好的十字线找正轴承座的中心高。找正方法是水平移动划针盘，调整划针高度，使针尖通过工件水平中心线；然后把花盘旋转 180°，再用划针轻划一水平线，如果两线不重合，可把划针调整在两条线中间，把工件水平线向划针高度调整。再用以上方法直至找正为止。找正垂直中心线的方法同上。十字线调整好后，再用划针找正两侧母线。最后复查，紧固工件。装上平衡块，用手转动花盘，观察有什么地方碰撞，如果花盘平衡，旋转不碰，即可进行车削。

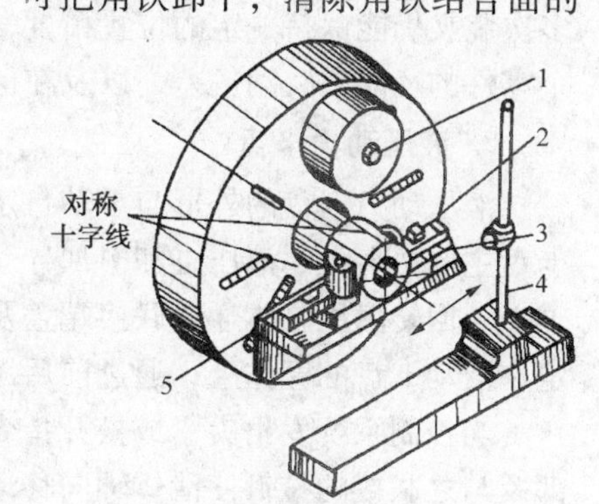

图 3 - 28　在角铁上装夹和找正轴承座

1—平衡铁；2—轴承座；3—角铁；4—划针盘；5—压板

3.2.4　数控车床常用夹具

车床的夹具主要是指安装在车床主轴上的夹具，这类夹具和机床主轴相联接并带动工件一起随主轴旋转。车床类夹具主要分成两大类：卡盘类夹具，适用于盘类零件和短轴类零件加工的夹具；中心孔、顶尖定心定位安装工件的夹具，适用于长度尺寸较大或加工工序较多的轴类零件。

数控车削加工要求夹具应具有较高的定位精度和刚性，结构简单、通用性强，便于在机床上安装夹具及迅速装卸工件、过程自动化等特性。

1. 自定心卡盘

自定心卡盘是由 1 个大锥齿轮，3 个小锥齿轮，3 个卡爪组成，如图 3 - 29 所示。3 个小锥齿轮和大锥齿轮啮合，大锥齿轮的背面有平面螺纹结构，3 个卡爪等分安装在平面螺纹上。当用扳手扳动小锥齿轮时，大锥齿轮便转动，它背面的平面螺纹就使 3 个卡爪同时靠近

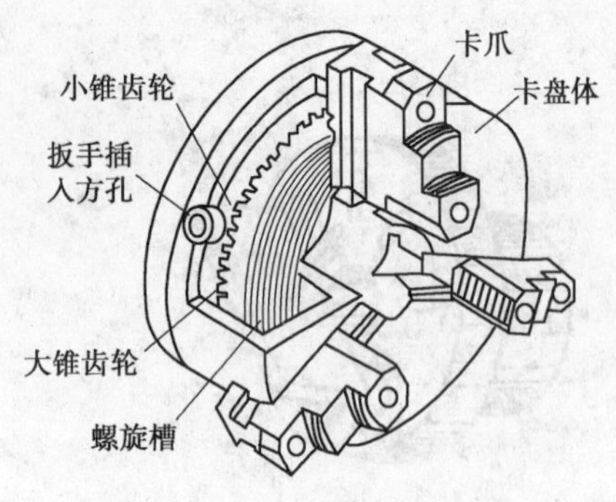

图 3－29　自定心卡盘的结构

或远离中心。

自定心卡盘是最常用的车床通用卡具，其最大的优点是可以自动定心，夹持范围大，装夹速度快，但定心精度较低，不适于同轴度要求高的工件的二次装夹。为了防止车削时因工件变形和振动而影响加工质量，工件在自定心卡盘中装夹时，其悬伸长度不宜过长。如工件直径≤30mm，其悬伸长度不应大于直径的 3 倍；若工件直径 >30mm，其悬伸长度不应大于直径的 4 倍。同时，这也可避免工件被车刀顶弯、顶落而造成打刀事故。

车床有两种常用的标准卡盘卡爪，即硬卡爪和软卡爪。硬卡爪具有较好的刚度和耐磨性，当卡爪夹持在未加工面上或需要大的夹紧力时，使用硬卡爪。软卡爪通常用低碳钢制造，其在使用前，为配合被加工工件，要进行镗削加工。软卡爪装夹的最大特点是工件虽经多次装夹仍能保持一定的位置精度，大大缩短了工件的装夹找正时间。当需要减小两个或多个零件的径向圆跳动偏差，以及在已加工表面不希望有夹痕时，应使用软卡爪。

2. 液压动力卡盘

液压动力卡盘的外形与手动自定心卡盘相似。图 3－30 所示为液压动力卡盘结构图，该卡盘主要由卡盘、液压缸和引油导套三部分组成。卡盘通过卡盘体及过渡法兰安装在机床主轴上，回转液压缸体通过联接端盖及联接件固定在主轴尾部，随主轴一起旋转，引油导套固定在液动卡盘的壳体上，通过前后滚珠轴承支承液压缸体转动。

当控制系统发出夹紧或松开指令后，液压系统立即驱动活塞产生轴向位移，通过活塞杆部及与之联接的拉钉使滑体轴向移动，卡爪滑座和滑体以斜楔接触。当滑体轴向移动时，卡爪滑座可在盘体上的三个 T 槽内沿径向移动。卡爪用联接螺钉与 T 形块紧固在卡爪滑座的齿面上，与卡爪滑座构成一个整体。当卡爪滑座作径向移动时，卡爪将工件夹紧或松开。根据需要夹紧工件的尺寸，改变卡爪在滑座齿面上的位置，即可完成夹紧调整。

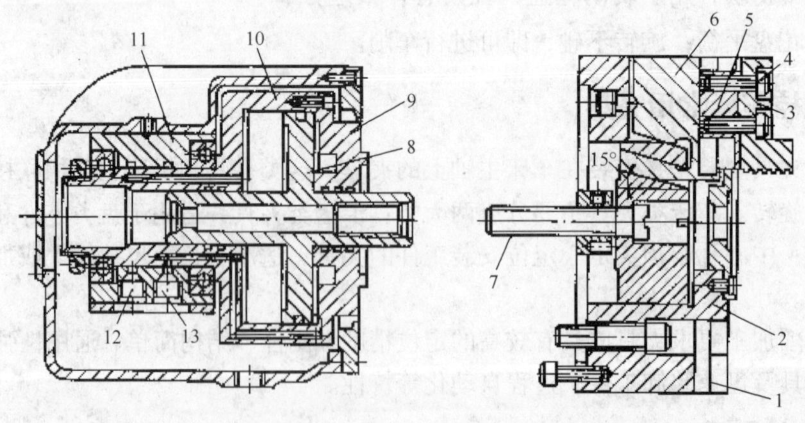

图 3－30　液压动力卡盘

1—卡盘体；2—滑体；3—卡爪；4—联接螺钉；5—T 形块；6—卡爪滑座；7—拉钉；8—活塞；9—联接端盖；10—缸体；11—引油导套；12、13—进出油口

液压动力卡盘夹紧力较大，性能稳定，可用于强力切削和高速切削，其夹紧力可以通过液压系统进行调整，因此能够适应包括薄壁零件在内的各类零件的加工需求。这种卡盘还具有结构紧凑、动作灵敏等特点。可实现高速、超高速切削的高速液压动力卡盘常增设离心力补偿装置，利用补偿装置的离心力抵消因卡爪组件离心力造成的夹紧力损失。

3. 气动卡盘

利用气压产生动力，驱动卡盘卡爪运动的夹紧机构称为气动卡盘，一般应用于普通车床和简易数控车床。

图 3－31 所示气动卡盘由卡盘、回转气缸和导气接头三个部分组成。卡盘以其过渡盘安装在主轴前端的轴颈上，回转气缸则通过联接盘安装在主轴末端，活塞和卡盘通过拉杆相联，拉杆通过浮动盘带动三个卡爪夹紧工件。加工时，卡盘和回转气缸随主轴一起旋转，导气接头不转动。当压缩空气从管接头输入，经环形槽和孔道进入气缸右腔时，活塞向左移动并带动钩形压板压紧工件。此时左腔废气经孔道和环形槽从管接头的管道至配气阀排入大气中。反之，当配气阀手柄换位时，压缩空气经管接头、环形槽和孔道进入左腔，工件松开，气缸右腔废气便从管接头经配气阀排出。

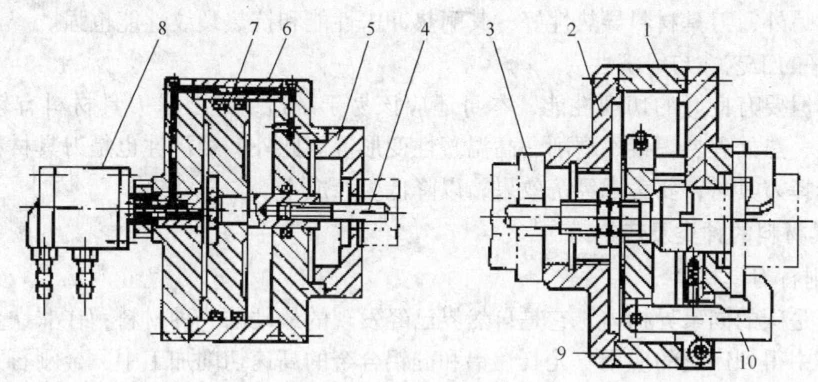

图 3－31　衬套式气动卡盘

1—卡盘；2—过渡盘；3—主轴；4—拉杆；5—联接盘；6—回转气缸；7—活塞；8—导气接头；9—浮动盘；10—卡爪

3.3 数控切削刀具

3.3.1 刀具材料及其选择

在金属切削加工中，刀具切削部分起主要作用，故刀具材料一般指刀具切削部分的材料。刀具材料决定着刀具的切削性能，直接影响加工效率、刀具寿命和加工成本。刀具材料的合理选择是刀具选择的首要内容。

1. 刀具材料的基本性能

金属加工时，刀具受到很大的切削压力、摩擦力和冲击力，产生很高的切削温度。刀具在这种高温、高压和剧烈的摩擦环境下工作，要求刀具材料必须满足一些基本的性能要求。

1）高硬度

刀具是从工件上去除材料，所以刀具材料的硬度必须高于工件材料的硬度。刀具材料的最低硬度应在 60HRC 以上。碳素工具钢材料在室温条件下，硬度应在 62HRC 以上；高速钢刀具的硬度为 63 ~ 70 HRC；硬质合金刀具的硬度为 89 ~ 93 HRA。

2）高强度与韧性

刀具材料在切削时受到很大的切削力与冲击力，如车削 45 钢时，在背吃刀量 $a_p = 4$mm、进给量 $f = 0.5$mm/r 的条件下，刀片所承受的切削力达到 4000N。可见，刀具材料必须具有较高的强度和较强的韧性。一般刀具材料的韧性用冲击韧度 ak 表示，反映刀具材料的抗脆性和崩刃能力。

3）高耐磨性和耐热性

刀具的耐磨性是刀具抵抗磨损的能力。一般而言，刀具硬度越高，耐磨性越好。刀具金相组织中的硬质点（如碳化物、氮化物等）越多，颗粒越小，分布越均匀，则刀具耐磨性越好。刀具材料的耐热性是衡量刀具切削性能的主要标志，通常用高温下保持高硬度的性能来衡量，也称热硬性。刀具材料高温硬度越高，则耐热性越好，在高温条件下抗塑性变形能力、抗磨损能力越强。

4）良好的导热性

刀具导热性好，表示切削产生的热量容易传导出去，降低了刀具切削部分的温度，减少刀具磨损。另外，刀具材料导热性好，其耐热冲击性能和抗热裂纹性能也强。

5）良好的工艺性与经济性

刀具不但要有良好的切削性能，本身还应该易于制造，这要求刀具材料有较好的工艺性，如锻造、热处理、焊接、磨削、高温塑性变形等。此外，经济性也是刀具材料的重要指标之一，选择刀具时，要考虑经济效果，以降低生产成本。

2. 刀具材料的种类及应用

1）金刚石刀具材料

金刚石是碳的同素异构体，它是自然界已经发现的最硬的一种材料，在非铁金属和非金属材料加工中得到广泛的应用。尤其在铝和硅铝合金的高速切削加工中，金刚石刀具是难以替代的主要切削刀具。金刚石刀具也是现代数控加工中不可缺少的重要工具。

（1）金刚石刀具材料的种类。

① 天然金刚石，其作为切削刀具材料已有上百年的历史了。天然单晶金刚石刀具经过精细研磨，刃口能磨得极其锋利，刃口半径可达 0.002μm，能实现超薄切削，可以加工出极高精度和极低表面粗糙度值的工件，是公认的、理想的和不能代替的超精密加工刀具。

② 聚晶金刚石，自从采用高温高压合成技术制备的聚晶金刚石（PCD）刀片研制成功以后，在很多场合下天然金刚石刀具已经被人造聚晶金刚石所代替。PCD 原料来源丰富，价格低廉。但 PCD 刀具无法磨出极其锋利的刃口，加工的工件表面质量也不如天然金刚石。因此，PCD 刀具只用于非铁金属和非金属的精切，很难进行超精密镜面切削。

③ CVD 金刚石，是用化学气相沉积法（CVD）在异质基体（如硬质合金、陶瓷等）上合成金刚膜。CVD 金刚石具有与天然金刚石完全相同的结构和特性兼有天然单晶金刚石和聚晶金刚石（PCD）的优点，而且在一定程度上又克服了它们的不足。

（2）金刚石刀具的特点。

① 具有极高的硬度和耐磨性。天然金刚石是自然界已经发现的最硬的物质，加工高硬度材料时，金刚石刀具的寿命为硬质合金刀具的 10 ~ 100 倍，甚至高达几百倍。

② 具有很低的摩擦因数。金刚石与一些非铁金属之间的摩擦因数比其他刀具都低。摩擦因数低，加工时变形小，可减小切削力。

③ 切削刃非常锋利。金刚石刀具的切削刃可以磨得非常锋利，能进行超薄切削和超精密加工。

④ 具有很高的导热性能。金刚石的热导率及热扩散率高，切削热容易散出，刀具切削部分温度低。

⑤ 具有较低的热膨胀系数。金刚石的热膨胀系数比硬质合金小几倍，由切削热引起的刀具尺寸的变化很小，这对尺寸精度要求很高的精密和超精密加工来说尤为重要。

(3) 金刚石刀具的应用。

金刚石刀具多用于在高速下对非铁金属及非金属材料进行精细切削及镗孔。它适合加工各种耐磨非金属，如玻璃钢粉末冶金毛坯、陶瓷材料等；各种耐磨非铁金属，如各种硅铝合金。此外，它还适合各种非铁金属的光整加工。

人造金刚石刀具的不足之处是热稳定性较差，切削温度超过 700～800℃时，就会完全失去其硬度。此外，它不适于切削钢铁材料，因为金刚石(碳)在高温下容易与铁原子作用，使碳原子转化为石墨结构，刀具极易损坏。

2) 立方氮化硼刀具材料

用与金刚石制造方法相似的方法合成的另一种超硬刀具材料是立方氮化硼(CBN)，其在硬度和热导率方面仅次于金刚石，热稳定性极好，在大气中加热至 1000℃也不发生氧化。CBN 对于钢铁材料具有极为稳定的化学性能，可以广泛用于钢铁制品的加工。

(1) 立方氮化硼刀具的种类。立方氮化硼(CBN)有单晶体和多晶体之分，即单晶和聚晶立方氮化硼(polycrystalline cubic bornnitride，简称 PCBN)。CBN 是氮化硼(BN)的同素异构体之一，结构与金刚石相似。PCBN(聚晶立方氮化硼)是在高温高压下将微细的 CBN 材料通过结合相(TiC、TiN、Al、Ti 等)烧结在一起的多晶材料，是目前利用人工合成的硬度仅次于金刚石的刀具材料，它与金刚石统称为超硬刀具材料。

PCBN 刀具可分为整体 PCBN 刀片和与硬质合金复合烧结的 PCBN 复合刀片。PCBN 复合刀片是在强度和韧性较好的硬质合金上烧结一层 0.5～1.0mm 厚的 PCBN 而成的，其性能兼有较好的韧性和较高的硬度及耐磨性，它解决了 CBN 刀片抗弯强度低和焊接困难等问题。

(2) 立方氮化硼的特点。

① 具有高的硬度和良好耐磨性。CBN 晶体结构与金刚石相似，具有与金刚石相近的硬度和强度，耐磨性好。

② 具有很高的热稳定性。CBN 的耐热性可达 1400～1500℃。PCBN 刀具可用比硬质合金刀具高 3～5 倍的速度高速切削高温合金和淬硬钢。

③ 具有优良的化学稳定性。与铁系材料在 1200～1300℃时也不起化学作用，仍能保持原有的硬度。

④ 具有较好的热导性能。在各类刀具材料中，PCBN 的导热性能仅次于金刚石，大大高于高速钢和硬质合金。

⑤ 具有较低的摩擦因数。低的摩擦因数可导致切削时切削力减小，切削温度降低，加工表面质量提高。

(3) 立方氮化硼刀具应用。

立方氮化硼刀具适于用来精加工各种淬火钢、硬铸铁、高温合金、硬质合金、表面喷涂材料等难切削材料，公差等级可达 IT5(孔为 IT6)，表面粗糙度值可小至尺 $Ra1.25$～$Ra0.20\mu m$。立方氮化硼刀具材料的韧性和抗弯强度较差。因此，立方氮化硼车刀不宜用于低速、冲击载荷大的粗加工，也不适合切削塑性大的材料(如铝合金、铜合金、镍基合金、塑性大的钢等)，因为切削这些金属时会产生严重的积屑瘤，从而使加工表面恶化。

3）陶瓷刀具材料

陶瓷刀具作为高速切削及难加工材料加工的主要刀具之一，对提高生产率、降低加工成本、节省战略性贵重金属具有十分重要的意义。

(1) 陶瓷刀具材料的种类。陶瓷刀具材料一般可分为氧化铝基陶瓷、氮化硅基陶瓷、复合氮化硅、氧化铝基陶瓷 3 大类。其中，以氧化铝基和氮化硅基陶瓷刀具材料应用最为广泛，并且氮化硅基陶瓷的性能更优越于氧化铝基陶瓷。

(2) 陶瓷刀具的特点。

① 硬度高、耐磨性能好。陶瓷刀具的硬度高于硬质合金和高速钢刀具，可达到 93 ~ 95HRA。

② 耐高温、耐热性好。陶瓷刀具在 1200℃以上的高温下仍能进行切削，因此陶瓷刀具可以实现干切削，从而可省去切削液。

③ 化学稳定性好。陶瓷刀具不易与金属产生粘接，且耐腐蚀、化学稳定性好，可减小刀具的粘接磨损。

④ 摩擦因数低。陶瓷刀具与金属的亲和力小，摩擦因数低，可降低切削力和切削温度。

(3) 陶瓷刀具的应用。

陶瓷是主要用于高速精加工和半精加工的刀具材料之一。陶瓷刀具适用于切削加工各种铸铁和钢材(碳素结构钢、合金结构钢、高强度钢、高锰钢、淬火钢等)，也可用来切削铜合金、石墨、工程塑料和复合材料。但是，陶瓷刀具材料性能上存在着抗弯强度低、冲击韧性差的问题，不适于在低速、冲击负荷下切削。

4）涂层刀具材料

涂层刀具材料是在韧性较好的刀体上涂覆一层或多层耐磨性好的难熔化合物，它将刀具基体与硬质涂层相结合，从而使刀具性能大大提高。新型数控机床所用的切削刀具中有 80% 左右使用涂层刀具。

(1) 涂层刀具的种类。

① 根据涂层方法不同，涂层刀具可分为化学气相沉积(CVD)涂层刀具和物理气相沉积(PVD)涂层刀具。涂层硬质合金刀具一般采用化学气相沉积法，沉积温度在 1000℃左右。涂层高速钢刀具一般采用物理气相沉积法，沉积温度在 500℃左右。

② 根据涂层刀具基体材料的不同，涂层刀具可分为硬质合金涂层刀具、高速钢涂层刀具以及在陶瓷和超硬材料(金刚石和立方氮化硼)上的涂层刀具等。

③ 根据涂层材料的性质，涂层刀具又可分为硬涂层刀具和软涂层刀具。硬涂层刀具追求的主要目标是高的硬度和耐磨性，其主要优点是硬度高、耐磨性能好，典型的涂层是 TiC 和 TiN 涂层。软涂层刀具追求的目标是低摩擦因数，也称为自润滑刀具，它与工件材料的摩擦因数很低，可减小粘接，减轻摩擦。

④ 最近开发了纳米涂层(Nanoeoating)刀具。这种涂层刀具可采用多种涂层材料的不同组合(如金属/金属、金属/陶瓷、陶瓷/陶瓷等)，以满足不同的功能和性能要求。设计合理的纳米涂层可使刀具材料具有优异的减摩抗磨功能和自润滑性能，适合于高速干切削。

(2) 涂层刀具的特点。

① 力学和切削性能好。涂层刀具将基体材料和涂层材料的优良性能结合起来，既保持

了基体良好的韧性和较高的强度，又具有涂层的高硬度、高耐磨性和低摩擦因数。

② 通用性强。涂层刀具通用性广，加工范围显著扩大，一种涂层刀具可以代替数种非涂层刀具使用。

③ 涂层厚度适中。随着涂层厚度的增加，刀具寿命也会增加；但当涂层厚度达到饱和，刀具寿命不再明显增加。涂层太厚时，易引起剥离；涂层太薄时，则耐磨性能差。

④ 重磨性差。涂层刀片重磨性差，涂层设备复杂，工艺要求高，涂层时间长。

⑤ 不同涂层材料的刀具，切削性能不一样。如低速切削时，TiC 涂层占有优势；高速切削时，TiN 较合适。

(3) 涂层刀具的应用。

涂层刀具在数控加工领域具有巨大潜力。涂层技术已应用于立铣刀、铰刀、钻头、复合孔加工刀具、齿轮滚刀、插齿刀、剃齿刀、成形拉刀及各种机夹可转位刀片，满足高速切削加工各种钢和铸铁、耐热合金和非铁金属等材料的需要。

5）硬质合金刀具材料

硬质合金刀具，特别是可转位硬质合金刀具，是数控加工刀具的主导产品。各种整体式和可转位式硬质合金刀具或刀片已经扩展到各种切削刀具领域，其中可转位硬质合金刀具由简单的车刀、面铣刀扩大到各种精密、复杂、成形刀具领域。

(1) 硬质合金刀具材料的种类。

① 按主要化学成分区分，硬质合金可分为碳化钨基硬质合金和碳(氮)化钛(TiC(N))基硬质合金。碳化钨基硬质合金包括钨钴类(YG)、钨钴钛类(YT)、添加稀有碳化物类(YW)3 类，它们各有优缺点，主要成分为碳化钨(WC)、碳化钛(TiC)、碳化钽(TaC)、碳化铌(NbC)等，常用的金属粘接相是 Co。碳(氮)化钛基硬质合金是以 TiC 为主要成分(有些加入了其他碳化物或氮化物)的硬质合金，常用的金属粘接相是 Mo 和 Ni。

② ISO(国际标准化组织)将切削用硬质合金分为 3 类：

K 类，包括 K10 ~ K40，相当于我国的 YG 类(主要成分为 WC、Co)。

P 类，包括 P01 ~ P50，相当于我国的 YT 类(主要成分为 WC、TiC、Co)。

M 类，包括 M10 ~ M40，相当于我国的 YW 类(主要成分为 WC、TiC、TaC(NbC)、Co)。

各个牌号分别以 01 ~ 50 之间的数字表示从高硬度到最大韧性之间的一系列合金。

(2) 硬质合金刀具材料的性能特点。

① 具有高硬度。硬质合金刀具材料是由硬度和熔点很高的碳化物(称硬质相)和金属黏结剂(称粘接相)经粉末冶金方法而制成的，其硬度达 89 ~ 93HRA，远高于高速钢。硬质合金的硬度值随碳化物的性质、数量、粒度和金属粘接相的含量而变化，一般随粘接金属相含量的增多而降低。

② 具有高的抗弯强度。常用硬质合金的抗弯强度在 900 ~ 1500MPa 范围内。金属粘接相含量越高，则抗弯强度也就越高。

(3) 硬质合金刀具材料的应用。

① YG 类合金制成的刀具主要用于加工铸铁、非铁金属和非金属材料。细晶粒硬质合金(如 YG3X、YG6X)在含钴量相同时比中晶粒的硬度和耐磨性要高些，用它制成的刀具适用于加工一些特殊的硬铸铁、奥氏体不锈钢、耐热合金、钛合金、硬青铜和耐磨的绝缘材料等。

② YT 类硬质合金的突出优点是硬度高，耐热性好，高温时的硬度和抗压强度比 YG 类高，抗氧化性能好。因此，当要求刀具有较高的耐热性及耐磨性时，应选用 TiC 含量较高的刀具。YT 类合金制成的刀具适合于加工塑性材料如钢材，但不宜加工钛合金、硅铝合金。

③ YW 类合金兼具 YG、YT 类合金的性能，综合性能好，用它制成的刀具既可用于加工钢料，又可用于加工铸铁和非铁金属。这类合金如适当增加钴含量，强度可很高，制成的刀具用于各种难加工材料的粗加工和断续切削。

6）高速钢刀具材料

高速钢(简称 HSS)是一种加入了较多的 W、Mo、Cr、V 等合金元素的高合金工具钢。由于高速钢刀具在强度、韧性及工艺性等方面具有优良的综合性能，在复杂刀具的制造中，尤其是孔加工刀具、铣刀、螺纹刀具、拉刀、切齿刀具等一些刃形复杂刀具的制造中，高速钢仍占据主要地位。

按用途不同，高速钢可分为通用型高速钢和高性能高速钢。按制造工艺的不同，高速钢可分为熔炼高速钢和粉末冶金高速钢。

(1）通用型高速钢。通用型高速钢一般可分钨钢、钨钼钢两类。通用型高速钢具有一定的硬度(63 ~66HRC)和耐磨性、高的强度和韧性、良好的塑性和加工工艺性，因此广泛用于制造各种复杂刀具。

① 钨钢。通用型高速钢中钨钢的典型牌号为 W18Cr4V(简称 W18)，具有较好的综合性能，可用于制造各种复杂刀具。它有可磨削性好、脱碳敏感性小等优点，但由于碳化物含量较高，分布较不均匀，颗粒较大，强度和韧性不高。

② 钨钼钢。是指将钨钢中的一部分钨用钼代替所获得的一种高速钢。钨钼钢的典型牌号是 W6M05Cr4V2(简称 M2)，其碳化物颗粒细小均匀，强度、韧性和高温塑性都比 W18Cr4V 好。还有一种钨钼钢为 W9M03Cr4V(简称 W9)，其热稳定性略高于 M2 钢，抗弯强度和韧性都比 W6M05Cr4V2 好，具有良好的切削加工性能。

(2）高性能高速钢刀具。高性能高速钢是指在通用型高速钢成分中再增加一些含碳量、含钒量及添加 Co、Al 等合金元素的新钢种，从而可提高它的耐热性和耐磨性。

① 高碳高速钢(如 95W18Cr4V)常温和高温硬度较高，适于制造加工普通钢和铸铁、耐磨性要求较高的钻头、铰刀、丝锥和铣刀等或加工较硬材料的刀具，不宜承受大的冲击。

② 高钒高速钢的典型牌号为 W12Cr4V4Mo(简称 EV4)，V 的质量分数提高到 3% ~5%，耐磨性好，用它制成的刀具适合切削对刀具磨损极大的材料，如纤维、硬橡胶、塑料等，也可用于加工不锈钢、高强度钢和高温合金等材料。

③ 钴高速钢属含钴超硬高速钢，典型牌号如 W2M09Cr4VCo8(简称 M42)，有很高的硬度，其硬度可达 69 ~70HRC，制成刀具后适合加工高强度耐热钢、高温合金、钛合金等难加工材料。M42 可磨削性好，适于制作精密复杂刀具，但不宜在冲击切削条件下工作。

④ 铝高速钢属含铝超硬高速钢，典型牌号如 W6Mo5Cr4V2Al，(简称 501)，600℃时的高温硬度也达到 54HRC，切削性能相当于 M42，适宜制造铣刀、钻头、铰刀、齿轮刀具、拉刀等，用于加工合金钢、不锈钢、高强度钢和高温合金等材料。

⑤ 氮超硬高速钢的典型牌号为 W12M03Cr4V3N(简称 V3N)，属含氮超硬高速钢，硬度、强度、韧性与 M42 相当，可作为含钴高速钢的替代品，制成的刀具用于低速切削难加工材料和低速高精加工。

(3）熔炼高速钢。普通高速钢和高性能高速钢都是用熔炼方法制造的。它们经过冶炼、铸锭和镀轧等工艺制成刀具。熔炼高速钢容易出现的严重问题是碳化物偏析，而硬且脆的碳化物在高速钢中分布不均匀，晶粒粗大，对高速钢刀具的耐磨性、韧性及切削加工性能产生不利的影响。

(4) 粉末冶金高速钢。粉末冶金高速钢(PM - HSS)是将高频感应炉熔炼出的钢液，用高压氩气或纯氮气使之雾化，再急冷而得到细小均匀的结晶组织(高速钢粉末)，再将所得的粉末在高温、高压下压制成刀坯，或先制成钢坯再经过锻造、轧制成刀具形状。PM - HSS 的优点是，碳化物晶粒细小均匀，强度和韧性、耐磨性相对熔炼高速钢均有很大的提高。在复杂数控刀具领域，PM - HSS 刀具将会进一步发展而占重要地位。粉末冶金高速钢的典型牌号有 F15、FR71、GF1、GF2、GF3、PTl、PVN 等，可用来制造大尺寸、承受重载、冲击性大的刀具，也可用来制造精密刀具。

3. 数控刀具材料及其选用

目前广泛应用的数控刀具材料主要有金刚石刀具、立方氮化硼刀具、陶瓷刀具、涂层刀具、硬质合金刀具和高速钢刀具等。数控刀具材料牌号众多，性能相差很大。各种数控刀具材料的主要性能指标见表 3 - 4。

表 3 - 4　各种数控刀具材料的主要性能指标

种类		密度/(g/cm^3)	耐热性/℃	硬度	抗弯强度/MPa	热导率/[W/(m·K)]	热膨胀系数/($\times10^{-6}$/℃)
聚晶金刚石		3.47 ~ 3.56	700 ~ 800	>9000HV	600 ~ 1100	210	3.1
聚晶立方氮化硼		3.44 ~ 3.49	1300 ~ 1500	4500HV	500 ~ 800	130	4.7
陶瓷刀具		3.1 ~ 5.0	>1200	91 ~ 95HRA	700 ~ 1500	15.0 ~ 38.0	7.0 ~ 9.0
硬质合金	钨钴类	14.0 ~ 15.5	800	89 ~ 92HRA	1000 ~ 2350	74.5 ~ 87.9	
	钨钴钛类	9.0 ~ 14.0	900	89 ~ 92HRA	800 ~ 1800	20.9 ~ 62.8	3 ~ 7.5
	通用合金	12.0 ~ 14.0	1000 ~ 1100	- 92HRA			
	TiC 基合金	5.0 ~ 7.0	1100	92 ~ 93HRA	1150 ~ 1350		8.2
高速钢		8.0 ~ 8.8	600 ~ 700	62 ~ 70HRC	2000 ~ 4500	15.0 ~ 30.0	8 ~ 12

数控加工用刀具材料必须根据所加工的工件和加工性质来选择，刀具材料的选用应与加工对象合理匹配。切削刀具材料与加工对象的匹配，主要是指二者的力学性能、物理性能和化学性能相匹配，以获得最长的刀具寿命和最大的切削加工生产率。

1) 切削刀具材料与加工对象的性能匹配

(1) 刀具材料与加工对象力学性能的匹配。切削刀具与加工对象的力学性能匹配问题主要是指刀具与工件材料的强度、韧性和硬度等力学性能参数要相匹配。具有不同力学性能的刀具材料所适合加工的工件材料有所不同。

① 刀具材料的硬度顺序为：金刚石 > 立方氮化硼 > 陶瓷 > 硬质合金 > 高速钢。

② 刀具材料的抗弯强度顺序为：高速钢 > 硬质合金 > 陶瓷 > 金刚石和立方氮化硼。

③ 刀具材料的韧性大小顺序为：高速钢 > 硬质合金 > 立方氮化硼、金刚石和陶瓷。

具有优良高温力学性能的刀具尤其适合于高速切削加工。陶瓷刀具优良的高温性能使其能够以高速进行切削，允许的切削速度可比硬质合金提高 2 ~ 10 倍。

(2) 刀具材料与加工对象物理性能的匹配。具有不同物理性能的刀具所适合加工的工件材料有所不同。加工导热性差的工件时，应采用导热性较好的刀具，以使切削热得以迅速传出而降低切削温度。金刚石由于热导率及热扩散率高，切削热容易散出，不会产生很大的热变形，这对尺寸精度要求很高的精密加工刀具来说尤为重要。

① 各种刀具材料的耐热温度：金刚石刀具为700～800℃、PCBN刀具为1300～1500℃、陶瓷刀具为1100～1200℃、TiC(N)基硬质合金为900～1100℃、WC基超细晶粒硬质合金为800～900℃、HSS为600～700℃。

② 各种刀具材料的热导率顺序：PCD＞PCBN＞WC基硬质合金＞TiC(N)基硬质合金＞HSS＞Si_3N_4 基陶瓷＞Al_2O_3 基陶瓷。

③ 各种刀具材料的热胀系数大小顺序为：HSS＞W基硬质合金＞TiC(N)＞Al_2O_3 基陶瓷＞PCBN＞Si_3N_4 基陶瓷＞PCD。

④ 各种刀具材料的热稳定性大小顺序为：HSS＞WC基硬质合金＞Si_3N_4 基陶瓷＞PCBN＞PCD＞TiC(N)基硬质合金＞Al_2O_3 基陶瓷。

(3) 切削刀具材料与加工对象化学性能的匹配。切削刀具材料与加工对象的化学性能匹配问题主要是指刀具材料与工件材料化学亲和性、化学反应、扩散和溶解等化学性能参数要相匹配。

① 各种刀具材料抗粘接温度高低(与钢)为：PCBN＞陶瓷＞硬质合金＞HSS。

② 各种刀具材料抗氧化温度高低为：陶瓷＞PCBN＞硬质合金＞金刚石＞HSS。

③ 种刀具材料对钢铁的扩散强度大小为：金刚石＞Si_3N_4 基陶瓷＞PCBN＞Al_2O_3 基陶瓷；对钛扩散强度大小为：Al_2O_3 基陶瓷＞PCBN＞SiC＞Si_3N_4 基陶瓷＞金刚石。

2) 数控刀具材料的合理选择

一般而言，PCBN刀具、陶瓷刀具、涂层硬质合金刀具及TiCN基硬质合金刀具适合于钢铁等非铁金属的数控加工；而PCD刀具适合于对Al、Mg、Cu等非铁金属材料及其合金和非金属材料的加工。表3－5列出了上述刀具材料所适合加工的一些工件材料。

表3－5　刀具材料所适合加工的一些工件材料

	高硬钢	耐热合金	钛合金	镍基高温合金	铸铁	纯钢	高硅铝合金	FRP复合材料
PCD	×	×	◎	×	×	×	◎	◎
PCBN	◎	◎	○	◎	◎		●	●
陶瓷刀具	◎	◎	×	◎	◎	●	×	×
涂层硬质合金	○	◎	◎	●	◎	◎	●	●
TiCN基硬合金	●	×	×	×	◎	●	×	×

注：◎—优，○—良，●—尚可，×—不合适。

3.3.2　切削用量的选择

数控编程时，编程人员必须确定每道工序的切削用量，并以指令的形式写入程序中。切削用量包括主轴转速、背吃刀量及进给速度等。对于不同的加工方法，需要选用不同的切削用量。切削用量的选择原则是：保证零件加工精度和表面粗糙度，充分发挥刀具的切削性能，保证合理的刀具耐用度；并充分发挥机床的性能，最大限度地提高生产率、降低成本。

1）主轴转速 n 的确定

车削加工主轴转速 n 应根据允许的切削速度 v 和工件直径 d 来选择，按 $v_c = \pi dn/1000$ 计算。切削速度 v 单位为 m/min，由刀具的耐用度决定，计算时可参考表 3－6 或切削用量手册。

表 3－6　硬质合金外圆车刀切削速度的参考值

工件材料	热处理状态	$a_p=0.3\sim2$mm $F=0.08\sim0.3$mm	$a_p=2\sim6$mm $f=0.3\sim0.6$mm/r	$a_p=6\sim10$mm $F=0.6\sim1$mm
		v_c/m · min^{-1}		
低碳钢易切钢	热轧	140～180	100～120	70～90
中碳钢	热轧	130～160	90～110	60～80
	调质	100～130	70～90	50～70
合金结构钢	热轧	100～130	70～90	50～70
	调质	80～110	50～70	40～60
工具钢	退火	90～120	60～80	50～70
灰铸铁	<190HBS	90～120	60～80	50～70
	190～225HBS	80～110	50～70	40～60
高锰钢（$w_{Mn}=13\%$）			10～20	
铜及铜合金		200～250	120～180	90～120
铝及铝合金		300～600	200～400	150～200
铸铝合金（$w_{Si}=13\%$）		100～180	80～150	80～100

注：切削钢及灰铸铁时刀具耐用度约为 60min。

数控车床加工螺纹时，因其传动链的改变，原则上其转速只要能保证主轴每转一周时，刀具沿主进给轴（多为 Z 轴）方向位移一个螺距即可，不应受到限制。但数控车螺纹时，会受到以下几方面的影响。

（1）螺纹加工程序段中指令的螺距值，相当于以进给量 f（mm/r）表示的进给速度 F，如果将机床的主轴转速选择过高，其换算后的进给速度（mm/min）则必定大大超过正常值。

（2）刀具在其位移过程的始/终，都将受到伺服驱动系统升/降频率和数控装置插补运算速度的约束，由于升/降频率特性满足不了加工需要等原因，则可能因主进给运动产生的“超前”和“滞后”而导致部分螺纹的螺距不符合要求。

（3）车削螺纹必须通过主轴的同步运行功能而实现，即车削螺纹需要有主轴脉冲发生器（编码器）。当其主轴转速选择过高时，通过编码器发出的定位脉冲（即主轴每转一周时所发出的一个基准脉冲信号）将可能因“过冲”（特别是当编码器的质量不稳定时）而导致工件螺纹产生乱纹（俗称“烂牙”）。

鉴于上述原因，不同的数控系统车螺纹时推荐使用不同的主轴转速范围。大多数经济型数控车床的数控系统推荐车螺纹时主轴转速 n 为

$$n \leqslant \frac{1200}{P} - k \tag{3-1}$$

式中　P——被加工螺纹螺距，mm；

k——保险系数，一般为 80。

2）进给速度 v_f 的确定

进给速度 v_f 是数控车床切削用量中的重要参数，其大小直接影响表面粗糙度值和车削效率，主要根据零件的加工精度和表面粗糙度要求以及刀具、工件的材料性质选取，最大进给速度受机床刚度和进给系统的性能限制。确定进给速度的原则如下：

（1）当工件的质量要求能够得到保证时，为提高生产效率，可选择较高的进给速度。一般在 100 ~ 200mm/min 范围内选取。

（2）在切断、加工深孔或用高速钢刀具加工时，宜选择较低的进给速度，一般在 20 ~ 50mm/min 范围内选取。

（3）当加工精度、表面粗糙度要求较高时，进给速度应选小些，一般在 20 ~ 50mm/min 范围内选取。

（4）刀具空行程时，特别是远距离“回零”时，可以设定该机床数控系统设定的最高进给速度。

计算进给速度时，可参考表 3 - 7、表 3 - 8 或查阅切削用量手册选取每转进给量 f，然后按式 $v_f = nf$ 计算进给速度。

表 3 - 7　硬质合金车刀粗车外圆及端面的进给量

工件材料	车刀刀杆尺寸 $B \times H$/mm	工件直径 d_w/mm	背吃刀量 a_p/mm ≤3	>3 ~ 5	>5 ~ 8	>8 ~ 12	>12
			进给量/(mm/r)				
碳素结构钢、合金结构钢及耐热钢	16 × 25	20	0.3 ~ 0.4	—	—	—	—
		40	0.4 ~ 0.5	0.3 ~ 0.4	—	—	—
		60	0.5 ~ 0.7	0.4 ~ 0.6	0.3 ~ 0.5	—	—
		100	0.6 ~ 0.9	0.5 ~ 0.7	0.5 ~ 0.6	0.4 ~ 0.5	—
		400	0.8 ~ 1.2	0.7 ~ 1.0	0.6 ~ 0.8	0.5 ~ 0.6	—
	20 × 30 25 × 25	20	0.3 ~ 0.4	—	—	—	—
		40	0.4 ~ 0.5	0.3 ~ 0.4	—	—	—
		60	0.5 ~ 0.7	0.5 ~ 0.7	0.4 ~ 0.6	—	—
		100	0.8 ~ 1.0	0.7 ~ 0.9	0.5 ~ 0.7	0.4 ~ 0.7	—
		400	1.2 ~ 1.4	1.0 ~ 1.2	0.8 ~ 1.0	0.6 ~ 0.9	0.4 ~ 0.6
铸铁及铜合金	16 × 25	40	0.4 ~ 0.5				
		60	0.5 ~ 0.8	0.5 ~ 0.8	0.4 ~ 0.6		
		100	0.8 ~ 1.2	0.7 ~ 1.0	0.6 ~ 0.8	0.5 ~ 0.7	
		140	1.0 ~ 1.4	1.0 ~ 1.2	0.8 ~ 1.0	0.6 ~ 0.8	
	20 × 30 25 × 25	40	0.4 ~ 0.5	—	—		—
		60	0.5 ~ 0.9	0.5 ~ 0.8	0.4 ~ 0.7		—
		100	0.9 ~ 1.3	0.8 ~ 1.2	0.7 ~ 1.0	0.5 ~ 0.8	—
		400	1.2 ~ 1.8	1.2 ~ 1.6	1.0 ~ 1.3	0.9 ~ 1.1	0.7 ~ 0.9

注：① 加工断续表面及有冲击的工件时，表内进给量应乘系数 $k = 0.75 \sim 0.85$。

② 在无外皮加工时，表内进给量应乘系数 $k = 1.1$。

③ 加工耐热钢及其合金时，进给量不大于 1mm/r。

④ 加工淬硬钢时，进给量应减小。当钢的硬度为 44 ~ 56HRC 时，乘系数 $k = 0.8$；当钢的硬度为 57 ~ 62HRC 时，乘系数 $k = 0.5$。

表 3-8　按表面粗糙度选择进给量的参考值

<table>
<tr><th rowspan="3">工件材料</th><th rowspan="3">表面粗糙度
R_a/μm</th><th rowspan="3">切削速度范围
v_c/(m/min)</th><th colspan="3">刀尖圆弧半径 r_ε/mm</th></tr>
<tr><th>0.5</th><th>1.0</th><th>2.0</th></tr>
<tr><th colspan="3">进给量(mm/r)</th></tr>
<tr><td rowspan="3">铸铁、青铜、铝合金</td><td>>5~10</td><td rowspan="3">不限</td><td>0.25~0.40</td><td>0.40~0.50</td><td>0.50~0.60</td></tr>
<tr><td>>2.5~5</td><td>0.15~0.25</td><td>0.25~0.40</td><td>0.40~0.60</td></tr>
<tr><td>>1.25~2.5</td><td>0.10~0.15</td><td>0.15~0.20</td><td>0.20~0.35</td></tr>
<tr><td rowspan="7">碳钢及合金钢</td><td rowspan="2">>5~10</td><td><50</td><td>0.30~0.50</td><td>0.45~0.60</td><td>0.55~0.70</td></tr>
<tr><td>>50</td><td>0.40~0.55</td><td>0.55~0.65</td><td>0.65~0.70</td></tr>
<tr><td rowspan="2">>2.5~5</td><td><50</td><td>0.18~0.25</td><td>0.25~0.30</td><td>0.30~0.40</td></tr>
<tr><td>>50</td><td>0.25~0.30</td><td>0.30~0.35</td><td>0.30~0.50</td></tr>
<tr><td rowspan="3">>1.25~2.5</td><td><50</td><td>0.10</td><td>0.11~0.15</td><td>0.15~0.22</td></tr>
<tr><td>50~100</td><td>0.11~0.16</td><td>0.16~0.25</td><td>0.25~0.35</td></tr>
<tr><td>>100</td><td>0.16~0.20</td><td>0.20~0.25</td><td>0.25~0.35</td></tr>
</table>

注：r_ε=0.5mm，用于12mm×12mm以下刀杆；r_ε=1mm，用于30mm×30mm以下刀杆；r_ε=2mm，用于30mm×45mm及以上刀杆。

注意：按照上述方法确定的切削用量进行加工，工件表面的加工质量未必十分理想。因此，切削用量的具体数值还应根据机床性能、相关的手册并结合实际经验用模拟方法确定，使主轴转速、背吃刀量及进给速度三者能相互适应，以形成最佳切削用量。

3）背吃刀量 a_p 的确定

背吃刀量根据机床、工件和刀具的刚度来确定。在刚度允许的条件下，应尽可能使背吃刀量等于工件的加工余量，这样可以减少走刀次数，提高生产效率。为了保证加工表面质量，可留少许精加工余量，一般为0.2~0.5mm。

3.3.3　现代数控车刀特点及选用

数控车床使用的刀具，无论是车刀、镗刀、切刀还是螺纹加工刀具均有焊接式和机夹式之分，除经济型数控车床外，目前已广泛地使用机夹式刀具。图3-32为一现代数控车刀，它主要由刀体、刀片和刀片紧固系统3部分组成。

1. 刀片紧固方式和用途

机夹式车刀按刀片紧固方法的差异可分为杠杆式、楔块式、螺钉式、上压式。图3-33为上压式紧固系统结构图，它由楔块式夹具、销、刀垫和螺钉组成。不同的刀夹方式是为了满足不同用途的需要而设计的。

各种刀夹系统是为了满足各种不同用途而设计的，为了便于选用，一些刀具生产厂家(如山特维克公司)根据刀夹系统的特点，按其适用性分为5档，第5档最为适用，第4档次之，适用性依次递减。未标分档的刀夹方式，则不宜选用。表3-9是瑞典山特维克公司刀夹系统选择表。表中按刀具的紧固方式、用途和嵌刀(刀片)类型列出了适用档次。参见表3-9刀夹系统(山特维克公司)的选择。

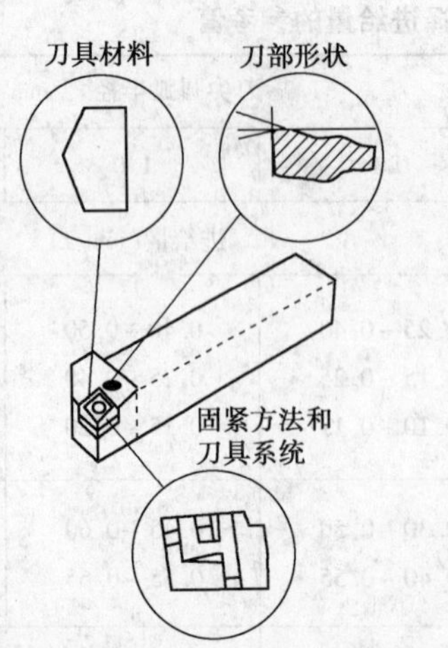

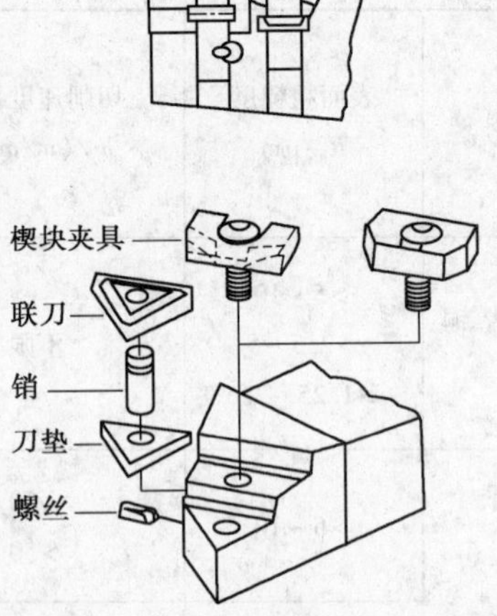

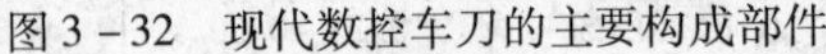
图 3－32　现代数控车刀的主要构成部件　　　　图 3－33　上压式紧固系统结构图

表 3－9　刀夹系统的选择表

刀尖系统	T-MAX P			T-MAX U	T-MAX S	T-MAX	T-MAX 仿形
	杠杆、楔块、楔夹 —外车削的首先工具 —一个刀把的很多种几何结构，单面和双面 —换位时间，特别是杠杆式设计 —为获得更好的装卸方便性，可将“楔夹”用于外机加工，“楔块”用于内机加工			螺钉刀夹 —用于内机加工和细仿车削的首选工具 —刀柄尺寸小 UL-ock 螺钉，换位迅速	S 型刀夹 —刀柄尺寸小 —适用于内机加工	上压式刀夹 —用于带可遇断屑器的可转位嵌刀的长期使用系统 —用于不锈和耐热材料的良好转换工具	上压式刀夹 —稳固 —用于中等精度至粗糙仿形加工效果出色
操作和其他因素							
外粗加工	5	3	4	2	2	4	4
外精加工	4	4	4	5	4	2	4
内粗加工	5	3	3	2	3		4
内精加工	4	4	3	5	5		4
切屑流动	5	5	4	5	3	2	3
换位时间	5	5	3	2(4)[2]	4	2	3
装卸方便性	2(4)[2]	4	4	5			5
方案的多样性（尺寸、几何结构等）	5	3	3	4	3	1	2

续表

刀尖系统	T-MAX P	T-MAX U	T-MAX S	T-MAX	T-MAX 仿形
嵌刀类型	—单面 —双面 —带或不带成形烧结断屑器	—正象基本形状 —带或不带成形烧结断屑器	—正象基本形态 —成形烧结断屑器 —两个公差级别 G 和 M —平面正象嵌刀也适配这些刀片	—正或负象基本形状 —平面嵌刀 —两个公差级别 U 和 G	—55°角 —单面 —16mm 刀口长度 —各种宽度的成形烧结断屑器

外圆刀具的编码。在 ISO 中对可转位嵌刀、车刀架和镗刀架都规定了编码方式。下面分别介绍 ISO 中规定的车刀架和镗刀架两种关键码。

在 ISO 中分别对数控车刀架和数控镗刀架规定了编码方式。对车刀的刀片固定方式、刀片形状、刀体的形状、后角、切削进给方向、刀体高度、宽度、长度、切削刃长度及刀具制造等 10 项，对镗刀的刀体种类、刀柄直径、长度、刀片固定方式、刀片形状、刀体形状、后角、切削进给方向、切削刃长等 9 项均作了详尽编码规范。

在 ISO 中规定车刀体编码由下列 10 项组成：

C	S	K	P	R	25	25	M	12	Q
1	2	3	4	5	6	7	8	9	10

每项的含义说明如下：

① 第 1 项为刀片固定方式码，共有 5 种，并分别用 C、M、P、S、W 表示。如图 3－34 所示。

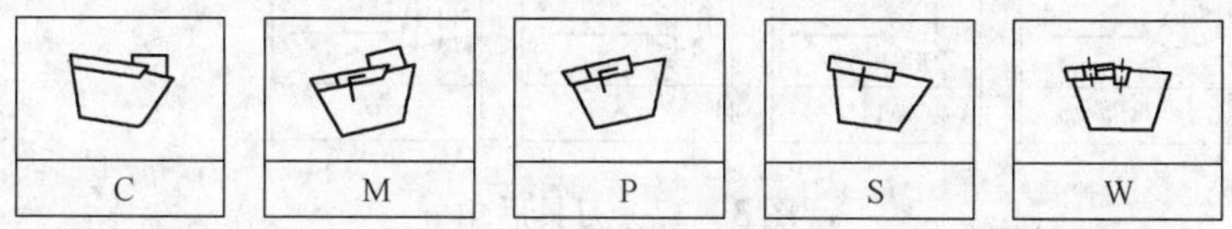

图 3－34　刀片固定方式

C—上压式；M—混合式(上压和孔式固紧)；P—销杆锁紧式(孔式固紧)；S—螺钉式；W—楔型箝夹式

② 第 2 项表示刀片形状码，S 表示刀片形状为方形刀片。参见图 3－35。

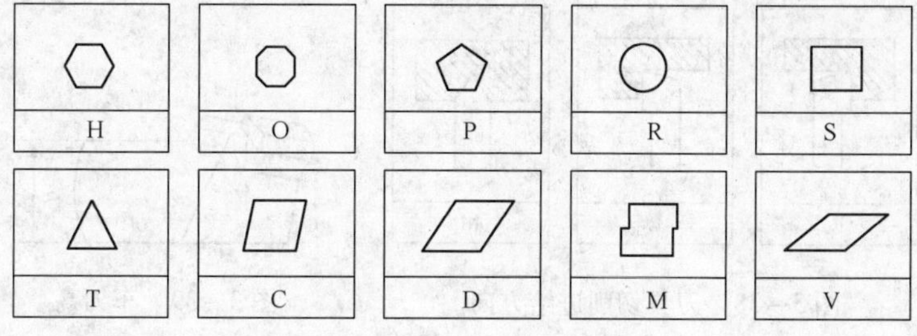

图 3－35　刀片形状

③ 第 3 项为车刀刀体形状码。刀体形状是指刀体装刀片处的形状，共 18 种。如图 3－36 所示。

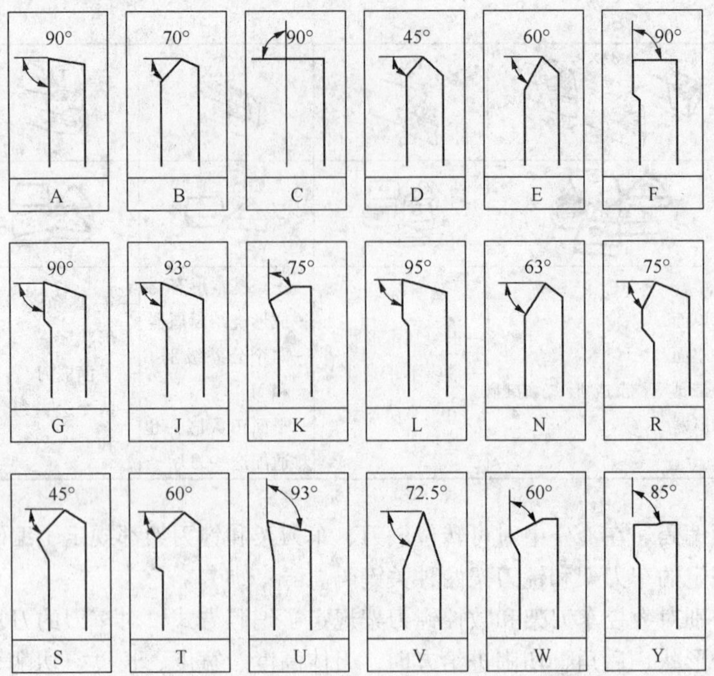

图 3－36　车刀刀体形状

④ 第 4 项为刀具后角编码。根据刀具后角大小，共分 9 种。如图 3－37 所示。P 表示后角为 11°。

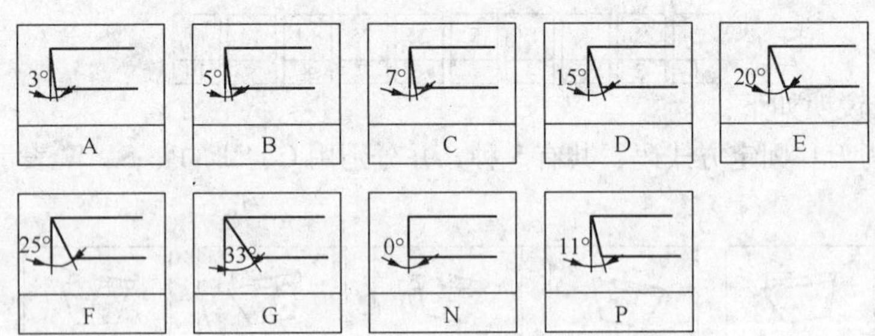

图 3－37　刀具后角

⑤ 第 5 项为刀具进给方向码，分左偏、右偏和中切刀 3 种。R 表示左偏刀，如图 3－38 所示。

⑥ 第 6 项为车刀高度码，如图 3－39 所示。从 8～50mm，共分 9 个规格。

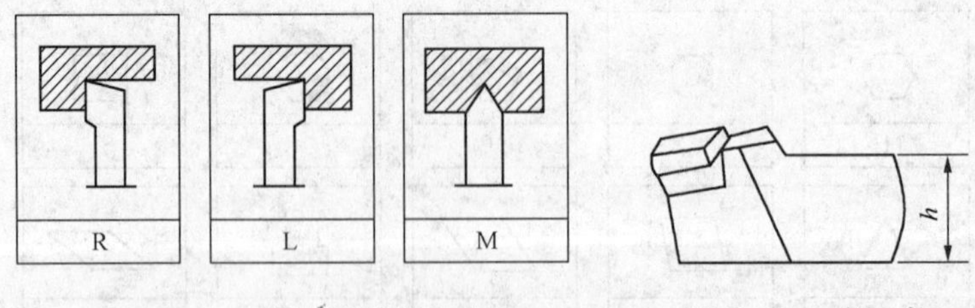

图 3－38　刀具切削进给方向　　　图 3－39　车刀高

⑦ 第 7 项为车刀宽度码，如图 3－40 所示。从 8～50mm，共分 11 个规格（9mm 和 13mm 为非标，有些厂家订货目录中有此规格）。

⑧ 第 8 项为车刀长度码，用英文字母表示，M 表示刀长 150mm，如图 3－41 所示。车

刀长度从 32 ~ 500mm，共分 22 个规格。

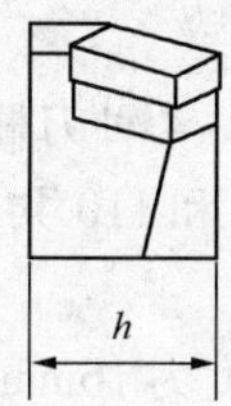

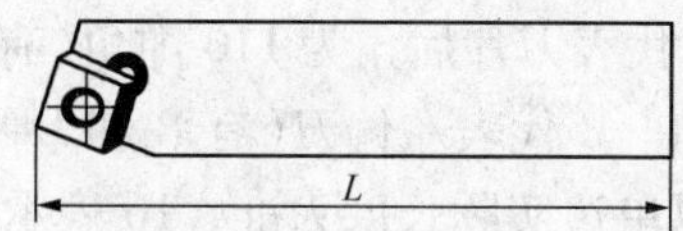

图 3－40　车刀宽度　　　　图 3－41　车刀长度

⑨ 第 9 项为切削边长度码，如图 3－42 所示。不同形状的刀片，其切削边长度的规格也不同，如切开口弹簧槽的单面刀片，从 1. 1 ~ 4. 15mm 就有 9 个规格。具体视刀片形状查有关标准或厂家订货手册。

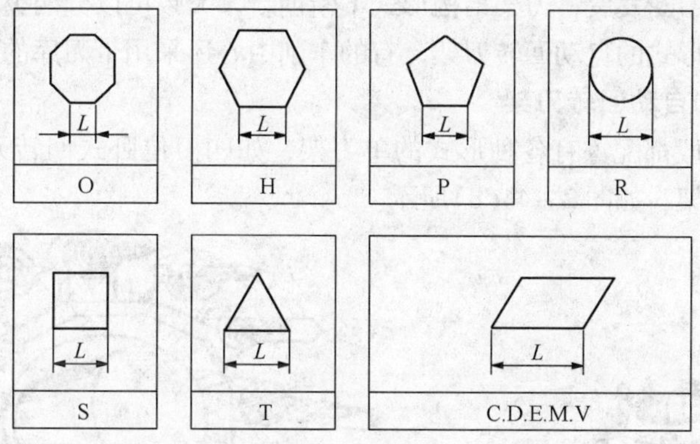

图 3－42　切削边长度

⑩ 第 10 项为刀具制造参数码，如图 3－43 所示。

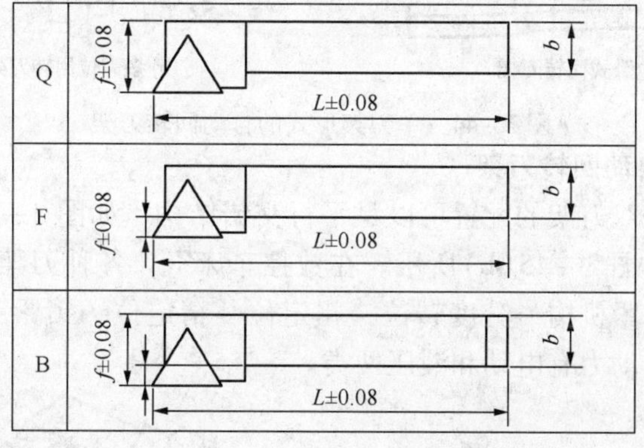

图 3－43　刀具制造参数

2. 镗孔刀具的编码

在 ISO 中规定镗刀编码方式由 9 项组成。

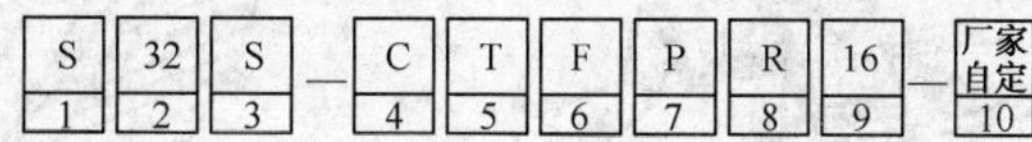

编码中各项含义如下：

① 刀杆种类。S 代表实体刀杆。

② 刀柄直径。以实际值表示，32 表示直径为 32mm。

③ 刀杆长度。S 代表刀杆长 250mm（从 125 ~ 500mm，共有 10 种规格）。

④ 刀片固定方式。C 为上压式紧固(只有 C、S、P 和 M4 种紧固方式，比车刀少一种)。

⑤ 刀片形状。T 代表三角形刀片(有 6 种形状的刀片)。

⑥ 刀杆形状。F 代表 900 刀杆(有 750、900、930 和 950 共 4 种刀杆)。

⑦ 刀片后角。P 代表刀片后角为 110 隙角(有 00、50、70 和 110 共 4 种后角)。

⑧ 切削进给方向。R 代表左偏刀(有 R 和 L 两种偏刀)。

⑨ 切削边长。以单边实际长度为准，16 表示刀片刃口长度为 16mm。

3.3.4 数控车床转塔式刀架的工具系统

数控车床的刀架是机床的重要组成部分，刀架是用于夹持切削刀具的，因此其结构直接影响机床的切削性能和切削效率，在一定程度上，刀架结构和性能体现了数控车床的设计与制造水平。随着数控车床不断发展，刀架结构形式不断创新，大致可以分两类，即单刀架形式的自动回转刀架和双刀架形式的自动回转刀架。有的车削中心还采用带刀库的自动换刀装置。

1. 单刀架形式的自动回转刀架

普通数控车床一般都配置有各种形式的单刀架，如四刀位卧式回转刀架，如图 3－44(a)所示；多刀位回转刀架，如图 2－44(b)所示。

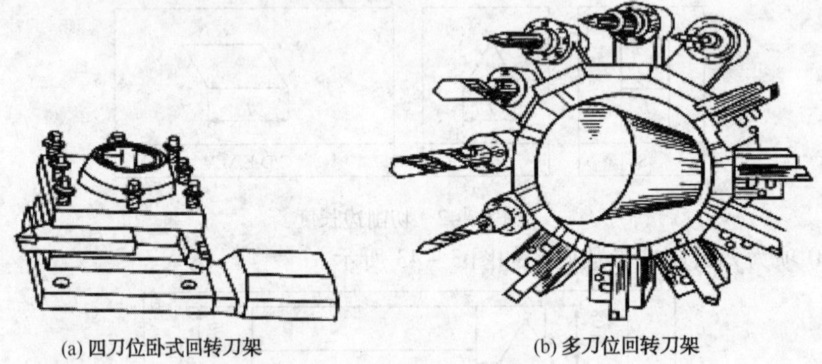

(a) 四刀位卧式回转刀架　　(b) 多刀位回转刀架

图 3－44　单刀架形式的自动回转刀架

2. 双刀架形式的自动回转刀架

这类数控车床中，双刀架的配置可以是平行交错结构，如图 3－45(a)所示；也可以是同轨垂直交错结构，如图 3－45(b)所示。在数控车床上，各种刀架转换刀具的过程都是：接受转位指令→松开夹紧机构→分度转位→粗定位→精定位→锁紧→发出动作完成回答信号。其驱动刀架工作的动力有电动和液压两类。

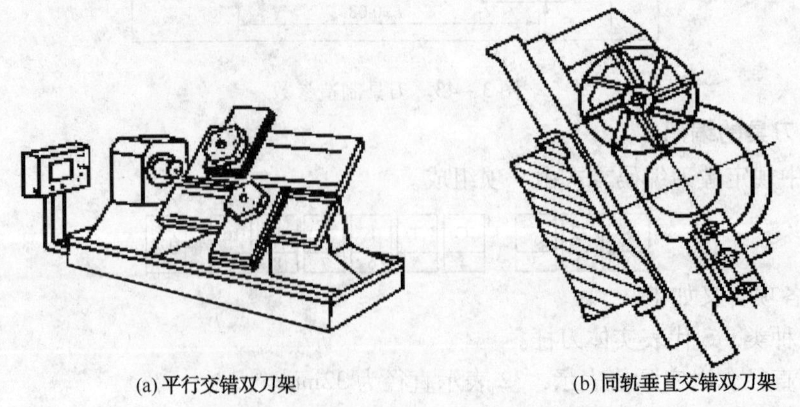

(a) 平行交错双刀架　　(b) 同轨垂直交错双刀架

图 3－45　双刀架形式的自动回转刀架

3. 车削中心

在数控车床上增加刀塔(架)和 C 轴控制后，除了能车削、镗削外，还能对端面和圆周面上任意部位进行钻、铣、攻螺纹等加工；而且在具有插补的情况下，还能铣削曲面，这样就构成了车削中心，如图 3-46 所示。它是在转盘式刀架的刀座上安装上驱动电动机，可进行回转驱动，主轴可以进行回转位置的控制(C 轴控制)。车削加工中心可进行四轴(X、Z、C、Y)控制，而一般的数控车床只能两轴(X、Z)控制。

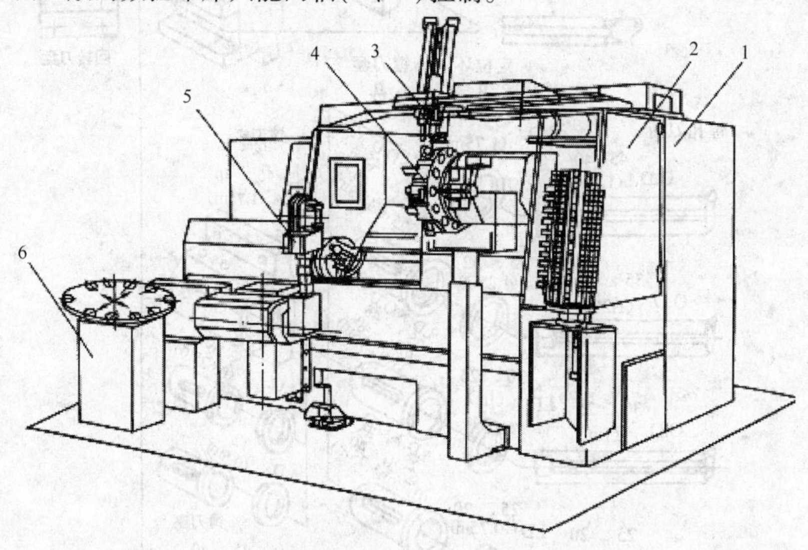

图 3-46　车削中心

1—车床主机；2—刀库；3—自动换刀装置；4—刀架；5—工件装卸机械手；6—载料机

车削中心的主体是在数控车床上配刀塔(架)和换刀机械手，它与数控车床单机相比，自动选择和使用刀具数量大大增加。但是，卧式车削中心与数控车床的本质区别并不在刀库上，它还应具备如下两种功能：一种是动力刀具功能，如铣刀和钻头。通过刀架内部结构，可使铣刀、钻头回转。另一种是 C 轴位置控制功能，C 轴是指以 Z 轴(对于车床是卡盘与工件的回转中心轴)为中心的旋转坐标轴。位置控制原有 X、Z 坐标，再加上 C 坐标，就使车床变成三坐标两联动轮廓控制。例如，圆柱铣刀轴向安装、X—C 坐标联动就可以在工件端面铣削；圆柱铣刀径向安装；Z—C 坐标联动，就可以在工件外径上铣削。这样，车削中心就能铣削出凸轮槽和螺旋槽，如图 3-47 所示。

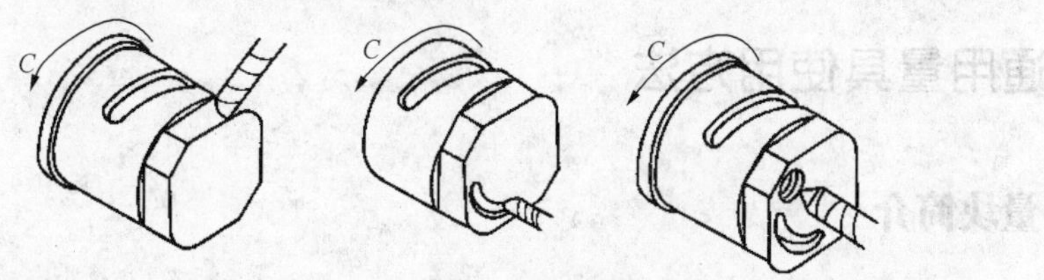

图 3-47　车削中心 C 轴加工能力

4. 转塔式刀架的工具(刀辅具)系统

车削加工所需的各种切削刀具(车刀、镗刀、钻头等)是通过刀柄座、镗刀座、刀柄套、定位环等刀辅具紧固在转塔刀架的回转刀盘上的，刀盘有方形、圆形和多边形。刀位数有 4、6、8、12、16、20 刀位。转塔式立式转塔式刀架的工具(刀辅具)系统如图 3-48 所示。

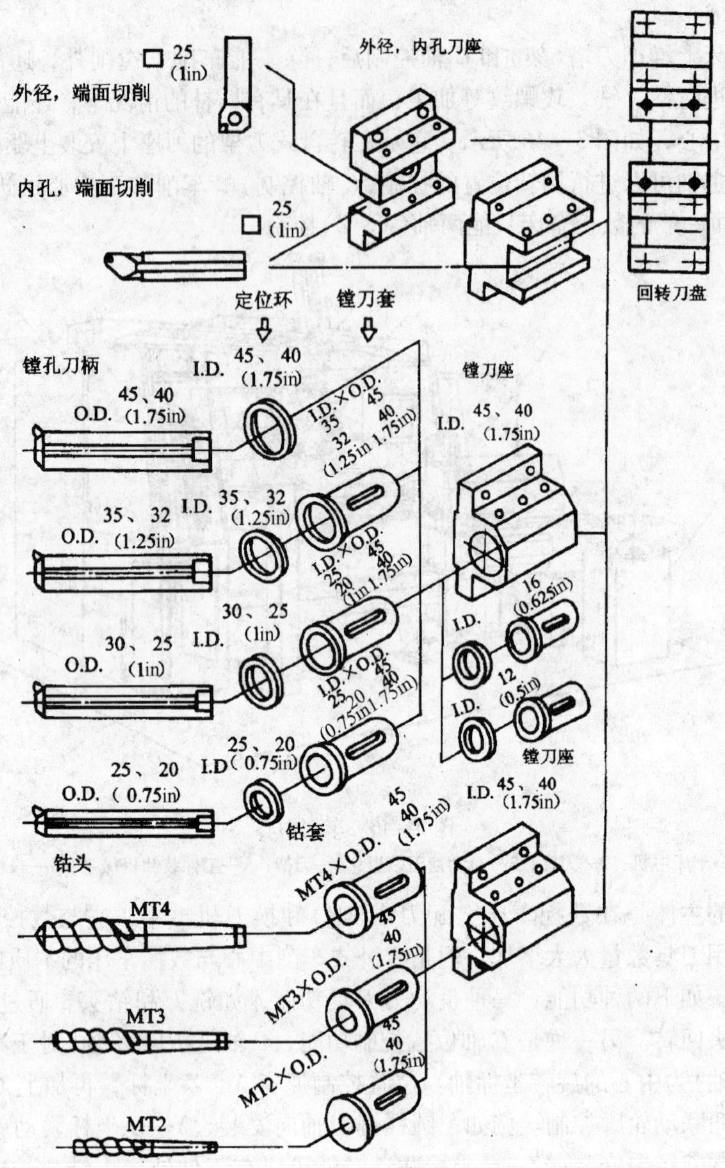

图 3－48 转塔式刀架的工具（刀辅具）系统（括号内尺寸单位为 in）

3.4 通用量具使用方法

3.4.1 量块简介

量块的截面为矩形，是一对相互平行测量面且具有准确尺寸的测量器具。如图 3－49 所示。

1. 量块的主要用途

（1）检定和校准各种长度测量器具。

（2）在长度测量中，作为相对测量的标准件。

（3）用于精密划线和精密机床的调整。

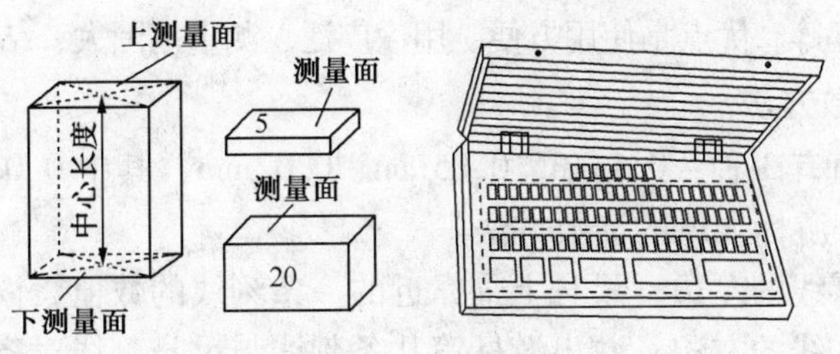

图 3－49　量块

（4）直接用于精密被测件尺寸的检验。

在实际生产中，量块是成套使用的，每套装成一盒，里面有各种不同尺寸的量块。GB/T 6093—2001 规定了 17 个套别。

2. 量块的使用及尺寸组合

根据使用需要，可把不同长度尺寸的量块组合起来组成量块组，这个量块组的总长度尺寸就等于各组成量块的长度尺寸的总和。组成量块用得越多，累积误差也会越大，所以在使用量块组时，应尽可能减少量块的组合块数，一般不超过 4 ~5 块。

组合量块组时，为了减少所用量块的数量，应遵循一定的原则来选择量块长度尺寸：

（1）根据需要的量块组尺寸，首先选择能够去除最小位数尺寸的量块。

（2）然后再选择能够依次去除位数较小尺寸的量块，并使选用的量块数目为最少。

例如需组合 69. 475mm 的量块组，当采用第二套或第四套量块时，量块的选择过程如表 3－10。

表 3－10　量块选择程序　　mm

序号	选择程序	第 2 套量块	第 4 套量块
1	量块组的尺寸	69. 475	69. 475
2	选用的第一块量块尺寸	1. 005	1. 005
3	剩下的尺寸	68. 47	68. 47
4	选用的第二块量块的尺寸	1. 47	1. 07
5	剩下的尺寸	67	67. 4
6	选用的第三块量块的尺寸	7	1. 4
7	剩下的尺寸	60	66
8	选用的第四块量块的尺寸	60	6
9	剩下的即为第五块量块的尺寸	0	60

由此可见，采用第二套量块时，可选量块共 4 块；而采用第四套量块时，可选量块共 5 块，因此应尽可能选用第二套量块。

3. 4. 2　游标卡尺简介

1. 游标卡尺的结构与工作原理

游标卡尺是利用游标原理对两测量面相对移动分隔的距离进行读数的测量器具。游标卡尺与千分尺、百分表都是最常用的长度测量器具。

游标卡尺的结构如图 3－50 所示。游标卡尺的主体是一个刻有刻度的尺身，沿着尺身滑动的尺框上装有游标。游标卡尺可以测量工件的内尺寸、外尺寸（如长度、宽度、厚度、内径和外径）、孔距、高度和深度等。优点是使用方便、用途广泛、测量范围大、结构简单和价格低廉等。

2. 游标卡尺的读数方法

游标卡尺的读数值有 3 种：0. 1mm、0. 05mm、0. 02mm，其中 0. 02mm 的卡尺应用最普遍。下面介绍 0. 02mm 游标卡尺的读数方法。

先读整数看游标零线的左边，尺身上最靠近的一条刻线的数值，读出被测尺寸的整数部分；再读小数看游标零线的右边，数出游标第几条刻线与尺身刻线对齐，读出被测尺寸的小数部分；得出被测尺寸把上面两次读数的整数部分和小数部分相加，就是所测尺寸。

从图 3 - 51 示例中可以读出测量值，读数的整数部分是 133mm；游标的第 11 条线（不计 0 刻线）与尺身刻线对齐，所以读数的小数部分是 $0.02 \times 11 = 0.22$mm，被测工件尺寸为 $133 + 0.22 = 133.22$mm。

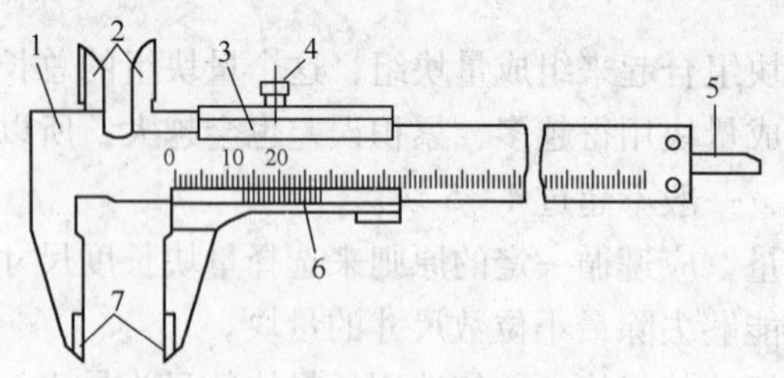

图 3 - 50　游标卡尺

1—尺身；2—内量爪；3—尺框；4—紧固螺钉；5—深度尺；6—游标；7—外量爪

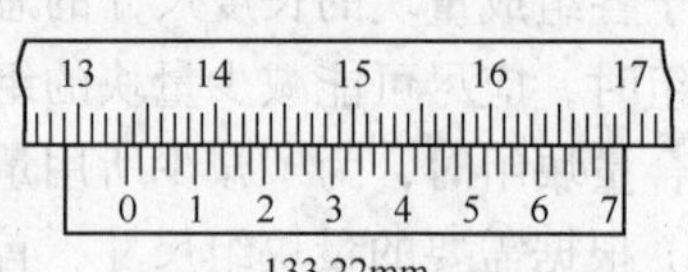

图 3 - 51　游标卡尺读数示例

3. 游标卡尺使用注意事项

（1）游标卡尺使用前要进行检验，若卡尺出现问题，势必影响测量结果，甚至造成整批工件的报废。首先要检查外观，要保证无锈蚀、无伤痕和无毛刺，要保证清洁。

（2）检查零线是否对齐，将卡尺的两个量爪合拢，看是否有漏光现象。如果贴合不严，需进行修理。若贴合严密，再检查零位，看游标零位是否与尺身零线对齐，游标的尾刻线是否与尺身的相应刻线对齐。另外，检查游标在主尺上滑动是否平稳、灵活，不要太紧或太松。

（3）读数时，要看准游标的哪条刻线与尺身刻线正好对齐。如果游标上没有一条刻线与尺身刻线完全对齐，可找出对得比较齐的那条刻线作为游标的读数。

（4）测量时，要平着拿卡尺，朝着光亮的方向，使量爪轻轻接触零件表面。量爪位置要摆正，视线要垂直于所读的刻线，防止读数误差。

（5）使用后，应将游标卡尺擦拭干净，平放在专用盒内，尤其是大尺寸游标卡尺。注意防锈、主尺弯曲变形。

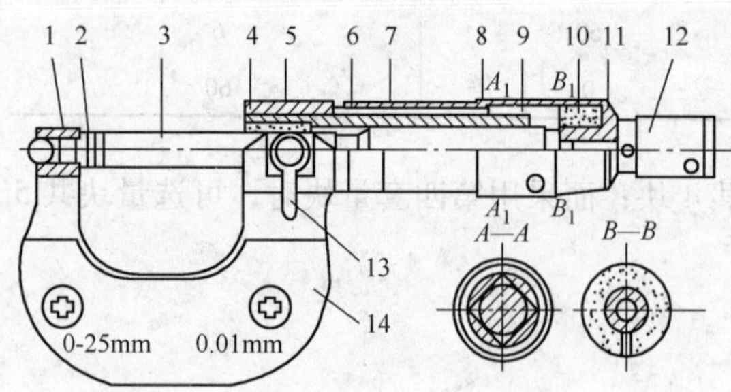

图 3 - 52　外径千分尺

1—尺架；2—测砧；3—测微螺杆；4—导套；5—螺纹轴套；6—紧固螺钉；7—固定套管；8—微分筒；9—调节螺母；10—接头；11—垫片；12—测力装置；13—锁紧装置；14—隔热装置

3. 4. 3　外径千分尺简介

1. 外径千分尺的结构和工作原理

千分尺类测量器具是利用螺旋副运动原理进行测量和读数的，按用途可分为外径千分尺、内径千分尺、深度千分尺等。外径千分尺的结构如图 3 - 52 所示。

外径千分尺使用普遍，是一种体积小、坚固耐用、测量准确度较高、调整容易的一种精密测量器具，可以测量工件的各种外形尺寸，如长度、厚度、外径以及凸肩厚度、板厚或壁厚等。外径千分尺分度值一般为0.01mm，测量精度可达百分之一毫米。

2. 外径千分尺的读数方法

（1）先读整数微分筒的边缘（锥面的端面）作为整数毫米的读数指示线，在固定套管上读出整数。固定套管上露出来的刻线数值，就是被测尺寸的毫米整数和半毫米数。如果微分筒的端面与固定套管的上刻度线之间无下刻度线，测量结果即为上刻度线的数值加可动刻度的值；如微分筒端面与上刻度线之间有一条下刻度线，测量结果应为上刻度线的数值加上0.5mm，再加上可动刻度的值。

（2）再读小数固定套管上的纵刻线作为不足半毫米小数部分的读数指示线，在微分筒上找到与固定套管纵刻线对齐的圆锥面刻线，将此刻线的序号乘以0.01mm，就是小于0.5mm的小数部分的读数。

（3）得出被测尺寸把上面两次读数相加，就是被测尺寸。

① 图3－53(a)所示的读数结果为5.46mm，读数的整数部分是5mm，所读的小数部分为46×0.01＝0.46mm，被测工件的尺寸为5＋0.46＝5.46mm。

② 图3－53(b)所示的读数结果为5.96mm，读数的整数部分是5mm，所读的小数部分为46×0.01＝0.46mm，被测工件的尺寸为5＋0.5＋0.46＝5.96mm（微分筒端面与上刻度线之间有一条下刻度线，测量结果应为上刻度线的数值加上0.5mm，再加上可动刻度的值）。

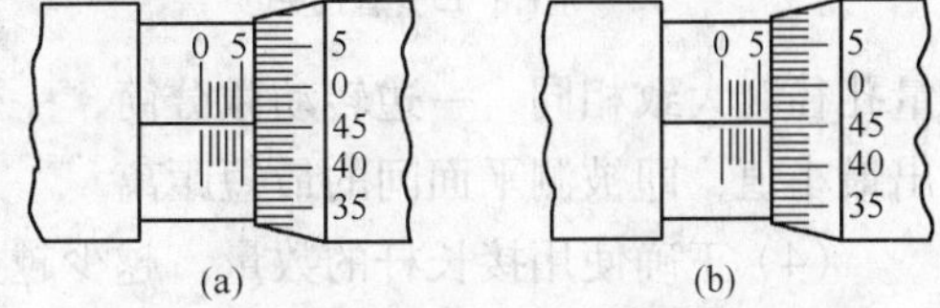

图3－53　外径千分尺读数示例

3. 外径千分尺的使用注意事项

（1）减少温度的影响，使用千分尺时，要用手握住隔热装置。若用手直接拿着尺架去测量工件，会引起测量尺寸的改变。

（2）保持测力恒定测量时，当两个测量面将要接触被测表面时，就不要再旋转微分筒，只旋转测力装置的转帽，等到棘轮发出“咔、咔”响声后，再进行读数。不允许猛力转动测力装置。退尺时，要旋转微分筒，不要旋转测力装置，以防拧松测力装置，影响零位。

（3）注意操作方法测量较大工件时，最好把工件放在V形块或平台上，左手拿住尺架的隔热装置，右手用两指旋转测力装置的转帽。测量小工件时，先把千分尺调整到稍大于被测工件尺寸之后，用左手拿住工件，用右手的小指和无名指夹住尺架，食指和拇指旋转测力装置或微分筒。

（4）减少磨损和变形不允许测量带有研磨剂的表面、粗糙表面和带毛刺的边缘表面等。当测量面接触被测表面之后，不允许用力转动微分筒，否则会使测微螺杆、尺架等发生变形。

（5）应经常保持清洁，轻拿轻放，不要摔碰。

3.4.4 内径千分尺简介

1. 内径千分尺的结构

如图3－54所示，内径千分尺由测微头（或称微分头）和各种尺寸的接长杆组成。

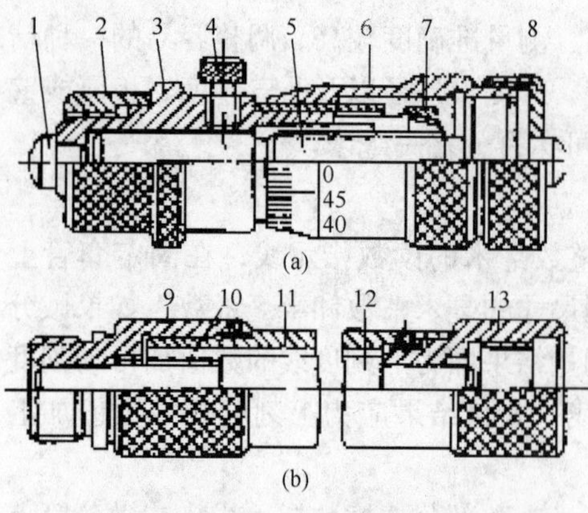

图 3－54　内径千分尺

1—固定测头；2—螺母；3—固定套管；4—锁紧装置；5—测微螺杆；6—微分筒；7—调节螺母；8—后盖脑；9—管接头；10—弹簧；11—套管；12—量杆；13—管接头

2. 内径千分尺使用方法

（1）校对零位。在使用内径千分尺之前，也要像外径千分尺那样进行各方面的检查。在检查零位时，要把测微头放在校对卡板两个测量面之间，若与校对卡板的实际尺寸相符，说明零位"准确"。

（2）测量孔径。先将内径千分尺调整到比被测孔径略小一点，然后把它放进被测孔内，左手拿住固定套管或接长杆套管，把固定测头轻轻地压在被测孔壁上不动，然后用右手慢慢转动微分筒，同时还要让活动测头沿着被测件的孔壁，在轴向和圆周方向上细心地摆动，直到在轴向找出最大值为止，得出准确的测量结果。

（3）测量两平行平面间距离。测量方法与测量孔径时大致相同，一边转动微分筒，一边使活动测头在被测面的上、下、左、右摆动，找出最小值，即被测平面间的最短距离。

（4）正确使用接长杆的数量。越少越好，可减少累积误差。把最长的先接上测微头，最短的接在最后。

（5）其他注意问题。不允许把内径千分尺用力压进被测件内，以避免过早磨损，同时避免接长杆弯曲变形。

3.4.5　深度千分尺简介

1. 深度千分尺的结构

深度千分尺如图 3－55 所示。其结构与外径千分尺相似，只是用底板 1 代替尺架和测砧。深度千分尺的测微螺杆移动量是 25mm，使用可换式测量杆，测量范围为 25～50mm、50～75mm、75～100mm 等。

2. 深度千分尺使用方法

使用方法与前面介绍的几种千分尺使用方法类似。测量时，测量杆的轴线应与被测面保持垂直。测量孔的深度时，由于看不到里面，所以用尺要格外小心。

3.4.6　百分表简介

1. 百分表结构与工作原理

百分表的应用非常普遍，其结构如图 3－56 所示。在测量过程中，测头的微小移动，经过百分表内的一套传动机构而转变成主指针的转动，可在表盘上读出被测数值。测头拧在量杆的下端，量杆移动 1mm 时，主指针在表盘上正好转一圈。由于表盘上均匀刻有 100 个格，因此表盘的每一小格表示 1/100mm，即 0.01mm，这就是百分表的分度值。主指针转动一圈的同时，在转数指示盘上的转数指针转动 1 格（共有 10 个等分格），所以转数指示盘的分度值是 1mm。

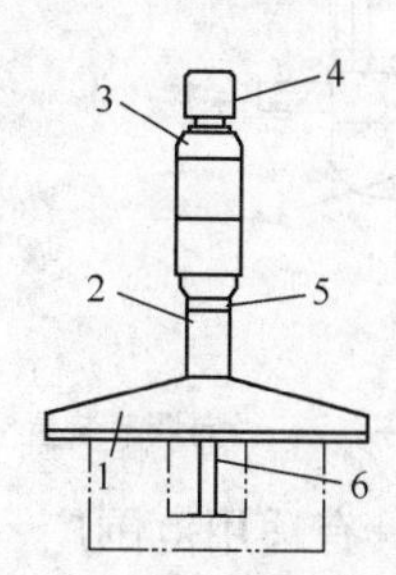

图 3－55 深度千分尺

1—底板；2—锁紧装置；
3—微分筒；4—测力装置；
5—固定套筒；6—测量杆

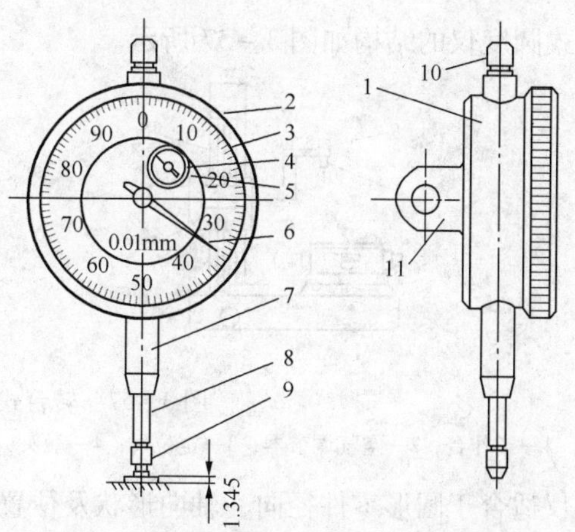

图 3－56 百分表

1—表体；2—表圈；3—表盘；4—转数指示盘；5—转数指针；6—主指针；7—轴套；8—量杆；9—测头；10—挡帽；11—耳环

旋转表圈时，表盘也随着一起转动，可使指针对准表盘上的任何一条刻线。量杆的上端有个挡帽，对量杆向下移动起限位作用，也可以用它把量杆提起来。

2. 百分表使用方法

(1) 使用前，要认真检查是否有灰尘和湿气侵入表内。检查量杆的灵敏性，是否移动平稳、灵活，有无卡住等现象。

(2) 使用时，必须把它可靠地固定在表座或其他支架上，否则可能摔坏百分表。

(3) 百分表既可用作绝对测量，也可用作相对测量。相对测量时，用量块作为标准件，具有较高的测量精度。

(4) 测头与被测表面接触时，量杆应有 0.3～1mm 的压缩量，可提高示值的稳定性，所以要先使主指针转过半圈到一圈左右。当量杆有一定的预压量后，再把百分表紧固住。

(5) 为读数的方便，测量前一般把百分表的主指针指到表盘的零位（通过转动表圈，使表盘的零刻线对准主指针），然后再提拉测量杆，重新检查主指针所指零位是否有变化，反复几次直到校准为止。

(6) 测量工件时应注意量杆的位置。测量平面时，量杆要与被测表面垂直，否则会产生较大的测量误差。测量圆柱形工件时，量杆的轴线应与工件直径方向一致。

(7) 测量时，量杆的行程不要超过它的测量范围，以免损坏表内零件；避免振动、冲击和碰撞。

3.4.7 圆度仪简介

圆度仪是一种精密测量仪器，其原理是用精密回转轴系上的一个动点（测量装置的触头）在回转中所形成的轨迹（即产生的理想圆）与被测轮廓进行比较以求得圆度误差。

圆度仪有两种形式：转台式和转轴式。转台式圆度仪的测头不动，被测工件随工作台一起回转。测头可以方便地调整到被测工件任意截面进行测量，但受承载能力的限制，只适用于小型零件。转轴式圆度仪在测量过程中工件固定不动，主轴带着传感器和测头一起旋转。这种圆度仪可以测量较大的零件，因为工件的质量对主轴回转精度没有影响，所以性能稳定。转台式圆度仪的结构如图 3－57 所示。

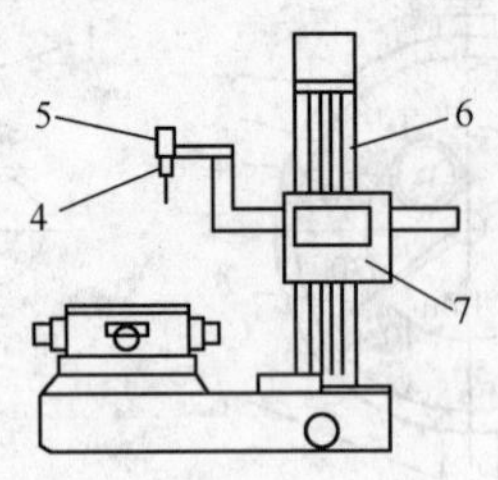

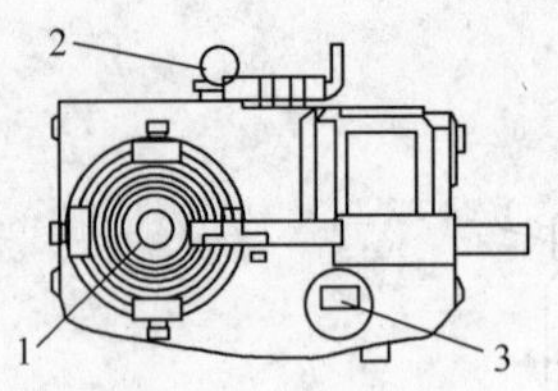

图 3－57　转台式圆度仪

1—工作台；2—空气调节器；3—定位尺；4—触头；5—测头臂；6—立柱；7—径向调节装置

圆度仪适合于圆形零件径向、轴向形状及位置误差的测量，具有适用范围广、测量效率高、测量结果直观等特点。圆度仪使用半径法可测量圆柱、圆锥孔、轴及球的圆度；使用各种附件可以测量同一测量平面内外圆、凸肩或端面与内外圆柱、圆锥轴线的垂直度等。

3.4.8　三坐标测量机简介

三坐标测量机是一种高效精密测量仪器，可对复杂三维形状的工件实现快速测量，它是由测头测得被测工件 X、Y、Z 3 个坐标值来确定被测点的空间位置，其测量结果可绘制出图形或打印输出。三坐标测量机综合应用了电子技术、计算机技术、精密测量技术和激光干涉技术等先进技术，主要包括测量系统、控制系统、坐标显示系统和数据输出系统等。

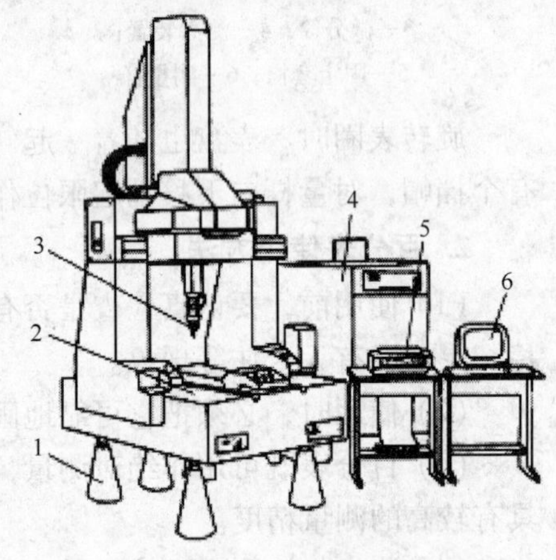

图 3－58　三坐标测量机

1—支架；2—工作台；3—测头；4—控制柜；5—打印机；6—数据处理计算机

三坐标测量机的基本结构主要由机床部分(包括工作台、底座、立柱和支架等)、传感器部分和数据处理系统三大部分组成，如图 3－58 所示。

三坐标测量机的工作原理主要是通过测头(传感器)接触或不接触工件表面，由计算机进行数据采集，通过运算并与预先存储的理论数据相比较，然后输出测量结果。适用于各种复杂型面的模具、机械零件、箱体、曲面、工夹具等的几何形状尺寸的直角坐标系或极坐标系的孔距、角度、锥度、直线尺寸、形位公差、径向和轴向等机械尺寸的测量。

思考题

1. 数控车床加工工艺的主要内容是什么？什么是工序集中和工序分散？
2. 什么是工序、安装、工位、工步、走刀？划分它们的依据各是什么？
3. 制定工艺规程时，为什么要划分加工阶段？如何灵活运用？
4. 工件定位与夹紧的区别是什么？
5. 何谓六点定位原理？粗基准和精基准的选择原则是什么？
6. 在 ISO 中规定车刀体编码由几项组成？各项的含义是什么？
7. 组合量块组时，为了减少所用量块的数据，应遵循哪些原则来选择量块长度尺寸？
8. 简述外径千分尺的使用方法及读数方法。

第4章　数控车床操作

FANUC(法拉克)及SIEMENS(西门子)公司是全球生产数控系统的著名厂家，在数控机床领域中占有重要的地位和较大的市场分额。本章重点介绍FANUC 0i－TD系统及SIEMENS－802D系统数控车床的系统功能与操作。通过学习，熟悉FANUC 0i－TD系统及SIEMENS－802D系统数控车床的面板，掌握数控车床基本操作技能。

4.1　数控机床（系统）的主要功能

数控机床(系统)的功能是指满足用户操作和机床控制要求的方法和手段。

1. 控制功能

数控系统可控制轴数是指数控系统最多可以控制的坐标轴数目，包括移动轴和回转轴。联动轴数是指数控系统按加工要求控制同时运动的坐标轴数。目前有二轴联动、三轴联动、四轴联动、五轴联动等。三轴联动的数控机床可以加工空间复杂曲面，四轴、五轴联动的数控机床可以加工飞行器叶轮、螺旋桨等零件。如果可控制轴数为三轴，联动轴数为二轴，则称为二轴半控制。如数控车床只要两轴联动，数控镗铣床、加工中心等需要有三根或三根以上的联动控制轴。

2. 插补功能

插补功能是数控系统实现零件轮廓(平面或空间)加工轨迹运算的功能。

轮廓控制数控系统一般都必须具有直线和圆弧插补功能，较为高档的数控系统还应具有抛物线、椭圆、正弦线、螺旋线以及样条曲线插补等功能。现代高级型CNC甚至可以对曲面进行直接插补。插补坐标系也从直角坐标系扩展到极坐标系和圆柱坐标系等。插补功能越强，说明CNC能够加工的轮廓越多。

3. 准备功能

准备功能也称G功能，用来指令机床动作的方式，包括基本移动、程序暂停、平面选择、坐标设定、刀具补偿、参考点返回、固定循环和公英制转换等。G功能从一个侧面代表CNC功能的强弱。

4. 进给功能

进给功能是数控系统对进给速度的控制功能，即控制刀具相对工件的运动速度，包括快速进给、切削进给、手动连续进给、点动进给、进给倍率修调、自动加减速等功能。

5. 主轴功能

数控系统的主轴功能是数控系统对切削速度的控制功能，包括恒转速控制、恒线速控制、主轴定向停止、主轴转速修调等。恒线速控制即主轴自动变速，使刀具相对切削点的线速度保持不变。主轴定向停止也称为主轴准停，即在换刀、精镗孔后退刀等动作开始之前，主轴在其周向准确定位，主要应用于数控镗铣床、加工中心等。

6. 辅助功能

辅助功能也称M功能，用于规定主轴的启、停、转向，切削液的接通和断开，刀库的启、停等辅助操作功能。它也是衡量 CNC 功能的一个重要指标。

7. 操作功能

数控机床通常有单程序段执行，跳段执行，试运行，图形模拟，机械锁住，暂停和急停等功能。有的还有软键操作功能。

8. 刀具管理功能

刀具管理功能实现对刀具几何尺寸和刀具寿命的管理。加工中心都应具有此功能，刀具几何尺寸是指刀具的半径和长度，这些参数供刀具补偿功能使用。刀具寿命是指时间寿命，当某刀具的时间寿命到期时，CNC 系统将提示用户更换刀具。另外，CNC 系统都具有 T 功能即刀具号管理功能，它用于标识刀库中的刀具和自动选择加工刀具。

9. 补偿功能

(1) 刀具半径和长度补偿。刀具半径和长度补偿功能实现按零件轮廓编制的程序去控制刀具中心的轨迹，以及在刀具磨损或更换时(刀具半径变化)，对刀具的半径或长度作相应的补偿。

(2) 反向间隙补偿和螺距误差。加工过程中，机械传动链中存在的反向间隙(齿隙)和螺距误差(由滚珠丝杠的螺距不均等引起)，会导致加工零件的实际尺寸与程序规定的尺寸不一致，造成加工误差。因此 CNC 系统要有反向间隙补偿和螺距误差补偿功能。实现此功能的前提是，首先把测量出的齿隙和螺距误差补偿量输入 CNC 系统的内存，然后，在加工过程中，按补偿量重新计算刀具的坐标尺寸，从而加工出符合要求的零件。

(3) 智能补偿功能。对于外界干扰产生的随机误差，如热变形引起的误差等，可采用现代先进的人工智能、专家系统等方法建立模型，实施智能补偿，这是数控技术发展的方向。

10. 程序管理功能

数控系统的程序管理功能是指对加工程序的检索、编制、修改、插入、删除、更名和程序的存储、通信等功能。

11. 自动加减速功能

为保证伺服电动机在启动、停止或速度突变时不产生冲击、失步、超程或振荡，必须对送到伺服电动机的进给频率或电压进行控制。在电动机启动及进给速度大幅度上升时，控制加在伺服电动机上的进给频率或电压逐渐增大；而当电动机停止及进给速度大幅度下降时，控制加在伺服电动机上的进给频率或电压逐渐减小。CNC 系统中自动加减速控制多用软件实现，它可在插补前进行，称插补前加减速，也可在插补后进行，称插补后加减速。自动加减速控制有多种算法，如直线加减速、指数加减速、抛物线加减速和鼓形加减速等。

12. 人机对话功能

现代 CNC 系统一般配有单色或彩色显示器，通过软件可实现字符和图形的显示，高档的数控系统具有三维图形显示功能，以方便用户的操作和使用。在 CNC 装置中这类功能有：菜单的操作，零件程序的编辑，刀具轨迹的动态显示，系统和机床参数、状态、故障信息的显示、查询或修改等。

13. 自诊断功能

数控系统的自诊断功能可以实现对故障的诊断和定位。

现代 CNC 系统一般都或多或少地具有故障自诊断功能，在故障发生后可迅速查明故障类型和部位，并及时排除，以减少故障停机时间和防止故障的扩大。

CNC 系统的故障诊断程序可以包含在系统程序中，在系统运行过程中进行诊断，也可以作为服务性程序，在系统运行前或故障停机后进行诊断，有的 CNC 还可进行远程通信诊断。

14. 通信功能

通信功能指 CNC 系统与外界进行信息和数据交换的功能。

通常 CNC 系统都具有 RS－232C 或 RS－422 串行接口，可与上级计算机进行通信，传送零件程序，有的还配有 DNC 接口，以实现直接数控，更高档的系统还可与 MAP 相连，以适应 FMS、CIMS、IMS 等大制造系统集成的要求。

4.2 FANUC 0i Mate－TD 系统车床操作

4.2.1 FANUC 0i Mate－TD 系统车床操作面板功能简介

FANUC 0i Mate－TD 系统车床的操作面板如图 4－1 所示。它由 CRT/MDI 操作区及用户操作区(两块)所组成。下面以大连机床厂生产的 CK6150i 数控车床为例，介绍数控车床的操作面板。

1. CRT/MDI 操作面板简介

CRT/MDI 操作面板是由 CRT 显示部分和键盘所构成，如图 4－1 中右上部分所示。

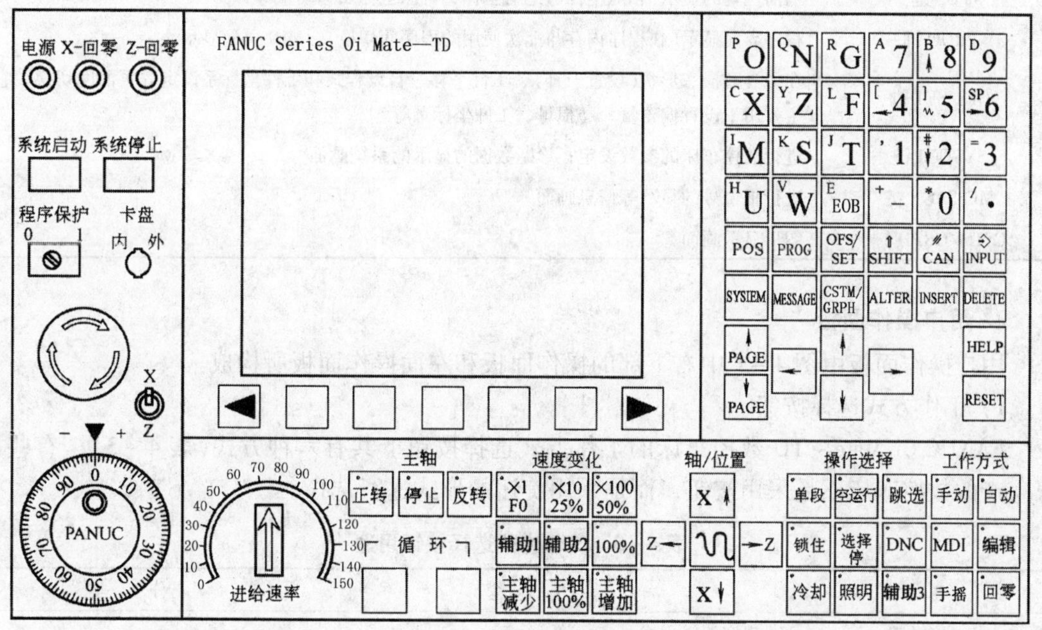

图 4－1　FANUC 0i Mate－TD 系统车床操作面板

1）键盘的说明(表4－1)

表4－1　键盘的说明

名　称	用　途
复位(RESET)键	解除报警；CNC复位；在编程时返回到程序开始处
HELP帮助键	随机的电子版机床说明书
地址/数字键	字母、数字等文字的输入
INPUT输入键	G54～G59等工作坐标系偏置量的输入；MDI方式的指令数据的输入；DNC时输入程序
SHIFT换档键	输入字母、数字键的右下角字符
ALTER程序编辑键	替换程序中的当前地址
INSERT程序编辑键	编辑状态的程序输入
DELETE程序编辑键	删除程序中的当前地址符或某程序等
取消(CAN)键	删除输入到缓冲寄存储器中的最后一个字符或符号
EOB键	结束一行程序的输入并且换行
光标移动键	↓向下移动光标；↑：向上移动光标；←：向左移动光标；→：向右移动光标
翻页键	Page↓：向下翻CRT画面；Page↑：向上翻CRT画面
软键	根据CRT画面最后一行所显示的内容进入相应的画面

2）功能键

功能按键用于选择CRT的屏幕显示内容(表4－2)。

表4－2　功能按键说明

名　称	用　途
POS键	当前位置的显示(相对坐标、绝对坐标、机床坐标及移动量等)
PROG键	程序界面显示(在程序内存与上次使用的程序间切换)，MDI页面显示
OFS/SET键	在刀具磨损、形状(设置刀补)、工件平移、自设程式和工件坐标系设定等页面间切换。它主要用于设置偏置量、磨损量、工件坐标系等
SYSTEM键	进行数控车床的参数设定；诊断数据的显示的系统画面
MESSAGE键	进行报警号的显示等信息画面
CSTM/GRPH键	图形显示画面

2. 用户操作面板

用户操作面板由图4－1中右下部的操作面板和左面操作面板所构成。

1）工作方式选择按钮

FANUC 0i Mate－TD数控车床的工作方式选择按钮上共有六种方式(表4－3)。有些厂家生产的数控车床不是采用按钮，而是采用旋钮的形式进行选择。

表4－3　工作方式选择按钮用途

名　称	用　途	分　类
编辑键	程序编辑方式	自动方式
自动键	程序自动运行方式	
MDI键	手动数据输入方式	

续表

名 称	用 途	分 类
手摇键	手摇脉冲方式	手动方式
手动键	手动进给方式	
回零键	回零(返回参考点)方式	

车床的一切运行都是围绕着这六种方式进行，也就是说，数控车床的每一个动作，都必须在某种方式确定的前提下才有意义。

2）各种功能启动按钮(表4－4)

表4－4 功能启动按钮的功用

按钮	功 用 及 说 明
程序保护	程序保护开关。当把这个开关打开时，用户加工程序可以进行编辑，参数可以进行修改；当把这个开关关闭时，程序和参数得到保护，不能进行修改
系统启动	系统启动按扭。开机时，先开机床后面电器柜的电源开关，面板上的电源指示灯亮，然后按下系统启动按扭，系统操作显示部分上电，机床方可开始操作
系统停止	系统停止按扭。当机床工作结束后，先将刀架停在适当的位置，然后按下系统停止按扭，关闭机床后面电器柜的电源开关，面板上的电源指示灯灭，机床断电
循环	循环下白色为程序启动按钮。在 AUTO 及 MDI 方式下启动程序
	循环下红色为程序暂停按钮。在程序运行过程中按下此按钮，系统将停止进给(主轴仍然旋转)，重新按一下“程序启动”按钮，程序继续执行
正转	手动主轴正转按钮。在手动方式下有效，当在手动方式下，按一下此按钮上，主轴电动机就开始正转
停止	手动主轴停止按钮。在手动方式下有效，在主轴旋转的过程中，当按下此按钮，主轴电动机就停止转动，并且通过刹车盘进行制动控制，在一般情况下，刹车动作保持4s
反转	手动主轴反转按钮。在手动方式下有效，当在手动方式下，按一下此按钮，主轴电动机就开始反转
单段	程序单段按钮。这个按钮也是自锁按钮。当单段指示灯亮时，程序单段有效，程序每执行完一段及暂停，按一下“循环启动”，程序又执行下一段，依此类推
空运行	空运行按钮。这个按钮为自锁按钮，当按一下时，指示灯亮，再按一下时，指示灯熄灭。当空运行指示灯亮时，空运行有效。一般情况下，这个功能按钮是在试运行程序时运用，用于检验程序、格式等是否正确
跳选	程序跳跃按钮。这个按钮也是自锁按钮。当跳选指示灯亮时，说明跳跃功能有效，当程序执行到前面有反斜杠“/”的程序段时，系统将跳过这一程序段。 例如：N5　G54　G98　G21 N10 M3 S800 /N15 G0 X100 Z100 F100 N20… N25…M30 当跳选有效时，程序执行完 N10 后，跳过 N15 直接执行 N20；当跳选无效时，程序执行顺序是：N5→N10→N15→N20…

续表

按钮	功 用 及 说 明
锁住	机床锁住开关。这个按钮为自锁按钮，当按一下时，指示灯亮；再按一下时，指示灯熄灭。机床锁住后，机床不移动，但显示器上各轴位置在改变。执行机床锁住运行后需返回参考点
选择停	选择性程序暂停。这个按钮为自锁按钮，当按一下时，指示灯亮，选择性程序暂停(M01)有效；再按一下时，指示灯熄灭，选择性程序暂停(M01)无效
冷却	冷却泵起动与停止按钮。这个按钮为自锁按钮，当按一下时，指示灯亮，冷却泵启动；再按一下时，指示灯熄灭，冷却泵停止。冷却泵启停不认方式，在任何方式下都有效。另外，冷却泵的启动与停止也可以通过 M8 和 M9 在程序中进行控制
说明	机床内部照明开关。这个按钮为自锁按钮，当按一下时，指示灯亮，照明灯开；再按一下时，指示灯熄灭，照明灯关闭
DNC	外部程序执行。这个按钮为自锁按钮，当按一下时，指示灯亮，外部程序执行有效；再按一下时，指示灯熄灭，外部程序执行无效。其是在读入接在阅读机/穿孔机接口的外部设备上程序的同时执行自动加工

3）指示灯(表4－5)

表4－5　指示灯说明

指示灯	说　明
电源◎	机床电源指示(绿色)。这个指示灯亮的时候，说明机床已经准备好，NC 和伺服以及机械外围都正常，可以进行机床的各项操作
X－回零◎	X 轴回零指示灯(绿色)。这个指示灯亮的时候，说明机床 X 轴已返回机床参考点
Z－回零◎	Z 轴回零指示灯(绿色)。这个指示灯亮的时候，说明机床 Z 轴已返回机床参考点

4）其他旋钮、按钮或开关(表4－6)。

表4－6　其他旋钮、按钮或开关说明

旋　钮	说　明
电源开关旋钮	电源开关旋钮位于机床后部电器柜上
进给倍率旋钮	在手动或自动运行方式下进给时，伺服电动机就按进给倍率旋钮标示的进给倍率进给
急停按钮	机床在遇到紧急情况时，马上拍下急停按钮，这时机床紧急停止，主轴也马上紧急刹车。当消除故障因素后，顺时针旋转急停按钮进行复位，机床可继续操作
主轴转速倍率按钮	其由主轴 100%、主轴减少和主轴增加三个按扭形成。按一下主轴减少或主轴增加按扭主轴转速减少或增加 10%，最多可减少或增加 50%；按一下主轴 100%，主轴转速会恢复到指定的转速

4.2.2　FANUC 0i Mate－TD 系统车床的基本操作

1. 开机

开机的步骤如下：

（1）检查机床各部分初始状态是否正常。

（2）打开数控车床电气柜总开关。

（3）按下左操作面板上的系统启动按钮。如机床一切正常，在 CRT 显示屏显示如图 4－2 所示页面。

2. 回零（返回参考点）操作

控制机床运动的前提是建立机床坐标系，故此，系统接通电源复位后，首先应进行机床回零操作，即建立机床坐标系。FANUC 0i Mate－TD 这个型号的数控车床采用的是绝对编码器，可以不用回零。如果回零，一般也不用手动方式回零，而是采用 MDI 方式 G28 U－W－方式回零。返回参考点后总合坐标系界面如图 4－3 所示。

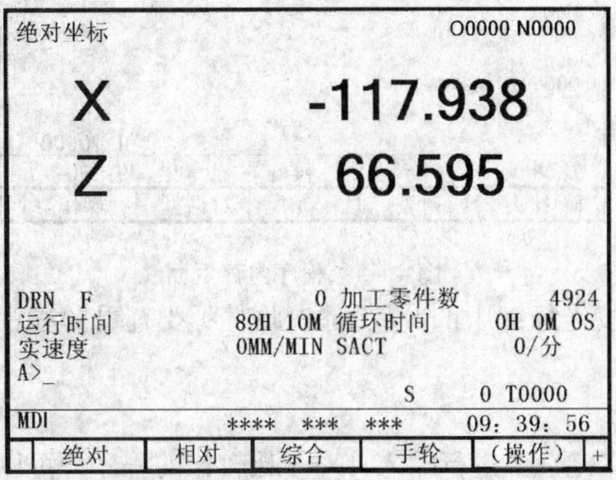

绝对坐标 O0000 N0000

X -117.938

Z 66.595

DRN F 0 加工零件数 4924

运行时间 89H 10M 循环时间 0H 0M 0S

实速度 0MM/MIN SACT 0/分

A>_

S 0 T0000

MDI **** *** *** 09：39：56

绝对 相对 综合 手轮 （操作） +

图 4－2　起动后页面

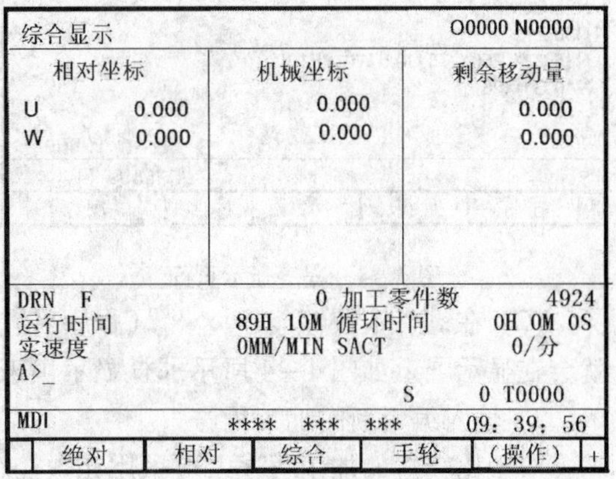

综合显示 O0000 N0000

相对坐标		机械坐标	剩余移动量
U	0.000	0.000	0.000
W	0.000	0.000	0.000

DRN F 0 加工零件数 4924

运行时间 89H 10M 循环时间 0H 0M 0S

实速度 0MM/MIN SACT 0/分

A>_

S 0 T0000

MDI **** *** *** 09：39：56

绝对 相对 综合 手轮 （操作） +

图 4－3　总合坐标系页面

注意：在执行机床锁住运行后需返回参考点。因为，在自动运行使用机床锁住功能之前和之后，工件坐标系和机床坐标系之间的位置关系可能是不一样的，此时，可用坐标设定指令或返回参考点来确定工件坐标系。

3. 手动操作

（1）手动进给方式。在手动方式下，通过选择用户操作面板上的方向键“＋X”、“－X”、“＋Z”、“－Z”，车床刀具就朝所选择的方向连续进给，进给速度由速度变化下的进给速度 F0、25％、50％、100％来控制。在手动方式下同时按住方向键与快速进给键，可加快坐标轴运行速度，进给速率可以快速移动（G00 速度×倍率）。

（2）手摇脉冲方式。在手摇方式下，可通过摇动手摇脉冲发生器来达到车床移动控制的目的。车床移动的快慢是通过选择速度变化下的×1、×10 和×100 三个倍率来进行控制。另外，车床 X 轴、Z 轴的移动是通过用户操作面板上的轴选择开关来进行控制，而每个轴移动的方向是对应于手轮上的“＋”、“－”符号方向。

4. MDI 运行方式

MDI 方式是手动数据输入方式。一般情况下，MDI 方式是用来进行单段的程序控制，例如 M03 S800 T0101，它只是针对一段程序编程，不需要编写加工程序号和程序段号，并且程序一旦执行完毕，就不在内存中驻留。它可以通过用户操作面板上的“循环起动”按钮来驱动程序和执行。

5. 程序的管理

程序的新建、编辑修改、存储和调用都必须在编辑方式下执行。

1）查看内存中的程序

（1）选择编辑方式，连续按功能键中的“PROG”键，显示屏在图4－4与图4－5之间切换。图4－4为上次关机前使用过的程序，图4－5显示的是数控车床内存中所有的程序名。

```
程 序                                  O0021  N0000
O0021                               （FG：编辑）
O0021；
N05 T0303；
N10 G0 X100；
N15 Z10；
N20 M03 S800；
N25 G0 X2；
N30 Z1；
N35 G71 P50 Q75 U0.5 W0.1 F100；
N40 G1 X26
A>_
                                  S     0  T0000
编 辑      ****  ***  ***          09：39：56
| 程 序 | 列 表 |        | 对话型 |（操作）|
```

图4－4　程序显示页面

```
程序目录                               O0021  N0000
              程序数              内存（KBYTE）
      已用：      58                        29
      空区：     342                       493
设 备：  CNC_MEM
O号码                      注 释
O0001（                                      ）
O0002（                                      ）
O0003（                                      ）
O0004（                                      ）
O0005（                                      ）
O0006（                                      ）
A>_
                                  S     0  T0000
编 辑      ****  ***  ***          09：39：56
| 程 序 | 列表+ |        | 对话型 |（操作）|
```

图4－5　程序内存页面

（2）在键盘上按“O××××”（程序名），按光标键中的“↓”键，此时所要查看的程序就会在显示屏上如图4－4所示那样显示出来。

2）输入编辑新的加工程序

对于比较短的加工程序，可采用在数控车床键盘上进行输入；对于比较长的程序，可以在电脑中编辑好，然后用DNC传输的方法输入到数控车床中。

（1）选择编辑工作方式，按功能键中的“PROG”键，进入图4－5页面。

（2）查看一下输入的新程序名与内存中已经存在的程序名是否重名（内存中程序较多时，可按PAGE中的“↓”键查看内存中的所有程序），如果有重名，则更换一个新的程序名。在键盘上按“O××××”（程序名）→按“INSRT”键→按“EOB”键→按“INSRT”键，此时在显示屏上显示如图4－6的页面。

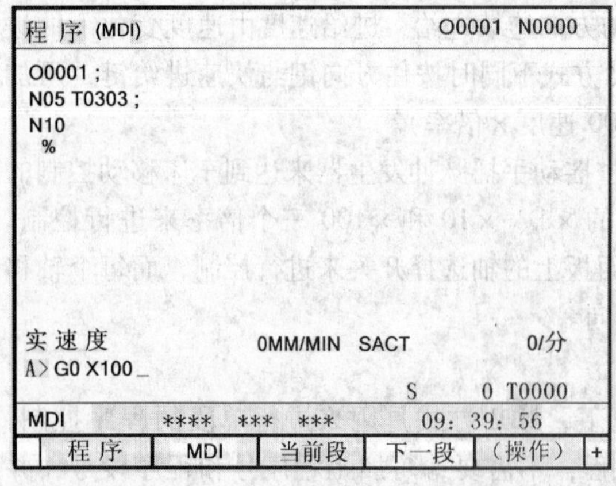

图4－6　程序输入页面

（3）在输入指令时，“地址”或“字”不会马上进入程序段中，而首先在临时内存中，如图4－6所示。如果发现输入到临时内存中的“地址”或“字”有错误，则按“CAN”键清除。再按下“INSRT”键后，临时内存中的“字”才会真正输入到数控系统内存中，如图4－6中N5程序段所示。如果发现输入到内存中的“字”有错误，则把光标移动到错误的“字”下，采用下面两种方法进行修改：①重新按入正确的“字”，然后按“ALTER”键进行替换；②把光标移动到错误的“字”下，按“DELET”键删除错误的“字”，重新输入正确的“字。

在输入程序段中最后一个“字”在临时内存中后，可不按“INSRT”键，而直接按“EOB”键，这样既可以把临时内存中的“字”输入到数控车床内存中，又可以使程序段换段，从而减少键入次数。

输入完整个程序后，按“RESET”键使光标返回到程序的起始位置，如图4－4所示。

3）删除程序

(1)选择编辑工作方式，按功能键中的“PROG”键，进入图4－5页面。

(2)在键盘上按“O××××”(要删除的程序名)，按“DELET”键，这样就把不需要的程序删除掉。若要删除所有程序，则在键盘上按“O0000、O9999”，再按“DELET”键即可。

注意：数控系统的内存一般都比较小，因此，应经常检查内存的剩余容量。当内存剩余容量较少时应及时删除不用的程序，以免系统出现内存溢出而死机。

6. 程序的校验操作

对于输入到数控系统中的程序格式是否正确、走刀轨迹是否合理等，可通过程序的校验操作来验证。具体操作如下：

(1) 选择程序编辑工作方式，调出需要校验加工的程序。

(2) 选择在自动加工工作方式，按功能键中的“CSTM/GRPH”键进入如图4－7图形参数页面，按“[操作]”对应的“软键”进入如图4－8所示的图形加工页面。

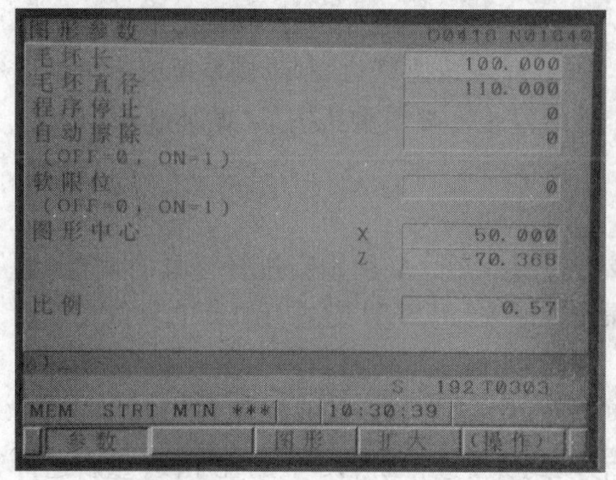

图4－7　图形参数页面

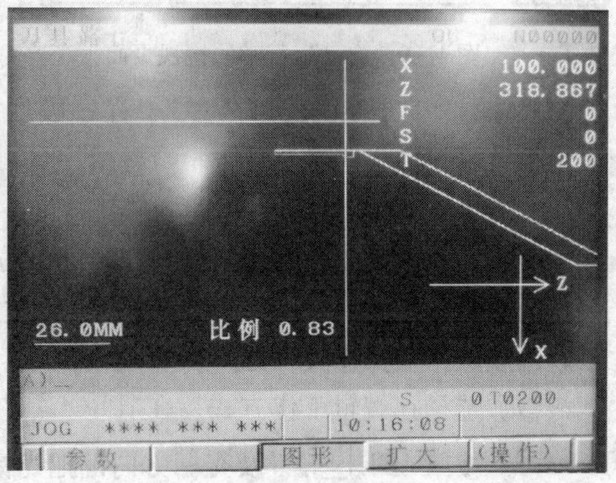

图4－8　图形加工页面

(3) 按图形加工界面中的“执行”软键，图形加工界面就开始在坐标中按照当前程序走出当前程序的加工路径。

(4) 通过画出的走刀路径来判断程序是否正确，其走刀路径中细实线为G01切削进给路径。虚线为G00快速退刀路径。如果在执行过程中看不到走刀轨迹，则可按照工件直径修改图形参数中的画面中心位置和倍率等。如果是程序格式有问题，系统将报警，报警内容(一般是报警代码)显示在显示屏上，根据报警代码查看操作手册，及时修改程序。如果不是程序格式出错，系统一般是不会报错的，但可以从走刀路径来判断程序是否正确。

如果走刀路径不是你想要的程序加工走刀路径，你可以回到程序编辑工作状态进行程序编辑，编辑完成后再通过上面的过程进行程序校验，直到程序能够合理加工我们需要的零件。

在图形参数页面中，“参数”是用于设置画面参数的；“图形”是用于显示走刀路径的；“操作”是用于进入图形加工页面的。

对于FANUC 0i Mate－TD系统的数控车床，我们一般不用机床锁定和空运行功能来校验程序。

7. 自动运行方式

编辑以后的程序可以在这个方式下进行自动加工，同时还可在图形显示状态下进行程序格式的正确性检验、观察其走刀轨迹。

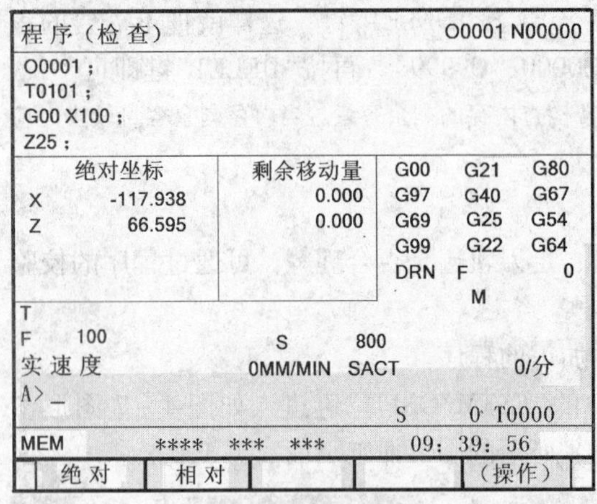

图 4－9　自动运行时的检视页面

在编辑工作状态打开所需加工运行的程序；选择自动加工工作方式，按下“循环启动”按钮，进行数控车床的自动操作。按面板中“PROG”键，将进入如图 4－9 所示的程式检视页面。在该页面中既可以观察到车床运行到那个程序段，又可以观察到刀位点所在的工件坐标（绝对坐标/相对坐标）、余移动量、车床编程的主轴转速（S800）、编程的进给速度（F100）及即时的主轴转速和进给速度等加工信息。

在自动运行过程中，如果按下功能按钮中的“单段按钮”（灯亮），则系统进入单步运行的操作，即数控系统执行完一个程序段后，进给停止，必须重新按下“循环起动”按钮，才能执行下一个程序段。

8. 程序的断点作业

在数控车床加工过程中，由于刀具磨损或更换刀片后，必须重新进行刀具的偏置（磨损）量设置，设置好以后必须对系统进行复位操作，即按“RESET”键进行机床的复位。复位以后的断点作业操作过程如下：

（1）选择在编辑工作方式，在“PROG”界面，按“RESET”键，使光标移至程序开始。

（2）按“PAGE ↓”键及光标方向键把光标移动到所要进行断点作业的程序段（重新运行的程序段需有主轴功能及刀具功能，以免主轴没转就与工件发生接触造成撞刀或与选择了不对的刀具发生撞刀）。

（3）选择自动加工方式，按“PROG”至程式检视界面，调节最初进给速度，按下“循环起动”按钮，重新进行程序的自动运行。

4.3　SIEMENS－802D 系统车床操作

4.3.1　SIEMENS－802D 系统车床操作面板功能简介

数控机床提供的各种功能是通过操作面板来实现的。SIEMENS－802D 系统的操作面板由 CNC 系统操作面板和车床操作面板两部分组成。

1. 操作面板

1）键盘的说明

SIEMENS－802D 系统数控车床的系统操作面板，如图 4－10 所示。操作面板中各按键的功能见表 4－7。

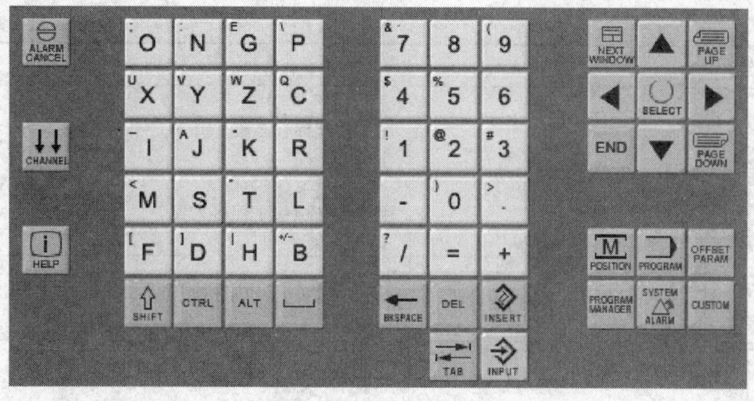

图 4－10　CNC 系统操作面板

表 4－7　SIEMENS－802D 系统数控车床 CNC 操作面板按键功能一览表

按　键	名　称	功　能
ALARM CANCEL	报警应答键	用于报警后数控系统的复位
1…n CHANNEL	通道转换键	用于转换数控系统数据传输的通道
HELP	信息键	用于显示数控系统的特定信息
SHIFT	上档键	对数据键上的两种功能进行转换。当按下上档键再同时按下数据键时，该数字键左上角的小字符被输入
CTRL	复合键	与不同的键组合，可有不同的功能
ALT	复合键	与不同的键组合，可有不同的功能
␣	空格键	在编辑程序时，按此键可输入一空格
BACKSPACE	删除键(退格键)	自右向左删除字符，每按一次，删除一个字符
DEL	删除键	删除光标所在位置的字符
INSERT	插入键	在光标处插入字符
TAB	制表键	用于制表
INPUT	回车/输入键	①接受一个编辑值；②打开、关闭一个文件目录；③打开文件
PAGE UP　PAGE DOWN	翻页键	可以向前或向后翻一页

续表

按　键	名　称	功　能
NEXT WINDOW	光标移动键	用于将光标移至程序开头
END		用于将光标移至程序末尾
← → ↑ ↓	方向键	用于上下左右移动光标
SELECT	选择转换键	一般用于单选、多选框
M POSITION	加工操作区域键	按此键，进入机床加工操作区域并显示坐标位置
PROGRAM	程序操作区域键	按此键，进入程序编辑区域
OFFSET PARAM	参数操作区域键	按此键，进入参数操作区域
PROGRAM MANAGER	程序管理操作区域键	按此键，进入程序管理操作区域
SYSTEM ALARM	报警/系统操作区域键	按此键，可以显示报警信息
CUSTOM	图形显示区域键	按此键，可以显示刀具的运动轨迹
其余各键	数据键	用于程序、命令、数据等的输入

2）SIEMENS－802D 数控系统屏幕的划分

SIEMENS－802D 数控系统的屏幕显示画面如图 4－11 所示，可以划分为状态区域、应用区域、说明和软件区域 3 个部分。

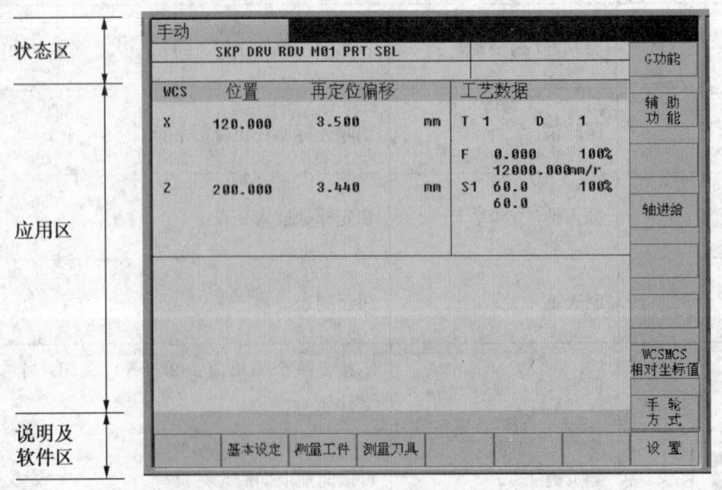

图 4－11　屏幕划分

2. 数控车床操作面板

SIEMENS－802D 系统标准车床的机床控制面板(操作面板)如图 4－12 所示。机床控制面板中各按键及旋钮的功能见表 4－8。

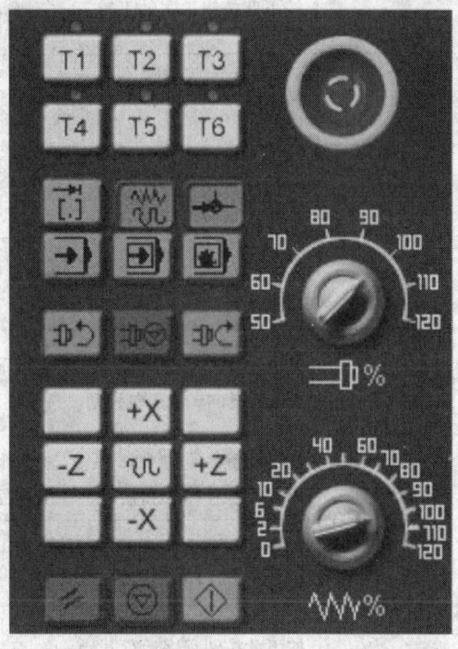

图 4－12　机床控制面板

表 4－8　SIEMENS－802D 系统数控车床机床控制面板按键及旋钮功能一览表

按　键	名　称	功　能
	紧急停止	按下该按钮，机床的一切动作立即停止
T1 T2 T3 T4 T5 T6	换刀按钮	在手动状态下，按相应的按钮，可以将对应的刀具转换为当前刀具
	点动增量选择按钮	在单步或手轮方式下，用于选择移动刀具的增量
	手动方式	该方式下可以进行手工移动刀具、编辑程序等操作
	回参考点方式	机床开机后必须首先执行回参考点操作，然后才可以进行自动加工等操作
	自动方式	该方式下可以进行自动运行加工操作
	单段	该方式下运行程序时，每次只执行一个程序段
	手动数据输入	在此方式下，可以执行当前输入的程序段

续表

按 键	名 称	功 能
	主轴正转	按下此按钮，主轴正转
	主轴停止	按下此按钮，主轴停止转动
	主轴反转	按下此按钮，主轴反转
	快速按钮	在手动方式下，按下此按钮后，再按下移动按钮则可以快速移动刀具
+X -X +Z -Z	坐标轴移动按钮	按下 +X 刀具向 x 轴正向移动按下 -X 刀具向 x 轴负向移动；按下 +Z 刀具向 z 轴正向移动，按下 -Z 刀具向 z 轴负向移动
	复位	按下此键，复位 CNC 系统，包括取消报警、主轴故障复位、中途退出自动操作循环和输入、输出过程等
	循环保持	程序运行暂停，在程序运行过程中，按下此按钮运行暂停，按 恢复运行
	运行开始	按下此按钮程序运行开始
	主轴倍率修调	旋转该旋钮可以调节主轴的转速率，调节范围为 50% ~120%
	进给倍率修调	旋转此旋钮可以调节数控程序自动运行时的进给速度倍率，调节范围为 0% ~120%

4.3.2 SIEMENS -802D 系统车床的基本操作

1. 开机

开机的步骤如下：

（1）检查机床和 CNC 系统各部分初始状态是否正常。

（2）将机床侧面电器柜上的电源开关向上扳到“ON”位置，接通 CNC 和机床电源。

（3）按下机床面板上的绿色“电源开”按钮，数控系统开始启动，系统引导后进入“加工”操作区 JOG 运行方式。出现“回参考点”窗口，如图 4 -13 所示。

2. 回参考点

数控机床开机后，首先应进行回参考点操作。

机床参考点的位置由设置在机床 X 向、Z 向滑板上的机械挡块的位置来确定。当刀架返回机床参考点时，装在 X 向和 Z 向滑板上的两挡块分别压下对应的开关，向数控装置发出信号，停止刀架滑板运动，即完成了“回参考点”的操作。

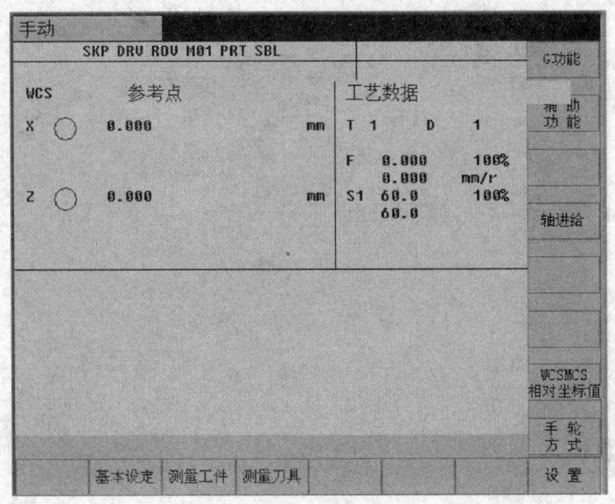

图 4－13 回参考点窗口

“回参考点”只有在 JOG 方式下才能进行，操作步骤如下：

（1）用机床控制面板上“参考点”键启动回参考点运行。

（2）一直按住“＋X”键，使刀架向 X 轴正向移动，一般先回 X 方向参考点，后回 Z 方向参考点，避免刀架与机床尾座相撞。当机床减速开关被压下后，刀架减速并向相反方向运动直至停止。这时，屏幕上的 X 轴图标变成，表示 X 轴已经回到参考点。按照同样的方法，使 Z 轴返回参考点。如果选错了回参考点方向，则不会产生运动。

（3）回完参考点后，应按下机床控制面板上的“JOG.”键，进入手动运行方式，再分别按下方向键“－X、－Z”，使刀架离开参考点，回到换刀点位置附近。如刀架返回的速度太小，可旋转进给速度修调按钮，加大进给速度，也可在按下方向键的同时按下“快速叠加键”，加快返回速度。千万不能按错方向键，如若按下方向键“＋X、＋Z”，则刀架将超程。

3.“加工”操作区——JOG 运行方式

JOG 运行方式就是机床的手动方式，在这种方式下，可以手动移动机床刀架。操作步骤如下：

（1）按操作面板上的键，使机床进入如图 4－14 所示手动状态。

（2）按相应的方向键“＋X”或“－Z”可以使坐标轴运行。只要相应的键一直按着，坐标轴就一直以机床设定数据中规定的速度运行。

（3）在点动运行方式下，同时按压 X、Z 方向的轴手动按键，能同时手动连续移动 X、Z 坐标轴，必要时可用修调按钮调节速度。

（4）在按下方向键的同时按下“快速叠加”键，可加快坐标轴的运行速度。

（5）在选择“增量”键以步进增量方式运行时，依次按“增量”键可以选择 1、10、100、1000 四种不同的增量（单位为 0.001），步进量的大小也依次在屏幕上显示。此时每按一次方向键，刀架相应运动一个步进增量。如果按“点动”键，则可以结束步进增

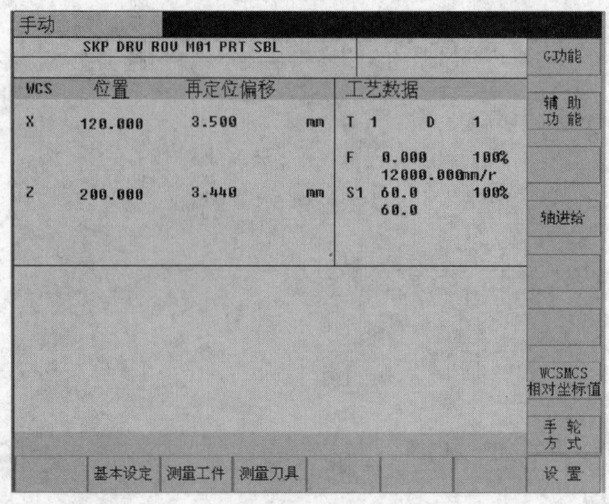

图 4 - 14 “JOG”操作界面

量运行方式，恢复手动状态。

4. 手轮进给

SIEMENS - 802D 配备电子手轮，在这个方式下，通过摇动手摇脉冲发生器来达到移动滑板的目的，移动快慢可用增量按钮调节，便于对刀。其操作步骤为：

（1）在 JOG 窗口中，按下垂直软键[手轮方式]进入图 4 - 15 所示手轮操作窗口，使用“光标/翻页”键定位到所选号，然后按[X]或[Z]软键，则在相应位置出现“☑”符号。这时，摇动手轮即可使刀具沿相应轴进给。

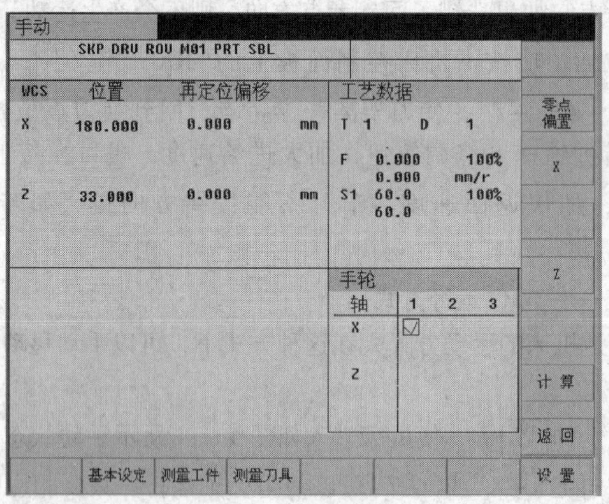

图 4 - 15 手轮激活窗口

（2）重复按下增量进给键，选择合适的手轮进给速度。

（3）摇动电子手轮，对应轴按一定速度运动。

（4）如要退出“手轮方式”，按“返回”软键即可。

5. MDA 手动输入方式

在 MDA 运行方式下可以编制一个零件程序段加以执行。操作步骤如下：

（1）按机床控制面板上的键，使机床进入如图 4 - 16 所示 MDA 运行方式。

（2）通过系统面板输入程序段。

（3）按机床控制面板上的循环启动键，便可以运行刚输入的程序段。

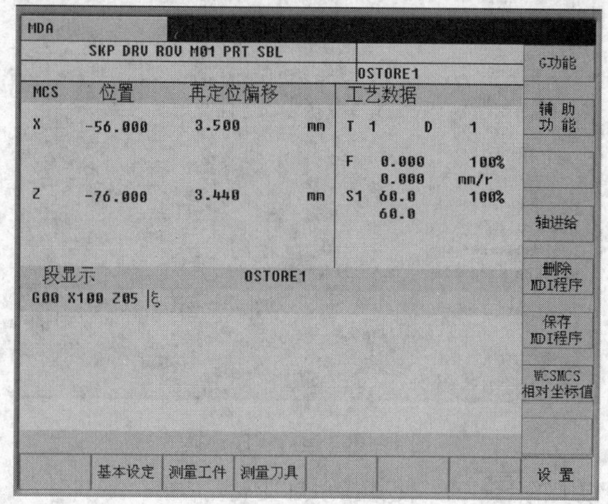

图 4－16　MDI 状态

6. 自动加工

1）选择待执行的程序

（1）在系统面板上按“程序管理器”键PROGRAM MANAGER，系统将进入如图 4－17 所示的界面，显示已有程序列表。

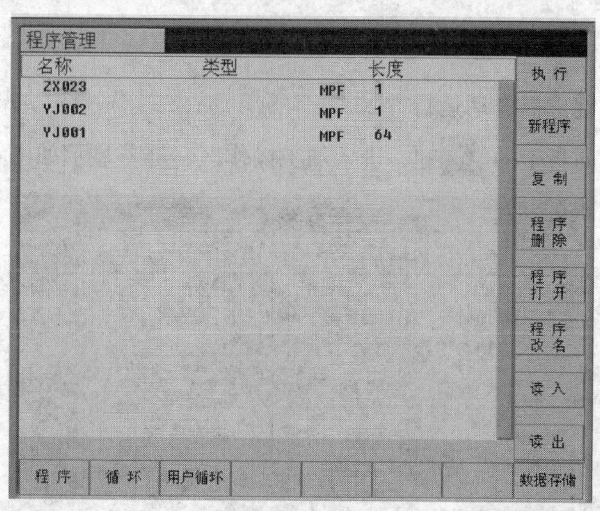

图 4－17　程序管理器

（2）用光标键移动选择条，在目录中选择要执行的程序，按软键“执行”，选择的程序将被作为运行程序，如图 4－18 所示。

2）单段方式

（1）检查机床是否机床回零。若未回零，先将机床回零。

（2）选择一个供自动加工的数控程序(主程序和子程序需分别选择)。

（3）点击操作面板上的键，使其指示灯变亮，机床进入自动加工模式。

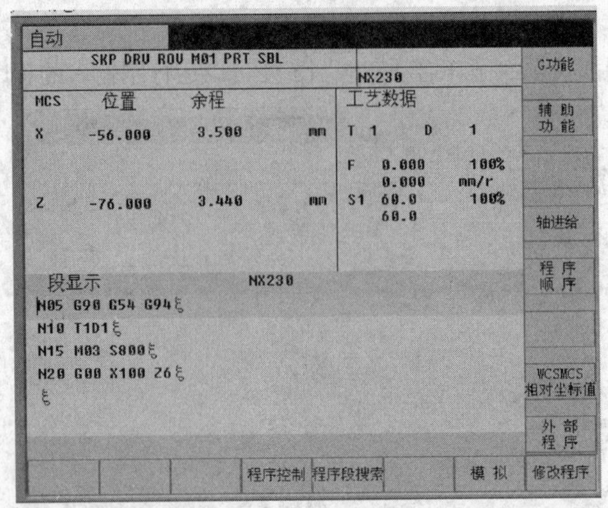

图 4－18　运行程序选择

（4）点击操作面板上的键，使其指示灯变亮。

（5）单段方式中每点击一次“运行开始”键，数控程序执行一行，可以通过主轴倍率旋钮和进给倍率旋钮来调节主轴旋转的速度和移动的速度。按“自动方式选择”键，系统立即恢复自动运行。

数控程序执行后，想回到程序开头，可点击操作面板上的“复位”键。

3）自动加工

（1）选择零件程序。

（2）按自动方式键选择自动运行方式。

（3）按数控控制面板上的键，进入加工操作区，屏幕显示如图 4－19 所示。

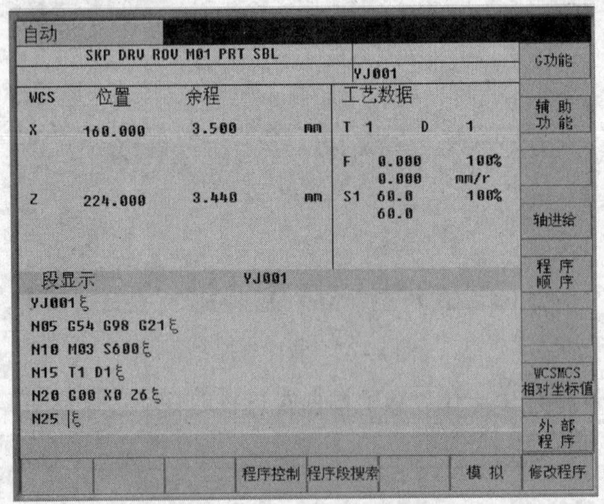

图 4－19　“自动加工”状态图

（4）按机床控制面板上的循环启动键，程序开始自动运行，并完成对工件的加工。

4）程序段搜索

前提条件是程序已经选择，系统处于复位状态。使用程序段搜索功能查找所需要的零件程序。查询目标可以通过光标直接定位到程序段上。

5）“停止”/“中断”零件程序

用于加工程序的停止或暂停，以检查加工程序的正确性。操作方式如下：

(1) 用数控停止键停止加工的零件程序，按数控启动键可恢复被中断了的程序运行。

(2) 用复位键中断加工的零件程序，按数控启动键重新启动，程序从头开始运行。

7. 程序的管理

1）输入新程序

用于建立一个新程序，操作步骤如下：

(1) 按系统面板上的 PROGRAM MANAGER 键，打开如图4-20所示“程序”管理器界面。图中各软键的含义如下：

程序：按程序键显示零件程序目录。

循环：按此键显示标准循环目录。

执行：按下此键选择待执行的零件程序。在下次按循环启动键时启动该程序。

新程序：操作此键可以输入新的程序。

复制：操作此键可以把所选择的程序拷贝到另一个程序中。

打开：按此键打开待执行的程序。

删除：用此键可以删除光标定位的程序。

程序改名：按下此键出现一窗口，在此窗口下可以更改光标所定位的程序名称。

读出：按此键，通过RS232接口对零件程序进行读出操作。

读入：按此键，通过RS232接口装载零件程序。零件程序必须以文本的形式进行传送。

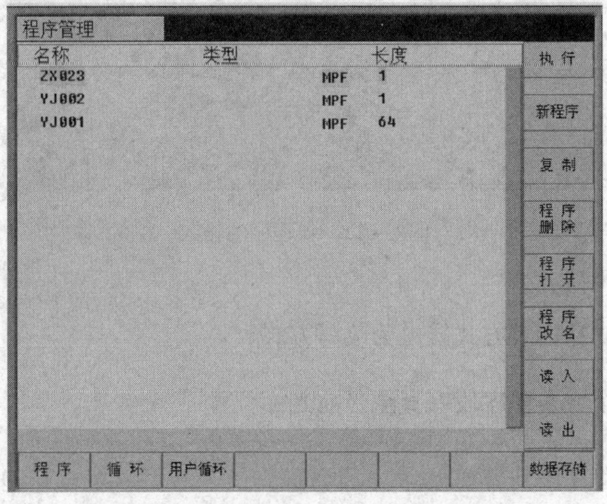

图4-20 “程序管理”界面

（2）按“新程序”软键，弹出如图4－21所示新程序命名窗口。在新程序命名输入框中，输入新程序的名字，程序名开始两字符为字母，其后可以为字母、数字或下划线。若为主程序则扩展名为“．MPF”，扩展名可省略，系统会自动加入；若为子程序其扩展名为“．SPF”，子程序的扩展名必须一起输入。

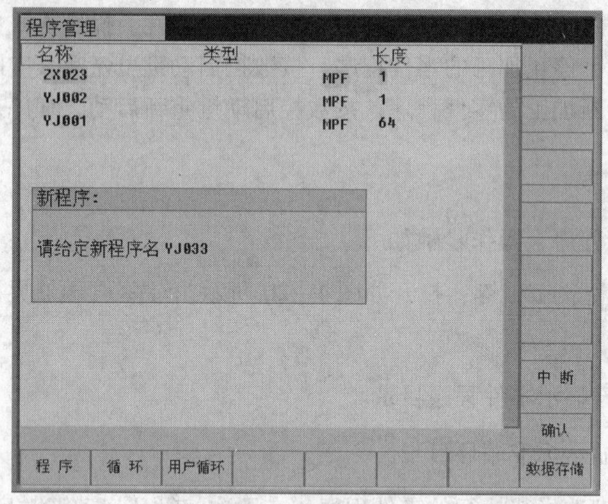

图4－21　新程序命名

（3）输入完程序名后，可以按“确认”软键，以建立一个新程序并进入如图4－22所示程序编辑界面。也可以按“中断”软键来取消新程序的建立。图中各软键的含义如下：

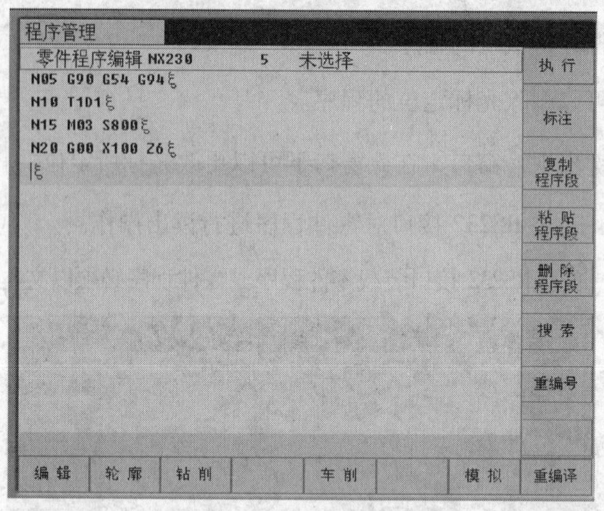

图4－22　新程序的输入

[编辑]：程序编辑器。

[执行]：程序编辑从插人方式转换为改写方式。

[标记程序段]：选择一个文本程序段，直至当前光标位置。

[复制程序段]：拷贝一程序段到剪切板。

粘贴程序段：把剪切板上的文本粘贴到当前的光标位置。

删除程序段：删除所选择的文本程序段。

搜索：用“搜索”键和“搜索下一个”键在所显示的程序中查找一字符串。在输入窗口键入所搜索的字符，按“确认”键启动搜索过程。如果在程序文件中没有找到该字符串，则显示一出错信息。按“返回”键则不进行搜索，退出窗口。

重编号：使用该功能，替换当前光标位置到程序结束处之间的程序段号。

2）零件程序的编辑

零件程序不处于执行状态时，可以进行编辑，在零件程序中进行的任何修改均立即被存储。操作方法如下：

(1)编辑程序。

① 在程序管理主界面中，选中一个程序，按软键“打开”或按“INPUT”键 ，进入到如图4-22所示的编辑主界面，编辑程序为选中的程序。在其他主界面下，按下系统面板的 键，也可进入到编辑主界面，其中程序为以前载入的程序。

② 输入程序，程序立即被存储。

③ 按软键“执行”来选择当前编辑程序为运行程序。

④ 按下软键“标记程序段”，开始标记程序段，按“复制”或“删除”或输入新的字符时将取消标记。

⑤ 按下软键“复制程序段”，将当前选中的一段程序拷贝到剪切板。

⑥ 按软键“粘贴程序段”，当前剪切板上的文本粘贴到当前的光标位置。

⑦ 按软键“删除程序段”可以删除当前选择的程序段。

⑧ 按软键“重编号”将重新编排行号。

若编辑的程序是当前正在执行的程序，则不能输入任何字符。

(2)搜索程序。

① 切换到程序编辑界面图4-22，参考编辑程序。

② 按软键“搜索”，系统弹出如图4-23所示的搜索文本对话框。

③ 按“确认”后若找到了要搜索的字符串或行号，将光标停到此字符串的前面或对应行的行首。

在搜索文本时，若搜索不到，主界面无变化，在底部显示“未搜索到字符串”。在搜索行号时，若搜索不到，光标停到程序尾。

3）程序复制

操作步骤如下：

(1) 进入到程序管理主界面的“程序”界面。

(2) 使用光标选择一要复制的程序。

(3) 按软键“复制”，系统出现如图4-24所示的复制对话框，标题上显示要复制的程序。输入程序名，若没有扩展名，自动添加“.MPF”为扩展名，而子程序扩展名“SPF”需随文件名一起输入。

图 4－23　搜索文本对话框

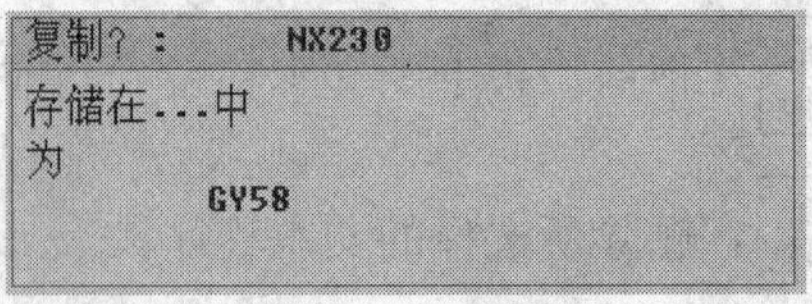

复制？：　NX230
存储在...中
为
GY58

图 4－24　复制对话框

（4）按“确认”键，复制原程序到指定的新程序名，关闭对话框并返回到程序管理界面。若按软键“中断”，将关闭此对话框并到程序管理主界面。若输入的程序与源程序名相同，或输入的程序名与一已存在的程序名相同时，将不能创建程序。可以复制正在执行或选择的程序。

4）删除程序

操作步骤如下：

（1）进入到程序管理主界面的“程序”界面。

（2）按光标键选择要删除的程序。

（3）按软键“删除”，系统出现如图 4－25 所示的删除对话框。

（4）按“确认”键，将根据选择删除类型删除文件并返回程序管理界面。

若按软键“中断”，将关闭此对话框并到程序管理主界面。若没有运行机床，可以删除当前选择的程序，但不能删除当前正在运行的程序。

5）重命名程序

操作步骤如下：

（1）进入到程序管理主界面的“程序”界面。

（2）光标键选择要重命名的程序。

（3）按软键“重命名”，系统出现如图 4－26 所示的重命名对话框。

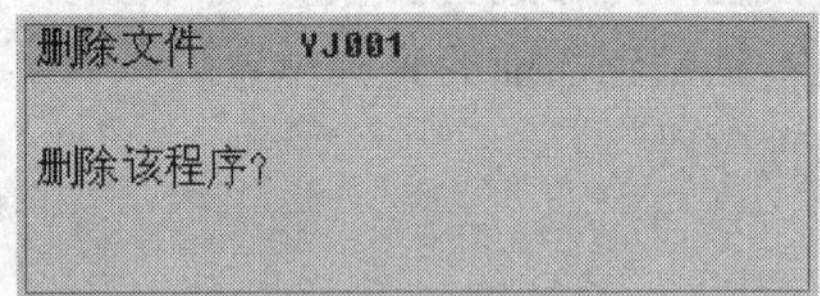

图 4－25　删除对话框

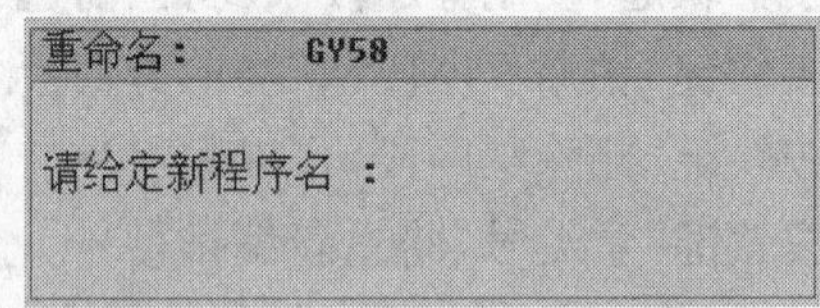

图 4－26　重命名对话框

输入新的程序名，若没有扩展名，自动添加“MPF”为扩展名，而子程序扩展名“SPF”需随文件名一起输入。

（4）按“确认”键，源文件名更改为新的文件名并返回到程序管理界面。

若按软键“中断”，将关闭此对话框并到程序管理主界面。若文件名不合法（应以两个字母开头）或新名与旧名相同或名与一已存在的文件相同，弹出警告对话框。若在机床停止时重命名当前选择的程序，则当前程序变为空程序，显示同删除当前选择程序相同的警告。可以重命名当前运行的程序，改名后，当前显示的运行程序名也随之改变。

8. 程序的空运行

在机床操作面板上按“自动方式”键选择自动工作方式，再在系统操作面板上，按“程序管理操作区域”键，系统进入程序管理窗口，用光标选择所需的程序名，再按显示屏右上角“执行”软键，显示屏转换到图 4－27 程序管理窗口，按“程序控制”、“程序测试”、“空运行”键，最后按数控启动键，此时程序从上到下，逐一运行，但主轴旋转，大、中滑板不动。如果程序或参数有错，则报警，根据报警内容进行调整处理。在程序测试后，要加工此工件，还需把“空运行”去掉，才能进入实际加工。

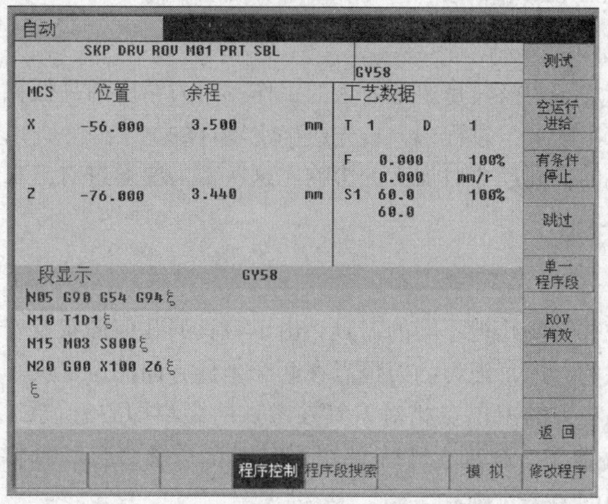

图 4－27　程序管理窗口

9. 程序图形模拟

此功能是 SIEMENS－802D 系统一个主要增加功能，作用是可以通过图形来反映编程的刀具轨迹，更加直观地判断程序的正确性。操作步骤为：

（1）在自动加工方式下，用光标选择所要模拟的程序。

（2）按程序操作区域键，在其界面中按“模拟”软键显示屏进入图 4－28 程序模拟窗口。

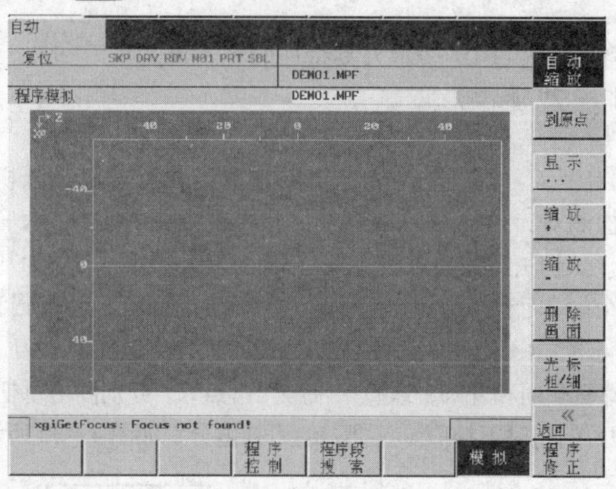

图 4－28　程序模拟窗口

（3）按“程序启动”键，开始模拟所选择的程序。

（4）可以用“自动缩放”键把刀具轨迹图放大到适合的大小。

（5）还可用“到原点”键，可以恢复到图形的基准设定。

（6）用单个“缩放＋”、“缩放－”键对模拟显示图形放大或缩小。

（7）用“光标粗/细”键可调整光标的步距大小。

（8）当不需要图形模拟时用“删除画面”键删除画面。

（9）当模拟结束后按“返回”键，进入“自动加工显示面”。

4.4 数控车床对刀操作

对刀是数控机床加工中极其重要和复杂的工作。对刀精度的高低将直接影响到零件的加工精度。在数控车床车削加工过程中，首先应确定零件的加工原点，以建立准确的工件坐标系；其次要考虑刀具的不同尺寸对加工的影响。这些都需要通过对刀来解决。

4.4.1 对刀基本知识

1. 对刀的概念

加工一个零件往往需要几把不同的刀具，由于刀具的几何形状及安装位置的不同，其刀位点的位置是不一致的，即每把刀的刀位点在两个坐标方向的位置尺寸是不同的。所以，刀补设置的目的是测出各刀的刀位点相对刀具参考点的距离即刀补值(X'，Z')，并将其输入CNC的刀具补偿寄存器中，在加工程序调用刀具时，系统会自动补偿两个方向的刀偏量，从而准确控制每把刀的刀尖轨迹。

在工件坐标系下，不同长度和位置的刀具经过测量和计算后，得到刀偏值，并将其放入刀库表或刀补表中，使得对工件进行切削时保证刀具刀位点坐标一致，这个过程称为对刀。其目的是确定工件原点在机床坐标系中的位置，即确定工件坐标系与机床坐标系的关系。

机床通电后，须进行回参考点(回零)操作，其目的是建立数控车床进行位置测量、控制、显示的统一基准点，该点就是所谓的机床原点，它的位置由机床位置传感器决定。回参考点以后再进入其他运行方式。

2. 刀位点

刀位点是指程序编制中，用于表示刀具特征的点，也是对刀和加工的基准点。对于各类车刀，其刀位点如图4-29所示。

3. 对刀的方法

对刀的方法常见有两种：试切法对刀、对刀仪对刀。对刀仪又分机械检测对刀仪(又称电子对刀仪)和光学检测对刀仪；车刀用对刀仪和镗铣类用对刀仪。

(1) 试切法对刀。试切法对刀的原理见图4-30。以1号外圆刀作为基准刀，在手动状态下，用1号外圆刀车削工件右端面和外圆，并把外圆刀的刀尖退回至工件外圆和端面的交点A，将当前坐标值置零作为基准($X=0$，$Z=0$)。然后向X、Z的正方向退出1号刀，刀架转位，依次把每把刀的刀尖轻微接触棒料端面和外圆，或直接接触角落点A，分别读出每把刀触及时的CRT动态坐标X、Z，即为各把刀的相对刀补值。三把刀的刀补值分别如图4-30所示。

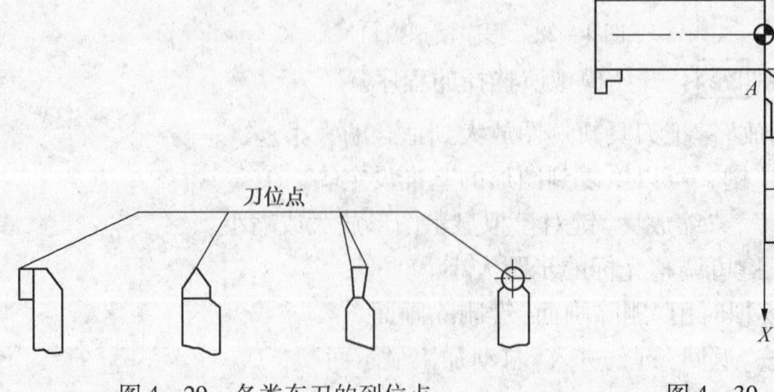

图4-29　各类车刀的到位点

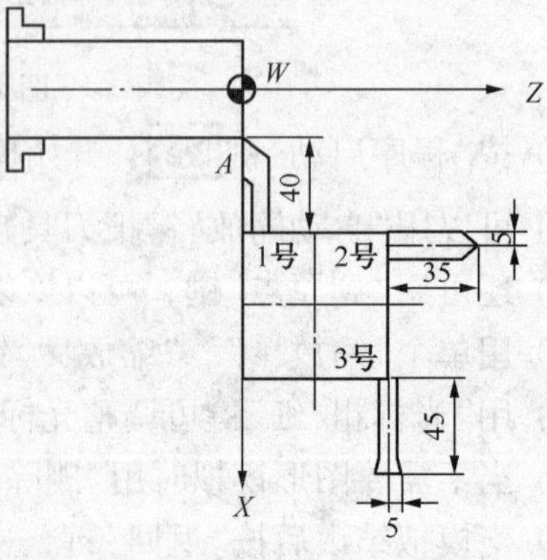

图4-30　试切法对刀

$$\begin{cases}1\text{ 号刀}\begin{cases}X=0\\Z=0\end{cases}\text{ 基准刀}\\2\text{ 号刀}\begin{cases}X=-5\\Z=-5\end{cases}\\3\text{ 号刀}\begin{cases}X=+5\\Z=+5\end{cases}\end{cases}$$

上述刀补的设置方法称相对补偿法，即在对刀时，先确定一把刀作为基准(标准)刀，并设定一个对刀基准点。如图 4－30 中的 A 点，把基准刀的刀补值设为零($X=0$，$Z=0$)，然后使每把刀的刀尖与这一基准点 A 接触。利用这一点为基准，测出各把刀与基准刀的 X、Z 轴的偏置值 ΔX、ΔZ，如图 4－31 所示。如上述 2 号刀的刀补 $X=-5$，表示 2 号刀比 1 号刀在 X 方向短了 5mm；3 号刀的刀补 $X=+5$，表示 3 号刀比 1 号刀在刀方向长了 5mm。

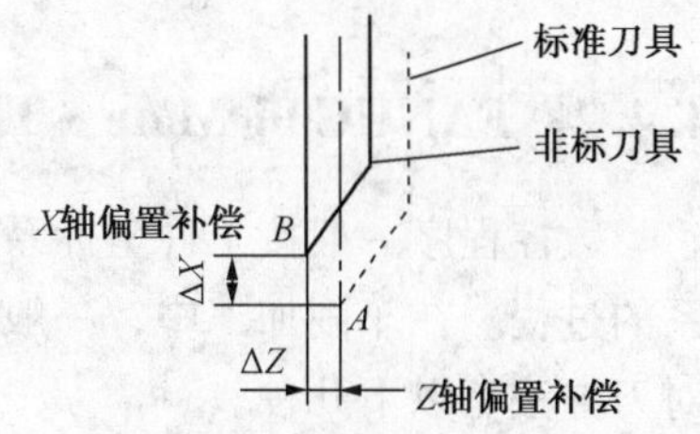

图 4－31　刀具偏置的相对补偿形式

(2) 光学检测对刀仪对刀(机外对刀)。图 4－32 为光学检测对刀仪，将刀具随同刀架座一起紧固在刀具台安装座上，摇动 X 向和 Z 向进给手柄，使移动部件载着投影放大镜沿着两个方向移动，直至刀尖或假想刀尖(圆弧刀)与放大镜中十字线交点重合为止，如图4－33所示。这时通过 X 和 Z 向的微型读数器分别读出 X 和 Z 向的长度值，就是该刀具的对刀长度。

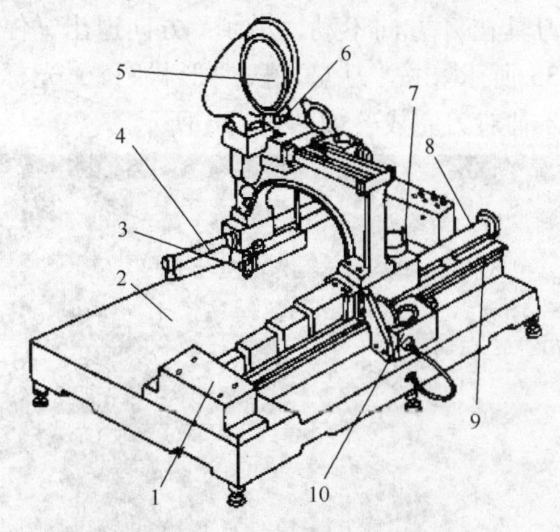

图 4－32　光学检测对刀仪对刀

1—刀具台安装座；2—底座；3—光源；4、8—轨道；5—投影放大镜；6—X 向进给手柄；7—Z 向进给手柄；9—刻度尺；10—微型读数器

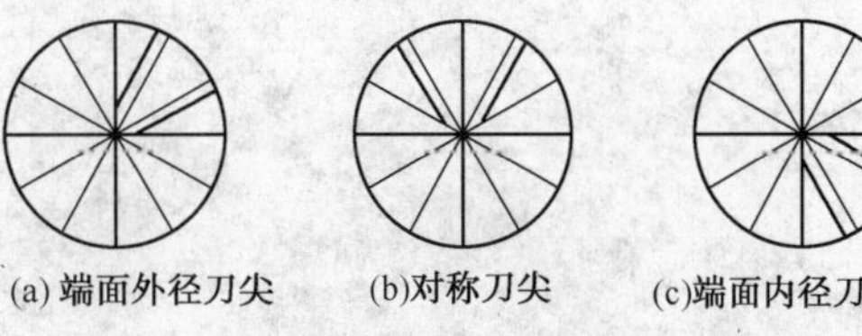

图 4－33　刀尖在放大镜中的对刀投影

机外对刀的实质是测量出刀具假想刀尖到刀具参考点之间在 X 向和 Z 向的长度。利用机外对刀仪可将刀具预先在机床外校对好，以便装上机床即可以使用，大大节省辅助时间。

(3) 机械检测对刀仪对刀。用机械检测对刀仪对刀，是使每把刀的刀尖与百分表测头接触，得到两个方向的刀偏量，如图 4－34(b)所示。若有的数控机床具有刀具探测功能，则通过刀具触及一个位置已知的固定触头，可测量刀偏量或直径、长度并修正刀具补偿寄存器中的刀补值。

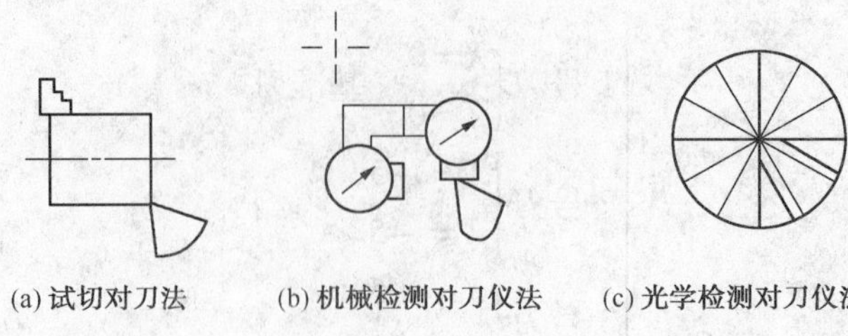

(a) 试切对刀法　　(b) 机械检测对刀仪法　　(c) 光学检测对刀仪法

图 4 – 34　三种对刀方法

4.4.2　FANUC 0i Mate – TD 系统对刀操作

数控程序一般按工件坐标系编程，对刀的过程就是建立工件坐标系与机床坐标系之间关系的过程。在车削加工中，一般将工件右端面与工件轴线的交点设为工件坐标系原点。常见对刀方法有以下几种。

1. 采用刀具补偿参数 T 功能对刀

使用这个方法对刀，在程序中直接使用机床坐标系原点作为工件坐标系原点。

车床的刀具补偿包括刀具的形状补偿参数(刀尖圆弧半径补偿参数)和磨损量补偿参数(位置补偿参数)，两者之和构成车刀偏置量补偿参数。

1) 刀具形状补偿参数的设置

以外圆刀对刀(1 号刀)为例：

(1)按手动模式键启动主轴，试切工件端面，刀具在 Z 方向不动，沿 $+X$ 方向退出，停主轴按“OFS/SET”键进入刀补输入界面，如图 4 – 35 所示。按“刀偏”键、“形状”键，光标移到 1 号刀补位置，输入 Z0 按“测量”键，T01 刀 Z 轴对刀完成，如图 4 – 36 所示。

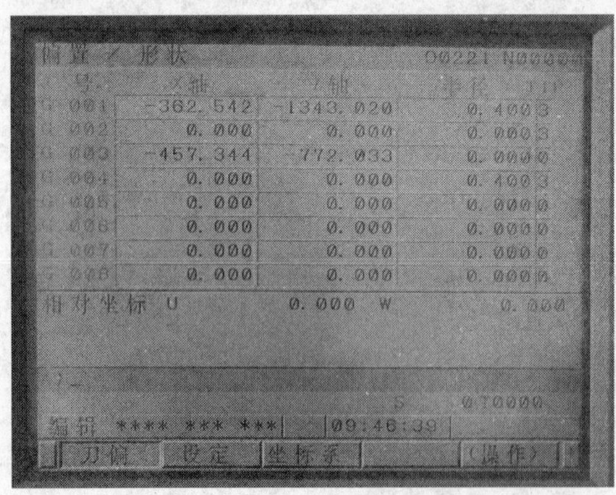

图 4 – 35　刀补设置页面　　图 4 – 36　刀具补偿参数页面窗口

(2)启动主轴试切外圆，X 方向不动沿 $+Z$ 方向退出，停主轴测量工件直径，按“OFS/SET”键进入刀补输入界面，按“刀偏”键、“形状”键，光标移到 1 号刀补位置，输入测量的直径，按“测量”键，T01 刀 X 方向对刀完成。

(3)分别把光标移到 R 和 T，按数字键输入半径或方位号，按软键“输入”，完成刀具形状补偿参数的设置。

用同样的方法还可以对切槽刀、螺纹刀等。

2）刀具磨损设置

当刀具出现磨损或更换刀片后，可以对刀具进行磨损偏移设置，其设置页面如图 4－37。当刀具磨损后或工件加工后的尺寸有误差时，只要修改“刀具磨损设置”页面中每把刀具相应的补偿值中的数值即可。如果补偿值中已经有数值，则应输入累加后的数值。当长度方向尺寸有偏差时，修改方法类同。

2. 采用工件坐标系(G54～G59)选择方式对刀

使用这个方法对刀，即设工件坐标系原点(G54～G59)在机床坐标系中的坐标值。

(1) 按手动模式键启动主轴，试切工件端面，刀具在 Z 方向不动，沿 $+X$ 方向退出，停主轴按“OFS/SET”键，按软键“坐标系”进入坐标系参数设定界面，如图 4－37 所示。光标选定坐标系参数设定区域(如 G54)，光标移 Z，利用 MDI 键盘输入通过对刀得到的工件坐标系原点的 Z 向坐标值在机床坐标系中的位置。

(2) 起动主轴试切外圆，X 方向不动，沿 $+Z$ 方向退出，停主轴测量工件直径，按“OFS/SET”键，按软键“坐标系”进入坐标系参数设定界面，如图 4－38 所示。光标选定坐标系参数设定区域(如 G54)，光标移 X，利用 MDI 键盘输入通过对刀、测量、计算得到的工件坐标系原点的 X 向坐标值在机床坐标系中的位置。

(3) 如果按软键“＋输入”，键入的数值将和原有的数值相加以后输入。

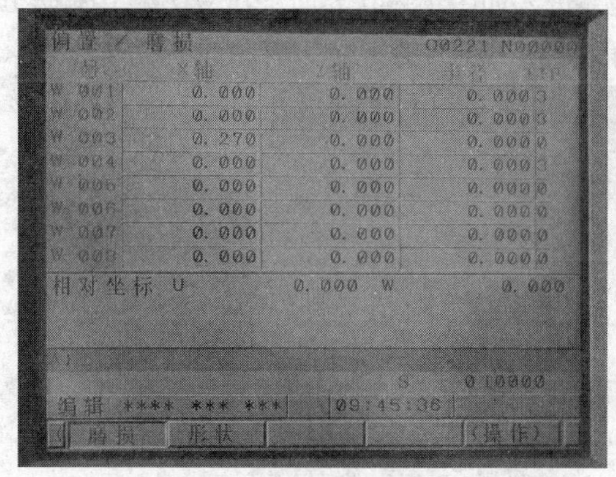

图 4－37　参数设定窗口

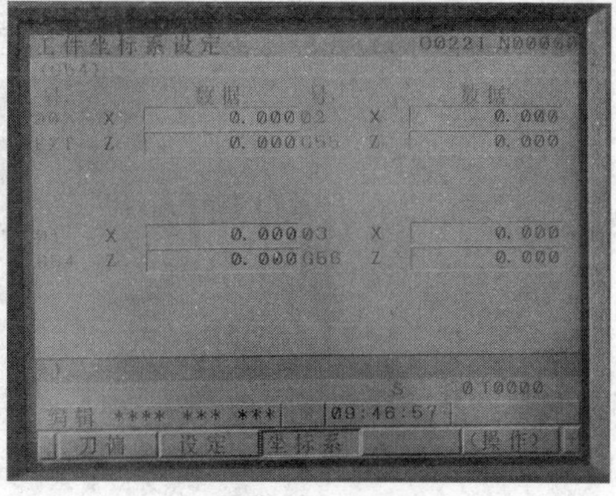

图 4－38　参数设定窗口

3. 对刀正确性校验

对完各刀具后，各刀具刀位点是否正确；或他人使用过的车床你上去使用，其刀位点是否正确，可通过下面的方法进行校验。

选择 MDI 工作方式，在键盘上分别按“G98”→“G1”→“X××.×”→“Z××.×”→“F500”→“T0×0×”。“M×”→“S600”→“循环启动”，使主轴转动、刀具移动，观察刀尖是否准确停止在程序段设定的距离工件的位置(按循环启动按钮后，将页面切换到 POS 界面观察刀具与工件的距离和余移动量是否一致。如果不一致，而且相差很大，比如：刀具与工件的距离只有大概 10mm 而余移动量还有－50 甚至更多，应及时停止刀具移动)。

4.4.3　SIEMENS－802D 系统对刀操作

1. 采用刀具补偿参数 T 功能对刀

1) 对刀及刀补参数的设置

以 T01(外圆刀)对刀为例：把要对的刀具转换到当前刀位。

（1）手动模式→试切工件端面→Z 轴不动沿 X 方向退出→主轴停→按“测量刀具”键→进入如图 4－39 所示刀补设置窗口，校对刀号与刀补号。

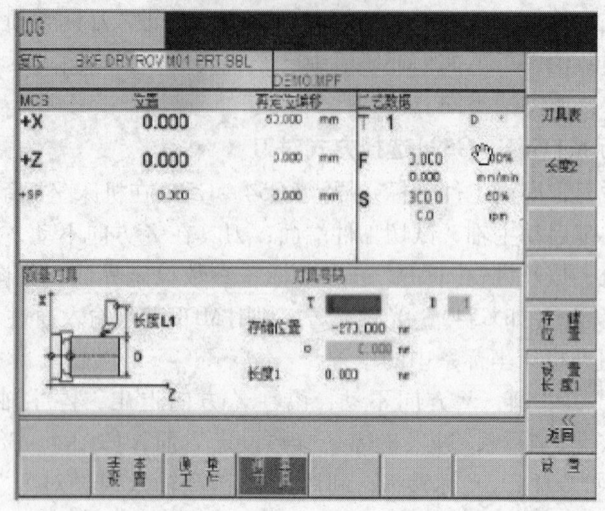

图 4－39

（2）按“存储位置”软键→按“长度 2”软键→进入如图 4－40 界面，在“Z0”栏中输入 0→按“设置长度 2”键→在左下方出现“设置数据有效”→T01 刀的 Z 向刀补值设置完毕。

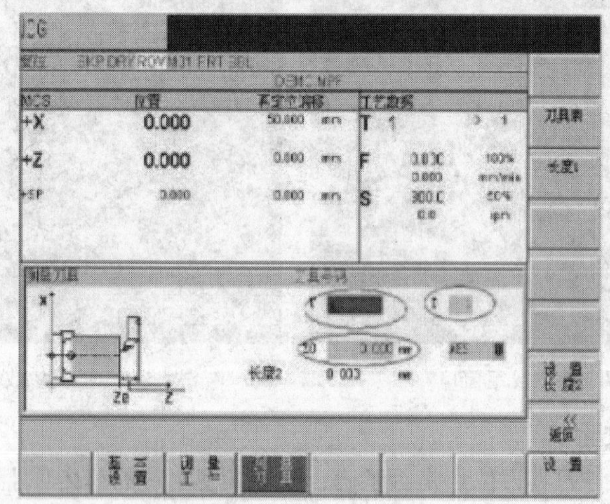

图 4－40

（3）试切外圆→X 方向不动，沿 Z 方向退出→主轴停→测量工件直径→按“测量刀具”键→进入如图 4－39 所示刀补设置窗口。

（4）再按“存储位置”软键→按“长度 1”软键→进入如图 4－41 界面，把光标移动到 ϕ 样栏内输入外圆直径数值→在左下方出现“设置数据有效”→T01 刀的 X 向刀补值设置完毕。

其他刀具对刀设置刀补值，重复上述步骤即可。当所有刀具的“X、Z”两者对刀完后，按 $+X$、$+Z$ 方向键使刀架退回换刀点位置。

2）刀具圆弧半径补偿的设置

在应用 G41/G42 指令时，需要在系统中设置刀尖圆弧半径补偿。

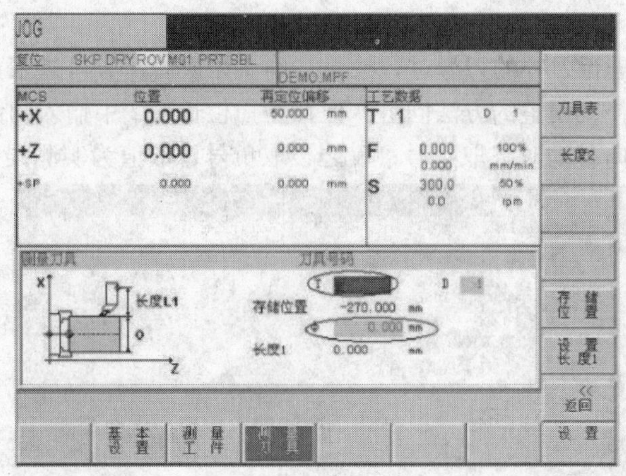

图 4－41

（1）在操作面板上按参数操作区域键 OFFSET PARAM →按“R－参数”软键→进入刀尖圆弧半径补偿设置窗口，如图 4－42 所示。

补偿

R参数

参数	值	参数	值
R0	0.000	R15	0.000
R1	0.000	R16	0.000
R2	0.000	R17	0.000
R3	0.000	R18	0.000
R4	0.000	R19	0.000
R5	0.000	R20	0.000
R6	0.000	R21	0.000
R7	0.000	R22	0.000
R8	0.000	R23	0.000
R9	0.000	R24	0.000
R10	0.000	R25	0.000
R11	0.000	R26	0.000
R12	0.000	R27	0.000
R13	0.000	R28	0.000
R14	0.000	R29	0.000

测量工件　改变有效

刀具表　零点偏置　R-参数　设定数据　用户数据

图 4－42　刀尖圆弧半径补偿设置窗口

（2）移动光标至对应编辑区，输入刀尖圆弧半径值。

3）刀具补偿值的调整

在对刀或车削过程中，出现工件加工后的尺寸与设计尺寸有偏差时，且偏差超出了规定的要求，说明对刀不准确或车刀在车削过程中已磨损，这就需要修改已存储在刀具补偿存储器里的刀具的补偿值，以便加工出合格的工件。具体步骤为：

（1）按机床操作面板上的“参数操作区域”键或“刀具表”软键，系统进入刀具补偿设置窗口，如图 4－43 所示。

（2）如果实际加工测量的工件直径比设计尺寸小了 0.06mm，则用光标键把光标移动到 T1D1 栏中的“磨损项长度 1”，由于直径加工出比设计的小 0.06mm，所以刀尖就要向 X 正方向移动 0.03mm，输入 0.03，按“回车/输入”键，0.03 字由黑变成白色即可。反之，如果实际加工测量的工件直径比设计尺寸大了 0.06mm，说明刀具磨损了 0.03mm，则用光标键把光标移动到 T1D1 栏中的“磨损项长度 1”，输入－0.03，按“回车/输入”键，－0.03 字由黑变成白色即可。

(3) 再次对已经进行刀补的刀号进行校验，确认无误后，方可进入正常加工。

(4) 对于 Z 向刀补，调整的方法同上，但在磨损栏长度 2 中输入的修正值的正负号要注意，当刀尖向 Z 正方向移动时，取正号；反之，取负号，数值为实测误差值。

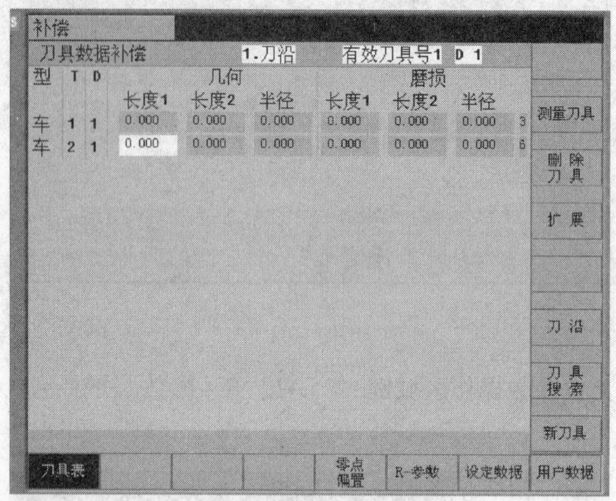

图 4－43　刀具补偿设置窗口

2. 采用工件坐标系（G54～G59）选择方式对刀

(1) 在操作面板上按参数操作区域键 OFFSET PARAM →按“零点偏置”软键→进入零点偏移设置窗口，如图 4－44 所示。

补偿

零偏

WCS X 160.000 mm　MCS X -56.000 mm

Z 224.000 mm　Z -76.000 mm

SP 0.000 °　SP 0.000 °

	X mm	Z mm	SP mm
基本	0.000	0.000	0.000
G54	-216.000	-300.000	0.000
G55	0.000	0.000	0.000
G56	0.000	0.000	0.000
G57	0.000	0.000	0.000
G58	0.000	0.000	0.000
G59	0.000	0.000	0.000
程序	0.000	0.000	0.000
缩放	0.000	0.000	0.000
镜像	0.000	0.000	0.000
全部	0.000	0.000	0.000

测量工件　改变有效

刀具表　零点偏置　R-参数　设定数据　用户数据

图 4－44　零点偏移窗口

(2) 光标选定一个可设置零点偏移参数设定区域（如 G54），利用 MDI 键盘输入通过对刀得到的工件坐标系原点的坐标值在机床坐标系中的位置。

3. 校验刀具参数的准确性

当一把刀具或几把刀具完成了对刀后，对它的准确程度要进行校验，防止刀补数据设置错误而损坏机床、工件及刀具。其校验步骤为：

(1) 工件准备，或用前面对刀用工件，工件的长度与直径数据已知，如工件直径

为 ϕ32.98mm。

（2）按机床操作面板上“手动数据 MDI”键[MDI键]，使系统进入 MDI 方式。

（3）输入 M03　S600　F0.2　T1 D1

```
G0 X34  Z2
G1 X32.5
   Z-10
   X33
G0  Z  100
M30
```

T1D1 就是要校验的刀具号与刀补号，按数控启动键，使机床主轴启动，转到当前刀位，用进给倍率旋钮调整进给速度，车削一段外圆。

（4）对 1 号刀所车削的外圆和长度进行测量，并与程序中设定的数据比较，车刀刀补的准确性。如准确性不高，可采用刀具补偿进行修正。

（5）对 2 号、3 号刀……检验只要把上面程序中刀具及 X、Z 值作相应调整即可，方法同上。

4.5　程序的传输

程序的传输目前主要有采用 RS232 接口、CF 卡和 USB 接口进行数控程序的传输。不同数控系统传输操作方式不同，这里主要介绍 FANUC 和 SIEMENS 系统的传输方式。在传输程序之前，确认机床的 R232 口和服务器是否连上以及 DNC 服务器是否开机。在连线之前必须断开机床电源（禁止带电热插拔和改动机床通讯参数）。传输过程中，传输设备的波特率必须匹配（不同的系统波特率修改位置是不同的，如 SIEMENS 系统修改参数 5012 号）。

4.5.1　FANUC 系统

FANUC 系统程序传输前可写入参数设定为“1”，机床必须在无报警状态下且刀架回到零位。将 I/O 通道设为“1”可通过 RS232 接口进行数控程序的传输。将 I/O 通道设为“4”可通过 CF 卡接口进行数控程序的传输。参数 3202 的#4 是控制 9 字头程序是否可编辑和传输。#0 是控制 8 字头程序是否可编辑和传输。

设定以下参数时，不输出 8000～8999 或 9000～9999 号的加工程序。如图 4－45 所示。输出全部程序时，将此参数设定“0”。

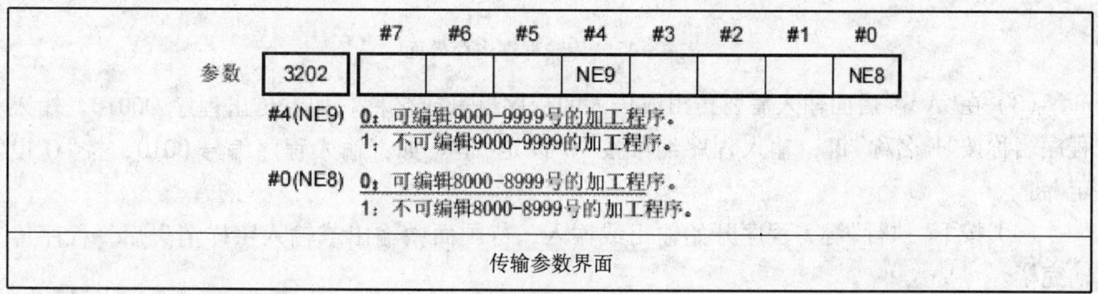

图 4－45

1）通过 RS232 接口进行数控程序的传输操作方式

按“PROG(程序)”扩展键——按“操作”——按“读取”——输文件名——执行

按“传出”——找文件名——执行

2）通过 CF 卡接口进行数控程序的传输操作方式

（1）按“PROG(程序)”扩展键，显示如图 4－46 所示。

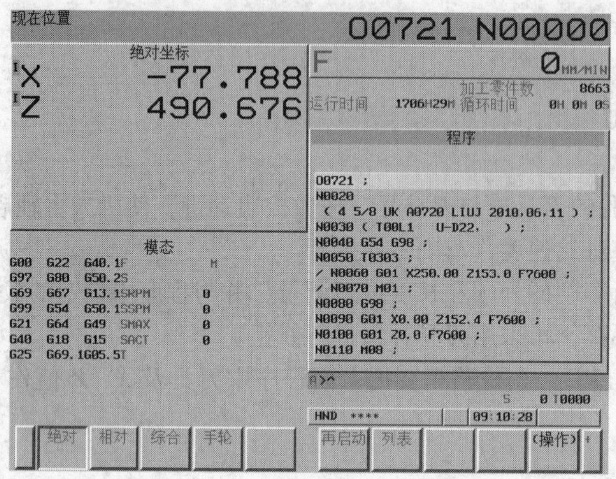

图 4－46　传输程序显示界面

（2）按下“列表”键，“操作”键，“设备选择”，按下“CNC MEM”或“存储卡”键，按下“文件输出或文件输入”，如图 4－47 所示。

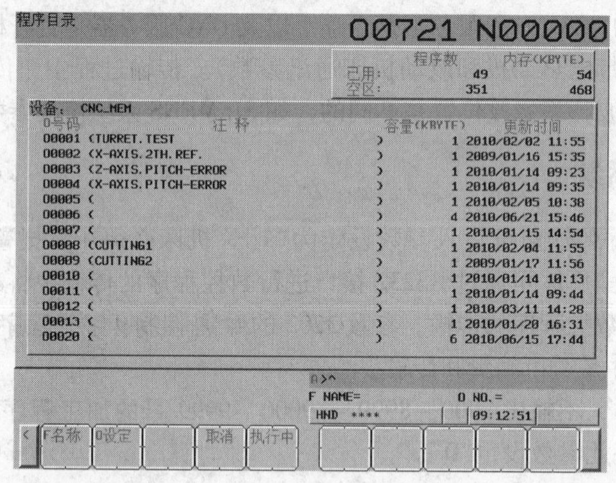

图 4－47　传输程序内存界面

（3）在“A >”后面输入需要传出或传入的程序编号或名称。如：传出程序 O0010，输入程序名称按“F 名称”键，输入程序编号按“O 设定”键。如：输入程序编号 0010，按“O 设定”键。

（4）按下“执行”键，程序开始输出或输入，待画面中输出或输入字样消失后，程序传输完毕。

（5）如传输前改变了参数 3202 的设置，回之恢复原值。

4.5.2 SIEMENS系统

SIEMENS 系统通过 RS232 接口、CF 卡和 USB 接口进行数控程序传输的操作方式基本一样。只是用 CF 卡和 USB 接口进行数控程序传输时，CF 卡和 U 盘插入接口后，机床识别到 CF 卡和 U 盘后传输功能才会打开。SIEMENS 系统数控程序的传输操作方式如下：

按"⊟"键——服务——RS232C——数据输入/数据输出

磁盘——程序数据——∧——数据输入/数据输出

NC 卡——数据输入/数据输出

注意：机床可传输的数据很多种，其中包括 NC 程序、PLC 参数、机床的设定数据驱动等，因此传输数控程序和传输其它数据，机床的传输参数修改值是不同的。在机床大修过程中用过其它数据传输一定要记着把传输参数修改回来否则不能传输程序。

思考题

1. 数控机床开机，首先应进行什么操作？
2. 数控车床在哪几种情况下要进行回参考点操作？
3. FANUC 0i Mate－TD 数控车床中有哪些功能启动按钮？各有什么功用？
4. SIEMENS－802D 系统数控车床的操作面板由哪几个部分组成？
5. SIEMENS－802D 系统屏幕划分为几个区域？各区域组成如何？
6. 当对刀或刀具磨损后，出现加工误差，如何进行刀具补偿及修改？
7. 工件坐标系设定有哪些方法？
8. 对刀的目的是什么？
9. 试述对刀的基本步骤，如何进行对刀正确性校验？
10. 如何进行程序的空运行测试和断点搜索？

第5章　数控车床编程

数控机床加工中的动作在加工程序中用指令的方式事先予以规定。由于目前数控机床的类型和数控系统的种类较多，编程指令的含义及格式在不同系统和不同机床类型中也不尽相同，因此，编程时必须按机床说明书中的具体规定执行。本章重点介绍 FANUC 0i Mate – TD 系统及 SIEMENS – 802D 系统数控车床的功能与编程指令。通过本章学习，熟悉 FANUC 0i Mate – TD 系统及 SIEMENS – 802D 系统基本编程指令，掌握数控车床中等技术等级零件加工程序的编程制。

5.1　数控车床编程概述

数控机床是在普通机床的基础上发展起来的。在普通机床上加工零件时，一般是由工艺人员按照设计图样事先制订好零件的加工工艺规程。操作人员按工艺规程的各个步骤操作机床，加工出图样给定的零件。也就是说零件的加工过程是由人来完成。

数控机床的工作是按照事先编好的零件加工程序自动完成加工，我们只要改变控制机床动作的程序就可以达到加工不同零件的目的，没有零件加工程序数控机床就不能运动和工作。所以数控机床加工其中一个很重要的工作就是数控编程。

5.1.1　数控编程的概念

数控加工是指在数控机床上进行零件加工的一种工艺方法。它是按照事先编制好的加工程序，自动地对被加工零件进行加工。我们把根据被加工零件的图纸和技术要求、工艺要求，将零件加工工艺路线、工艺参数、刀具的运动轨迹、切削参数(主轴转数、进给量、背吃刀量等)以及辅助功能(换刀、主辅正转、反转、切削液开关等)，按照数控机床规定的指令代码及程序格式编写成加工程序单的全过程称为数控编程。

数控编程可分为计算机辅助编程（自动编程）和手工编程两大类。

计算机辅助编程是指编程人员使用计算机辅助设计与制造软件绘制出零件的三维或二维图形，根据工艺参数选择切削方式，设置刀具参数和切削用量等相关内容，再经计算机后期处理自动生成数控加工程序，并且可以通过动态图形模拟查看程序的正确性。自动生成的数控加工程序可以通过传送电缆从计算机传送至数控机床。自动编程需要计算机辅助制造软件作支持，也需要编程人员具有一定的工艺分析和手工编程的能力。

编程过程依赖人工完成的称为手工编程，手工编程主要用于编制结构简单，并可以方便地使用数控系统提供的各种简化编程指令来编制数控加工程序的零件。由于数控车床的主要加工对象是回转类零件，零件程序的编制相对较简单，因此，车削类零件的数控加工程序主要依靠手工编程完成。手工编程有两大“短”原则：一是零件加工程序要尽可能短，即尽可能使用简化编程指令编制程序，一般来说，程序越简短，编程人员出错的概率也越低；二是零件的加工路线要尽可能短，这主要包括切削用量的合理选择和程序中空走刀路线的选择两个方面。合理的加工路线对提高零件的生产效率有非常重要的作用。手工编程工作量大、烦琐且易出错，目前也借助计算机辅助设计软件的 CAD(计算机辅助设计)功能来求取轮廓的基点和节点。本章节以手工编程为主，讲解数控车床编程知识与技巧。

5.1.2 数控车床编程的步骤

数控车削加工过程如图 5-1 所示，编程人员在拿到零件图样后，首先应准确地识读零件图样表述的各种信息，主要包括零件几何图样的识读，零件的尺寸精度、形位精度、表面精度的分析；再根据图样分析的结果制定工艺流程，包括加工设备的选择、工艺路线的确定、工夹刃量辅具的选择、切削用量的选择等内容；最后是数控编程阶段，主要包括相关数值的计算、程序编制、程序校验、首件试切削等内容。下面我们对几个主要过程作详细讲解。

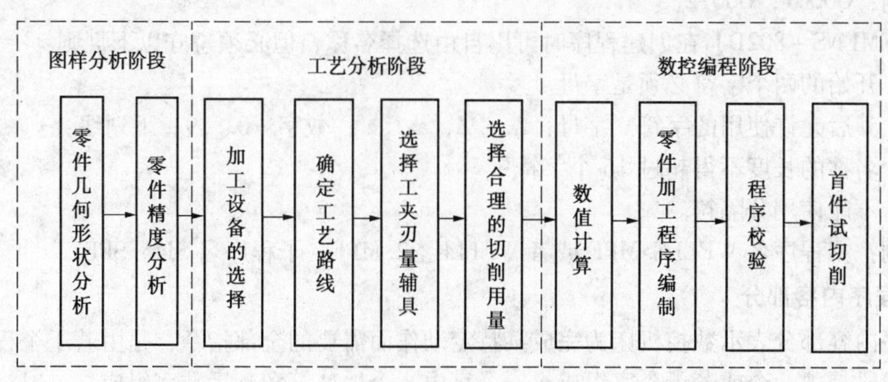

图 5-1 数控车削加工过程

1. 图纸工艺分析

根据零件图样进行工艺分析，在此基础上选定机床、刀具与工夹辅具，确定零件加工的工艺路线、工艺步骤以及切削用量(主轴转速、进给速度、进给量和切削深度)、辅助功能(换刀、主轴正转、反转和切削液开关)等工艺参数。

2. 数值计算

根据零件图样上尺寸及工艺路线的要求，在规定的坐标系内计算零件轮廓和刀具运动轨迹的坐标值（诸如几何元素的起点、终点、圆弧的圆心，两几何元素的交点或切点等坐标尺寸，有时还包括由这些数据转化而来的刀具中心轨迹的坐标尺寸)，并以这些坐标值作为编程参照。

3. 编制加工程序单及初步校验

根据制定的加工路线、切削用量、选用的刀具、辅助动作和计算的坐标值，按照机床数控系统规定的指令代码及程序格式，编写零件加工程序单，并进行检查。

4. 程序校验及试切削

将编制好的程序通过键盘直接输入或通过传送电缆传送至数控机床，在有图形模拟功能的数控机床上，可进行图形模拟，或通过空运行检查程序每步的走刀位置是否与编程设计一致。确认程序可行后，进行首件试制。在试切削过程中检查切削用量的选择是否能满足零件的精度要求。

5.1.3 零件加工程序组成

数控系统中，加工程序可分为主程序和子程序。零件加工程序的组成形式，与采用的数控系统的型号不同而略有不同。每一个数控加工程序大体上都是由程序开始部分、程序内容、程序结束指令 3 部分组成。例如以 FANUC 0i - TD 系统为例：

程序开始　O1234

程序内容　N0010 G92 X25 Z50
N0020 M03 S200
N0030 G00　X20　Z45

程序结束　N0040　M30

1. 程序开始部分

【FANUC 0i - TD 系列】格式为 O××××(××××可以从 0000 ~9999)。

举例：O0001；O0012。

【SIEMENS - 802D】在创建程序时可以自由选择名称，但必须遵守以下规则：

(1) 开始的两个字符必须是字母。

(2) 其后允许使用的字符。字母：A... Z，a... z ；数字：0... 9；下划线：_ 。

(3) 名称的长度不得超过 16 个字符

(4) 不能使用分隔符。

举例：主程序名 WELLE. MPF 或者 WELLE_ 2. MPF；子程序名 SJ45. SPF。

2. 程序内容部分

程序内容部分表示数控机床为完成某特定动作而需要的全部指令，是由若干个程序段组成。程序段是由一个或若干个字组成，一个字由一个地址符和其后数字组成。

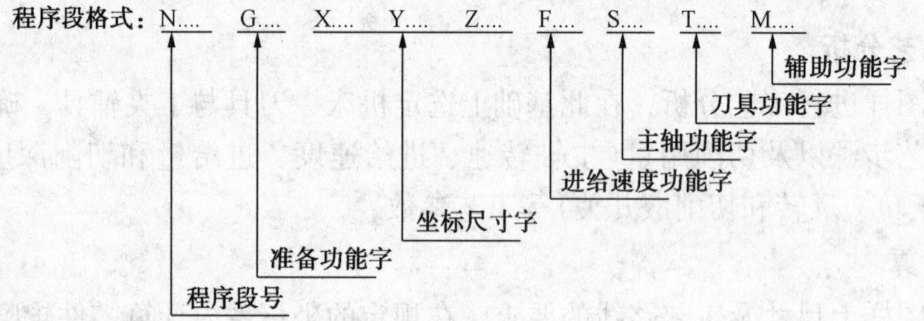

程序段号以地址符 N 后带 4 位整数表示(0000 ~9999)。一个零件程序是按程序段的输入顺序执行的，而不是按程序段号的顺序执行的，程序段号的顺序可以任意，也可以不写或只在重要程序段前按顺序编号，以便检索。一般推荐使用上升的程序段序列。

3. 程序结束部分

程序结束指令常用 M02 或 M30。

4. 数控编程注意事项

(1) 养成良好的编程习惯。在程序段第一行设定指令，保证编制的程序在执行时不受到前面程序执行时留下的影响，如在第一段写入 N005 G90 G21 G94。

(2) 熟悉所使用机床的力学性能、所规定使用的指令、编程格式，能充分发挥数控机床功能。

(3) 编程坐标系与工件坐标系选择，合理运用编程指令中坐标系变换指令，保证运算和使用简便。

(4) 使用优化结构编制高效程序。

(5) 对零件加工工艺等方面知识了解充分，制定合理工艺方案、合理的工艺，选择最短的加工路线，能充分缩短加工时间，提高生产效率。

5.1.4 数控车床坐标系统

数控机床坐标系是为了确定工件在机床中的位置、机床运动部件的特殊位置(如换刀点参考点等)以及运动范围等而建立的几何坐标系。为了简化程序的编制方法及保证程序的通用性，对数控机床的坐标轴和方向命名制定了统一的标准。我国执行的行业数控标准JB/T 3051—1999《数控机床——坐标和运动方向的命名》，与国际上标准ISO 841等效。

1. 坐标轴和运动方向命名的原则

(1) 标准的坐标系是一个右手直角笛卡尔坐标系。如图5-2所示，图中大拇指的指向为X轴的正方向，食指指向为Y轴的正方向，中指指向为Z轴的正方向。围绕X、Y、Z轴旋转的圆周进给坐标轴分别用A、B、C表示，根据右手螺旋定则，以大姆指指向$+X$、$+Y$、$+Z$方向，则食指、中指等的指向是圆周进给运动的$+A$、$+B$、$+C$方向。

(2) 假定刀具相对于静止的工件而运动。数控机床的进给运动，有的由主轴带动刀具运动来实现，有的由工作台带着工件运动来实现。上述坐标轴的运动方向，是假定工件不动，刀具相对于工件做进给运动的方向。当工件运动时，即在坐标轴符号上加“′”表示。按相对运动的关系，工件运动的正方向恰好与刀具运动的正方向相反，同样两者运动的负方向也彼此相反。

(3) 刀具远离工件的运动方向为坐标的正方向。

2. 坐标轴的规定

(1) Z坐标轴。在机床坐标系中，规定传递切削动力的主轴轴线为Z坐标轴。当主轴始终平行于标准坐标系的一个坐标，则该坐标即为Z坐标。数控车床的Z轴与主轴轴线重合(图5-3)。

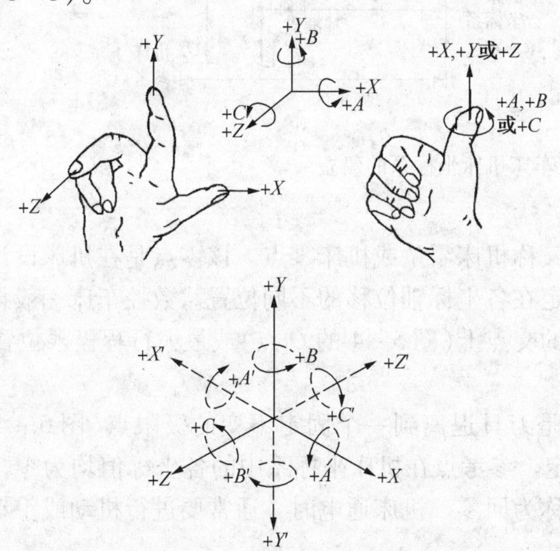

图5-2 右手直角笛卡尔坐标系

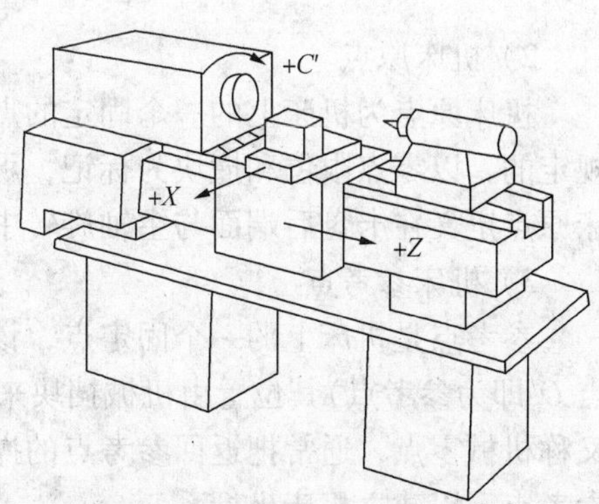

图5-3 数控车床坐标轴及方向

(2) X坐标轴。X坐标是水平的，它平行于工件的装夹面。数控车床的X轴垂直于Z轴，X坐标的方向在工件的径向上，并且平行于横滑座(图5-3)。

(3) Y坐标轴。数控车床的Y坐标轴通常是虚设的。对于有Y坐标轴的车削中心来说，Y坐标轴根据Z和X坐标轴，按照右手直角笛卡尔坐标系确定。

(4) 平行坐标。如在 X、Y、Z 主要直线运动之外另有第二组平行于它们的运动，可分别将它们的坐标指定为 U、V、W。

(5) 旋转坐标。A、B、C 分别表示其轴线为平行于 X、Y、Z 坐标轴的旋转坐标。如 $+A$ 表示在 $+X$ 坐标轴方向按照右旋螺纹旋转的方向。

(6) 坐标轴的确定方法。一般先确定 Z 坐标轴，因为它是传递切削动力的主要轴或方向，再按规定确定其 X 坐标轴，最后用右手螺旋定则确定 Y 坐标轴。

3. 机床坐标系、机床原点和机床参考点

1) 机床坐标系

以机床原点为坐标原点建立起来的 X、Z 轴直角坐标系，称为机床坐标系。机床坐标系是机床固有的坐标系，它是制造和调整机床的基础。也是设置工件坐标系的基础。机床坐标系在出厂前已经调整好，一般情况下，不允许用户随意变动。

机床坐标系一般有两种建立方法。第一种坐标系建立的方法是：X 轴的正方向朝上建立，如图 5－4(a)所示，适用于斜床身和平床身斜滑板(斜导轨)的卧式数控车床，这种类型的数控车床刀架处于操作者的外侧，俗称上手刀。另一种坐标系统建立的方法是：X 轴的正方向朝下建立，如图 5－4(b)所示，适用于平床身（水平导轨）卧式数控车床，这种类型的数控车床刀架处于操作者的内侧，俗称下手刀。机床坐标系 X 轴的正方向是朝上或朝下建立，主要是根据刀架处于机床的位置而确定。这两种刀架方向的机床，其程序及相应设置相同。

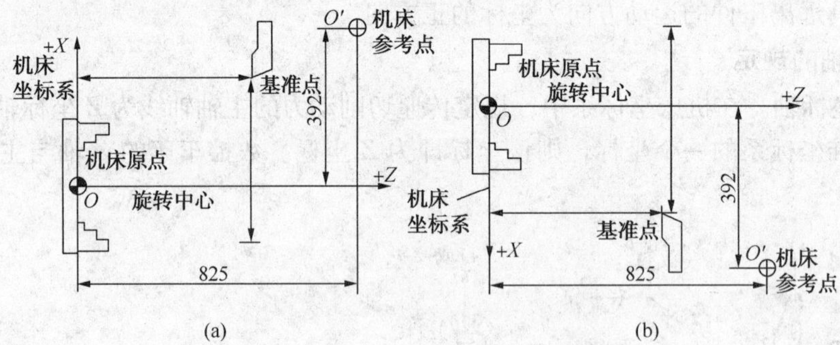

图 5－4　数控车床机床坐标系的建立

2) 机床原点

机床原点为机床上的一个固定的点，又称机床零位或机床零点。该零点是在机床设计时规定的，以零点限位和撞块为标记，可设定在各坐标轴位移的不同位置。数控车床一般将机床原点定义在卡盘后端面与主轴旋转中心的交点上(图 5－4 的 O 点)或最大行程极限位置。

3) 机床参考点

参考点是机床上的一个固定点，该点是刀具退离到一个固定不变的极限点(图 5－4 中点 O' 即为参考点)其位置由机械挡块来确定。参考点在机床坐标系中的各坐标值均为零，故又称机械零点，通常把返回参考点的操作称为回零。机床通电时，通常要进行机动或手动回参考点，以建立机床坐标系。

机床参考点可以与机床零点重合，也可以不重合，通过参数设定机床参考点到机床零点的距离。机床回到了参考点位置，也就知道了该坐标轴的机床零点位置。CNC 就建立起了机床坐标系。

下列情况必须回零：

(1) 机床首次开机，或关机后重新接通电源。

(2) 解除机床急停状态后。

(3) 解除机床远超程报警信号后。

4. 工件坐标系、对刀点和换刀点

1) 工件坐标系

工件坐标系是编程时使用的坐标系，所以又称为编程坐标系。数控编程时，应首先确定工件原点。以工件原点为坐标原点建立的 X、Z 轴直角坐标系，称为工件坐标系。工件坐标系是人为设定的，从理论上讲，工件原点选在任何位置都是可以的(图5－5)。

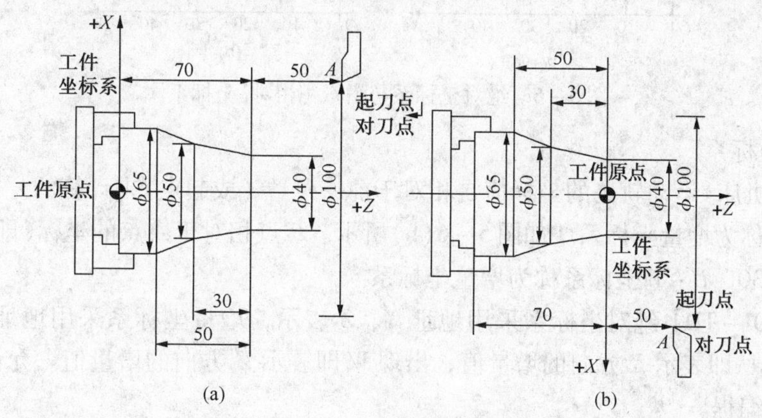

图5－5　工件坐标系

为编程方便以及各尺寸较为直观，工件坐标系的原点选择要尽量满足编程简单、尺寸换算少、引起的加工误差小等条件，可将工件坐标系设在工件上，并将坐标原点设在图样的设计基准和工艺基准处。数控车床工件原点一般都设在主轴中心线与工件左端面或右端面的交点处，如图5－5所示(推荐采用b方案)。编程时，工件的各尺寸坐标都是相对工件原点而言的。因此，数控车床的工件原点也称程序原点。

2) 对刀点

对刀点是数控加工中刀具相对于工件运动的起点，是零件程序加工的起始点，所以对刀点也称“程序起点”。

对刀点可设在工件上并与工件原点重合，也可设在工件外，任何便于对刀之处，但该点与工件原点之间必须有确定的坐标联系。一般情况下，对刀点既是加工程序执行的起点，也是加工程序执行的终点。图5－5把对刀点 A 设置在工件外面和起刀点重合，该点的位置可由G50、G92、G54等指令设定。通常把设定工件坐标系原点的过程称“对刀”或建立工件坐标系。

3) 换刀点

换刀点是指刀架转位换刀时所在的位置。换刀点的位置可以是固定的，也可以是任意一点。它的设定原则是以刀架转位时不碰撞工件和机床上其他部件为准则，通常和刀具起始点重合。

5. 绝对坐标系与增量坐标系

1) 绝对坐标系

刀具(或机床)运动轨迹的坐标值是以相对于固定的坐标原点 O 给出的，即称为绝对坐标。该坐标系称为绝对坐标系。如图5－6(a)所示，A、B 两点的坐标均以固定的坐标原点 O 计算的，其值为：$X_A=10$，$Y_A=20$，$X_B=30$，$Y_B=50$。

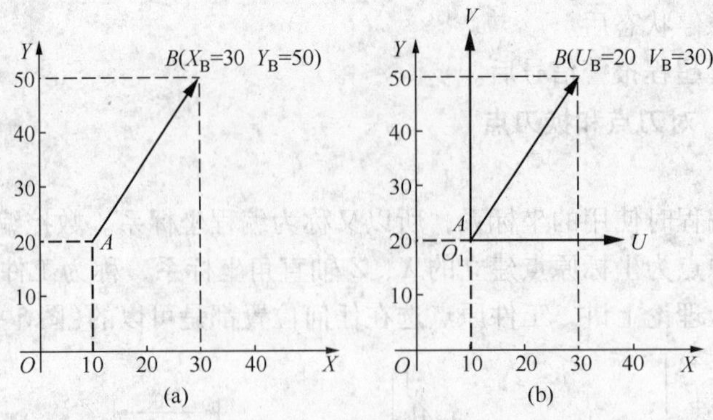

图 5-6　绝对坐标系与增量（相对）坐标系

2）增量坐标系

刀具（或机床）运动轨迹的坐标值是相对于前一位置（或起点）来计算的。即称为增量坐标，该坐标系称为增量坐标系。如图 5-6(b)所示。B 点相对于 A 点的坐标(即增量坐标)为 $U_B=20$，$V_B=30$，$U-V$ 坐标系称为增量坐标系。

【FANUC 0i-TD】绝对坐标系采用地址 X、Z 表示，增量坐标系采用地址 U、W 表示。在程序段出现 U 即表示 X 方向的增量值，出现 W 即表示 Z 方向的增量值。允许绝对方式与增量方式混合编程。

【SIEMENS-802D】绝对坐标系用 G90 指令指定，其后指令后面的 X、Z 表示 X 轴、Z 轴的坐标值，所有程序段中的尺寸均是相对于工件坐标系原点的。增量坐标系用 G91 指令指定，执行 G91 指令后，其后的所有程序段中的 X、Z 尺寸均是以前一位置为基准的增量尺寸，直到被 G90 指令取代。系统缺省状态为 G90。

5.2　数控车床基本编程指令

5.2.1　数控车床系统功能

数控机床加工中的动作在加工程序中用指令的方式事先予以规定，这类指令有准备功能 G、辅助功能 M、刀具功能 T、主轴转速功能 S 和进给功能 F 等。

1. 准备功能 G 指令

准备功能又称 G 功能或 G 代码，它是建立机床或控制数控系统工作方式的一种命令。G 代码分为模态代码（又称续效代码）和非模态代码两种。所谓模态代码是指某一 G 代码一经指定就一直有效，直到后边程序段中使用同组 G 代码才能取代它。而非模态代码只在指定的本程序段中有效。下一段程序需要时必须重写。

由于目前数控机床的类型和数控系统的种类较多，同一 G 指令或同一 M 指令其含义在不同系统和不同机床类型中不完全相同，甚至完全不同。因此，编程人员应对所使用的数控系统相关型号的指令功能进行仔细研究，掌握每个指令的确切含义，以免发生错误。

2. 辅助功能 M 指令

辅助功能又称“M”功能。主要用来表示机床操作时，各种辅助动作及其状态。数控车床系统常用的辅助功能指令如表 5-1 所示。

表 5-1　常用辅助功能 M 指令及功能

M 指令	功　能	M 指令	功　能
M00	程序暂停	M08	切削液开
M01	程序选择停止	☆M09	切削液关
M02	主程序结束	M30	主程序结束，并返回到程序起点
M03	主轴正转		
M04	主轴反转	M98	调用子程序
☆M05	主轴停止	M99	子程序结束，返回主程序

注：带☆号的 M 指令表示接通电源时，即为该 M 指令的状态。

（1）M00 是程序暂停。当 CNC 执行到 M00 指令时，将暂停执行当前程序，以方便操作者进行刀具和工件的尺寸测量、工件调头、手动变速等操作。暂停时，机床的进给停止，而全部现存的模态信息保持不变，M00 须单独设一程序段，欲继续执行后续程序，重按操作面板上的“循环启动”键。

（2）M01 是程序选择停止。只有按下机床操作面板上的“选择停止”键时，M01 指令才有效。M01 执行后的效果与 M00 相同，按操作面板上的“循环启动”键可重新启动程序。如果不按下机床操作面板上的“选择停止”键，则 M01 不起作用，继续执行后面的程序。此功能通常用来进行尺寸检测，M01 应作为一个单独的程序段设定。

（3）M02 是程序结束。M02 一般放在主程序的最后一个程序段中。当 CNC 执行到 M02，机床的主轴、进给、切削液全部停止，加工结束。使用 M02 的程序结束后，若要重新执行该程序，就得重新调用该程序。然后再按操作面板上的“循环启动”键。

（4）M30 是程序结束并返回程序起点。M30 和 M02 功能基本相同，只是 M30 指令还兼有返回到零件程序头的作用。使用 M30 的程序结束后，若要重新执行该程序，只需再次按操作面板上的“循环启动”键。

（5）M03、M04、M05 是主轴控制指令。M03 启动主轴正转。M04 启动主轴反转。M05 使主轴停止转动，为默认功能。M03、M04、M05 可互相注销。

（6）M08、M09 是冷却液打开、停止指令。M08 指令将打开切削液管道。M09 指令将关闭切削液管道，为默认功能。

（7）M98、M99。

【FANUC 0i－TD】M98 用来调用子程序，M99 表示子程序结束，返回到主程序。

① 子程序的格式：M98 P　L

说明：P——被调用的子程序号；

L——重复调用次数。

② 调用的子程序格式。

O1234　　　　（子程序号）

N5……

M99　　　　　（子程序结束）

3. 进给功能 F

进给功能主要用来指令切削的进给速度，表示加工工件时刀具相对工件的合成进给速度。对于车床，进给方式可分为每分钟进给和每转进给两种。

【FANUC 0i - TD】用 G98、C99 规定。

每转进给 G99：在含有 G99 的程序段后面，遇到 F 指令时，则认为 F 所指定的进给速度单位为 mm/r。系统开机状态为 G99 状态，只有输入 G98 指令后，G99 才被取消。

每分进给 G98：在含有 G98 的程序段后面，在遇到 F 指令时，则认为 F 所指定的进给速度单位为 mm/min。G98 被执行一次后，系统将保持 G98 状态，直到被 G99 取消为止。

【SIEMENS - 802D】用 G94、C95 规定，每转进给指令 C95、每分进给指令 G94(应用同 FANUC 0i - TD G98、C99)。

使用下式可以实现每转进给量与每分钟进给量的转化：

$$v_f = fs$$

式中 v_f——每分钟进给量，mm/min；

f——每转进给量，mm/r；

s——主轴转速，r/min。

F 为模态指令，当工作在 G01、G02 或 G03 方式下，编程的 F 值一直有效，直到被新的 F 值取代；而工作在 G00 方式下，快速定位的速度是各轴的最高速度，与所编 F 无关。借助机床控制面板上的倍率按键，F 可在一定范围内进行倍率修调。当进行螺纹切削时，倍率开关失效，进给倍率固定在 100%。

4. 刀具功能 T

指令数控系统进行换刀。

【FANUC 0i - TD】采用 T"2 位 +2 位"的形式。例如，T0101 表示采用 1 号刀具和 1 号刀补。由于刀补存储是公用的，所以往往采用如 T0101、T0202、T0303 等。

【SIEMENS - 802D】用刀具号 + 刀补号的方式来进行选刀和换刀。例如，T2D2 表示选用 2 号刀具和 2 号刀补，在 SIEMENS 系统中由于同一把刀具有许多个刀补，所以可采用如 TlDl、TlD2、T2Dl、T2D2 等。

当一个程序段同时包含 T 代码与刀具移动指令时，先执行 T 代码指令而后执行刀具移动指令。建议 T 代码单列一行写出。

5. 主轴功能 S

主要用来指定主轴转速或速度。

恒线速度控制：G96 是恒速切削控制有效指令。系统执行 G96 指令后，S 后面的数值表示切削速度。例如：G96 S100 表示切削速度是 100m/min。

用恒线速度控制加工端面、锥度和圆弧时，由于 X 坐标值不断变化，当刀具逐渐接近工件的旋转中心时，主轴转速会越来越高，工件有从卡盘飞出的危险，所以为防止事故的发生，必须限定主轴的最高转速。

【FANUC 0i 系列】中，G50 指令除具有坐标系设定功能外，还有主轴最高转速设定功能，即用 S 指定的数值设定主轴每分钟的最高转速。例如：G50 S2000 表示主轴转速最高为 2000r/min。

【SIEMENS - 802D】用 LIMS 来限制主轴转速。例：G96 S200 LIMS = 2500 表示切削速度是 200m/min，主轴转速限制在 2500r/min 以内。

主轴转速控制：G97 是恒速切削控制取消指令。系统执行 G97 后，S 后面的数值表示主轴每分钟的转数。如：G97 S800 表示主轴转速为 800r/min。系统开机状态为 G97 状态。

S 功能为模态指令，S 所编程的主轴转速可以借助机床控制面板上的主轴倍率开关进行修调。

5.2.2 FANUC 0i－TD 系统车床基本编程指令

1. FANUC 0i－TD 数控车床系统常用的准备功能指令

FANUC 0i－TD 数控车床系统常用的准备功能指令如表 5－2 所示。

表 5－2 FANUC 0i－TD 系统常用准备功能 G 指令及功能

G 指令	组号	功 能	G 指令	组号	功 能
☆G00	01	定位(快速移动)	☆G54	14	工件坐标系选择 1
G01		直线插补(切削进给)	G55		工件坐标系选择 2
G02		顺时针圆弧插补	G56		工件坐标系选择 3
G03		逆时针圆弧插补	G57		工件坐标系选择 4
G32		螺纹切削	G58		工件坐标系选择 5
G34		可变导程螺纹切削	G59		工件坐标系选择 6
G04	00	暂停	G61	15	准确停止方式
G10		可编程数据输入	G65	00	宏指令调用
G11		可编程数据输入方式取消	G66	12	宏模态调用
G12.1	21	极坐标插补方式	☆G67		宏模态调用取消
☆G13.1		极坐标插补方式取消	G70	00	精加工循环
G17	16	XpYp 平面选择	G71		内、外型粗车复合循环
☆G18		XpZp 平面选择	G72		端面粗车复合循环
G19		YpZp 平面选择	G73		固定形状粗加工复合循环
G20	06	英制数据输入	G75		切槽循环
G21		公制数据输入	G76		螺纹切削复合循环
G28	00	返回至参考点	G90	01	单一形状固定循环
☆G40	07	取消刀具半径补偿	G92		螺纹切削循环
G41		刀尖圆弧半径左补偿	G94		端面切削循环
G42		刀尖圆弧半径右补偿	G96	02	恒速切削控制有效
G50	00	坐标系设定或最大主轴转速钳制	☆G97		恒速切削控制取消
G52		局部坐标系设定	G98	05	进给速度按每分钟设定
G53		机械坐标系选择	☆G99		进给速度按每转设定

注：带☆号的 G 指令表示接通电源时，即为该 G 指令的状态。00 组的 G 指令为非模态 G 指令，其他均为模态 G 指令。

2. 准备功能 G 指令的应用

1）公制和英制输入指令 G21/G20

格式：G20、G21

说明：G20——英制输入制式；

G21——公制输入制式。

G21 和 G20 是两个互相取代的模态功能，机床出厂时一般设定为 G21 状态，机床的各项参数均为米制单位设定。

2）绝对值编程和增量值编程

绝对值编程采样地址 X、Z 进行编程(X 为直径值)；而在增量值编程时，用 U、W 代替 X、Z 进行编程。U、W 的正负由行程方向决定，行程方向与机床坐标系方向相同为正，反之取负。在编程时一般采用绝对编程。

3）工件坐标系设定指令 G50

格式：G50　X_　Z_

说明：X、Z——对刀点到工件坐标系原点的有向距离。

G50 是一种根据当前刀具的位置来建立工件坐标系的方法，这种方法与机床坐标系无关，这一指令通常出现在程序的第一段。当执行 G50 Xα Zβ 指令后，系统内部即对(α, β)进行记忆，并建立一个以刀具当前点坐标值为(α, β)的坐标系，系统控制刀具在此坐标系中按程序进行加工。执行该指令只建立一个坐标系，刀具并不产生运动。G50 指令为非模态指令。

执行该指令时，若刀具当前点恰好在工件坐标系的α和β坐标值上，即刀具当前点在对刀点位置上，此时建立的坐标系即为工件坐标系，加工原点与程序原点重合。若刀具当前点不在工件坐标系的α和β坐标值上，则加工原点与程序原点不一致，加工出的产品就有可能产生误差或报废，甚至出现危险。因此执行该指令时，刀具当前点必须恰好在对刀点上，即在工件坐标系的α和β坐标值上。故编程时加工原点与程序原点考虑为同一点。操作时可由对刀完成两点的一致。

如图 5-7 所示，当以工件左端面为工件原点时，应按下行建立工件坐标系。

G50　X180　Z254；

当以工件右端面为工件原点时，应按下行建立工件坐标系。

G50　X180　Z44；

显然，当α和β不同或改变刀具位置时，即刀具当前点不在对刀点位置上，则加工原点与程序原点不一致。因此在执行程序段 G50 Xα Zβ 前，必须先对刀。

4）选择工件坐标系（零点偏移）指令 G54～G59

格式：G54、G55、G56、G57、G58、G59

说明：G54～G59——是系统预订的 6 个工件坐标系(图 5-8)，可根据需要任意选用。

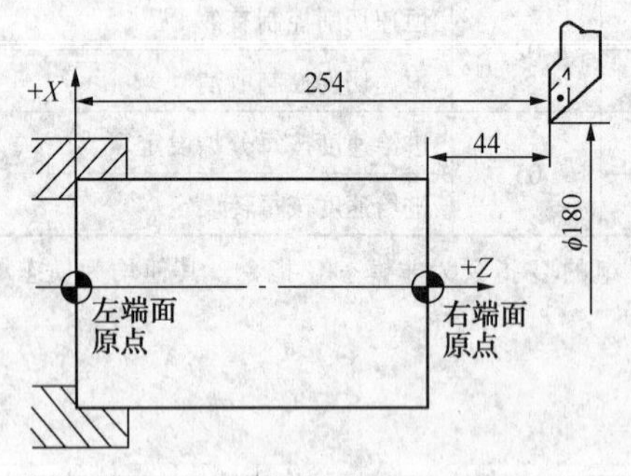

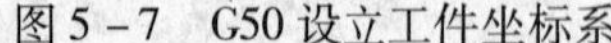

图 5-7　G50 设立工件坐标系

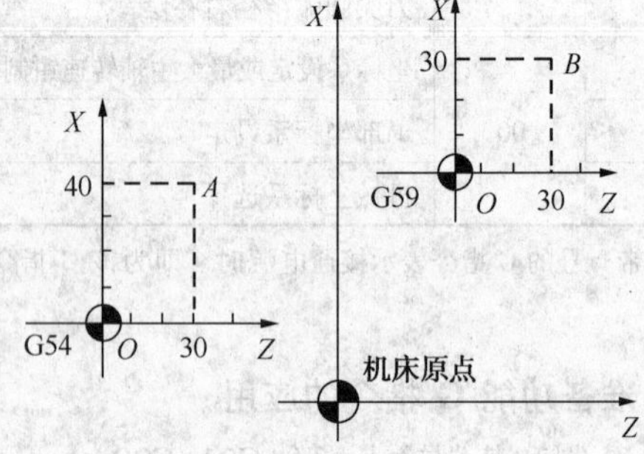

图 5-8　G54～G59 工件坐标系原点的设定与应用

加工时其坐标系的原点，必须设为工件坐标系的原点在机床坐标系中的坐标值，否则加工出的产品就有误差或报废，甚至出现危险。

这 6 个预定工件坐标系的原点在机床坐标系中的值(工件零点偏置值)可用 MDI 方式输入，系统自动记忆。工件坐标系一旦选定，后续程序段中绝对值编程时的指令值均为相对此工件坐标系原点的值。

G54～G59 设定的工件原点在机床坐标系中的位置是不变的，在系统断电后也不破坏，再次开机后仍有效，并与刀具的当前位置无关，除非再通过 CRT/MDI 方式更改。

注意：使用该组指令前，必须先回参考点，且先用 MDI 方式输入各坐标系的坐标原点在机床坐标系中的坐标值。

G54～G59 为模态功能，可相互注销，G54 为缺省值。

【例 5-1】 如图 5-8 所示，使用工件坐标系编程，要求刀具从当前点移动到 *A* 点，再从 *A* 点移动到 *B* 点。

```
O0001;
N01 G54 G00 G90 X40 Z30;
N02 G59;
N03 G00 X30 Z30;
N04 M30;
```

5）快速点定位指令 G00

格式：G00 *X*(*U*)__ *Z*(*W*)__

说明：*X*、*Z*——绝对编程时，快速定位终点在工件坐标系中的坐标；

U、*W*——增量编程时，快速定位终点相对于起点的位移量。

G00 是模态指令，它命令刀具以点定位控制方式从刀具所在点以机床的最快速度移动到目标位置。它只是快速定位，而无运动轨迹要求。

G00 指令中的快移速度由机床参数对各轴分别设定，不能用 F 规定，可由面板上的快速修调按钮修正。

注意：在执行 G00 指令时联动直线轴的合成轨迹不一定是直线。操作者必须格外小心，以免刀具与工件发生碰撞。常见的做法是，将 *X* 轴移动到安全位置，再放心地执行 G00 指令。

如图 5-9 所示，刀具从起点 *A* 快速运动到目标点 *B*。首先刀具以快速进给速度运动到点 *C*(60，60)，然后再运动到点 *B*(60，100)，刀具实际的运动路线不是直线，而是折线，所以使用 G00 指令时要注意刀具是否和工件及夹具发生干涉，忽略这一点，就容易发生碰撞。而在快速状态下的碰撞就更加危险。

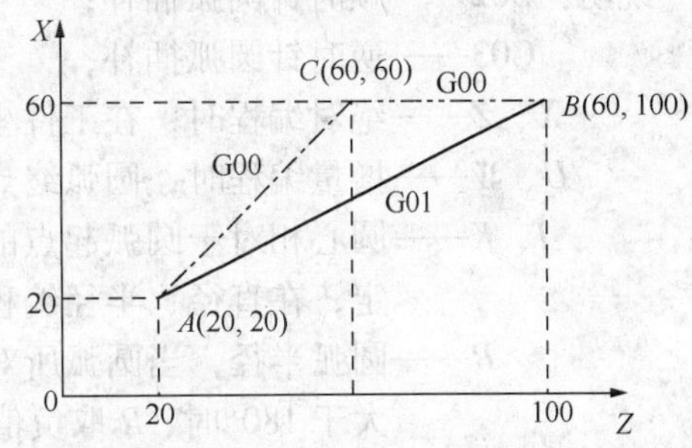

图 5-9 G00 指令移动路径

G00 一般用于加工前快速定位或加工后快速退刀。

6）直线插补指令 G01

格式：G01 *X*(*U*)__ *Z*(*W*)__ *F* __

说明：*X*、*Z*——绝对编程时终点在工件坐标系中的坐标；

U、*W*——增量编程时终点相对于起点的位移量；

F——合成进给速度。

G01 是直线运动指令。它命令刀具在两点间以插补联动方式按 F 规定的合成进给速度作任意斜率的直线运动。在程序中，G01 程序中必须含有 F 指令，否则机床不运动。G01 与 F 都是模态续效指令，在应用第一个 G01 指令时，规定了一个 F 指令，以后的程序段中，若没有新的 F 指令，进给速度将保持不变，所以不必在每个程序段中都写入 F 指令。

【例 5 - 2】 如图 5 - 10 所示，编写零件精加工程序。

```
O0002                      程序名
N5 G50 X100 Z10            设立坐标系，定义对刀点的位置
N10 M03 S600               主轴正转，转速为600r/min
N15 T0101                  选择1号刀1号刀补
N20 G00 X16 Z2             绝对编程，移到倒角延长线，Z 轴 2mm 处
N25 G01 U10 W -5 F300      增量编程，倒 3X45°角
N30     Z -48              绝对编程，加工 φ26 外圆
N35     U34 W -10          增量编程，切第一段锥
N40     U20 Z -73          混合编程，切第二段锥
N45     X90                绝对编程，退刀
N50 G00 X100 Z10           绝对编程，回对刀点
N55 M05                    主轴停
N60 M30                    主程序结束并复位
```

7) 圆弧插补指令 G02/G03

在车床上加工圆弧时，不仅要用 G02/G03 指出圆弧的顺逆时针方向，用 $X(U)$、$Z(W)$ 指定圆弧的终点坐标，而且还要指定圆弧的中心位置。常用指定圆心位置的方式有两种，因而 G02/G03 的指令格式有两种：

格式：$\begin{Bmatrix} G02 \\ G03 \end{Bmatrix} X(U)\_\ Z(W)\_ \begin{Bmatrix} I\_\ K\_ \\ R\_ \end{Bmatrix} F\_$

说明：G02——顺时针圆弧插补；

G03——逆时针圆弧插补；

X、Z——绝对编程时，在工件坐标系中圆弧终点的坐标；

U、W——增量编程时，圆弧终点相对于圆弧起点的增量值；

I、K——圆心相对于圆弧起点的增量值，在绝对、增量编程时都是以增量方式指定，在直径、半径编程时 I 都是半径值；

R——圆弧半径，当圆弧所对的圆心角小于等于 180°时，R 取正值；当圆心角大于 180°时，R 取负值；

F——被编程的两个轴的合成进给速度。

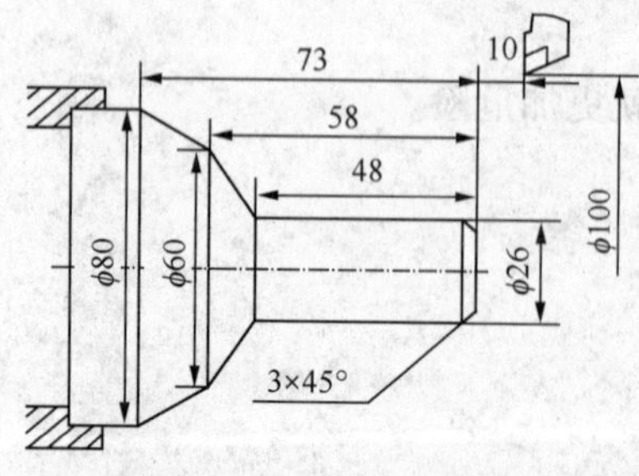

图 5 - 10 G01 编程实例

圆弧插补顺逆的判断：沿垂直于圆弧所在平面（如 XZ 平面）的坐标轴的负方向（$-Y$）看去（正向指向自己），顺时针方向为 G02，逆时针方向为 G03（图 5 - 11）。数控车床是按右手定则的方法将 Y 轴确定。

注意：若程序段中同时编入 R 与 I、K 时，以 R 优先，I、K 无效。

【例 5 - 3】 用圆弧插补指令编制图 5 - 12 所示工件的精加工程序。

```
O0003
N05   G50 X40 Z5           建立工件坐标系，定义对刀点的位置
N10   M03 S1000            主轴正转，转速 1000r/min
```

```
N15   G00 X0                  到达工件中心
N20   G01 Z0 F60              工进接触工件毛坯
N25   G03 U24 W-24 R15        加工 R15 圆弧段
N30   G02 X26 Z-31 R5         加工 R5 圆弧段
N35   G01 Z-40                加工 φ26 外圆
N40       X38                 加工 φ38 端面
N45   G00 X40 Z5              回对刀点
N50   M05                     主轴停
N55   M30                     程序结束，并复位
```

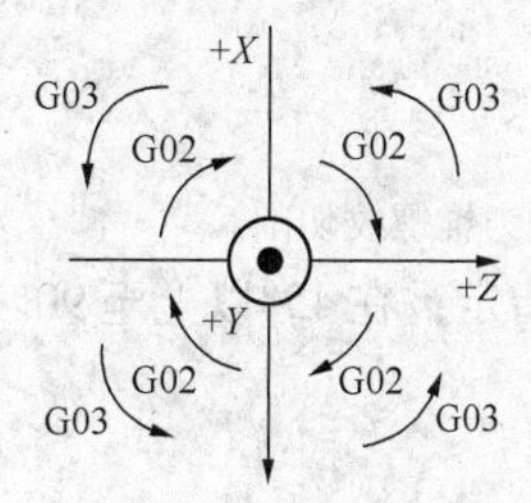

a) 上手刀，刀架在操作者外侧

b) 下手刀，刀架在操作者内侧

图 5-11　G02/G03 插补方向

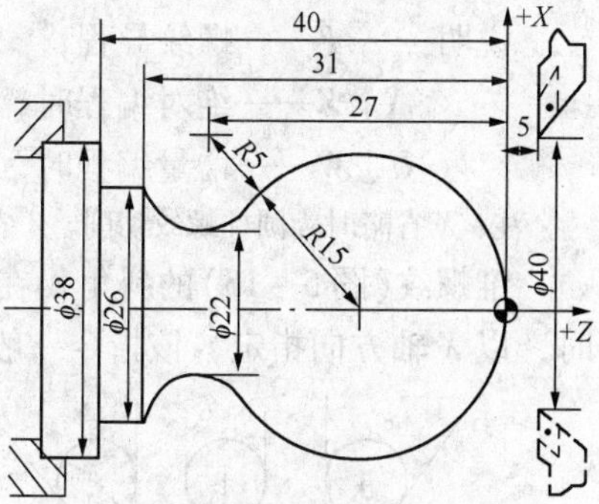

图 5-12　圆弧插补编程实例

8）刀具半径补偿指令 G40/G41/G42

由于刀尖不是理想点而是一段圆弧，造成的加工误差，可用刀尖圆弧半径补偿功能来消除。刀尖圆弧半径补偿是通过 G41、G42、G40 代码及 T 代码指定的刀尖圆弧半径补偿号，加入或取消半径补偿，如图 5-13 所示。

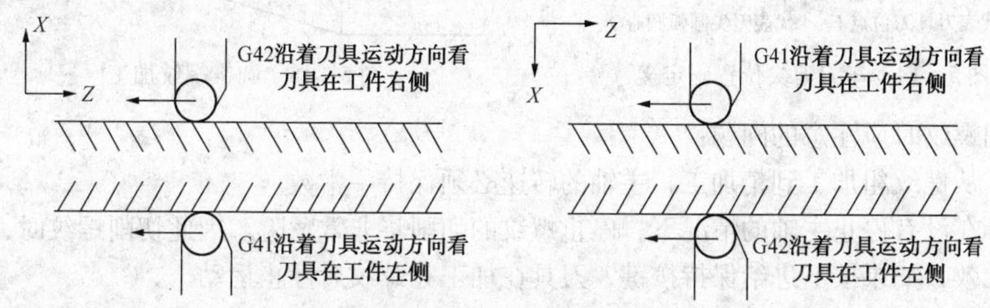

图 5-13　左刀补和右刀补

$$格式：\left\{\begin{matrix}G40\\G41\\G42\end{matrix}\right\}\left\{\begin{matrix}G00\\G01\end{matrix}\right\}X\_\ Z\_\ F\_$$

说明：G40——取消刀尖半径补偿；

G41——左刀补（在刀具前进方向左侧补偿）；

G42——右刀补（在刀具前进方向右侧补偿）；

X、*Z*——G00、G01 的参数，即建立刀补或取消刀补的终点。

G42、G41 的确定方法：沿加工轮廓所在平面的垂直坐标轴的负方向（-Y），且头朝着刀具运动方向看，刀具在工件左边用左补偿 G41、刀具在工件右边用右补偿 G42。

注意：

(1) G41/G42 不带参数，其补偿号(代表所用刀具对应的刀尖半径补偿值)由 T 代码指定。其刀尖圆弧补偿号与刀具偏置补偿号对应。

(2) 刀尖圆弧半径补偿的建立与取消只能用 G00 或 G01 指令，不得是 G02 或 G03。

(3) 刀尖圆弧半径补偿的建立与取消过程中不能进行零件加工。

(4) G40、G41、G42 都是模态代码，可相互注销。

刀尖圆弧半径补偿寄存器中，定义了车刀圆弧半径及方向号，车刀刀尖的方向号定义了刀具刀位点与刀尖圆弧中心的位置关系，其从 0~9 有 10 个方向，如图 5-14 所示。

9）螺纹切削指令 G32

格式：G32 $X(U)\_$ $Z(W)\_$ $F\_$

说明：　F——螺纹导程；

X、Z——绝对编程时，螺纹终点坐标值；

U、W——增量编程时，螺纹终点相对于起点的增量值。

注：X 省略时为圆柱螺纹切削，Z 省略时为端面螺纹切削；X、Z 均不省略时为锥螺纹切削。

锥螺纹(图 5-15)的斜角 α 在 45°以下时，螺纹导程以 Z 轴方向指定；在 45°以上至 90°时，以 X 轴方向指定，该指令一般很少使用。

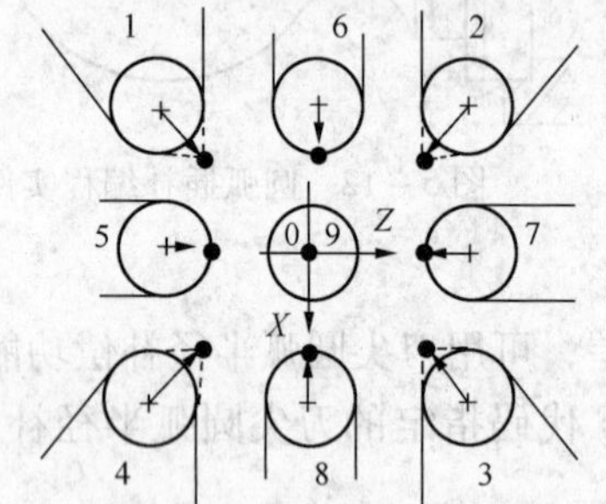

图 5-14　车刀刀尖位置码定义

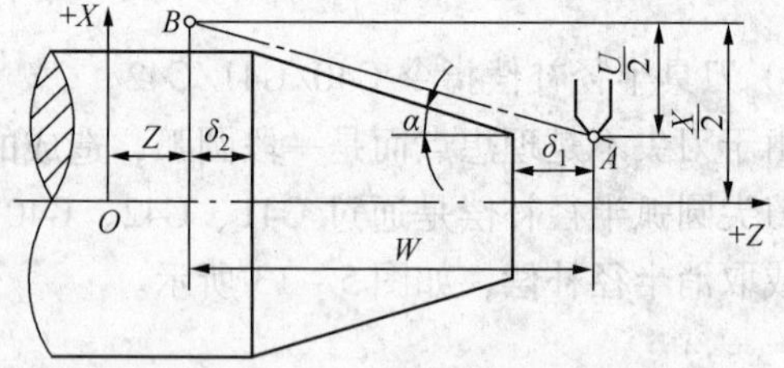

图 5-15　圆锥螺纹加工

切削螺纹时应注意的问题：

(1) 从螺纹粗加工到精加工，主轴的转速必须保持一常数。

(2) 在没有停止主轴的情况下，停止螺纹的切削将非常危险。因此切削螺纹时，进给保持功能无效，如果按下进给保持按键，刀具在加工完螺纹后停止运动。

(3) 在加工螺纹中，不使用恒定线速度控制功能。

(4) 在加工螺纹中，径向起点(编程大径)的确定决定于螺纹大径。径向终点(编程小径)的确定取决于螺纹小径。螺纹小径 d_1 可按经验公式 $d_1 = d - 2 \times (0.55 \sim 0.6495)P$ 确定。式中：d 为螺纹公称直径；d_1 为螺纹小径(编程小径)；P 为螺距。

(5) 在螺纹加工轨迹中应设置足够的升速进刀段(空刀导入量)δ_1 和降速退刀段(空刀导出量)δ_2，如图 5-15 所示，以消除伺服滞后造成的螺距误差。δ_1 的数值与工件螺距和主轴转速有关，按经验，一般 δ_1 取 1~2 倍螺距，δ_2 取 0.5 倍螺距以上。

(6) 分层背吃刀量，如果螺纹牙型较深、螺距较大，可分几次进给。每次进给的背吃刀量用螺纹深度减精加工背吃刀量所得的差按递减规律分配。

【例 5-4】　编制图 5-16 所示圆柱螺纹(M24×1.5)的加工程序，其中 $\delta_1 = 3\text{mm}$，$\delta_2 = 1\text{mm}$。

① 计算螺纹小径 d_1：

$$d_1 = d - 2 \times 0.62P = (24 - 2 \times 0.62 \times 1.5)\text{mm} = 22.14\text{mm}$$

② 确定背吃刀量分布：1mm、0.5mm、0.3mm、0.06mm。

③ 加工程序。

O0006	程序名
N10 S300 M03	主轴正转，转速 300r/min
N15 T0303	换 3 号螺纹刀
N20 G00 X23 Z3	快速进刀至螺纹起点
N25 G32 Z-23 F1.5	切削螺纹，背吃刀量 1 mm
（或 G32 W-26.5 F1.5）	
N30 G00 X30	X 轴向快速退刀
N35 Z3	Z 轴快速返回螺纹起点处
N40 X22.5	切第二次，X 轴快速进刀至螺纹起点处
N45 G32 Z-23 F1.5	切削螺纹，背吃刀量 0.5mm
N50 G00 X30	X 轴向快速退刀
N55 Z3	Z 轴快速返回螺纹起点处
N60 X22.2	切第三次
N65 G32 Z-23 F1.5	
N70 G00 X30	
N75 Z3	
N80 X22.14	切第四次
N85 G32 Z-23 F1.5	
N90 G00 X100	沿径向退回换刀点
N95 Z100	沿轴向退回换刀点
N100 M00	程序暂停

【例 5-5】 编制图 5-17 所示圆锥螺纹的加工程序，其中螺距 $P = 2\text{mm}$，$\delta_1 = 3\text{mm}$，$\delta_2 = 2\text{mm}$。

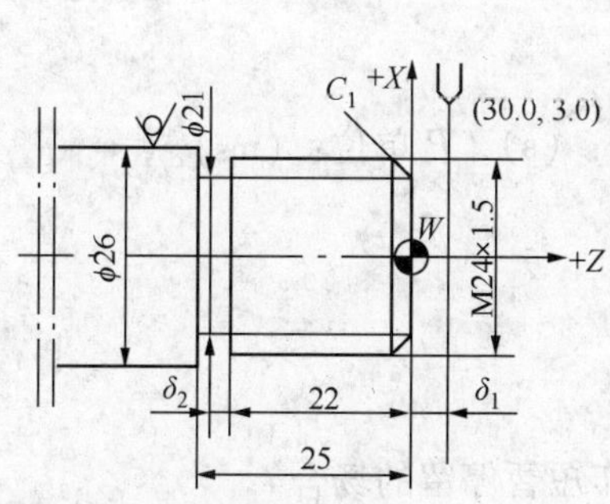

图 5-16 圆柱螺纹加工

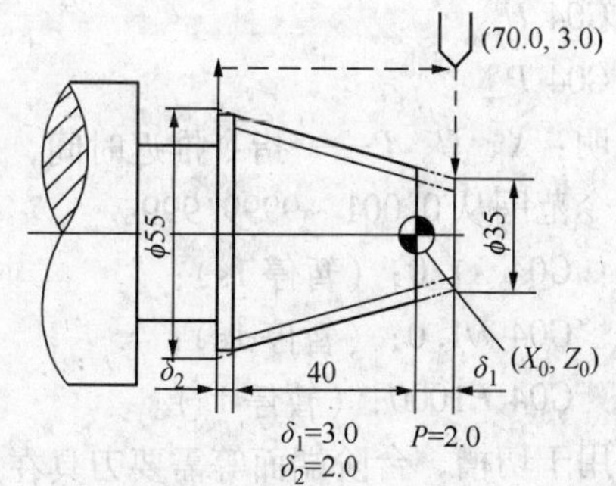

图 5-17 圆锥螺纹加工

① 计算锥螺纹小端小径。

$$d'_1 = d' - 2 \times 0.62P = (35 - 2 \times 0.62 \times 2)\text{mm} = 32.52\text{mm}$$

② 计算锥螺纹大端小径。

$$d''_1 = d'' - 2 \times 0.62P = (55 - 2 \times 0.62 \times 2)\text{mm} = 52.52\text{mm}$$

③ 确定背吃刀量分布：1mm、0.7mm、0.5mm、0.2mm、0.08mm。

④ 加工程序。

程序	说明
O0007	程序名
N100 T0303	换3号螺纹刀
N105 S300 M03	主轴正转，转速300r/min
N110 G00 X70 Z3	快速进刀
N115 X34	X轴快速进刀至螺纹起点处
N120 G32 X54 Z-42 F2	切削锥螺纹，背吃刀量1mm
N125 G00 X70	X轴向快速退刀
N130 Z3	Z轴快速返回螺纹起点处
N135 X33.3	X轴快速进刀至螺纹起点处
N140 G32 X53.3 Z-42 F2	切削锥螺纹，背吃刀量0.7mm
N145 G00 X70 Z3	快速退刀
N150 X32.8	X轴快速进刀至螺起点处
N155 G32 X52.8 Z-42 F2	切削锥螺纹，背吃刀量0.5mm
N160 G00 X70 Z3	快速退刀
N165 X32.6	X轴快速进刀至螺纹起点处
N170 G32 X52.6 Z-42 F2	切削锥螺纹，背吃刀量0.2mm
N175 G00 X70 Z3	快速退刀
N180 X32.52	X轴快速进刀至螺纹起点处
N185 G32 X52.52 Z-42 F2	切削锥螺纹，背吃刀量0.08mm
N190 G00 X100 Z100	退回换刀点
N195 M00	程序暂停

10）暂停指令G04

利用G04暂停指令，可以推迟下个程序段的执行，推迟时间为指令的时间。

格式：　G04 *X*_

或G04 *U*_

　G04 *P*_

说明：*X*、*U*、*P*——指令推迟时间，*X*、*U*单位：（s），*P*单位：（ms）。指令范围从0.001～9999.999s。

如：G04 *X*1.0；（暂停1s）；

　　G04 *U*1.0；（暂停1s）；

　　G04 *P*1000；（暂停1s）。

可用于切槽、台阶端面等需要刀具在加工表面作短暂停留的场合。

11）返回参考点

格式：G28 *X*(*U*)_ *Z*(*W*)_

说明：*X*、*Z*——绝对编程，中间点在工件坐标系中的坐标；

　　U、*W*——增量编程，中间点相对于起点的位移量。

G28指令首先使所有的编程轴都快速定位到中间点，然后再从中间点返回到参考点。在G28的程序段中不仅产生坐标轴移动指令，而且记忆了中间点坐标值，以供G29

使用。

12）内/外径车削固定循环指令 G90

该循环主要用于圆柱面和圆锥面的循环切削。

（1）直线切削循环。

格式：G90 *X*(*U*)_ *Z*(*W*)_ *F*_

说明：*X*、*Z*——圆柱面切削终点坐标值；

U、*W*——圆柱面切削终点相对循环起点的增量值。

如图 5－18 所示，刀具从循环起点（刀具所在位置）开始按矩形循环，最后又回到循环起点，操作完成如下图所示 1→2→3→4 路径的循环动作。下图中细实线表示按快速运动，单点画线表示按 F 指定的工作进给速度运动。其加工顺序按 1、2、3、4、5、6 进行。

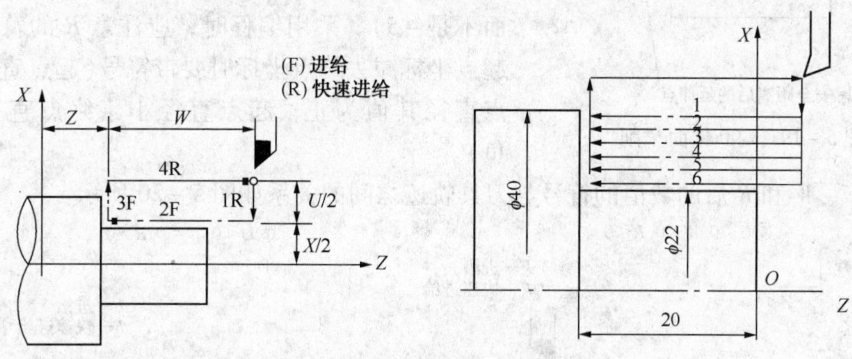

图 5－18　G90 外径车削

【例 5－6】　编制图 5－18 所示圆柱面的加工程序。

O1004	程序名
N5　G54　G98　G21	用 G54 指定工件坐标系，用 G98 指定分进给，用 G21 指定米制单位
N10　M3 S800	主轴正转，转速为 800r/min
N15　T0101	选择 1 号刀 1 号刀补
N20　G0 X80　Z60	绝对编程（以下同），快速到达起刀点
N25　X41　Z2	快速到达循环起始点（图中刀具所在位置）
N30　G90　X37　Z－20　F100	循环加工 1，背吃刀量为 3mm（直径值），以 100mm/min 进给
N35　X34　Z－20	
N40　X31　Z－20	
N45　X28　Z－20	模态指令，继续进行循环加工 2～6，背吃刀量为 3mm/次（直径值）
N50　X25　Z－20	
N55　X22　Z－20	
N60　G0　X80　Z60	快速返回到起刀点
N65　M30	程序结束

（2）锥面切削循环。

格式：G90 $X(U)$_ $Z(W)$_ R_ F_

说明：X、Z——圆锥面切削终点坐标值；

U、W——圆锥面切削终点相对循环起点的增量值；

R——锥体起、终点的半径差。

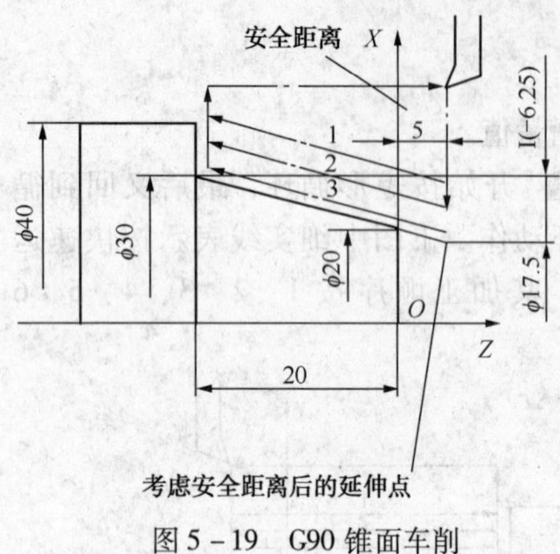

图 5－19　G90 锥面车削

如图 5－19 所示，刀具从循环起点开始沿径向快速移动，然后按 F 指定的进给速度沿锥面运动，到锥面另一端后沿径向以进给速度退出，最后快速返回到循环起点。其加工顺序按 1、2、3 进行。由于刀具沿径向移动是快速移动，为避免崩刀，刀具在 Z 向应有一定的安全距离，所以在考虑 R 时，应按延伸后的值进行考虑(图 5－19 中 R 应是－6.25，而不是－5)。采用编程时，应注意 R 的符号，锥面起点坐标减去终点坐标时要带符号(起点直径大于终点直径其值为正；起点直径小于终点直径其值为负)。

地址 U、W 和 R 后的数值的符号与刀具轨迹之间的关系如图 5－20 所示。

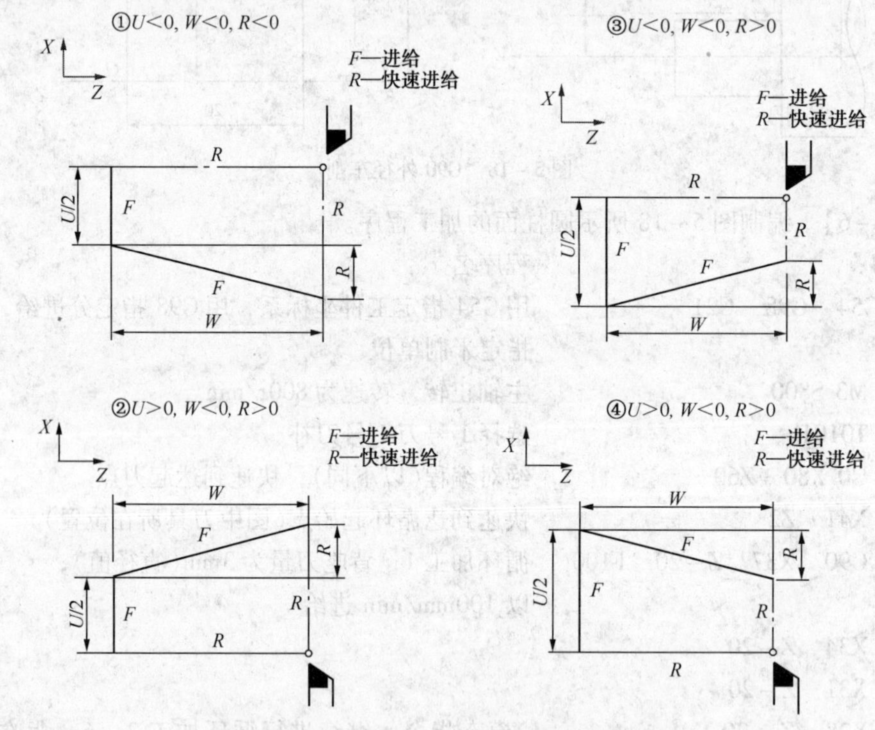

图 5－20　G90 指令代码与刀具轨道之间的关系

【例 5－7】　加工如图 5－19 所示的圆锥轮廓。

O1005	程序名
N5　G54　G98　G21	用 G54 指定工件坐标系，用 G98 指定进给 用 G21 指定米制单位
N10　M3　S800	主轴正转，转速为 800r/min
N15　T0101；	换 1 号外圆刀，导入刀具刀补

N20　G0　X80　Z60：　　　　　　　　绝对编程(以下同)，快速到达起刀点
N25　X41　Z5：　　　　　　　　　　　快速到达循环起始点(图中刀具所在位置)
N30　G90　X40　Z－20　R－6.25　F100　循环加工 1，以 100mm/min 进给
N35　X35　Z－20
N40　X30　Z－20　　　　　　　　　　模态指令，继续进行循环加工 2、3
N45　G0　X80　Z60　　　　　　　　　快速返回到起刀点
N50　M30　　　　　　　　　　　　　　程序结束

13）螺纹切削固定循环指令 G92

(1) 直螺纹切削循环。

格式：G92 $X(U)\_\ Z(W)\_\ F\_\ Q\_$

说明：X、Z——螺纹切削终点坐标值；

U、W——螺纹切削终点相对循环起点的增量值；

Q——螺纹切削开始角度的位差角(单位：0.001°单位)；

F——螺纹导程。

如图 5－21 所示，刀具从循环起点开始沿径向快速移动至 X 指令坐标值，然后按 F 指定的进给速度切削螺纹至 Z 指令坐标值，此时，进行螺纹的倒角；沿径向以快速移动退至 X 轴循环起点，最后快速返回到 Z 轴循环起点。完成如下图所示 1→2→3→4 路径的循环动作。下图中虚线表示按快速运动，细实线表示按 F 指定的工作进给速度运动。

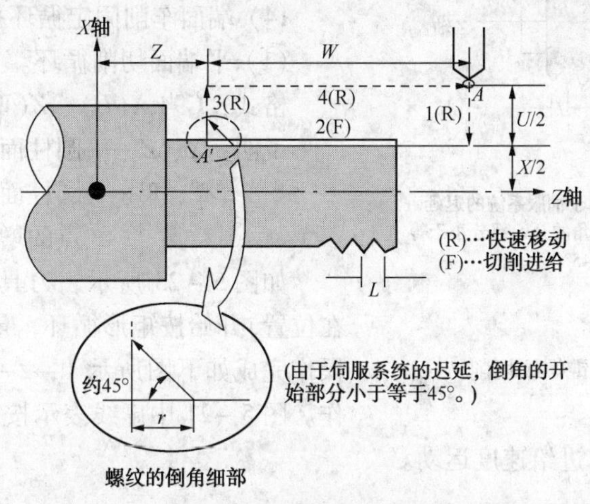

图 5－21　G92 直螺纹切削

【例 5－8】　用 G92 编制图 5－16 所示圆柱螺纹(M24×1.5)的加工程序，其中 δ_1 = 3mm，δ_2 = 1mm。

O1006　　　　　　　　　　　　　　程序名
N5　G54　G98　G21　　　　　　　　用 G54 指定工件坐标系，用 G98 指定进给，用 G21 指定米制单位
N10　M3　S600　　　　　　　　　　主轴正转，转速为 600r/min
N15　T0303　　　　　　　　　　　　换 3 号螺纹刀
N20　G00　X26　Z3　　　　　　　　快速到达螺纹切削循环起点
N25　G92　X23　Z－23　F1.5　　　　切削螺纹第 1 次

N30　　X22.5　　　　　　　　模态指令，切削螺纹第 2 次

N35　　X22.2　　　　　　　　切削螺纹第 3 次

N40　　X22.14　　　　　　　切削螺纹第 4 次

N45　G00　X100　Z100　　　快速退出，回换刀点

N50　M30　　　　　　　　　程序结束

（2）锥螺纹切削循环。

格式：G92 *X*(*U*)_ *Z*(*W*)_ *R*_ *F*_ *Q*_

说明：*X*、*Z*——螺纹切削终点坐标值；

U、*W*——螺纹切削终点相对循环起点的增量值；

Q——螺纹切削开始角度的位差角(单位：0.001°单位)；

R——锥螺纹考虑空刀导入量和空刀导出量后，切削螺纹起点和切削螺纹终点的半径差；

F——螺纹导程。

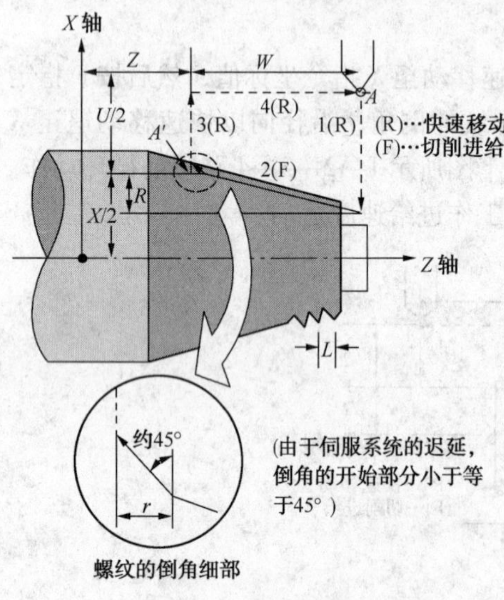

图 5－22　G92 锥螺纹切削

如图 5－22 所示，锥螺纹切削循环运行动作与直线螺纹切削循环的 4 个动作基本相同。但是，第一个动作，在快速移动方式下将刀具移动到 *X* 轴指令坐标值时考虑了 *R* 值，之后的第 2、第 3、第 4 个动作，与直线螺纹切削循环相同。

14）端面车削固定循环指令 G94

（1）平端面切削循环。

格式：G94 *X*(*U*)_ *Z*(*W*)_ *F*_

说明：*X*、*Z*——圆柱面切削终点坐标值；

U、*W*——圆柱面切削终点相对循环起点的增量值。

如图 5－23 所示，刀具从循环起点(刀具所在位置)开始按矩形循环，最后又回到循环起点，操作完成如下图所示 1→2→3→4 路径的循环动作。图 5－21 中虚线表示按 *R* 快速运动，单点画线表示按 *F* 指定的工作进给速度运动。

（2）锥面切削循环。

格式：G94 *X*(*U*)_ *Z*(*W*)_ *R*_ *F*_

说明：*X*、*Z*——圆锥面切削终点坐标值；

U、*W*——圆锥面切削终点相对循环起点的增量值。

R——锥体起、终点的轴向增量。

如图 5－24 所示，刀具从循环起点开始沿轴向快速移动，然后按 *F* 指定的进给速度沿锥面运动，到锥面另一端后沿轴向以进给速度退出，最后快速返回到循环起点。操作完成如图所示 1→2→3→4 路径的循环动作。

由于刀具沿轴向移动是快速移动，为避免崩刀，刀具在 *X* 向应有一定的安全距离，所以在考虑 *R* 时，应按延伸后的值进行考虑，应注意 *R* 的符号，锥面起点坐标减去终点坐标时要带符号。

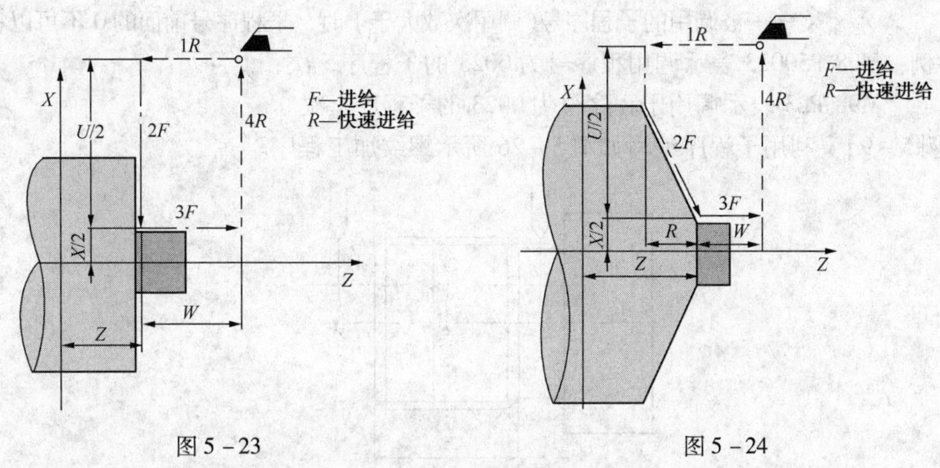

图 5 - 23　　　　　　　　　　　　　　　图 5 - 24

地址 U、W 和 R 后的数值的符号与刀具轨迹之间的关系如图 5 - 25 所示。

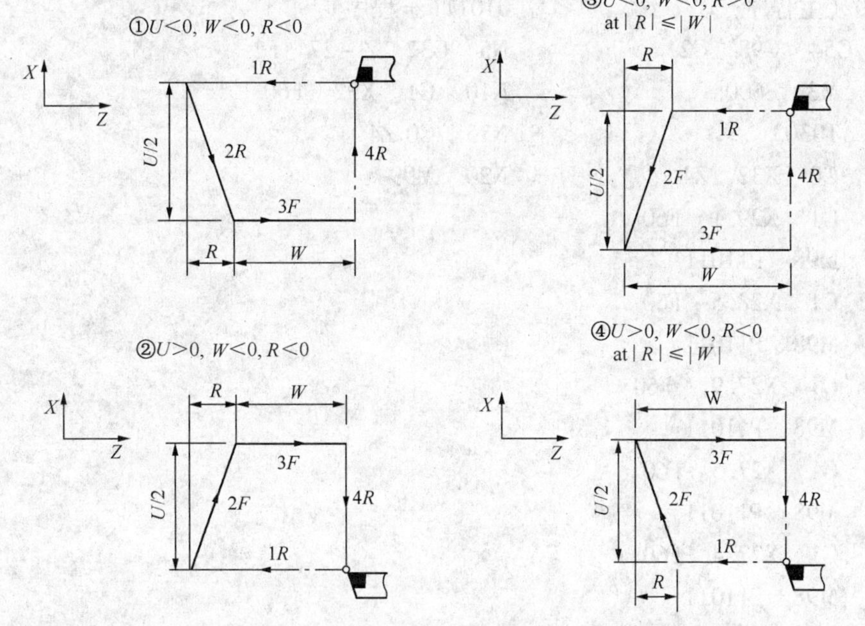

图 5 - 25　G94 指令代码与刀具轨道之间的关系

注：要取消单一固定循环方式，指定 G90、G92、G94 以外的 01 组的代码。

15）子程序

在一个加工程序的若干位置上，如果存在某些固定程序且重复出现的内容，为了简化程序可以把这些重复的内容抽出，按一定格式编成子程序，然后像主程序一样将它输入到程序存储器中。主程序在执行过程中如果需要某一子程序，可以通过调用子程序，执行完子程序又可返回主程序，继续执行后面的程序段。一个调用指令可以重复调用一个子程序 999 次。

当主程序调用子程序时，被当作一级子程序调用。子程序调用最多可以嵌套 4 级。

（1）子程序的格式。子程序的编写与一般程序基本相同，只是程序结束符为 M99，表示子程序结束并返回到调用子程序的主程序中。

（2）子程序的调用。格式：M98 *P*△△△　××××

说明：△△△——子程序重复调用的次数（最多调用 999 次。如果省略，则调用 1 次）；

××××——被调用的子程序号(调用次数大于1时，子程序号前面的0不可以省略)。

举例：M98 P50023 表示调用程序号为0023 的子程序5 次；

M98 P23 表示调用子程序号为0023 的子程序1 次。

【例5-9】 利用子程序编写如图5-26 所示螺纹加工程序。

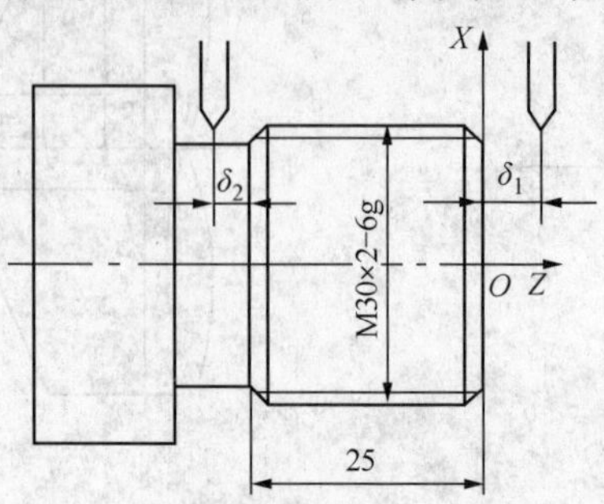

图5-26 子程序举例

```
O2002(主程序)
N5   G54   G98   G21
N10   M3   S600
N15   T0303
N20   G0   X32   Z4
N25   G1   X29.1   F60
N30   M98   P11011
N35   G1   X28.5   F60
N40   M98   P11011
N45   G1   X27.9   F60
N50   M98   P11011
N55   G1   X27.5   F60
N60   M98   P11011
N65   G1   X27.4   F60
N70   M98   P11011
N75   G0   X100
N80   Z200
N85   M30
```

```
01011(子程序)
N5   G32   Z-27   F2
N10   G1   X32   F60
N15   G0 Z4
N20   M99
```

5.2.3 SIEMENS—802D 系统基本编程指令

1. SIEMENS-802D 车床系统常用的准备功能指令

SIEMENS-802D 数控车床系统常用的准备功能指令如表5-3 所示。

2. 准备功能 G 指令的应用

1) 米制和英寸制输入指令 G71/G70

格式：G71、G70

说明：G70——英制尺寸编程；

G71——米制尺寸编程。

表 5－3　SIEMENS－802D 系统常用准备功能 G 指令及功能

指　令	功　　能	说　明
G00	快速定位	运动指令模态有效
☆C01	直线插补	
G02	顺时针圆弧插补	
G03	逆时针圆弧插补	
CIP	中间点圆弧插补	
CT	带切线过渡的圆弧插补	
G33	恒螺距螺纹切削	
G34	变螺距，螺距增加	
G35	变螺距，螺距缩小	模态有效
G331	螺纹插补	
G332	螺纹插补——退刀	
G04	暂停时间	非模态有效
G74	回参考点	特殊运行程序段方式有效
G75	回固定点	
GTANS	可编程偏移	写存储非模态
SCALE	可编程比例系数	
ROT	可编程旋转	
MIRROR	可编程镜像功能	
ATRANS	附加的可编程偏移	
ASCALE	附加的可编程比例系数	
AROT	附加的可编程旋转	
AMIRROR	附加的可编程镜像功能	
G09	非模态准停	程序段有效
G601	在 G60、G09 方式下精准停	准停窗口
G602	在 G60、G09 方式下粗准停	模态有效
G70	英制尺寸编程	模态有效
☆G71	米制尺寸编程	
G700	英制尺寸编程，也用于进给率 F	
G710	米制尺寸编程，也用于进给率 F	
☆G90	绝对尺寸编程	模态有效
G91	相对尺寸编程	
G94	每分钟进给	模态有效
☆G95	每转进给	
G96	恒线速度控制	
G97	取消恒线速度控制	
G25	主轴转速下限或工作区域下限	写存储器程序段方式有效
G26	主轴转速上限或区域上限	
G17	X/Y 平面	平面选择
☆G18	Z/X 平面	
G19	Y/Z 平面（用于 TRACYL 铣削时）	
☆G40	刀尖半径补偿取消	刀尖半径补偿模态有效
G41	刀具半径左补偿	
G42	刀具半径右补偿	
☆G500	取消可设定零点偏移	可设定零点偏移模态有效
G54	第一可设定零点偏移	
G55	第二可设定零点偏移	
G56	第三可设定零点偏移	
G57	第四可设定零点偏移	
G58	第五可设定零点偏移	
G59	第六可设定零点偏移	
G53	非模态抑制可设定零点偏移	非模态抑制可设定零点偏移
G153	非模态抑制可设定零点偏移，包括基本框架	
☆G60	准确定位	定位性能模态有效
G64	连续路径方式	
☆G450	圆弧过渡	刀尖半径补偿时拐角特性
G451	尖角过渡拐角方式	模态有效
☆BRISK	轨迹跳跃加速	加速度特性
SOFT	轨迹平滑加速	模态有效
☆FFWOF	关闭前馈控制	前馈控制
FFWON	打开前馈控制	模态有效
☆WALIMON	工作区域限制生效	工作区域限制模态有效
WALIMOF	工作区域限制取消	
DIAMOF	半径输入	尺寸输入
☆DIAMON	直径输入	半径/直径
AC	绝对坐标	段方式有效
IC	增量坐标	

注：带有☆的记号的 G 代码，在电源接通时，显示此 G 代码；对于 G70/G700、G71/G710，则是电源切断前保留的 G 代码。

G71 和 G70 是两个互相取代的模特功能，机床出厂时一般设定为 G71 状态，机床的各项参数均以米制单位设定。

2）绝对/增量尺寸编程指令 G90/G91(AC/IC)

(1) 编程指令 G90/G91。

格式：$\begin{Bmatrix} G90 \\ G91 \end{Bmatrix} X\_ \ Z\_$

说明：G90——绝对值编程，其后面的所有程序段中的尺寸(X、Z)均是相对于工件坐标系原点的；

G91——增量值编程，其后的所有程序段中的尺寸(X、Z)都是以前一位置为基准的增量尺寸。

(2) 编程指令 AC/IC。

SIEMENS－802D 系统除了采用 G90/G91 设定绝对/增量尺寸输入制式外，还可以用 AC/IC 进行绝对/增量尺寸制式输入。采用 AC/IC 可以在程序段中单独指定某坐标轴的输入制式，从而实现同一程序段中绝对/增量制式的混合编程。

格式：$X(Z)=AC(\cdots)$；

$X(Z)=IC(\cdots)$；

说明：$AC(\cdots)$——以绝对尺寸输入，段方式有效；

$IC(\cdots)$——以增量尺寸输入，段方式有效。

如：N10 G90 G0 X20 Z0　　绝对尺寸输入制式

N20 X30　Z = IC(－10)　　X 仍为绝对尺寸输入制式，Z 轴增量尺寸输入

……

N80 G91 X40 Z－10　　增量尺寸输入制式

N90 X = AC(5)　Z－20　　Z 仍为增量尺寸输入制式，X 轴绝对尺寸输入

3）直径/半径方式编程指令 DIAMON/DIAMOF

数控车床的工件的外形通常是旋转体，其 X 轴尺寸可以用两种方式加以指定：直径方式和半径方式。DIAMON 为直径方式，DIAMOF 为半径编程。DIAMON 为默认值，机床厂一般设定为直径编程。

4）可设定零点偏移指令 G54～G59

格式：G54、G55、G56、G57、G58、G59

说明：G54～G59——系统预订的 6 个工件坐标系，操作者在安装工件后，测量出工件原点相对机床原点的偏移量，并通过操作面板，输入到工件坐标偏移存储器中。其后系统在执行程序时，可在程序中用 G54～G57 指令来选择它们。

G54～G59 设定的工件原点在机床坐标系中的位置是不变的，在系统断电后也不破坏，再次开机后仍有效，用法同 FANUC 0i－TD 系统。

5）取消可设定零点偏移指令 G500、G53

格式：G500、G53

说明：G500、G53——都是取消零点偏移指令，但 G500 是模态指令，一旦指定后，就一直有效，直到被同组的 G54～G59 指令取代。而 G53 是非模态指令，仅在它所在的程序段中有效。

6）可编程零点偏移与附加的可编程零点偏移编程指令 TRANS/ATRANS

格式：TRANS *X*_ *Z*_

ATRANS *X*_ *Z*_

说明：*X*、*Z*——后面的数值为偏移的距离。

如果在工件的不同位置上有重复出现的形状或结构，或者选用了一个新的参考点，在这种情况下就可以使用可编程零点偏移。由此，可产生一个当前工件坐标系，新输入的尺寸均是在该坐标系中的数据尺寸。

可编程零点偏移指令可以对所有坐标轴的编程零点进行偏移，后面的指令取代先前的可编程零点偏移指令，只需在程序中书写 TRANS *X*_ *Z*_ 程序段即可。

附加的可编程偏移与可编程序偏移的不同之处在于"附加"。可编程偏移 TRANS 指令将清除所有之前的相对工件坐标系的坐标转换，包括偏移和比例转换。附加的可编偏移 ATRANS 指令将在之前坐标转换的基础上再附加一次偏移转换。

TRANS/ATRANS 指令要求一个独立的程序段，与 SIEMENS 802S 中的 G158 *X*_ *Z*_ 一样。实际应用中一般在 *X* 轴上没有或只有较小的偏移量，如用作预留加工余量。

零点偏移指令 TRANS 举例：如图 5-27 所示。

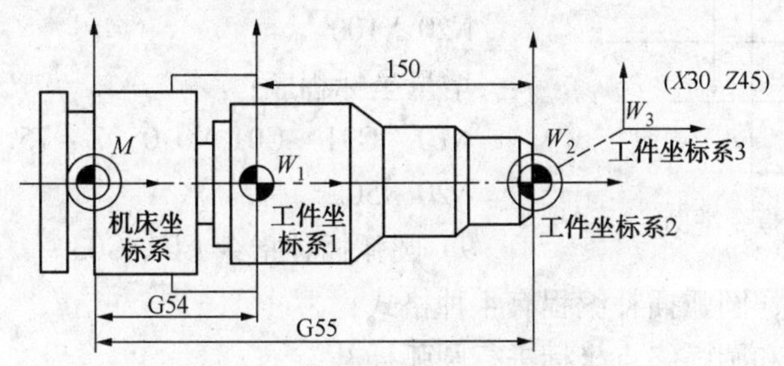

图 5-27 零点偏移指令 TRANS 应用

应用举例一：

N10 G54	调用第一可设置零点偏移指令，把 M 点偏移至 W_1 点
N20 TRANS X0 Z150	调用可编程零点偏移指令，再把 W_1 点偏移至 W_2 点，则建立了以 W_2 为工件原点的工件坐标系
N30 X_ Z_	加工工件

应用举例二：

N10 G55	调用第二可设置零点偏移指令，把 M 点偏移至 W_2 点，建立了以 W_2 为工件原点的工件坐标系
N20 X_ Z_	加工工件
N60 TRANS X30 Z45	调用可编程零点偏移指令，再把 W_2 点偏移至 W_3 点，则建立了以 W_3 为工件原点的工件坐标系
N70 X_ Z_	以 W_3 为工件原点的当前工件坐标系加工工件
……	
N100 G500	取消可编程零点偏移指令
或 N100 G53	可设定、可编程零点偏移指令一起取消，恢复机床坐标系

7）快速点定位指令 G00

格式：G00 *X*_ *Z*_

说明：*X*、*Z*——快速定位终点在工件坐标系中的坐标值。

G00 是模态指令，它命令刀具以点定位控制方式从刀具所在点以机床的最快速度移动到目标位置。它只是快速定位，而无运动轨迹要求。

G00 指令中的快移速度，不能用 F 规定。

8）直线插补指令 G01

格式：G01 *X*_ *Z*_ *F*_

说明：*X*、*Z*——为编程终点在工件坐标系中的坐标值；

F——指令给定的移动速率。

G01 是直线运动指令。它命令刀具在两点间以插补联动方式按 *F* 规定的合成进给速度作任意斜率的直线运动。在程序中，G01 程序中必须含有 *F* 指令，否则机床不运动。G0l 与 *F* 都是模态续效指令，在应用第一个 G0l 指令时，规定了一个 *F* 指令，以后的程序段中，若没有新的 *F* 指令，进给速度将保持不变，所以不必在每个程序段中都写入 *F* 指令。

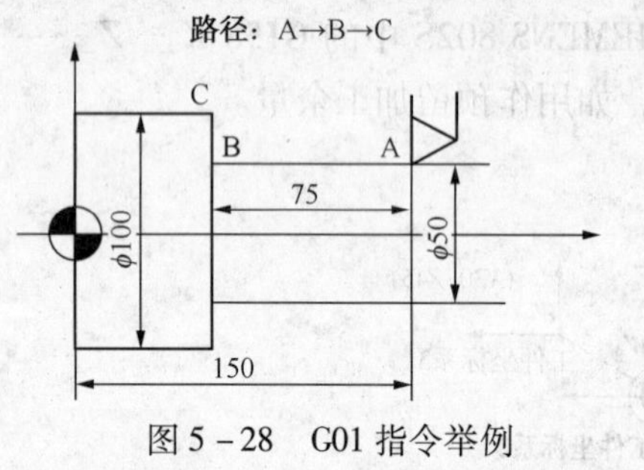

图 5 - 28　G01 指令举例

举例：如图 5 - 28 所示。

刀具移动路径 A→B→C 绝对坐标程序：

N10　G90 G01 X50. Z75. F0.2　A→B

N20 X100.　B→C

增量坐标程序：

N10　G91　G01 X0.0　Z - 75. F0.2　A→B

N20 X50.　B→C

9）圆弧插补指令 G02/G03。

在西门子系统中，圆弧插补编程有 4 种格式：

（1）用圆心坐标和圆弧终点坐标进行圆弧插补。

格式：$\begin{Bmatrix} G02 \\ G03 \end{Bmatrix}$ *X*_ *Z*_ *I*_ *K*_ *F*_

（2）用圆弧终点坐标与半径尺寸进行圆弧插补。

格式：$\begin{Bmatrix} G02 \\ G03 \end{Bmatrix}$ *X*_ *Z*_ *CR* = _ *F*_

（3）用圆心坐标和圆弧张角进行圆弧插补。

格式：$\begin{Bmatrix} G02 \\ G03 \end{Bmatrix}$ *I*_ *K*_ *AR* = _ *F*_

（4）用圆弧终点坐标和圆弧张角进行插补。

格式：$\begin{Bmatrix} G02 \\ G03 \end{Bmatrix}$ *X*_ *Z*_ *AR* = _ *F*_

说明：

① 用绝对尺寸编程时，*X*、*Z* 为圆弧终点坐标，用增量尺寸编程时，*X*、*Z* 为圆弧终点相对起点的增量尺寸。

② 不论用绝对尺寸编程还是用增量尺寸编程，*I*、*K* 始终是圆心在 *X*、*Z* 轴方向上相对起点的增量尺寸，当 *I*、*K* 为零时可以省略。

③ *CR* 是圆弧半径，当圆弧所对的圆心角小于等于 180°时，*CR* 取正值，当圆弧所对的圆心角大于 180°时，*CR* 取负值，*AR* 为圆弧张角。

④ 圆弧的顺逆方向参考 FANUC 0i－TD 系统。

举例：如图 5－29 所示。

用 4 种圆弧插补指令编制下图所示的加工工序，*A* 为圆弧的起点，*B* 为圆弧的终点。

程序一：

N5　G90　G00　X40　Z30　　　　　　　进刀至圆弧的起始点 *A*

N10　G02　X40　Z50　I－7　K10　F100　　用圆心和圆弧终点坐标编程

程序二：

N5 G90　G00　X40　Z30　　　　　　　进刀至圆弧的起始点 *A*

N10　G02　X40　Z50　CR＝12.207　F100　　用圆弧终点坐标与半径尺寸编程

程序三：

N5　G90　G00　X40　Z30

N10　G02　I－7　K10　AR＝105　F100　　用圆心坐标和圆弧张角编程

程序四：

N5　G90　G00　X40　Z30

N10　G02　X40　Z50　AR＝105　F100　　用圆弧终点坐标和圆弧张角编程

10）通过中间点进行圆弧插补指令 GIP

格式：GIP *X*_ *Z*_ *I*1＝_ *K*1＝_ *F*_

说明：*X*、*Z*——为圆弧终点的坐标值；

*I*1、*K*1——为中间点在 *X*、*Z* 轴上的坐标值。

如果不知道圆弧的圆心、半径或张角，但已知圆弧轮廓上 3 个点的坐标，则可以使用 GIP 指令。通过起始点和终点之间的中间点位置确定圆弧的方向（图 5－30）。GIP 指令为模态指令，直到被 G 功能组中其他指令（G00、G01、G02、G03、G33）取代为止。

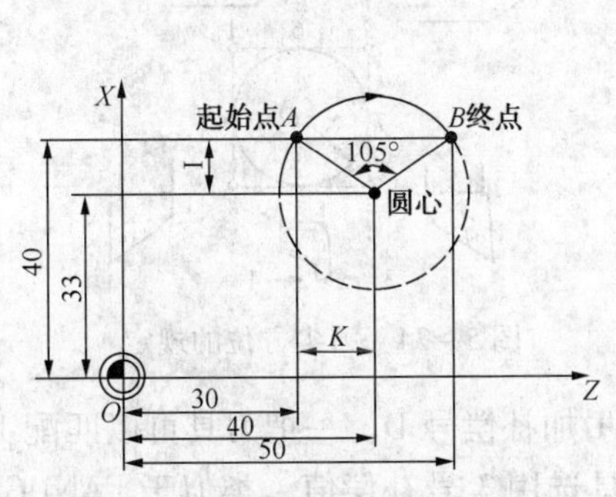

图 5－29　用圆弧插补指令编程

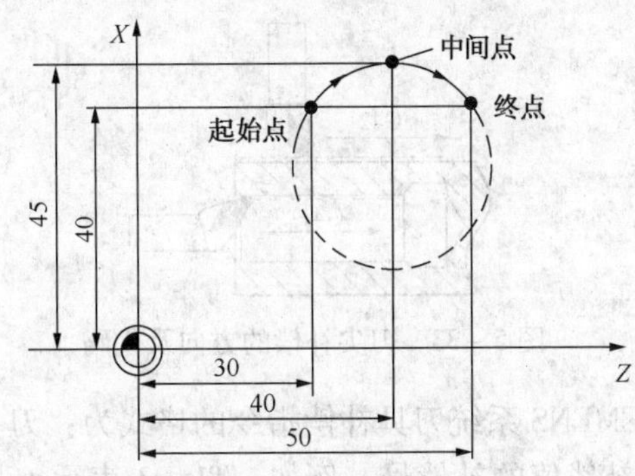

图 5－30　G05 圆弧插补

如：用 GIP 指令编制图 5－30 圆弧的加工程序。

N5　G90　C00　X40　Z30　　　　　　　进刀至圆弧的起始点 *A*

N10　GIP　X40　Z50　I1＝45　K1＝40　　圆弧终点和中间点

11）刀具半径补偿指令 G40/G41/G42

在编程中，通常将刀尖看作是一个点，即所谓理想（假设）刀尖，但放大来看，实际上刀尖是有圆弧的如图 5－31、图 5－32 所示。在切削内孔、外圆及端面时，刀尖圆弧不影响加工尺寸和形状；但在切削锥面和圆弧时，则会造成过切或少切现象。此时，可以用刀尖半径补偿功能来消除误差。

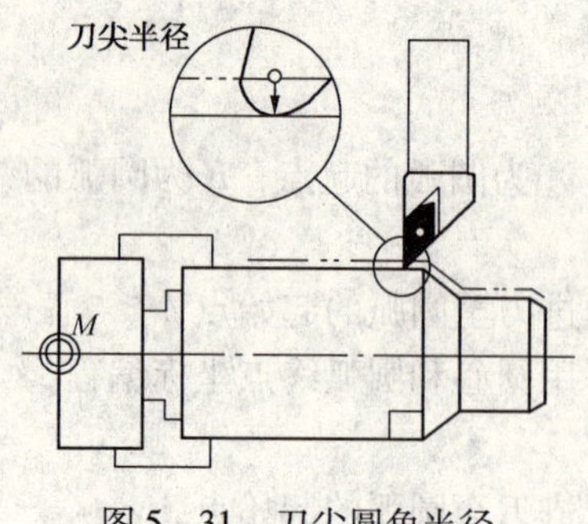

图 5－31　刀尖圆角半径

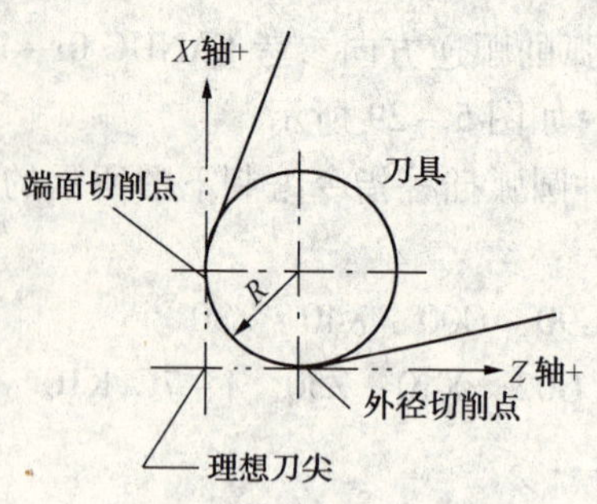

图 5－32　理想刀尖

格式：$\begin{Bmatrix} G40 \\ G41 \\ G42 \end{Bmatrix} \begin{Bmatrix} G00 \\ G01 \end{Bmatrix} X\_\ Z\_\ F\_$

说明：G40——取消刀尖半径补偿；

G41——左刀补；

G42——右刀补；

X、Z——G00、G01 的参数，即建立刀补或取消刀补的终点。

G41 为刀尖半径左补偿指令，沿进给方向看，刀尖位置在编程轨迹的左边；G42 为刀尖半径右补偿指令，沿进给方向看，刀尖位置在编程轨迹的右边，如图 5－33 所示。

数控车床总是按刀尖对刀，使刀尖位置与程序中的起刀点重合。刀尖位置方向不同，即刀具在切削时所摆的位置不同，则补偿量与补偿方向也不同。刀尖方位共有 8 种可供选择，如图 5－34 所示，外圆车刀的位置码为 3。

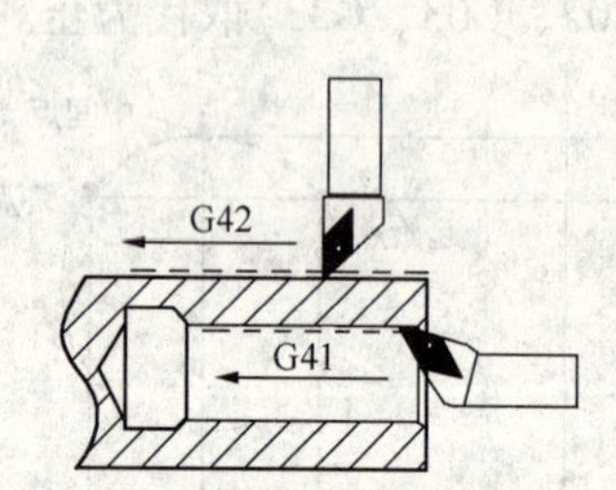

图 5－33　刀尖补偿的方向及代码

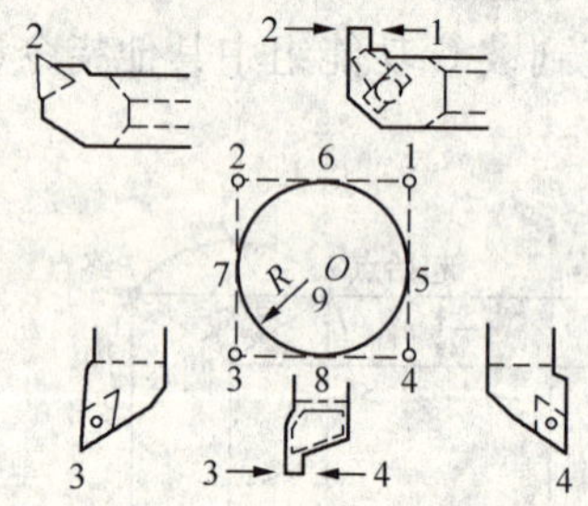

图 5－34　刀尖方位的规定

SIEMENS 系统刀具补偿指令的格式为：刀具号 T 加补偿号 D。一把刀具可以匹配 1 到 9 个不同补偿值的补偿号。例如：T1 D3 表示 1 号刀具选用 3 号补偿值，类似于 FANUC 系统中的 T0103。

SIEMENS 系统刀具补偿的几点说明：

（1）建立补偿和撤消补偿程序段不能是圆弧指令程序段，一定要用 G00 或 G01 指令进行建立或取消。

（2）如刀具号 T 后面没有补偿号 D，则 D1 号补偿自动有效。如果编程时写 D0，则刀具补偿值无效。

（3）补偿方向指令 G41 和 G42 可以相互变换，无需在其中再写入 G40 指令。原补偿方向的程序段在其轨迹终点处按补偿矢量的正常状态结束，然后在新的补偿方向开始进行补偿。

【例 5－10】 用刀尖半径补偿指令编制如图 5－35 所示工件的精加工程序。

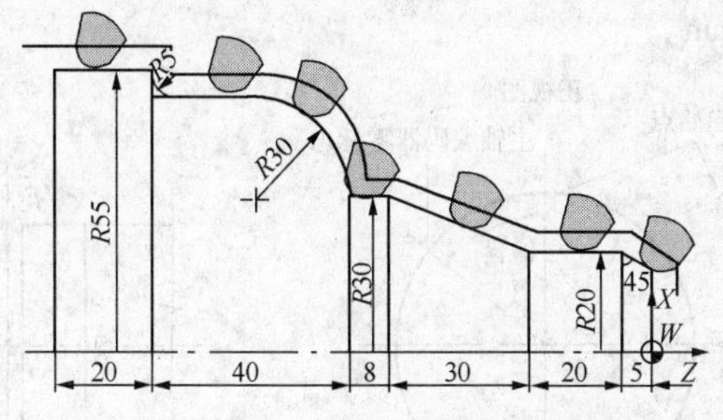

图 5－35　刀尖半径补偿举例

N100　G90　G54　G94	建立工件坐标系，采用每分钟进给、绝对尺寸编程
N105　T1　D1	换 1 号外圆刀，并建立刀补
N110　S800　M03	主轴正转，转速 800r/min
N115　G00　X0　Z6	快速进刀
N120　G01　G42　X0　Z0　F50	工作进给至工件原点并开始补偿运行
N125　G01 X40　Z0　CHF＝5	车端面，并倒角 C5
N130　Z－25	车 R20 外圆
N135　X60　Z－55	车圆锥
N140　Z－63	车 R30 外圆
N145　G03　X100　Z－83　CR＝20　F5.0	车 R20 圆弧
N150　G01　Z－98	车外圆
N155　G02　X110　Z－103　CR＝5	车 R5 圆弧
N160　G01　Z－123	车 R55 外圆
N165　G40　G00　X200　Z100	退回换刀点
N170　M05	主轴停转
N175　M02	主程序结束

12）螺纹切削指令 G33

用 G33 指令可以加工一下各种类型的恒螺距螺纹，如圆柱螺纹、圆锥螺纹、内螺纹/外螺纹、单线螺纹/多线螺纹等，但前提条件是主轴上有位移测量系统。

（1）指令格式：

格式：G33 *Z*_ *K*_ *SF*＝_　　圆柱螺纹加工

G33 *X*_ *I*_ *SF*＝_　　端面螺纹加工

G33 *Z*_ *X*_ *I*_　　圆锥螺纹加工，锥角大于 45°

G33 *Z*_ *X*_ *K*_　　圆锥螺纹加工，锥角小于 45°

说明：*Z*、*X*——螺纹终点坐标；

K、*I*——分别为螺距；

SF——起点偏移量。

单线螺纹可不设起点偏移量，加工多线螺纹时要求设置起点偏移量，加工完一条螺纹后，在加工第二条螺纹时，要求车刀的起始偏移量与加工第一条螺纹的起始偏移量偏移（转）一定的角度，如图 5－36 所示，也可以使车刀的起始点偏移一个螺距。

【例 5－11】 编制图 5－37 所示双线螺纹 M24×3(P1.5)的加工程序。空刀导入量 δ_1 = 3mm，空刀导出量 δ_2 = 2mm。

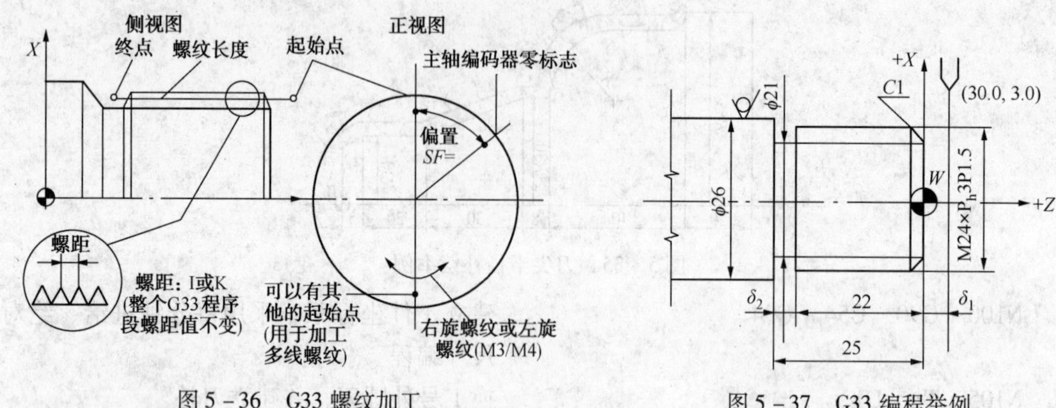

图 5－36　G33 螺纹加工　　　　图 5－37　G33 编程举例

① 计算螺纹小径 d_1。

$$d = d - 2\times 0.62P = (24 - 2\times 0.62\times 1.5) = 22.14\text{mm}$$

② 确定背吃刀量分布：1mm、0.5mm、0.36mm。

③ 加工程序如下。

```
N100  S300  M03                      主轴正转，转速 300r/min
N105  T3 D3                          换 3 号螺纹刀
N110  G00   X23    Z3                快速进到至螺纹起点
N115  G33   Z－24  K3   SF＝0        切削第一条螺纹，背吃刀量 1mm
N120  G00   X30                      X 轴向快速退刀
N125        Z3                       Z 轴快速返回螺纹起点处
N130        X22.5                    X 轴向快速进刀至螺纹起点处
N135  G33   Z－24  K3   SF＝0        切削第一条螺纹，背吃刀量 0.5mm
N140  G00   X30                      X 轴向快速退刀
N145        Z3                       Z 轴快速返回螺纹起点处
N150        X22.14                   X 轴向快速进刀至螺纹起点处
N155  G33   Z－24  K3   SF＝0        切削第一条螺纹，背吃刀 0.36mm
N160  G00   X30                      X 轴向快速退刀
N165        Z3                       Z 轴快速返回螺纹起点处
N170        X23                      X 轴向快速进刀至螺纹起点处
N175  G33   Z－24  K3   SF＝180      切削第二条螺纹，背吃刀量 1mm
N180  G00   X30                      X 轴向快速退刀
N185        Z3                       Z 轴快速返回螺纹起点处
N190        X22.5                    X 轴向快速进刀至螺纹起点处
N195  G33   Z－24  K3   SF＝180      切削第二条螺纹，背吃刀量 0.5mm
N200  G00   X30                      X 轴向快速退刀
N205        Z3                       Z 轴快速返回螺纹起点处
N210        X22.14                   X 轴向快速进刀至螺纹起点处
N215  G33   Z－24  K3   SF＝180      切削第二条螺纹，背吃刀量 0.36mm
```

N220 G00 X100 退回换刀点

N225 G00 Z100 退回换刀点

N230 M00 程序暂停

(2) 其他螺纹切削指令：

除 G33 指令外，SIEMENS－802D 车床数控系统还可采用以下指令来加工一些特殊螺纹。

格式：G34 *Z*_ *K*_ *F*_ 增螺距圆柱螺纹

G35 *X*_ *I*_ *F*_ 减螺距端面螺纹

G35 *X*_ *Z*_ *K*_ *F*_ 减螺距圆锥螺纹

说明：G34——增螺距螺纹；

G35——减螺距螺纹；

I、*K*——起始处螺距；

F——主轴每转螺距的增量和减量。

其余参数、动作和轨迹与 G33 相同。

(3) 螺纹切削指令(G33、G34、G35)使用事项：

① 在螺纹切削过程中，进给速度倍率无效。

② 在螺纹切削过程中，主轴速度倍率功能无效。

③ 在螺纹切削过程中，不要使用恒线速度控制，而应采用合适的恒转速控制。

④ 在螺纹切削过程中，循环暂停功能无效，如果在螺纹切削过程中按下了循环暂停按钮，刀具将在执行了非螺纹切削的程序段后停止。

13) 暂停指令 G04

格式：G04 *F*_

或 G04 *S*_

说明：*F*——指令暂停进给时间，单位秒(s)；

S——指令暂停主轴转数，只有在主轴受控的情况下才有效。

在两个程序段之间插入一个 G04 程序段，可以使加工暂停 G04 程序段所给定的时间。G04 程序段只对自身程序段有效，并暂停所给定的时间，在此之前编程的进给速度 F 和主轴转速 S 保持存储状态。

如：N5 S300 M03 主轴正转，转速 300r/min

N10 G01 Z－50 F200 以 200mm/min 的速度进给

N15 G04 F2.5 暂停进给 2.5s

N20 G00 X100 Z100

N25 G04 S30 主轴暂停 30 转相对于主轴转速 300r/min，且转速修调开关置于 100% 时，暂停 0.1min 进给速度和主轴转速继续有效

14) 回参考点指令 G74

用 G74 指令实现 NC 程序中回参考点功能，每个轴的方向和速度存储在机床数据中，G74 需要一独立程序段，并按程序段方式有效。

在 G74 之后的程序段中原先“插补方式”组中的 G 指令(G0，G1，G2……)将再次生效。

如：N10 G74 X0 Z0

注释：程序段中 *X* 和 *Z* 下编程的数值不识别。

15）子程序

当在程序中出现重复使用的某段固定程序时，为简化编程，可将这一段程序作为子程序事先存入存储器，以作为子程序调用。

子程序的结构与主程序的结构一样，子程序结束除了用 M17 指令外，还可以用 RET 指令结束子程序。在一个程序中（主程序或子程序）可以直接用程序名调用子程序，子程序调用要求占用一个独立的程序段。

如：N10　KL785　　调用子程序 KL785

N20　AA1　　调用子程序 AA1

如果要求多次连续地执行某一子程序，必须在所调用子程序的程序名后，用地址字符 P 写下调用次数，最大次数可以为 9999。例如：N10 KL785 P3 表示调用子程序 KL785，运行 3 次。子程序不仅可以从主程序中调用，也可以从其他子程序中调用，这个过程称为子程序的嵌套。

16）可编程比例系数与附加的可编程比例系数编程指令 SCALE/ASCALE

（1）功能。用 SCALE/ASCALE 可以为各坐标轴编程一个比例系数，使各坐标运行数据按此比例系数进行放大或缩小，从而以同一程序加工出不同大小的相似形零件。SCALE/ASCALE 比例缩放将以当前坐标系原点为基点，如图 5－38 所示。

（2）格式。

SCALE X_ Z_ ；可编程比例设定，清除所有之前的偏移和比例指令设定

ASCALE X_ Z_ ；附加的可编程比例设定，附加于之前的偏移和比例指令之上

SCALE/ASCALE 指令要求一个独立的程序段，在程序段中仅输入 SCALE 指令而后面不跟坐标轴名称时，可以清除所有当前的偏移和比例设定。

（3）举例。

N10　G54　F_　S_　M3　Tl

N20　L10　　调用子程序按编程轮廓尺寸加工

N30　SCALE X2　Z2　　设定 X、Z 方向比例系数为 2

N40　L10　　调用子程序 X、Z 方向轮廓放大 2 倍加工

在对圆弧进行比例缩放加工时，编程的两个坐标轴比例系数必须一致。如果在 SCALE/ASCALE 指令有效时应用编程 ATRANS 指令，则 ATRANS 指令中编程的偏移量也同样被比例缩放。

17）可编程工作区域限制指令 G25/G26，WALIMON/WALIMOF。

采用 G25/G26 功能可以在整个机床加工区间内定义各坐标轴的特定工作区域，从而确定机床在一定条件下的实际允许工作作范围，如图 5－39 所示。一旦工作区域限制范围设定

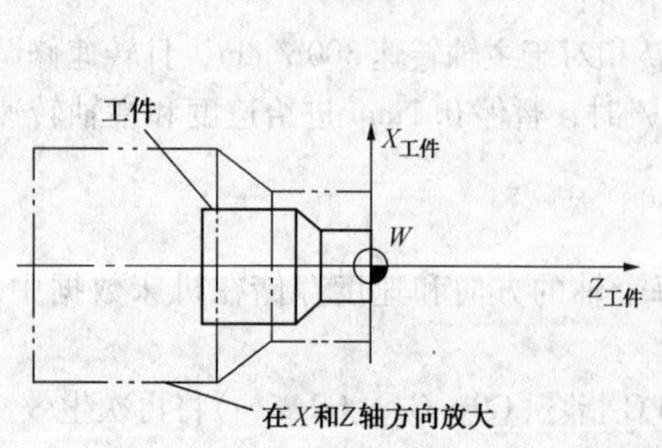

图 5－38　SCALE/ASCALE 可编程比例系数与附加的可编程比例系数

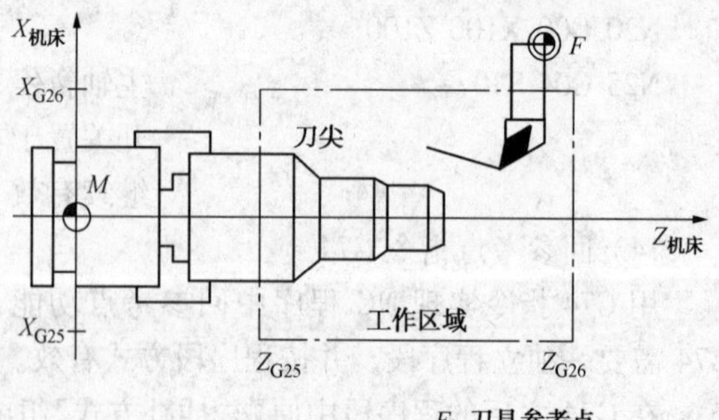

图 5－39　可编程工作区域限制

有效，则机床只能在该设定范围内工作。当有刀具长度补偿时，刀尖必须在此规定区域内；当没有刀具长度补偿时，则刀具参考点必须在此工作区域内。WALIMON/WALIMOF 可以使能/取消 G25/G26，即可设定 G25/G26 是否有效。

（1）格式。

G25　X_　Z_　　工作区域限制下限设定

G26　X_　Z_　　工作区域限制上限设定

WALIMON　　工作区域限制生效

WALIMOF　　工作区域限制取消

（2）应用举例。

N10　G54　F_　S_　M_　T1

N20　G25　X0　Z40　　工作区域限制下限设定，机床坐标系坐标

N30　G26　X80　Z160　　工作区域限制上限设定，机床坐标系坐标

N40　G0　X30　Z150

N50　WALIMON　　工作区域限制生效

……　　仅在限制工作区域内运行

N100　WALIMOF　　工作区域限制取消

（3）应用说明。

可编程工作区域限制通常用于在某些特定情况下限制机床的实际运行范围，防止在工作范围外的障碍物造成意外干涉，从而起到安全保护的作用。因此，它通常称为软限位，也称为软保护。可编程工作区域限制是以机床坐标系为参照系而设定的。因此，只有在坐标轴回过参考点，即建立起机床坐标系后才能有效。除了通过 G25/G26 在程序中编程设定工作区域外，还可以通过系统操作面板在设定数据中输入数据进行设定。

思考题

1. 进给功能字 F 有几种进给速度的表示方法？
2. S 代码表示什么功能字？它表示的主轴转速的方式大致有几种？
3. 试说明下列 M 代码的功能：M01、M02、M03、M04、M05、M08、M09、M30。
4. 什么情况下要应用子程序？
5. 在 FANUC 数控车床中，怎样进行绝对值编程和增量值编程？
6. 用 FANUC 数控系统 G90 指令编写图 1 零件中左端 ϕ34mm 外圆的程序。

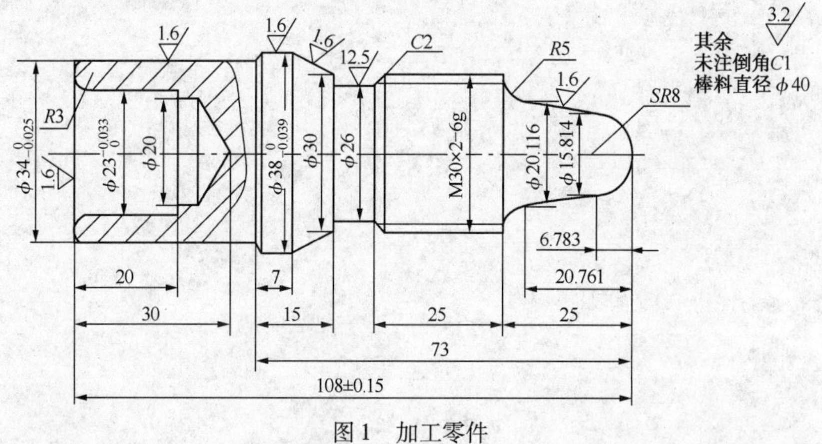

图 1　加工零件

7. 用 FANUC 数控系统 G32、G92 指令分别编写图 1 零件中螺纹加工的程序。

8. 用 FANUC 数控系统所学指令，编写图 2 零件的精加工程序，并列出所用刀具及工艺路线。

9. SIEMENS－802D 系统圆弧插补编程有哪几种指令格式？

10. SIEMENS－802D 系统中 G158 与 G54 都为零点偏移指令，它们有什么区别？

11. 用 SIEMENS－802D 系统指令编制图 2 所示零件的数控精加工程序。

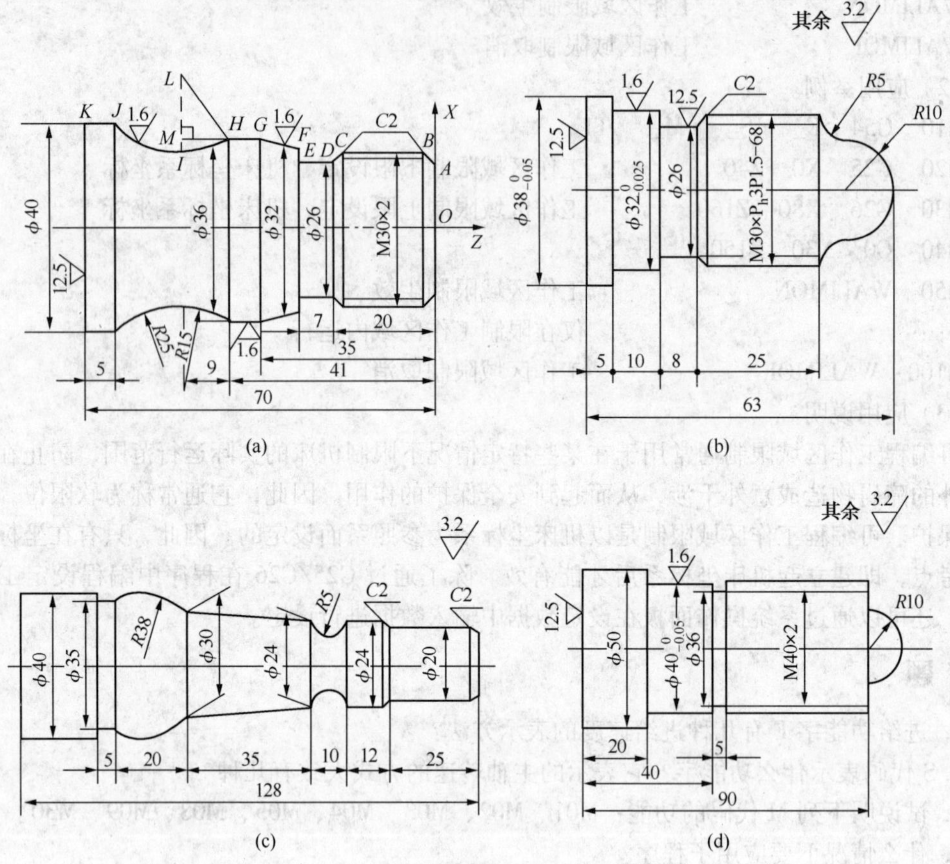

图 2　零件的数控精加工程序

第6章　数控车床高级编程

本章介绍了数控车床的固定循环、螺纹高级加工以及宏程序的应用。对固定循环、宏程序编程的格式、参数的意义进行了详细说明。本章通过对螺纹的高级加工、椭球面的加工、抛物面的加工和剔除螺头、螺尾等的应用举例来帮助学员理解和应用。通过本章的学习能够掌握固定循环格式的应用，复杂螺纹加工的编程方法和宏程序变量的算术运算、逻辑运算和函数混合运算的编程方法。

6.1　FANUC复合固定循环

6.1.1　外径粗车循环(G71)和外径精车循环(G70)

外径粗车和外径精车循环加工方法如图6-1所示。

1. 编程格式

G71 U(Δ*d*)R(*e*)

G71 P(*ns*)Q(*nf*)U(Δ*u*)W(Δ*w*)F(*f*)S(*s*)T(*t*)

G70 P(*ns*)Q(*nf*)

N(*ns*)……

……

……

N(*nf*)……

在顺序号N(*ns*)和N(*nf*)的程序段之间指定*A*及*B*间的加工路线。

其中　Δ*d*——每次半径方向的吃刀量，半径值；

e——每次切削循环的退刀量，半径值；

ns——指定精加工路线的第一个程序段序号；

nf——指定精加工路线的最后一个程序段序号；

Δ*u*——*X*轴方向预留的精车余量（直径/半径指定）；

Δ*w*——*Z*轴方向预留的精车余量；

F、S、T——粗加工程序段加工参数。

粗车加工循环带有地址P和Q的G71指令实现。在*A*点和*B*点间的运动指令中指定的F、S和T功能无效，但是，在G71程序段或前面程序段中指定的F、S和T功能有效。

当用恒表面切削速度控制时，在*A*点和*B*点间的运动指令中指定的G96或G97无效，而在G71程序段或以前的程序段中指定的G96或G97有效。

顺序号"*ns*"和"*nf*"之间的程序段不能调用子程序。

2. 应用举例

粗车循环实例如图6-2所示。

【实例6-1】　已知粗车切深为2mm，退刀量为1mm，精车余量在*X*轴方向为0.5mm(直

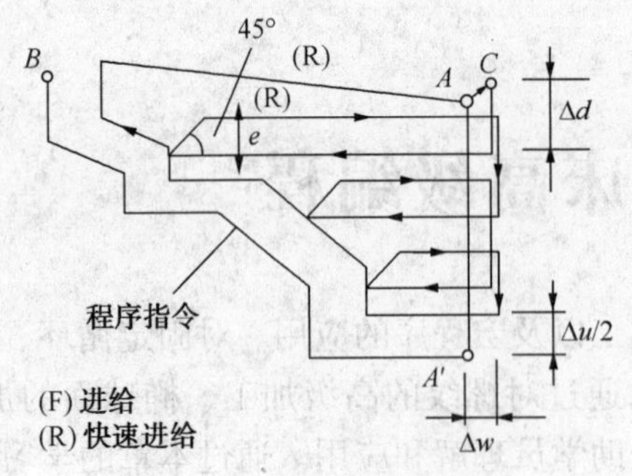

图 6-1　粗车循环轨迹

图 6-2　粗车循环实例

径值)，Z 轴方向为 0.3mm。

O0001	程序名
N010 G50 X250.0 Z160.0	设置工件坐标系
N020 T0100	换刀，无长度和磨损补偿
N030 G96 S55 M04	主轴反转，恒线速度(55m/min)控制
N040 G00 X45.0 Z5.0 T0101	由起点快进至循环起点 A，用 1 号刀具补偿
N050 G71 U2 R1	外圆粗车循环，粗车切深 2mm，退刀量 1mm
N060 G71 P070 Q100 U0.5 W0.3 F0.2	粗、精车路线均为 N070 ~ N100
N070 G00 X18.0 F0.1 S58	设定快进 A→A′，精车进给量 0.1mm/r，恒线速度控制
N080 G01 W-17	车 ϕ18mm 外圆
N090 G02 X30.0 W-6.0 R6	车 R8 圆弧
N100 X40.0 W-20.0	车锥面
N110 G70 P070 Q100	精车循环开始结束后返回到 A 点
N120 G28 U30.0 W30.0	经中间点返回到参考点
N130 M30	程序结束。

6.1.2　端面粗车循环(G72)

端面粗车循环加工方法如图 6-3 所示。

1. 编程格式

G72 W(Δd)R(e)

G72 P(ns)Q(nf)U(Δu)W(Δw)F(f)S(s)T(t)

N(ns)……

……

……

N(nf)……

在 N(ns)和 N(nf)的程序段间，指定粗加工路线。

其中　Δd——每次 Z 方向的吃刀量；

e——每次切削循环的退刀量。

ns——指定精加工路线的第一个程序段序号；

nf——指定精加工路线的最后一个程序段序号；

Δu——X 轴方向的精车余量(直径/半径指定);

Δw——Z 轴方向的精车余量;

F、S、T——粗加工程序段加工参数。

2. 应用举例

端面粗车循环实例如图 6-4 所示。

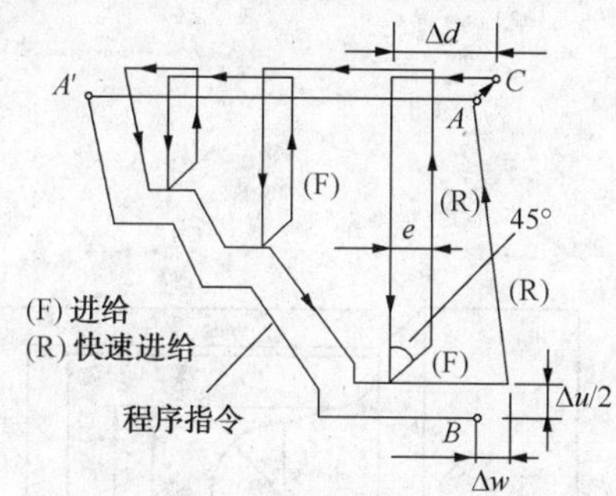

图 6-3 端面粗车循环轨迹

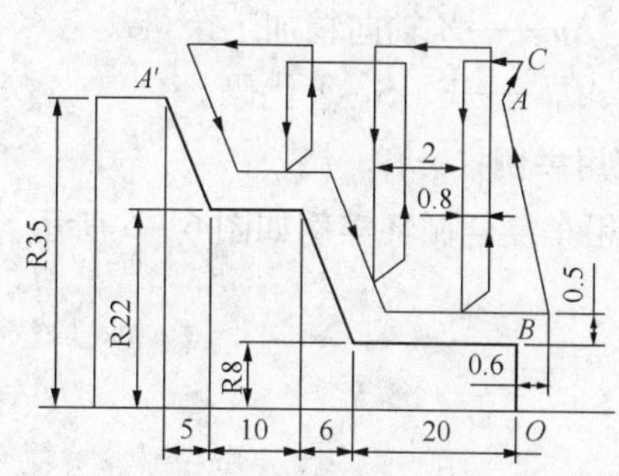

图 6-4 端面粗车循环实例

【实例 6-2】 已知粗车切深为 2mm,余量在 X 轴方向为 0.5 mm,Z 轴方向为 0.6mm。

O0002	程序名
N101 T0100	自动换刀,采用 1 号刀具,无长度和磨损补偿
N102 G97S220M08	取消主轴恒线速度控制,开冷却液
N103 G00X100.0Z2.0M03	由起点快进至循环起点 A,主轴正转
N104 G96S120	恒线速度(120m/min)控制
N105 G72W2.0 R0.8	端面粗车循环,Z 向切深 2mm,退刀量 0.8mm
N106 G72P107Q101U0.5W0.6F0.3	精车路线为 N107 ~ N100
N107 G00Z-41.0F0.15S150	
N108 G01 X70	精车进给量 0.15mm/r,恒线速度控制(150m/min)
N109 G01X44.0Z-36.0	移动到 ϕ44mm、Z-36 mm
N100 Z-26.0	车 ϕ44mm 的外圆
N101 X16.0 Z-20	车锥面
N102 W20	
N110 G70P107Q101	精车循环
N111 G00G97X100.0Z100.0	返回到换刀点
N114 M30	程序结束

6.1.3 仿形粗车复合循环(G73)

仿形粗车复合循环加工方法如图 6-5 所示。

仿形粗车复合循环(G73)是一种复合固定循环。用于车削形状基本成形的锻件或铸件。对零件轮廓的单调性则没有要求。

1. 编程格式

G73 U (Δi) W(Δk) R(d)

G73 P (ns) Q (nf) X (Δu) Z (Δw) F(f) S(s) T(t)

其中 Δi——X 轴向总退刀量

Δk——Z 轴向总退刀量(半径值)

d——重复加工次数

ns——精加工轮廓程序段中开始程序段的段号

nf——精加工轮廓程序段中结束程序段的段号

Δu——X 轴向精加工余量

Δw——Z 轴向精加工余量

f、s、t——F、S、T 代码。

2. 应用举例

仿形粗车复合循环实例如图 6-6 所示。

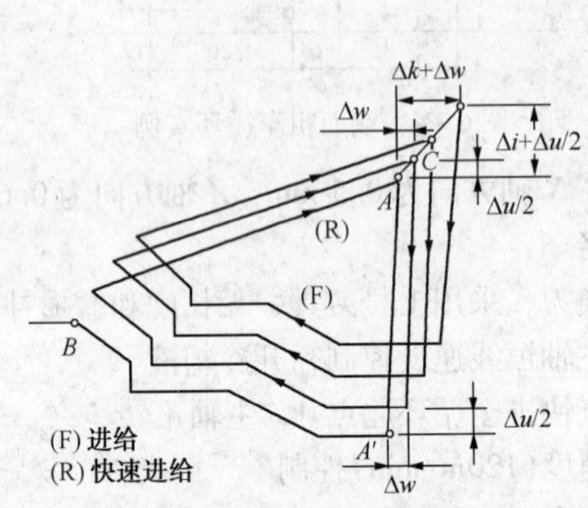

图 6-5　仿形粗车复合循环

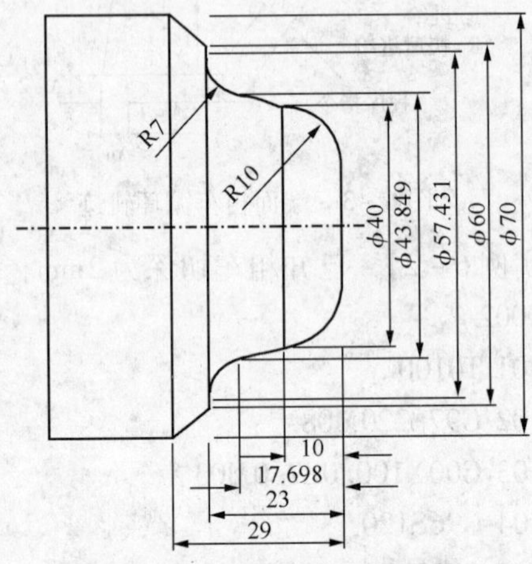

图 6-6　仿形粗车复合循环实例

【实例 6-3】

O0003	程序名
N10 G21 G97 G99	机床状态初始化
N20 M3 S800	
N30 T0101	
N40 G00 G42 X100. Z50.	循环起始位置(100, 50)
N50 G73 U6. W5.	
N60 G73 P70 Q130 U0.6 W0.1 F0.2	
N70 G00 X18. Z2. S1500	加工路径开始段
N80 G01 X20. Z0. F0.1	
N90 G03 X40. Z-10. R10	
N100 G01 X43.849 Z-17.698	
N110 G02 X57.431 Z-23. R7	
N120 G01 X60.	
N130 G01 X70. Z-29.	加工路径结束段
N140 G70 P70 Q130	精加工
N150 G00 G40 X150. Z100.	
N160 T0100	

N170 M05

N180 M30

6.1.4 端面深孔钻削循环(G74)

端面深孔循环加工方法如图 6－7 所示。

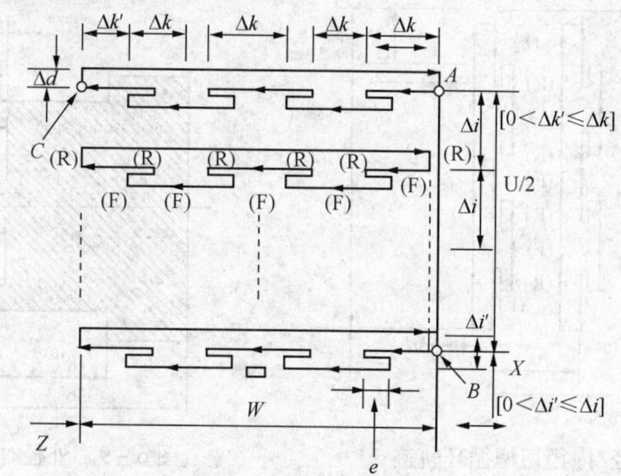

图 6－7 端面深孔循环轨迹

编程格式为：

G74R (e)

G74X(u)_ Z(w)_ P(Δi) Q(Δk) R(Δd) F(f)

端面深孔钻削循环(G74)轨迹图如下。

其中 e——回退量 该值是模态值。可由 5139 号参数指定，由程序指令改变；

x——b 点的 x 坐标；

u——从 a 到 b 的增量；

z——c 点的 z 坐标；

w——从 a 到 c 的增量；

Δi——x 方向的移动量(不带符号)；

Δk——z 方向切深(不带符号)；

Δd——刀具在切削底部的退刀量，Δd 的符号总是(＋)。但是，如果地址 X(u)和 Δi 被忽略，退刀方向可以指定为希望的符号；

F——进给速度。

注：(1) 当 e 和 Δd 两者都由地址 R 规定时，其意义由地址 X(u)决定。当指定 X(u)时，就使用 Δd。

(2) 有 X(u)的 G74 指令执行循环加工。

6.1.5 外径/内径切槽循环(G75)

外径/内径切槽循环加工方法如图 6－8 所示。

1. 编程格式

G75 R (e)

G75 X (u)_ Z (w)_ P (Δi) Q (Δk) R (Δd) F (f)

G75 切削轨迹等效于 G74，除了用 Z 代替 X 外。该加工循环实现断屑，该循环可实现 X

轴向切槽，X 向排屑钻孔（此时，忽略 Z(w) 和 Q(Δk)。

注：G74 和 G75 两者都用于切槽和钻孔。G75 的参数意义与 G74 相同。

2. 应用举例：

外圆槽和端面槽循环实例如图 6－9 所示。

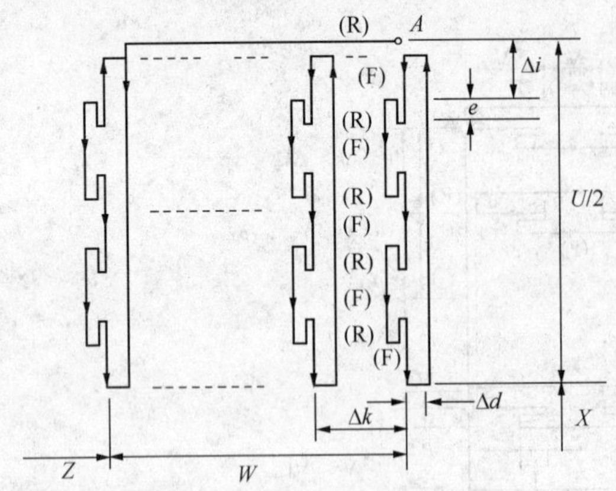

图 6－8　外径/内径切槽循环轨迹

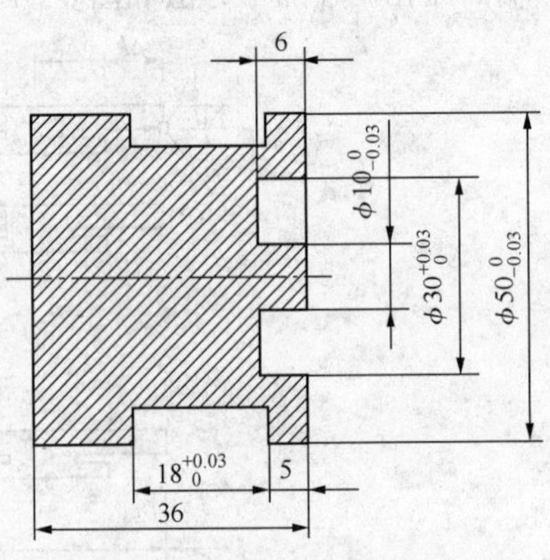

图 6－9　外径/内径切槽循环实例

【实例 6－4】　试用切槽循环指令编写如下图工件外圆槽和端面槽的加工程序。

```
O0004                                  程序名
……
T0101                                  换外圆切槽刀，刀宽 3mm，3 号刀尖对刀
G00 X52.0 Z-8.0                        快速定位至循环起点，
G75 R0.5
G75 X40.0 Z-23.0 P2000 Q2500 F60       外圆切槽循环
……
T0202                                  换端面切槽刀，刀宽 3mm，3 号刀尖对刀
G00 X24.0 Z2.0                         快速点定位
G74 R0.5
G74 X10.0 Z-6.0 P2500 Q3000 F60        端面切槽循环
……
M30                                    程序结束
```

外径切槽、端面深孔循环实例如下图 6－10 所示。

【实例 6－5】　试用切槽循环指令编写如下图工件外圆槽和钻孔加工程序。

```
O0005                        程序名
……
T0101                        换外圆切槽刀，刀宽 4mm，3 号刀尖对刀
G00 X52.0 Z-8.0              快速定位至循环起点
G75 R0.5
G75 X40.0 P4000 F60          外圆切槽循环
……
T0202                        换麻花钻，直径 φ15mm
```

```
G00 X0.0 Z2.0                    快速点定位
G74 R0.5
G74 Z-40.0 Q5000 F60             啄式钻孔循环
……
M30                              程序结束
```

外径、端面切槽循环实例如图 6-11 所示。

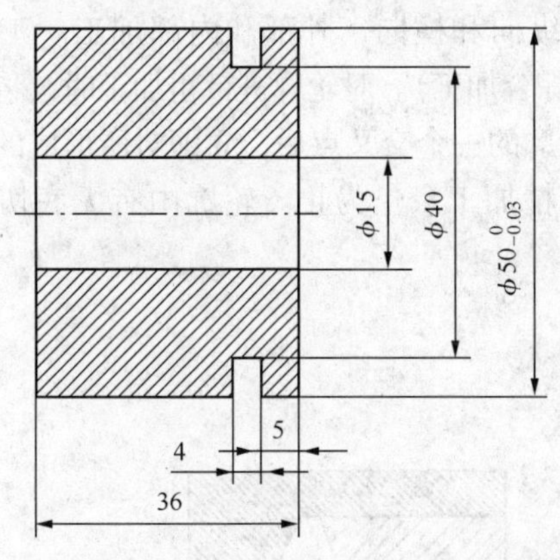

图 6-10　外径切槽、端面深孔循环实例

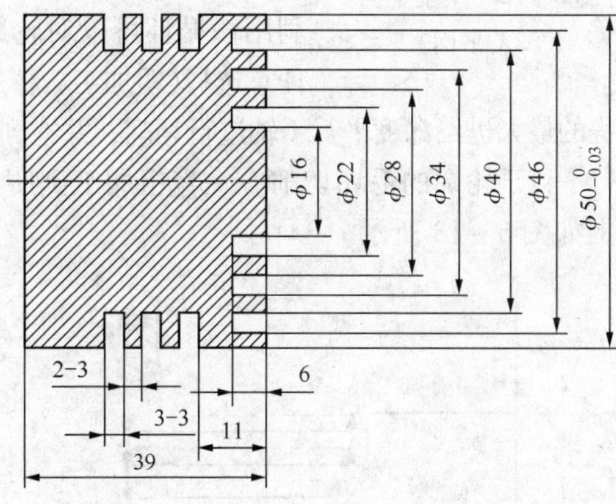

图 6-11　外径、端面切槽循环实例

【实例 6-6】　试用切槽循环指令编写工件外圆槽和端面槽的加工程序。

```
O0006                                程序号
……
T0101                                换外圆切槽刀，刀宽 3mm，3 号刀尖对刀
G00 X52.0 Z-14.0                     快速定位至循环起点，
G75 R0.5
G75 X40.0 Z-26.0 P2000 Q6000 F60     外圆切槽循环
……
T0202                                换端面切槽刀，刀宽 3mm，3 号刀尖对刀
G00 X40.0 Z2.0                       快速点定位
G74 R0.5
G74 X16.0 Z-6.0 P6000 Q3000 F60      端面切槽循环
……
M30                                  程序结束
```

注意：(1) 车端面槽时，要避免车刀的两副后刀面与工件端面槽的内外圆干涉。

(2) 切槽刀宽对槽宽的影响。

6.2　SIEMENS　固定循环

车削循环的前提条件是循环的配置文件被装载到控制系统的用户存储器中，在调用该循环前，有效的 G 功能在循环之后仍保持有效。

加工平面应在调用该循环之前设定。通常在车削时使用 G18(*ZX* 平面)，如图 6-12 所示。车削时，当前平面的两根轴随后将被称为纵向轴或 *Z* 轴(该平面的第一轴)和横向轴或

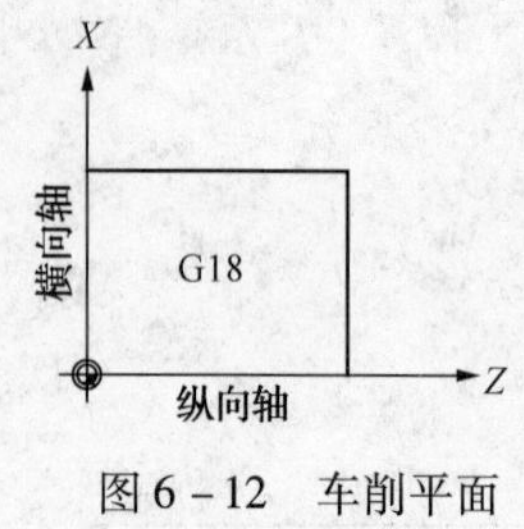

图 6－12　车削平面（ZX 平面）

X 轴(该平面的第二轴)。车削循环中，在激活直径编程后，总是将平面的第二轴(X 轴)算作横向轴。

6.2.1　毛坯切削循环

利用毛坯切削循环，可以从毛坯开始，通过与轴平行的毛坯切削制造出一个在子程序中所编程的轮廓。轮廓中可以包含底切段。利用该循环可以对轮廓进行纵向和横向，外部和内部加工。工艺可任意选择(粗加工、精加工、综合加工)。对轮廓进行粗加工时，将以所编程的最大进给深度平行于轴进行切削，并在到达与轮廓的一个交叉点后，立即对所形成的余角进行平行于轮廓的毛坯切削。一直粗加工到所编程的精加工余量为止。轮廓中有无底切粗加范围如图 6－13 所示。

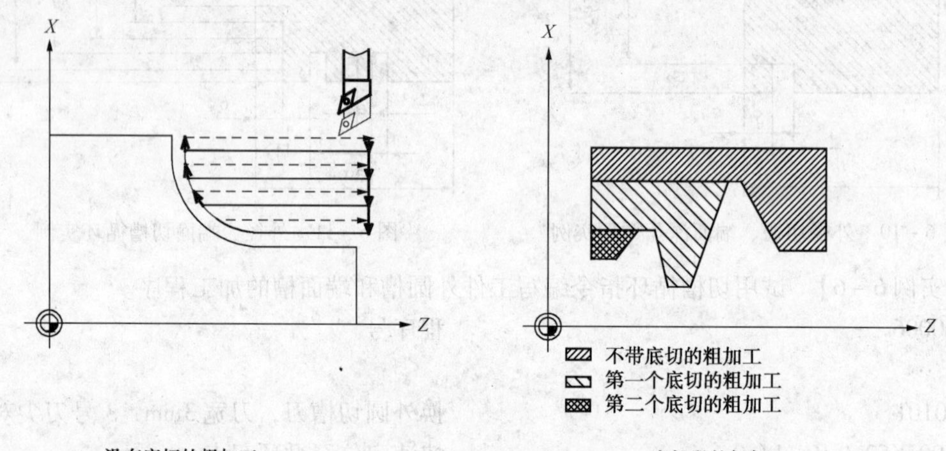

图 6－13　轮廓中有无底切粗加范围

1. 编程格式

CYCLE95 (NPP, MID, FALZ, FALX, FAL, FF1, FF2, FF3, VARI, DT, DAM, _ VRT)
变量说明见表 6－1。

表 6－1　毛坯切削循环变量表

变量名	数据类型	变量说明
NPP	字符串	轮廓子程序名
MID	实数	进刀深度(输入时不带正负号)
FALZ	实数	纵向轴上的精加工余量(输入时不带正负号)
FALX	实数	横向轴上的精加工余量(输入时不带正负号)
FAL	实数	与轮廓相符的精加工余量(输入时不带正负号)
FF1	实数	无底切粗加工的进给率
FF2	实数	深入底切段时的进给率
FF3	实数	精加工进给率
VARI	实数	加工方式，值范围：1…12
DT	实数	粗加工时用于断屑的停留时间
DAM	实数	位移长度，每次粗加工切削断屑时均中断该长度
_ VRT	实数	粗加工时从轮廓的退刀位移，增量(输入时不带正负号)

2. 加工方式与切削动作

毛坯切削循环的加工方式用参数 VARI 表示，按其形式分为三类12 种：第一类为纵向加工与横向加工，第二类为内部加工与外部加工，第三类为粗加工、精加工与综合加工。这12 种形式见表6－2。

表6－2　毛坯切削循环加工方式

数值(VARI)	粗加工/精加工/综合加工	纵向/横向	内部/外部
1	粗加工	纵向	外部
2	粗加工	平面	外部
3	粗加工	纵向	内部
4	粗加工	平面	内部
5	精加工	纵向	外部
6	精加工	平面	外部
7	精加工	纵向	内部
8	精加工	平面	内部
9	综合加工	纵向	外部
10	综合加工	平面	外部
11	综合加工	纵向	内部
12	综合加工	平面	内部

1）纵向与横向

(1) 纵向(外径/内径)加工。纵向加工方式是指沿 X 轴方向切深进给，而沿 Z 轴方向切削进给的一种加工方式，刀具的切削动作类似于 FANUC 的 G71 循环。

(2) 横向(端面)加工。横向加工方式是指沿 Z 轴方向切深进给，而沿 X 轴方向切削进给的一种加工方法。横向加工的切削动作刀具的切削动作类似于 FANUC 的 G72 循环。

2）外部和内部加工

外部和内部主要根据循环开始时刀具的切深方向来判断。

(1) 纵向加工方式中的内部与外部加工。纵向加工方式中，当毛坯切削循环刀具的切深方向为 $-X$ 向时，则该加工方式为纵向外部加工方式(VARI＝1/5/9)，反之，当毛坯切削循环刀具的切深方向为 $+X$ 向时，该加工方式为纵向内部加工方式(VARI ＝ 3/7/11)，如图6－14 所示。

(2) 横向加工方式中的内部与外部加工。横向加工方式中的内部与外部加工如图6－15所示，当毛坯切削循环刀具的切深方向为 $-Z$ 向时，则该加工方式为横向外部加工方式(VARI＝2/6/10)；反之，当毛坯切削循环刀具的切深方向为 $+Z$ 向时，该加工方式为纵向内部加工方式(VARI＝4/8/12)。

3）粗加工、精加工和综合加工

(1) 粗加工。粗加工(VARI ＝ 1/2/3/4) 是指采用分层切削的方式切除余量的一种加工方式，粗加工完成后保留精加工余量。

(2) 精加工。精加工(VARI ＝ 5/6/7/8) 是指刀具沿轮廓轨迹一次性进行加工的一种加工方式。精加工循环时，系统将自动启用刀尖圆弧半径补偿功能。

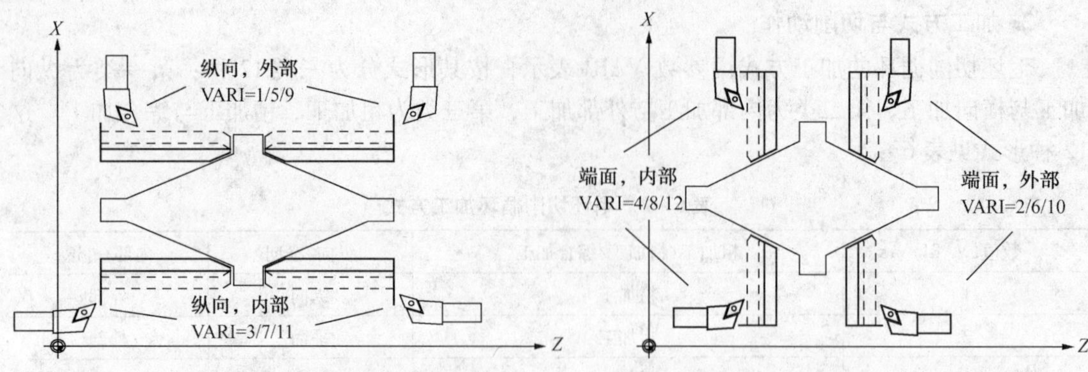

图 6－14　纵向加工中的内部与外部加工　　　　图 6－15　横向加工中的内部与外部加工

（3）综合加工。综合加工（VARl ＝9/10/11/12）是粗加工和精加工的合成。执行综合加工时，先进行粗加工，再进行精加工。

4）DT 和 DAM（停留时间和行程长度）

利用这两个参数，各个粗加工段可以在特定的行程后中断，以完成断屑。这些参数仅在粗加工时有意义。在参数 DAM 中，将设定进行断屑前的最大行程。在 DT 中，还可以编入一段停留时间（单位 s），可在每一个切削中断点处执行。如果规定没有切削中断的行程（DAM＝0），便会产生没有停留时间的不中断粗加工段。

5）_ VRT（退刀行程）

在参数_ VRT 下，可以编入粗加工时在两根轴上的退刀量。当_ VRT＝0 时（参数未编程），将退刀 1mm。

3. 轮廓的定义与调用

1）轮廓的定义

轮廓调用的方法有两种，一种是将工件轮廓编写在子程序中，在主程序中通过参数“NPP”对轮廓子程序进行调用。另一种是用“ANFANG：ENDE”表示的轮廓，直接跟在主程序循环调用后。

2）轮廓定义的要求

（1）轮廓由直线或圆弧组成，并可以在其中使用倒圆（RND）和倒棱（CHA）指令。

（2）轮廓必须含有 3 个具有两个进给轴的加工平面内的运动程序段。

（3）定义轮廓的第一个程序段必须含有 G00、G01、G02 和 G03 指令中的一个。

（4）轮廓子程序中不能含有刀尖圆弧半径补偿指令。

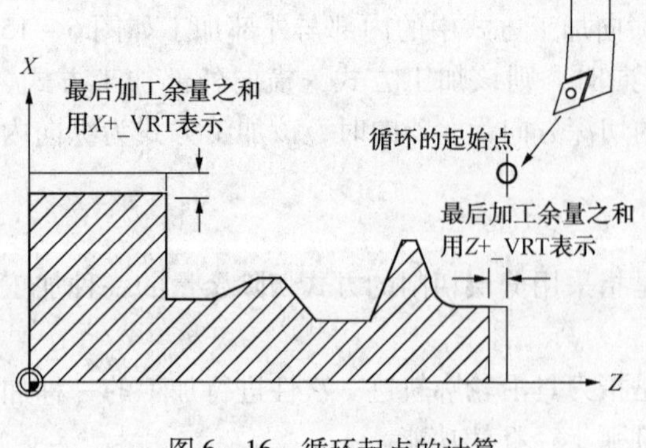

图 6－16　循环起点的计算

3）循环起点的确定

循环起点的坐标值根据工件加工轮廓、精加工余量、退刀量等因素由系统自动计算，具体计算方法如图 6－16 所示。

起始点位于执行深度进给的轴上，离开轮廓为精加工余量＋退刀位移（参数_ VRT）。在另一个轴上，它位于轮廓起始点之前精加工余量＋_ VRT。在返回运行到起始点时，循环内部选择刀沿半径补偿，因此，在调用循环之前必须选择好最后的点，保证不会有轮廓冲突，并且有足够的位置用于相应的补偿运动。

刀具定位及退刀至循环起点的方式有两种：粗加工时，刀具两轴同时返回循环起点。精加工时，刀具分别返回循环起点，且先返回刀具切削进刀轴。

4. 应用举例：

循环起点计算实例如图 6 – 17 所示。

【实例 6 – 7】 图 6 – 17 中用于对赋值参数进行说明的轮廓应进行完整的纵向外部加工。各根轴分别规定了精加工余量。粗加工时将没有切削中断。最大的进刀位移为 5mm。轮廓将保存在一个单独的程序中。

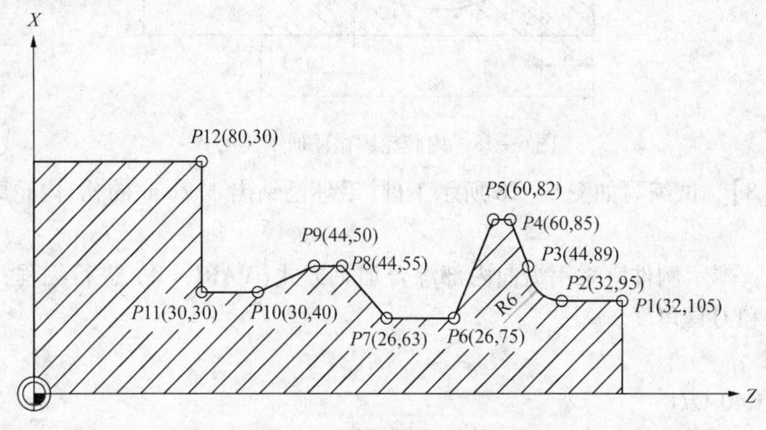

图 6 – 17　循环起点计算实例

MPF 0001	程序名
N10 T1 D1 G0 G95 S500 M3 Z125 X81	调用前的返回位置
N20 CYCLE95("KONTUR_ 1", 5, 1.2, 0.6, , 0.2, 0.1, 0.2, 9, , , 0.5)	循环调用
N30 G0 G90 X81	重新返回起始位置
N40 Z125	逐轴运行
N50 M2	程序结束
%_ N_ KONTUR_ 1_ SPF	开始轮廓子程序
N100 X32 Z105	逐轴运行
N110 X32 Z95	
N120 Z89 RND = 6	倒圆半径 6
N130 X60 Z85	逐轴运行
N140 Z82	
N150 X26 Z75	
N160 Z63	
N170 X44 Z55	
N180 Z50	
N190 X30 Z40	
N200 Z30	
N210 X80	
N220 M17	子程序结束

内腔轮廓循环加工实例如图 6 - 18 所示。

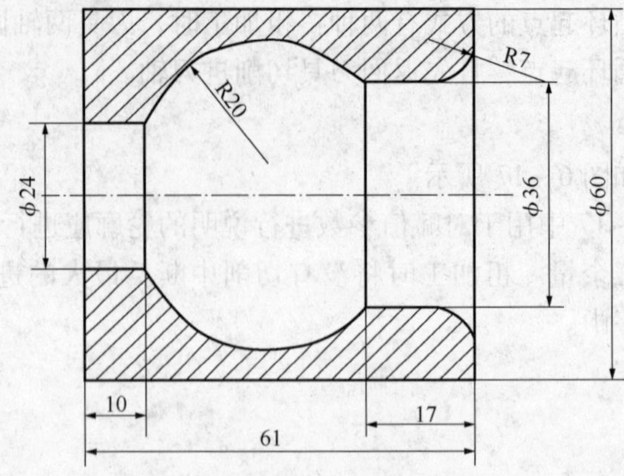

图 6 - 18　内腔轮廓循环加工实例

【实例 6 - 8】　试编写如图 6 - 18 所示工件（毛坯已钻出 φ22mm 的孔）内轮廓表面的加工程序。

编程说明：本示例件宜采用纵向内部综合加工方式（VARI = ll）进行编程，加工时要注意刀具的形状和刀具角度。

```
MPF 0002
G90 G94 G40 G71
TlD1
M03 S600 Fl00
G00 X18 Z2
CYCLE95（"BB502"，1，0.05，0.2，，150，80，80，11，，，0.5）
G74 X0 Z0
M30
BB502. SPF
G00 X50 Z2
GOl Z0
G02 X36 Z - 7 CR = 7
GOl Z - 17
G03 X24 Z - 51 CR = 20
GOl Z - 62
RET
```

【实例 6 - 9】　试按 SIEMENS - 840D 的规定编写如图 6 - 19 所示机床垫铁柱工件的加工程序。

编程说明：本例中工件直径较大，而 Z 向切削余量相对较少，所以采用横向外部综合加工方式（VARI = 10）编程较为合适。

```
MPF 0003
G90 G94 G40 G71
T1 D1
M03 S600 FIOO
```

```
GOO X18 Z2
CYCLE95 ("ANFANG: ENDE", 1. 5, 0.2, 0.05, , 150,
80, 80, 10, , , 0. 5)
ANFANG:
G00 X82 Z -23
GO1 X50
G03 X30 Z -13 CR =10
G02 X20 Z -8 CR =5
GOl X16
Z -2
X12 Z0
ENDE:
G74 X0 Z0
M30
```

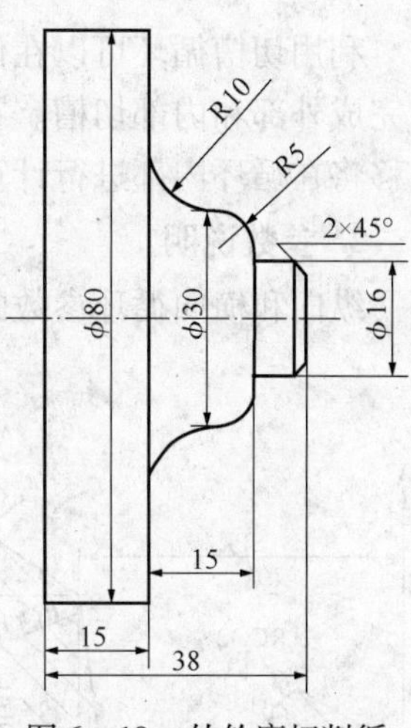

图 6 - 19　外轮廓切削循环实例(机床垫铁柱工件)

6. 2. 2　切槽循环

1. 编程格式

CYCLE93(SPD, SPL, WIDG, DIAG, STA1, ANG1, ANG2, RCO1, RCO2, RCI1, RCI2, FAL1, FAL2, IDEP, DTB, VARI)

变量说明见表 6 - 3。

表 6 - 3　切槽循环参数说明表

变量名	数据类型	变 量 说 明
SPD	实数	起始点在横向轴上
SPL	实数	起始点在纵向轴上
WIDG	实数	切槽宽度(输入时不带正负号)
DIAG	实数	切槽深度(输入时不带正负号)
STA1	实数	轮廓和纵向轴之间的角度值 范围: 0°≤STA1≤180°
ANG1	实数	坡口角度 1: 在由起始点所确定的切槽一侧(输入时不加正负号)值域: 0°≤ANG1 <89. 999°
ANG2	实数	坡口角度 2: 在另一侧(输入时不加正负号)值域: 0°≤ANG2 <89. 999°
RCO1	实数	半径/倒角 1, 外部: 在起始点确定的一侧
RCO2	实数	半径/倒边 2, 外部
RCI1	实数	半径/倒边 1, 内部: 在起始点一侧
RCI2	实数	半径/倒边 2, 内部
FAL1	实数	切槽底部的精加工余量
FAL2	实数	侧面精加工余量
IDEP	实数	进刀深度(输入时不带正负号)
DTB	实数	切槽底部停留时间
VARI	实数	加工方式, 值范围: 1…8 和 11…18

利用切槽循环可以在任意直线轮廓段的纵向和横向加工时制造对称和非对称的切槽。用以完成外部和内部切槽。在进给深度上(朝切槽底部方向)和宽度上(从切槽到切槽)的进刀位移将在循环内部进行计算，并以尽可能大的值均匀分布。

2. 参数说明

纵向和横向循环参数的应用如图 6－20 所示。

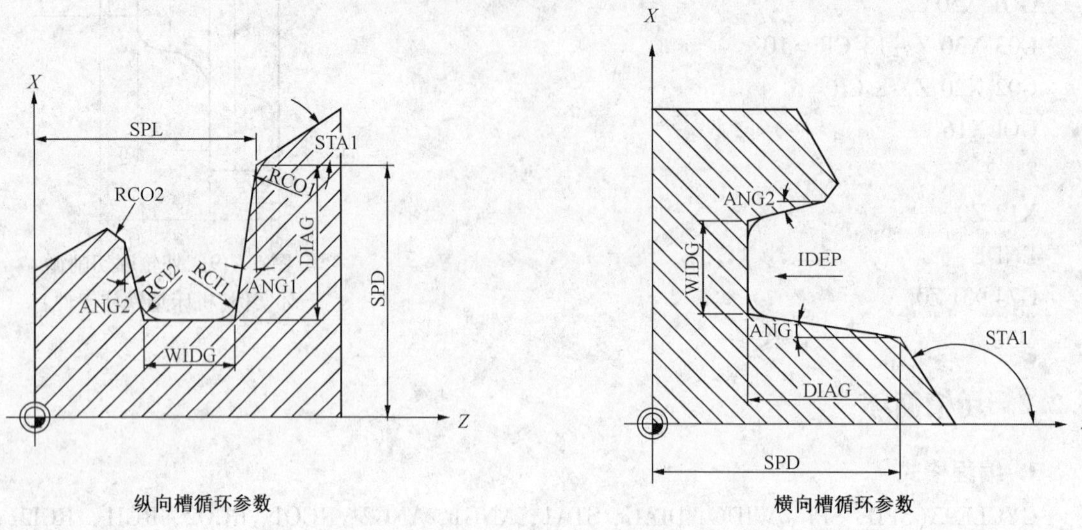

图 6－20　纵向和横向循环参数

1）SPD 和 SPL(起始点)

利用这些坐标，将定义切槽的起始点，从这一点开始，将在循环中计算出形状。循环自行确定在开始时应到达的起始点。对于外部切槽，应首先沿纵轴方向，而对于内部切槽，则应首先沿横向轴方向运行。在一个弯曲的轮廓段上的切槽可以以不同的方式进行。根据曲线的形状和半径，可以在曲线的最大值处作一条与轴平行的直线，或利用切槽边上的某一点来得到切线。对于弯曲轮廓而言，只有当相应的边缘点位于循环中所规定的直线上时，切槽边缘上的半径和倒角才有意义。

2）WIDG 和 DIAG(切槽宽度和切槽深度)

利用切槽宽度(WIDG)和切槽深度(DIAG)这两个参数就可以确定切槽的形状。循环在计算中总是从 SPD 和 SPL 中所编入的点出发。如果切槽比活动的刀具宽，便会分多个步骤粗加工出宽度。这时，循环对整个宽度进行平均分配。最大的进刀位移为扣除刀尖半径后的刀具宽度的 95%。这样，便能保证切削重叠。如果所编程的切槽宽度小于实际的刀具宽度，便会显示错误信息 61602“刀具宽度设定错误”，并中断加工。如果在循环内部识别到刀沿宽度为零，便同样会出现该报警。

3）STA1(角度)

利用参数 STA1 可对切槽加工时所对准的斜角的角度进行编程。角度可采用从 0°～180°之间的值，且总是以纵向轴为基准。

4）ANG1 和 ANG2(坡口角度)

通过另外规定的坡口角度，可以对非对称切槽进行描述。这些角度可以介于 0°和 89.999°之间。

5）RCO1、RCO2 和 RCI1、RCI2（半径/倒角）

切槽的形状通过输入边缘和底部的半径/倒角进行修正。请注意，输入时半径应加上正号，倒角应加上负号。根据参数 VARI 的十位数，将确定以编程倒角的计算方法。

S VARI < 10（十位数 = 0）时，倒角用 CHF = . . . 。

S VARI > 10 时，倒角用 CHR 编程。

6）FAL1 和 FAL2（精加工余量）

对于切槽底部和侧面可以分别编写精加工余量。粗加工时，可以一直粗加工到该精加工余量位置。然后将用相同的刀具，沿着最终轮廓进行平行于轮廓的切削。

7）IDEP（进给深度）

通过进给深度的编程，可以将平行于轴的切槽分为多个深度进给率。每次进给后，刀具将返回 1mm，以断屑。参数 IDEP 务必进行编程。

8）DTB（停留时间）

在选择切槽底部的停留时间时，必须保证至少主轴在此旋转一周。时间以 s 来编程。

9）VARI（加工方式）

利用参数 VARI 的个位数，可以确定切槽的加工方式。可以采用图 6－21 中所示的值。

利用参数 VARI 的十位数，将确定倒角的计算方法。

VARI 1. . . 8：倒角将作为 CHF 进行计算。

VARI 11. . . 18：倒角将作为 CHR 进行计算。

加工方式支持选择			VARI	加工方式支持选择			VARI
外部纵向	左侧	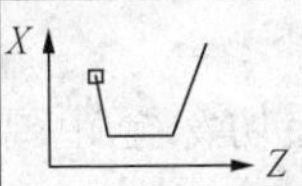 X, Z	1/11	外部横向（端面）	上面	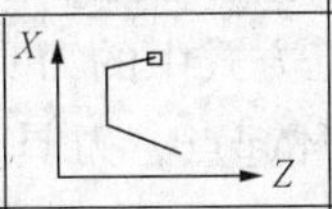 X, Z	6/16
	右侧	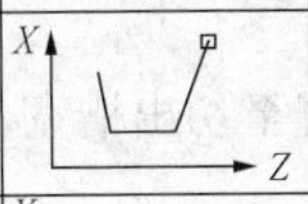 X, Z	5/15		下面	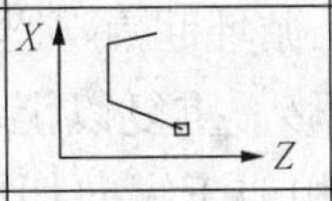 X, Z	8/18
内部纵向	左侧	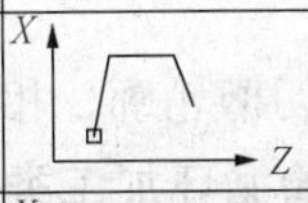 X, Z	3/13	内部横向（端面）	上面	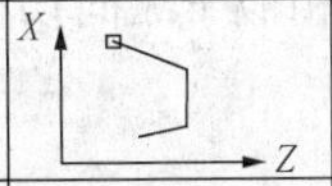 X, Z	2/12
	右侧	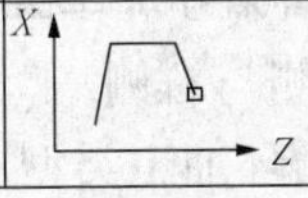 X, Z	7/17		下面	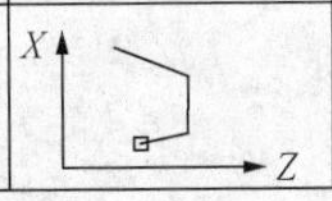 X, Z	4/14

图 6－21　加工方式选择示意图

如果参数的值不同，便会中断循环，并发出报警 61002“加工方式设定错误”。

由循环进行轮廓监控，以保证切槽轮廓有意义。令半径/倒角不得触及切槽底部或与之相交，或设法在平行于纵向轴的轮廓段上尝试进行横向切槽。循环会在这些情况下中断，并发出报警 61603“切槽形状设定错误”。

10）_ VRT（可变返回路径）

在参数_ VRT 下可以通过切槽的外径和内径给返回路径编程。

当_ VRT = 0 时（参数未编程），将退刀 1mm。返回路径总是以所编程的单位系统为基准确定是英制或者公制。同时该返回路径在切槽中的深度位移后在断屑时生效。

11）其他说明

在调用切槽循环之前，必须激活双刃刀具。两个刀沿的补偿值必须存储在刀具的两个连续的 D 编号中，它们必须在调用循环之前才被激活。循环将自行确定必须在哪个加工步骤中使用这两个刀具补偿值，并自行激活刀具补偿。循环结束后，在循环调用之前所编入的补偿编号将重新生效。如果在循环调用时未对刀具补偿编入 D 编号，便所执行的循环将被中断，同时发出报警 61000“未激活刀具补偿”。

3. 纵向与横向加工方式说明

1）纵向加工

纵向加工是指槽宽的深度方向为 X 方向、槽的宽度方向是 Z 方向的一种加工方式。以纵向外部槽为例，其切槽循环参数如图 6 – 20 所示。

纵向、外部加工方式中的刀具切削动作说明如下：

① 刀具定位到循环起点后，沿深度方向（X 轴方向）切削，每次切深 IDEP 指令值后，回退 1mm 后再次切深，如此循环直至切深至距轮廓为 FAL1 指令值处，X 向快退至循环起点 X 坐标处。

② 刀具沿 Z 方向平移，重复以上动作，直至 Z 方向切出槽宽。

③ 分别用刀尖两边点对左右槽侧各进行一次槽侧的粗切削，槽侧切削后各留 FAI2 值的精加工余量。

④ 分别用刀尖两边点对左右槽轮廓进行精加工并快速退回 X 起点。

⑤ 退回循环起点，完成全部切槽动作。

2）横向（端面）加工。

横向加工是指槽的深度方向为 Z 方向、槽的宽度方向是 X 方向的一种加工方式。以横向下面槽为例，其切槽循环参数如上图所示。

横向外部下面加工方式中的刀具切削动作说明如下：

① 刀具定位至循环起点，刀具先沿 $-Z$ 方向分层切深至距离轮廓 FAL1 指令值处，再沿 $+Z$ 方向快速回退至循环起点 Z 坐标处。

② 刀具沿 X 向平移，重复以上动作，如此循环直至切出槽宽。

③ 粗切槽两侧，相似于纵向切槽。

④ 精切槽轮廓，相似于纵向切槽。

4. 切槽循环加工类型的判断方法

1）左侧与右侧

切槽循环加工类型中关于左侧起刀和右侧起刀的判断方法是：站在操作者位置观察刀具，不管是纵向切槽还是横向切槽，当循环起点位于槽的右侧时，称为右侧起刀，反之称为左侧起刀。

2）外部与内部。

切槽循环加工类型中关于外部和内部的判断方法是：当刀具在 X 轴方向切入时，均称为外部加工，反之则称为内部加工。加工类型的判断上如图所示。

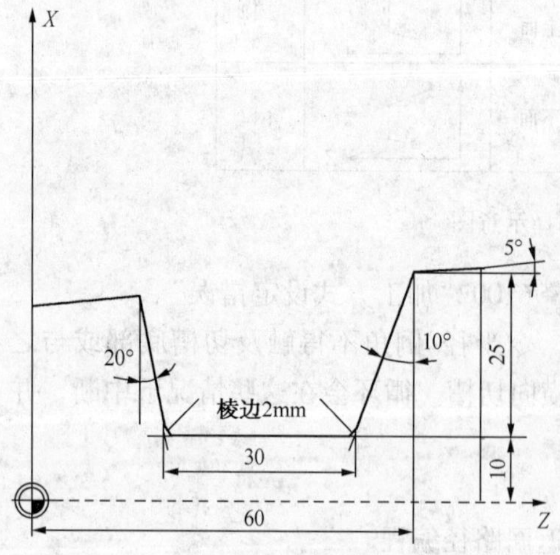

图 6 22　凹槽加工实例

5. 应用举例

【实例 6 – 10】　加工如图 6 – 22 所示的一个

凹槽，凹槽在一个斜面上，属纵向，外部。

该循环使用刀具 T1、刀补 D1，切槽刀具也须做相应的定义。

CYCLE93 参数赋值

SPD = 35，SPL = 60，WIDG = 30，DIAG = 25，STA1 = 5，ANG1 = 10，ANG2 = 20，RCO1 = 0，RCI1 = -2，RCI2 = -2，RCO2 = 0，FAL1 = 1，FAL2 = 1，IDEP = 10，DTB = 1，VARI = 5

```
MPF 0004                                  程序名
N10 G0 G18 G90 Z65 X50 T1 D1 S400 M3      循环开始之前的起始点
N20 G95 F0.2                              确定工艺数值
N30 CYCLE93(35，60，30，25，5，10，
20，0，0，-2，-2，1，1，10，1，5)          循环调用
N40 G0 G90 X50 Z65                        下一个位置
N50 M02                                   程序结束
```

6.2.3 西门子系统的钻孔循环

钻孔循环指令是 CYCLE82，循环指令的书写格式如下：

CYCLE82(RTP，RFP，SDIS，DP，DPR，DTB)

括号里面跟的参数意义如下：

RTP——返回平面，绝对坐标，通常选在离零件端面 10 ~ 20mm 处。

RFP——参考平面，绝对坐标，通常选在离零件端面 1 ~ 2mm 处，从此处，机床开始走 G1；

SDIS——安全间隙，无符号，通常定为 1 ~ 2mm，G0 方式移动到离零件的端面为 SDIS 所定义的值时，开始走 G1；

DP——最后钻孔深度，绝对坐标；

DPR——相对于参考平面的最后钻孔深度，也就是 DP = RFP - DPR，无符号；

DTB——最后钻孔深度时的停顿时间，单位为 s，用于断屑。

这里要注意的是，当我们给 DP 和 DPR 都赋值，则最后的钻孔深度由 DPR 决定，DP 不起作用。如果参考平面和返回平面相同，则不允许输入 DPR。如果参考平面在返回平面的后面，也就是说，在 G0 走完之前就要走 G1，则会出现“参考平面定义不正确”的提示，并且系统拒绝执行循环。

【实例 6 - 11】 零件的端面为 $Z = 0$ 的面，参考平面选为零件端面，钻孔深度 20mm，安全间隙 3mm，退刀平面为离开端面 10mm，钻够深度后的停顿时间为 2s。程序为：

```
MPF 0005                                  主程名
N10 T2 D2 G54 G95 G0 X0 Z50 F0.15
                                          调取机床零偏、刀补，走刀速度 0.15mm/r。
N20 M3 M8 S350                            主轴正转，转速 300r/min，开冷却液
N30 CYCLE82(10，0，3，-20，，2)            钻孔循环
N40 M5 M9 G0 Z200                         主轴停，关冷却液，退刀
N50 M30                                   程序结束
```

6.2.4 SIEMENS 系统的深孔循环

深孔循环指令是 CYCLE83，指令后面跟的参数比较多，深孔循环指令的书写形式为：CYCLE83(RTP，RFP，SDIS，DP，DPR，FDEP，FDPR，DAM，DTB，DTS，FRF，VARI)

各参数的含义如下：

RTP——返回平面，绝对坐标；

RFP——参考平面，绝对坐标；

SDIS——安全间隙，无符号输入；

DP——最后钻孔深度，绝对坐标；

DPR——相对于参考平面的最后钻孔深度，无符号输入

FDEP——起始钻深，绝对坐标；

FDPR——相对于参考平面的起始钻深，无符号输入；

DAM——递减量，无符号输入；

DTB——最后钻孔深度时的停顿时间，单位为 s，用于断屑。

DTS——在起始点处用于排屑的停顿时间；

FRF——起始钻孔深度的进给率倍率，无符号输入；

VARI——加工类型定义，VARI =0 时，执行断屑方式加工，VARI =1 时，执行排屑方式加工。

深孔循环用于单次很难达到的深度钻孔，它是由多次钻深来实现最终钻孔深度的。钻头在完成每次的钻孔深度后，会回退到参考平面 + 安全距离处(当 VARI =1，排屑方式加工时)，或回退 1mm(当 VARI =0，断屑方式加工时)。

在 VARI =1，排屑方式加工下执行深孔循环时的动作顺序：

(1)G0(快移)方式移动到距离参考平面一个安全间隙的位置；

(2)G1(走刀)方式移动到起始钻深，进给速度 = 指定速度乘以由 FRF 指定的值；

(3)停顿，时间的长短由 DTB 决定；

(4)G0 方式退刀到参考平面 + 安全间隙；

(5)停顿，时间长短由 DTS 决定，用于排屑；

(6)G0 方式移动到距上次钻深 1 ~2mm 的位置；

(7)G1 方式移动到本次钻深，进给速度为 F 指定的值。

如此反复钻进，直至到 DP 指定的值。如图 6 – 23 所示。

如果是 VARI =0(断屑方式)，则回退 1mm，而不是回退到参考平面 + 安全间隙。其他动作相同。

【实例 6 – 12】 最后钻孔深度是 112mm，首次钻深 25mm，以后的钻深递减量是 5mm，起始点停顿时间 3s，最后钻深停顿时间 2s，安全间隙 2mm，参考平面在 Z =0 处，返回平面在 Z =10mm 处，起始钻深的进给倍率为 1，排屑方式加工。程序为：

MPF 0006	程序名
N10 T1 D1 G54 G0 X0 Z50	调取 1 号刀位和 1 号刀补值
N20 M3 M8 S200	主轴正转，转速 200r/min，冷却开
N30 CYCLE83(10，0，2，–112，112， –25，25，5，2，3，1，1)	循环

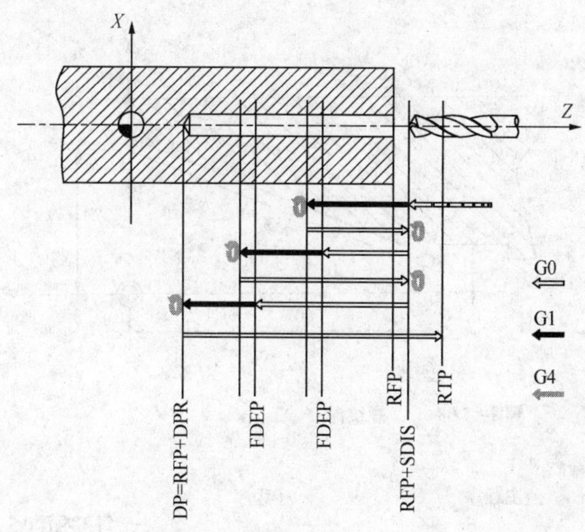

图 6－23　VARI＝1（排屑方式加工）深孔钻削循环走刀

N40 Z200 M5 M9　　退刀到 Z200 处，主轴停，冷却关

N50 M30　　程序结束

从这个例子中，我们会发现一个问题：最终钻孔深度是 100mm，首次钻深是 25mm，钻深递减量是 5mm，那么，第一次是 25mm，第二次是 20mm，第三次是 15mm，第四次是 10mm，第五次是 5mm，自然我们要问，第五次以后呢？当第五次循环结束时，总钻深为：25＋20＋15＋10＋5＝75mm，离最终深度还有 25mm，接下来的循环是这样的：以后钻深就是递减量，到最后 2 次，如果剩余量不足 2 倍的递减量，则将最后 2 次的钻深进行平均分配。就本例来说，后面还有 5 次循环，每次的钻深均为 5mm。

6.3　螺纹高级加工

6.3.1　G32 切螺纹

在法那克系统中，用 G32 指令切削螺纹，其格式如下：

G32 X(U)____Z(W)____F ____

其中　F——螺距(mm)；

G32 可以完成简单的内、外直螺纹和锥螺纹加工。在编制螺纹加工程序时最简便的方法可以通过调用子程序，执行循环进行螺纹切削。

编程方法如图 6－24 所示。

6.3.2　FANUC 螺纹切削循环

1. 编程格式

如图 6－25 所示的螺纹切削复循环用 G76 指令编程。

G76 P(m)(r)(a)Q(Δdmin)R(d)；

G76X(u)_ Z(W)_ R(i)P(k)Q(Δd)F(L)。

螺纹切削循环的刀具轨迹如图 6－25 所示。

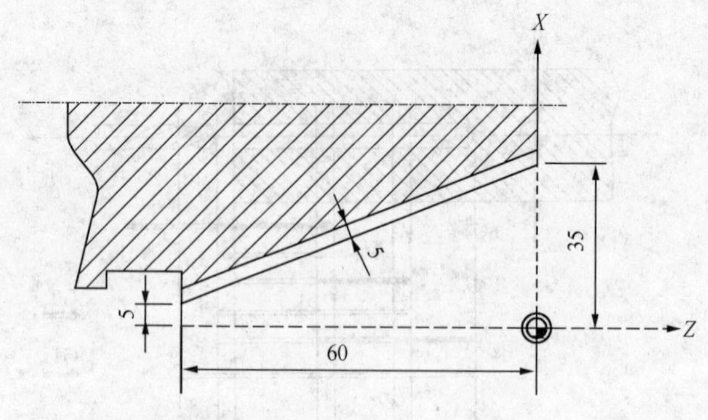

螺距=5.08　　螺纹深=5

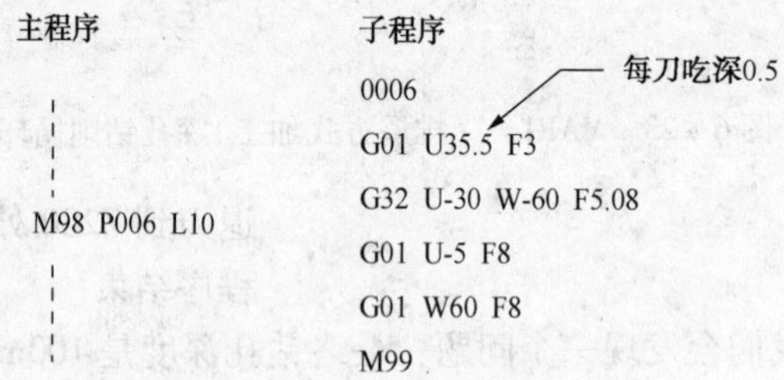

图 6－24　G32 指令切削螺纹

注：根据情况螺纹的编程长度应大于实际长度。

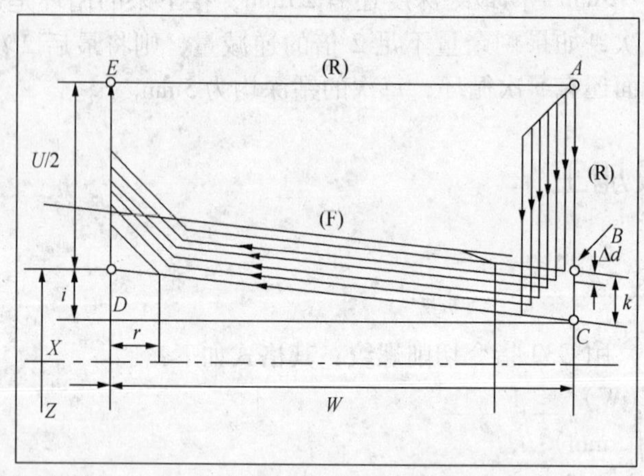

图 6－25　G76 外螺纹切削循环轨迹

C 到 *D* 点的切削速度由 F 代码指定，而其他轨迹均为快速进给。

按 G76 段中的 X(*u*)和 Z(*w*)指令实现循环加工，增量编程时要注意 *u* 和 *w* 的正负号(由刀具轨迹 *AC* 和 *CD* 段的方向决定)。

2. 参数说明

m——精加工重复次数(1～99)，该值是模态的，可用 5142 号参数设定，由程序指令改变；

r——倒角量，当螺距由 L 表示时，可以从 0. 0L 到 9. 9L 设定，单位为 0. 1L(两位数：从 00 到 99)，该值是模态的，可用 5130 号参数设定，由程序指令改变；

a——刀尖角度，可以选择 80°、60°、55°、30°、29°和 0°6 种中的 1 种，由 2 位数规定，该值是模态的，可用参数 5143 号设定，用程序指令改变，*m*、*r* 和 *a* 用地址 P 同时指定。例：当 $m=2$，$r=1.2L$，$a=60°$，指定如下(L 是螺距)P021260。

Δd_{min}——最小切深(用半径值指定)当一次循环运行($\Delta d-\Delta d-1$)的切深小于此值时，切深箝在此值，该值是模态的，可用 5140 号参数设定，用程序指令改变；($Q50\Delta d_{min}=0.05$)；

d——精加工余量该值是模态的，这个值可用 5141 号参数设定，用程序指令改变；

i——螺纹半径差，如果 $i=0$，可以进行普通直螺纹切削；

k——(P3680$k=3.68$)螺纹高，这个值用半径值规定；

Δd——(Q1800$\Delta d=1.8$)第一刀切削深度(半径值)；

L——螺距(同 G32)。

参数位置如图 6－26 所示。

G76 循环进行单边切削，减少了刀尖的受力。第一次背吃刀量为 Δd，第 *n* 次的总背吃刀量为 $\Delta d\sqrt{n}$。而使每次循环的切削力保持恒定。如图 6－27 所示。

3. 应用举例：

G76 螺纹切削循环实例如图 6－27 所示。

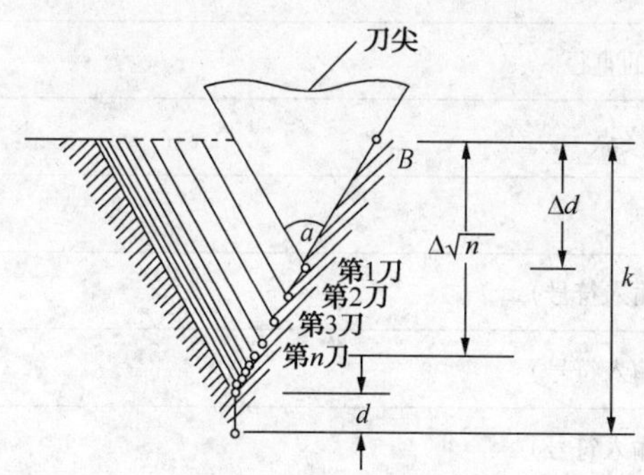

图 6－26　G76 螺纹循环的单边切削进刀轨迹

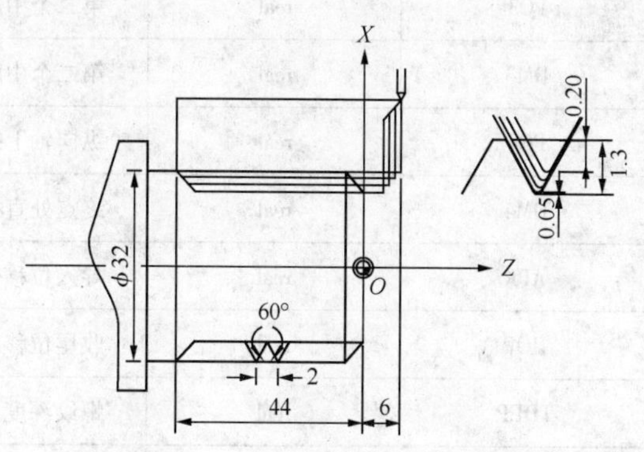

图 6－27　G76 螺纹切削循环实例

【实例 6－13】

O0007	程序名
T0101	刀具补偿
M03S800	
G00X35.0Z6.0	
G76 P030060 Q100 R50	调用螺纹切削循环（精车 3 次，倒角量 0，60°螺纹刀，最小切削量 0.1mm，精车余量 0.05mm）
G76 X29.4 Z－44 R0 P1300 Q200 F2.0	（直螺纹，牙高 1.3mm，第一刀切深 0.2mm，导程 2mm）
G00X40.0Z100.0	
T0101	取消刀具补偿
M05	

M30

注：转角指令 Q 对 G76 无效，在车削多头螺纹时，要偏移螺纹起点。

6.3.3 SIEMENS 螺纹链 – CYCLE98

1. 编程格式

CYCLE98 (PO1, DM1, PO2, DM2, PO3, DM3, PO4, DM4, APP, ROP, TDEP, FAL, IANG, NSP, NRC, NID, PP1, PP2, PP3, VARI, NUMT, _ VRT)

参数说明见表 6 –4、图 6 –28。

表 6 –4 螺纹链 – CYCLE98 循环参数说明

变量名	数据类型	变量说明
PO1	real	纵向轴上螺纹起始点
DM1	real	起始点处螺纹的直径
PO2	real	纵向轴中第一个中间点
DM2	real	第一个中间点的直径
PO3	real	第二个中间点
DM3	real	第二个中间点的直径
PO4	real	纵向轴上螺纹终点
DM4	real	终点处直径
APP	real	导入位移(不输入符号)
ROP	real	收尾位移(不输入符号)
TDEP	real	螺纹深度(不输入符号)
FAL	real	精加工余量(不输入符号)
IANG	real	进给角度，值范围:" + "(齿面处齿面进刀) – (用于变换齿面进刀)
NSP	real	第一个螺纹导程的起始点偏置(不输入符号)
NRC	int	粗加工走刀次数(不输入符号)
NID	int	空走刀次数(不输入符号)
PP1	real	螺距 1 值(不输入符号)
PP2	real	螺距 2 值(不输入符号)
PP3	real	螺距 3 值(不输入符号)
VARI	int	确定螺纹的加工方式，值范围：1...4
NUMT	int	螺纹导程个数(不输入符号)
_ VRT	real	可变的退回位移(起始直径之上)，增量(不输入符号)

螺纹链中的参数意义如下图 6－28 所示。

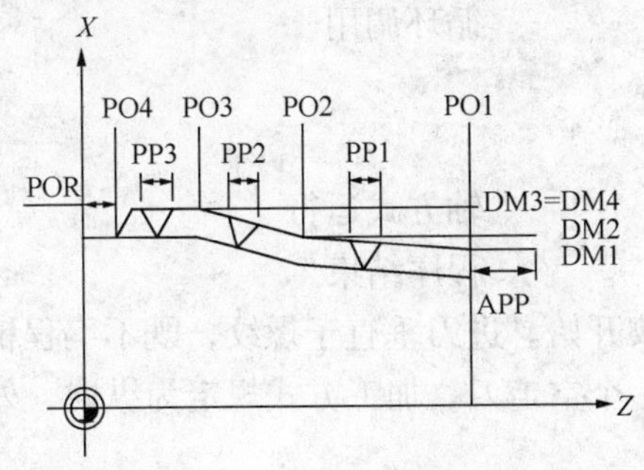

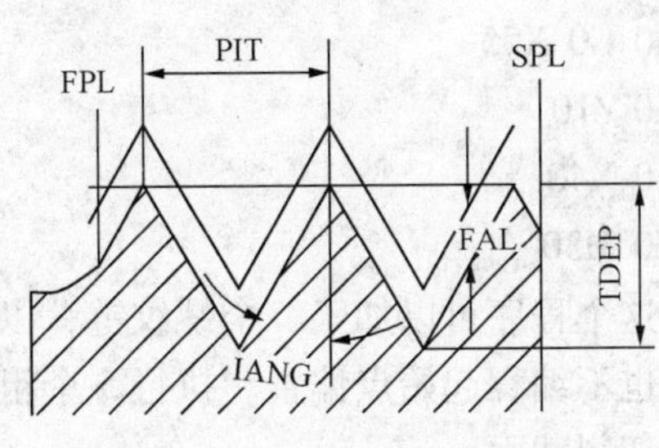

图 6－28　螺纹链中的参数意义

使用参数 IANG 您可以确定螺纹中进刀的角度。如果螺纹中进刀应该与切削方向成直角，则该参数的值必须设置为零。也就是说，该参数可以从参数表中删除，因为在这种情况下可以用零自动预置。

如果要求沿着齿面进给，则允许该参数的绝对值最大可以达到刀具螺纹啮合角的一半。该参数的符号确定进给的执行。如果值为正，则始终在同一个齿面进刀，如果值为负，则在两个齿面交替进刀。如图 6－28 所示。

这种带交替齿面的进刀方式仅仅用于圆柱螺纹。如果 IANG 的值在锥螺纹中仍是负，则由循环沿着一个齿面执行齿面进给。

使用参数 VARI 您可以确定是否应进行外部加工或者内部加工，并且在粗加工中进刀时采用哪一种工艺。

参数 VARI 可以采用 1～4 之间的值，各值的含义如图 6－29 所示。

VAPI	外部/内部	恒定深度进刀/恒定截面进刀	切削方式示意图
1	外部	恒定深度进刀	
2	内部	恒定深度进刀	
3	外部	恒定切削截面进刀	
4	内部	恒定切削截面进刀	

图 6－29　螺纹链中参数 VARI 的意义

注意：参数 MPIT 指的是米制标准粗牙螺纹，PIT 和 MPIT 的设置可能会引起螺距冲突，在必要时可以省略 MPIT。

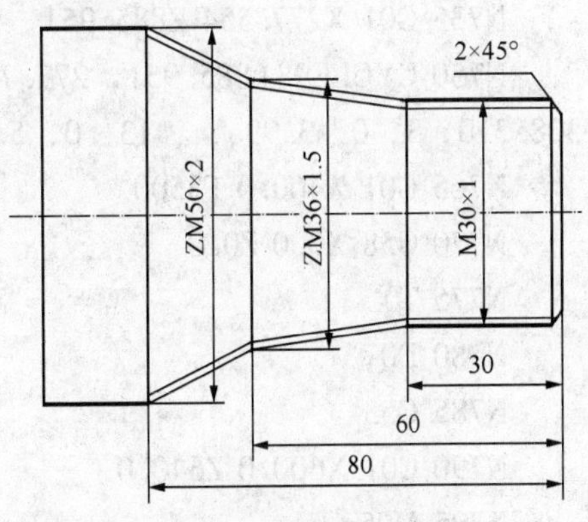

图 6－30　螺纹链加工实例

2. 应用举例

【实例 6－14】　试对图 6－30 进行螺纹编程。

```
MPF 0007                 程序名
N10 G18 G95 T5 D1
S1000 M4                 确定工艺数值
N20 G0 X40 Z10           返回运行到出发位置
N30 CYCLE98(0, 30,
```

```
-30, 30, -60, 36, -80, 50, 10, 10,
0.92,,,, 5, 1, 1.5, 2, 2, 3, 1)        循环调用
N40 G0 X55
N50 Z10
N60 X40                                 轴方式运行
N70 M30                                 程序结束
```

用这个程序可以加工一个螺纹链，以圆柱螺纹开始。进刀垂直于螺纹，既不编程精加工余量，也不编程起始点偏置。执行5个粗切削和一个空走刀。加工方式规定为纵向，外部并带恒定切削截面。

以下是一个在实际生产应用过的外螺纹链加工程序。

```
MPF 0008
N640 G01 X550.0 Z640.0 F3500
N645 M00
N655, (TOOL 8)
N660 G54
N665 G71
N670 G90
N675 G94
N680 G18
N685 T0
N690 D0
N695 G00 X550.0 Z640.0
N700 M53 T8
N705 D1
N710 G58 X = -26.0 Z = -290.0 + R3
N715 S320 M03
N720 G94
N725 G01 X300.0 Z884.364 F5000
N730 G59 Z = R0
N735 G01 X277.554 Z885.951
N750 CYCLE98(885.951, 277.704, 784.929, 303.310, 782.929, 308.310, 782.929,
308.310, 3, 0, 3.99,,,, 13, 0, 5.08, 5.08, 5.08, 3, 1)
N765 G01 X400.0 F5500
N770 G58 X0.0 Z0.0
N775 T0
N780 D0
N785 G53
N790 G01 X600.0 Z640.0
N795 M05
N800 M01
```

【实例6-15】 如图6-31所示为3inLPT(石油管线管螺纹)内螺纹。试在SIEMENS-802D系统中编制其车削程序。

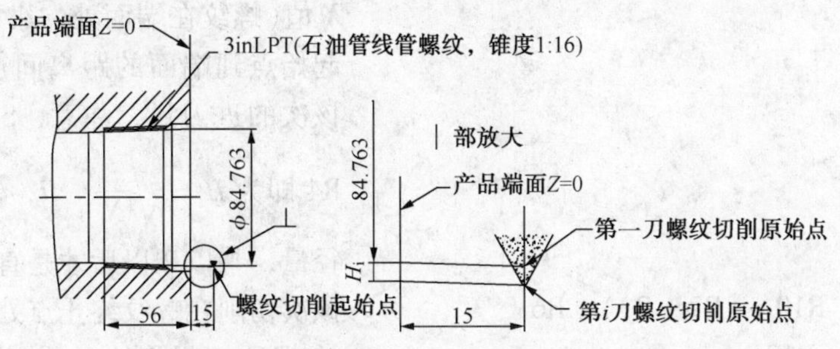

图6-31 3inLPT内螺纹

对于小螺距的螺纹，通常采用直切方式——即垂直于螺纹轴线的方向——进刀。每次进刀的量，按照"近似恒定切削力"的原理，依次递减，对于牙形为三角形的螺纹而言，递减的规律(推导过程见后)如下：

以刀尖在螺纹切削原始点为进刀深度的零点，原始点的Z值通常设在离开端面10~20mm处，原始点的X值在螺纹牙顶锥面(如果是直螺纹，则是牙顶圆柱面)上。第i刀的进刀深度为：$H_i=\sqrt{\frac{i}{N}}\cdot H$(式中，$i=1$，2，3，……，$N-1$，$N$，$H_i$为当前的进刀次数，$N$为螺纹切削完成时的总进刀次数，$H$为螺纹切削完成时的总进刀深度。如图6-32所示。

本例切削加工程序中的各参数涵义如下：

R1——螺纹在$Z=0$处的小径；

R2——每次螺纹切削的Z向走刀起始点；

R3——螺纹切削的Z向终止点；

R4——螺纹切削的进刀总深度；

R5——螺距的导程(对于单头螺纹来说，就是螺距)；

R6——螺纹锥面的锥度比，本例的螺纹锥度比为1：16，即$\frac{1}{16}=0.0625$；

R7——总进刀次数，本例设为12刀切成；

R8——当前的进刀次数，初值为1；

R9——每次切削后的退刀量。

程序如下：

MPF 0009	程序名
N10 R1=84.763 R2=15 R3=-56	
R4=2.357 R5=3.175 R6=0.0625 R7=12	
R8=1 R9=-5	给各变量赋初值
N20 T3 D1 G54 G0 X=R1 Z=R2	调取3号刀位的螺纹刀，并读取其刀补值，读取机床零偏值，将机床(的刀具尖点)快速运行到进刀前的起始点
N30 M3 M8 S300	主轴正转，转速：每分钟300r，冷却液开

N40 AA1：R10 = R1 + R2 * R6 + SQRT (R8/R7) * R4 * 2	设置循环起始标志 A1，计算该次进刀的 X 值(螺纹在端面处的小径 + 锥面在切削起始点到端面的距离间产生的直径差 + 该次的进刀量，注意，SQRT(R8/R7) * R4 即为 $H_i = \sqrt{\frac{i}{N}} \cdot H$，是该次进刀的半径量，乘以 2 以后才是直径量。)
N50 R11 = R10 - (R2 - R3) * R6	该次切削在螺纹终止点处的 X 值
N60 G0 X = R10	在螺纹切削起始点处，该次进刀后的 X 轴位置
N70 Z = R2	螺纹切削起始点的 Z 轴位置
N80 G33 X = R11 Z = R3 K = R5	螺纹切削
N90 G0 X = R11 + R9	沿 X 方向退刀
N100 Z = R2	沿 Z 方向退刀
N110 R8 = R8 + 1	记录本次切削
N120 IF R8 < = R7 GOTOB AA1	条件转移：是否已经达到总进刀次数？如果没有达到就返回到循环起始标志处，如果已经达到就继续往下执行
N130 M5 M9 Z200	主轴停，冷却液关，机床退到离开产品端面 200mm 处
N140 M30	程序结束

6.3.4 三角形螺纹加工在直切方式下的进刀量递减规律的推导

我们知道，切削阻力与其切削面积成正比，要使得每刀的切削力近似相等，其实就是使每次进刀所切掉的面积相等。

图 6-32 为三角螺纹(忽略刀尖圆弧)的横截面，三角形 *FGE* 为切削完成后的牙形；三角形 *CDA* 为第一刀切削时所形生的牙形；三角形 *C'D'A'* 为第二刀切削后所形生的牙形。

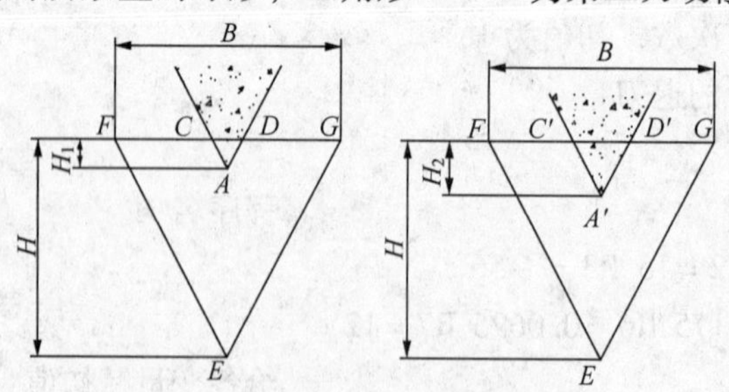

图 6-32 三角螺纹牙形和切深示意图

设螺纹完整牙形截面的面积为 *S*

$$S = \frac{1}{2} \cdot B \cdot H \tag{6-1}$$

第一次切削深度为 H_1，切削的面积为 S_1

$$S_1 = \frac{1}{2} \cdot \overline{CD} \cdot H_1$$

$\because$ $\bigtriangledown CDA$ 与 $\bigtriangledown FGE$ 为相似三角形

$\therefore \frac{\overline{CD}}{B} = \frac{H_1}{H}$

得 $\overline{CD} = \frac{H_1 \cdot B}{H}$

于是，
$$S_1 = \frac{1}{2} \cdot \frac{H_1 \cdot B}{H} \cdot H_1 = \frac{B \cdot H_1^2}{2H} \tag{6-2}$$

由于完整牙形的总面积 S 是由 N 次进刀切削所形成，每次进刀的切削面积要求相等，也就是三角形 CDA 的面积应为：$S_1 = \frac{S}{N}$，将式(6-1)和式(6-2)分别代入后，得：

$\frac{B \cdot H_1^2}{2H} = \frac{B \cdot H}{2N}$化简后得

$H_1^2 = \frac{H^2}{N}$，两边开方后得：

$$H_1 = \pm \frac{H}{\sqrt{N}}\text{，舍去不合题意的负值，即 } H_1 = \sqrt{\frac{1}{N}}H \tag{6-3}$$

同理，由第二次进刀所形成的三角形 $C'D'A$ 的面积可得：

$$S_2 = \frac{1}{2} \cdot \frac{H_2 \cdot B}{H} \cdot H_2 = \frac{B \cdot H_2^2}{2H} = 2\frac{S}{N} = \frac{B \cdot H}{N} \tag{6-4}$$

即 $H_2 = \sqrt{\frac{2}{N}}H$，依次类推，即得第 i 刀的进刀深度为：

$$H_i = \sqrt{\frac{i}{N}} \cdot H \tag{6-5}$$

推导完。

对于螺距较大的螺纹，若仍采用直切进刀的方式，在切削的后半程，刀具与产品的接触面积就会很大，切削时就容易发生共振现象(俗称发颤)，使加工出的螺纹表面存在严重的颤纹，产品无法满足使用要求。为此，可以考虑如下的切削方式。

将螺纹的总切削深度留一定的精切余量后，剩下的量分为若干等分，在每个等分内按例1 的直切法进行切削。之后再将该深度下的螺纹牙形用横向进刀切削将其加宽到位，这样，无论是直切进刀还是横切进刀，每次切削的量，都只发生在螺纹一个等分深度之内，不会发生刀具与产品接触面积过大的情况，因而也就不易发生共振。下面以梯形螺纹为例，介绍这种切削方法，并在 SIEMENS-802D 系统上以这种切削方法进行编程。

【实例 6-16】 如图 6-33 所示为某产品的一部分，其右端为长度为 60mm 的梯形螺纹 Tr100x12，试在 SIEMENS-802D 系统里编制其车削程序。

牙形如图 6-34 所示。这属于螺距比较大的螺纹，我们可以根据以往的经验，这种螺纹一般用“成形”刀具加工(所谓“成形”刀具，就是刀尖宽和牙型角与螺纹牙形一致的刀具)，将螺纹牙形的全高进行四等分(此例不留精车余量)，每等分的切深增量均为 6.5/4 = 1.625(半径方向)，即第一次的切深为 1.625；第二次为 2 × 1.625 = 3.25；第三次为 3 × 1.625 =

4.875；第四次为 4×1.625=6.5。

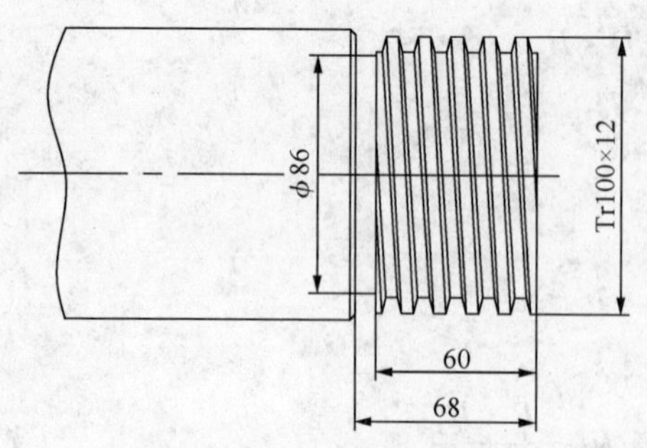

图 6－33　产品梯形螺纹部分

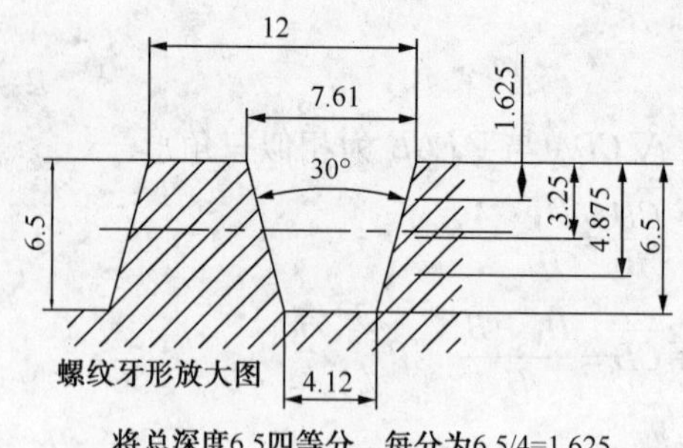

图 6－34　梯形螺纹牙形放大

将每次的切深增量(1.625)按"近似恒切削力"的方式进行分配。

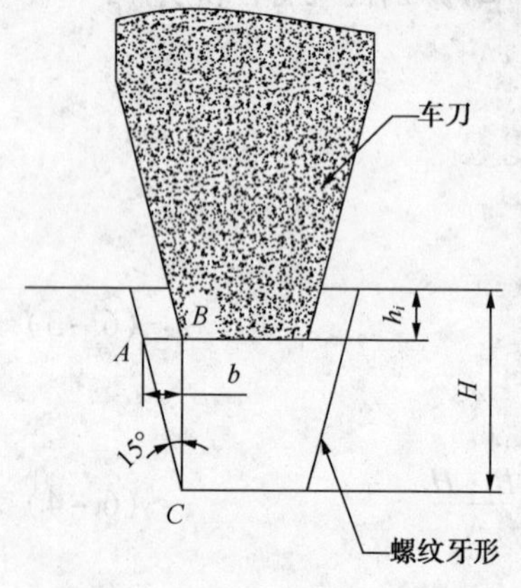

图 6－35　第 i 次切深后的牙形

每完成一次 1.625mm 的切深后，紧接着要做的事情就是将螺纹在该次切深下的完整牙形宽度切够，为此就要计算在该次切深时螺纹完整牙形宽度的切削余量。按照每刀 0.1～0.15mm 的横向吃刀量，计算所需要的走刀次数，再将走刀次数圆整(例如，第一次切深增量 1.625 完成后，螺纹的宽度余量为 1.306，需要的横向走刀次数为 1.306/0.15 = 8.707，应该将其圆整为 9)，圆整后再反过来计算实际的每刀横向吃刀量。

假设第 i 次切深已经完成，剩余切深为 $H-h_i$，直角三角形 ABC 的边长 b 就是螺纹牙形在此高度下的宽度余量的一半，其值为：$b=(H-h_i)\times tg15\ (i=1,2,3,4)$。如图 6－35 所示。

这个宽度余量就要用"横向进刀"进行切削。

第一次切深 h_1 完成后的螺纹牙形和左、右横向进刀完成后的牙形见图 6－36 的粗实线部分。

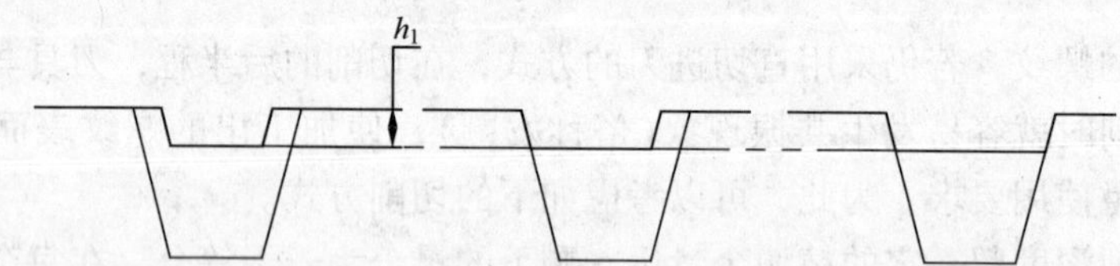

图 6－36　第一次切深完成后的几种情况

第 i 次切深完成后的螺纹牙形和左、右横向进刀完成后的牙形见图 6－37。

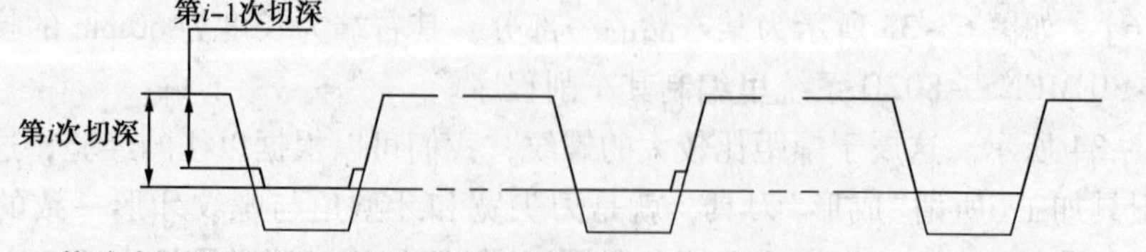

图 6－37　第 i 次切深完成后的几种情况

根据上述分析，可确定采用2重循环的宏程序进行编程。

外层循环共循环4次，每个切深增量一次。

内层循环包含3个循环程序，分别用于完成各次切深增量的直切进刀循环和用于左、右横向加宽的左横向进刀循环和右横向进刀循环。

内层循环中的3个循环程序的循环次数是这样确定的：直切进刀循环为5次，即将1.625(反映在直径上就是3.25)的切深增量分5次进刀完成，这5次的进刀量按“恒切削力”原理进行分配。

左横切进刀循环和右横切进刀循环次数相同，循环次数由螺纹在此时的宽度余量决定。

为使读者更好地读懂程序，首先介绍宏程序中的各变量的含义：

R1——螺纹外径(本例中该值为100)；

R2——螺纹直切加工时的(*Z*值)起始点坐标(本例中该值取为10)；

R3——螺纹高度的等分数(本例为4等分，由于总高度为6.5，故高度的每等分值为1.625)；

R4——螺纹每等分高度的切削刀数(由于本例的每等分切深为1.625，故将切削刀数设为5)；

R5——螺纹高度每等分的值(本例在半径上为1.625，在直径上测量就为1.625×2=3.25)；

R6——已经完成了的外层循环次数；

R7——内层循环总次数；

R8——螺距；

R9——螺纹切削的结束点*Z*坐标；

R10——上次外循环结束时的*X*坐标；

R11——当前切削的*X*坐标；

R12——螺纹牙形总高；

R13——螺纹横向切削余量；

R14——当前内循环次数；

R15——内层循环中每一次的横向进刀量；

R16——当前循环次数下的横向进刀总量。

程序如下：

程序	说明
MPF 0010	程序名
N10 R1 =100 R2 =10 R3 =4 R4 =5 R5 =3.25 R6 =0 R8 =12 R9 = -67 R12 =6.5	给各变量赋初值
N20 G54 G0 T1 D1 G0 X105 Z100	调取零点偏置、1号刀位和1号刀补值，机床走位
N30 M3 M8 S250	主轴正转、转速250r/min、打开冷却
N40 WXH：	外循环起始位置标志
N50 R10 = R1 - R6 × R5 R14 = 1	计算直切开始前的起始位置，给本次循环切削次数赋初值
N60 ZHIQIE：R11 = R10 - SQRT (R14/R4) × R5	直切内循环起始标志，计算本次切削进

刀值

N70 G0 X = R11 Z = R2	机床走到准备进行螺纹切削的位置
N80 G33 Z = R9 K = R8	恒螺距螺纹切削
N90 G0 X = R1 + 5	*X* 轴退刀
N100 Z = R2	*Z* 轴退刀
N110 R14 = R14 + 1	直切循环次数 +1(为下次计算进刀位置做准备)
N120 IF R14 < = R4 GOTOB ZHIQIE	判断否达到了预定的循环次数，如果没有达到预定循环次就进入下一次内循环，程序指针移到 N60 处，再进行一次直切方式的螺纹切削，否则程序指针就移到 N130 处
N130 R6 = R6 + 1	外循环次数 +1
N140 R13 = (R12 - R6 × R5/2) × TAN(15) R14 = 1	计算横向切削余量，给横向进刀次数赋初值
N150 IF R13 = 0 GOTOF WEND	如果横向切削余量为 0，则表示已经完成了螺纹切削，程序转向结束，否则执行 N160
N160 R7 = R13/0.1	计算横向进刀总次数
N170 R7 = TRUNC(R7)	对横向进刀总次数进行取整运算
N180 IF R7 > = 1 GOTOF HQZ	如果圆整后的横向进刀总次数大于或等于 1，就直接到左横向进刀循环的起点(N200)处，否则执行 N190
N190 R7 = 1	给横向进刀总次数赋值
N200 HQZ:	左横向进刀切削循环起始位置标志
N210 R15 = R13/R7	计算每次的实际横向进刀量
N220 R16 = R2 - R14 × R15	计算该次总横向进刀量
N230 X = R11 Z = R16	机床移动到准备进行螺纹切削的位置
N240 G33 Z = R9 K = R8	螺纹切削
N250 G0 X = R1 + 5	*X* 向退刀
N260 Z = R2	*Z* 向退刀
N270 R14 = R14 + 1	横向进刀次数 +1
N280 IF R14 < = R7 GOTOB HQZ	如果横向进刀次数没有达到预定值，转向左横向进刀切削循环的起始点(N200 处)，如果横向进刀次数已经达到预定值则转向执行 N290
N290 R14 = 1	给右横向进刀次数赋初值
N300 HQY:	右横向进刀循环起始位置标志
N310 R16 = R2 + R14 × R15	计算该次总横向进刀量
N320 X = R11 Z = R16	机床移动到准备进行螺纹切削的位置
N330 G33 Z = R9 K = R8	螺纹切削
N340 G0 X = R1 + 5	*X* 向退刀

N350 Z = R2　　Z 向退刀

N360 R14 = R14 + 1　　横向进刀次数 + 1

N370 IF R14 < = R7 GOTOB HQY　　如果横向进刀次数没有达到预定值，转向右横向进刀切削循环的起始点(N300 处)，如果横向进刀次数已经达到预定值则转向执行 N380

N380 WEND：

N390 IF R6 < = R3 GOTOB WXH　　如果外层循环次数未达到预定值，程序指针就指向下一次外循环的起始位置，否则就转到 N400 处

N400 G0 Z300 M5 M9　　切削完成，机床 Z 向移动到 300mm 处，主轴停，冷却关

N410 M30　　程序结束

【实例 6 - 17】 试编制图 6 - 38 所示螺纹的剃除螺头、螺尾的车削程序。

无论是剃螺头还是剃螺尾，都要用到“螺纹链”的方法编程。我们先来分析剃除螺头的原理。

螺头的尖锐部分形成的原因是由于螺纹升角的存在，螺纹牙面与端平面相交的所形成的交线就是尖锐部分的“刀刃”。其附近的部分就是尖锐部分，消除这个尖锐部分就是要用另外一个“渐升面”覆盖在这个尖锐的部分上，如图 6 - 39 所示。

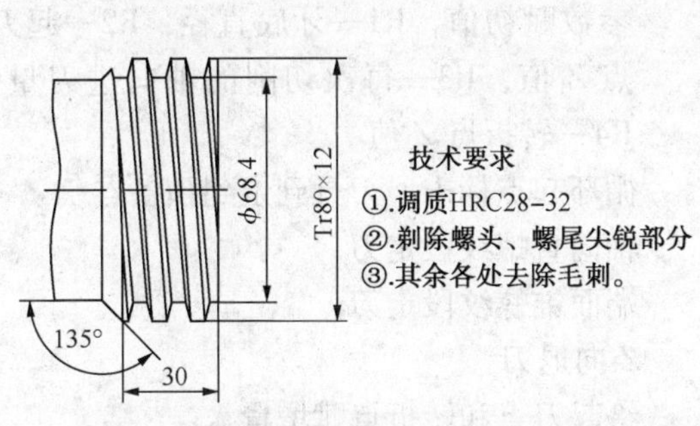

图 6 - 38　剃除螺头螺尾前的梯形螺纹

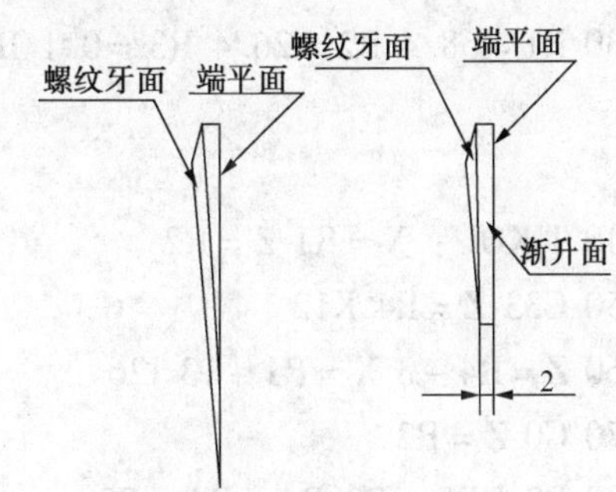

图 6 - 39　剃除螺头前后的螺纹尖锐部分对比

现在就来看看这个渐升面是如何产生的。我们设想有这样的两条平行曲线段：它的一端和螺纹的牙底(圆柱面)相切，另一端与螺纹的牙顶相交，它有着和螺纹相同的升角。我们将这两条曲线的对应点相连，这些连线所构成的曲面就是我们想要的渐升面。于是，要去除螺纹尖锐部分，就是要构建一簇这样的曲线。这个曲线是由刀具的斜直线运动加上产品的旋转运动复合出来的曲线。我们要做的事情就是确定刀具斜直线的运动轨迹和每一条这种斜直线运动的起始点和终止点。每一条曲线就是一条端面锥度螺纹曲线，其锥角的大小决定了渐升面的陡峭程度，渐升面越陡峭，被修整掉的尖锐部分就越少。渐升面越平缓，被修整掉的尖锐部分就越多。

现在，假设修整后螺纹尖锐部分的最小宽度为 2mm，被修整的螺纹为 1/4 扣，那么，剃扣(最后一刀)的起始点与螺纹切削的起始点 Z 向距离应该是螺距的整数倍加上一个螺纹牙底的宽度。

切削方法就是将螺纹的起刀点渐次后移(或前移)，先走轴向螺纹，走到削平点后，转

为走端面锥度螺纹。如图 6－40 所示。

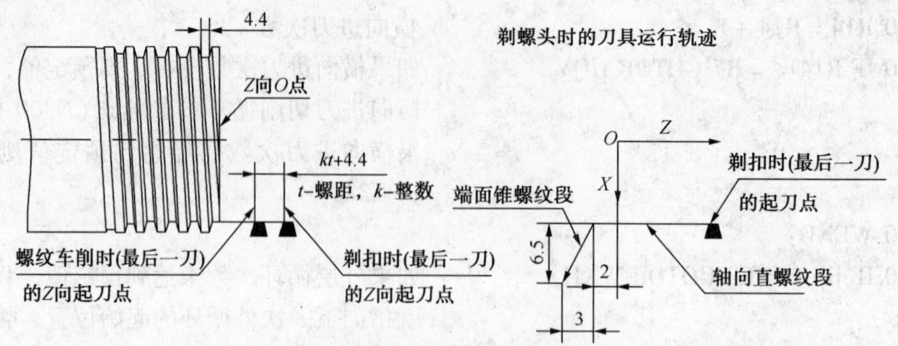

图 6－40　剃除螺头的刀具运行轨迹

现在，假设螺纹切削时的起刀点 Z 值为 20，剃扣的轴向进刀量为 0.1，则剃扣第一刀起始点的 Z 值为：20＋4.4＋2＝26.4，转折点的 Z 值为 0，第二刀的起刀点 Z 值为 26.3，转折点为－0.1，依次类推，最后一刀的起刀点的 Z 值为 24.4，转折点为－2。

程序如下：

MPF 0011	程序名
N10 T1 D1 G54 G0 X82	调取刀位、刀补值和零偏值
N20 Z100 M4 M8 S300	右旋螺纹，所以机床反转，转速 300r/min，开冷却液
N30 R1＝68.4 R2＝26.4 R3＝0.1 R4＝0	参数赋初值，R1—牙底直径，R2—起刀点 Z 值，R3—每次切削的轴向进刀量，R4—转折点 Z 值
N40 TIKOU：X＝R1 Z＝R2	循环起点标志，刀具到走到预备点
N50 G33 Z＝R4 K12	轴向直螺纹段走刀
N60 Z＝R4－3 X＝R1＋13 I26	端面锥螺纹段走刀
N70 G0 Z＝R2	Z 向退刀
N80 R2＝R2－R3 R4＝R4－R3	给起刀点和转折点赋增量
N90 IF R4＞＝－2 GOTOB TIKOU	判断是否切削完成，如果尚未完成，转到循环起始点
N100 Z100 M5 M9	停主轴，关冷却液
N110 M30	程序结束

下面来研究剃螺尾扣。

螺尾与螺头的剃扣方法不同，因为它无法进行轴向进刀，因此必须采取径向进刀来进行。螺尾剃扣的走刀形式如图 6－41 所示。

由剃螺头的分析可知，剃螺尾要做的工作是：确定起刀点的偏移量、确定刀具运行轨迹和确定两个转折点的位置。

先来确定偏移量，假设螺尾的剃削宽度为 2mm，那么，螺纹切削的起始点和螺尾剃削的起始点偏移量就必须大于 2mm，为保险起见，我们设起刀点的偏移量为 3mm，第一个转折点的 Z 值为－30，第二个转折点距第一个转折点的 Z 向增量为－3，X 向增量为－11.6（直径量，相当于螺距为 23.2 的端面螺纹转 1/4 圈所走的径向距离）。

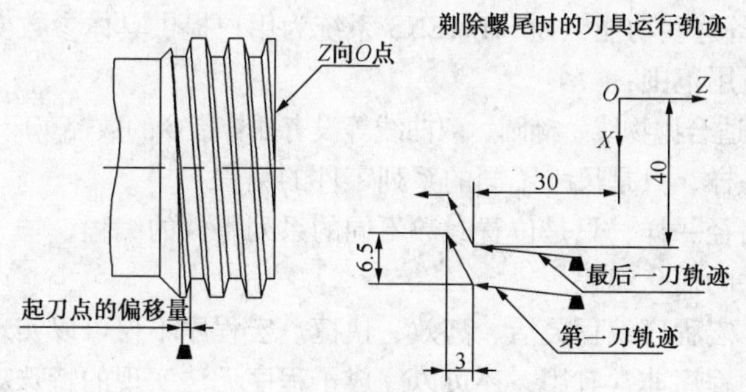

图 6-41 剔除螺尾的刀具运行轨迹

程序如下：

MPF 0012	程序名
N10 T1 D1 G54 G0 X95	调取刀位、刀补值和零偏值
N20 Z100 M4 M8 S300	右旋螺纹，机床反转，转速300r/min，开冷却液
N30 R1 =90 R2 = -19 R3 =0.2	
R4 = -30	参数赋初值，R1—第一刀转折点处直径，R2—起刀点 Z 值，R3—每次切削的径向进刀量，R4—第一转折点处 Z 值
N40 TIKOU1： X = R1 +5 Z = R2	循环起点标志，刀具到走到预备点
N50 G33 X = R1 Z = R4 K12	轴向锥螺纹段走刀
N60 Z = R4 -3 X = R1 -11.6 I23.2	端面锥螺纹段走刀
N70 Z = R4 -6 K12	轴向直螺纹段走刀
N80 G0 X = R1 +5	X 向退刀
N90 R1 = R1 - R3	赋切削增量
N100 IF R1 > =80 GOTOB TIKOU1	判断是否切削完成，如果尚未完成，转到循环起始点
N110 Z100 M5 M9	停主轴，关冷却液
N120 M30	程序结束

通过以上几个例子，我们看到，利用用户宏程序进行编程，有以下几个特点：①可以充分利用数控系统的计算功能，将大量的计算交由计算机来完成，我们所要做的事情就是建立合适的数学模型；②能使原本很庞大的程序变得短小精干，而且层次分明；③通过改变程序中的某些参数，就可以很方便地改变程序循环的次数，走刀的快慢等指标。

6.4 宏程序编程

用户把实现某种功能的一组指令像子程序一样预先存入存储器中，用一个指令代表其存储功能，在程序中只要指定该指令应能实现该功能。把这一组指令称为用户宏程序。把代表指令称为用户宏程序调用指令，称为宏指令。

数控系统为用户配备方便的类似于高级语言的宏程序功能，用户可以使用变量进行算术运算、逻辑运算和函数的混合运算，根据循环语言、分支语言和子程序调用语言等，编制各种复杂的零件加程序，减少了手工编程时进行的数值计算及精简程序等工作。

FANUC 系统具备这些功能，而 SIEMENS 系统为用户提供具体参数变量进行编程。

宏程序编程的适用范围：

(1) 宏程序指令适合抛物线、椭圆、双曲线等没有插补指令的数控车床的曲线手工编程。

(2) 适合图形一样，只是尺寸不同的系列零件的编程。

(3) 适合工艺路径一样，只是位置参数不同的系列零件的编程。

(4) 有利于零件的简化编程。

在数控编程中，宏程序编程灵活、高效、快捷。宏程序不仅可以实现象子程序那样，对编制相同加工操作的程序非常有用，还可以完成子程序无法实现的特殊功能，例如型腔加工宏程序、固定加工循环宏程序、球面加工宏程序、锥面加工宏程序等。

FANUC 宏程序还可以实现系统参数的控制，如坐标系的读写、刀具偏置的读写、时间信息的读写、倍率开关的控制等。

SIEMENS 参数编程与 FANUC 类似，但功能要弱一些。变量以“R”开始，如：R0、R1、R99。不包含系统变量，系统变量以 “$” 开头。

6.4.1 FANUC 宏程序的变量

1. FANUC 宏程序的变量种类

FANUC 数控系统变量表示形式为# 后跟 1 ~4 位数字，变量种类有 4 种，见表 6 –5。刀具补偿存储器 C 的系统变量见表 6 –6。

表 6 –5 变量的 4 种类型

变 量 号	变量类型	功 能
#0	空变量该变量总是空，	没有任何值能赋给该变量
#1——#33	局部变量	局部变量只能用在宏程序中存储数据，例如运算结果。当断电时局部变量被初始化为空，调用宏程序时自变量对局部变量赋值
#100—#199 #500—#999	公共变量	公共变量在不同的宏程序中的意义相同当断电时变量#100 #199 初始化为空变量 #500 #999 的数据保存即使断电也不丢失
#1000——	系统变量	系统变量用于读和写 CNC 运行时各种数据的变化例如刀具的当前位置和补偿值等

表 6 –6 刀具补偿存储器 C 的系统变量

补偿号	刀具长度补偿(H)		刀具半径补偿(D)	
	几何补偿	磨损补偿	几何补偿	磨损补偿
1	#11001(#2201)	#10001(#2001)	#13001	#12001
2	#11002(#2202)	#10002(#2002)	#13002	#12002
3	#11003(#2203)	#10003(#2003)	#13003	#12003
⋮	⋮	⋮	⋮	⋮
200	#11200(#2400)	#10200(#2200)	#13200	#12200
⋮	⋮	⋮	⋮	⋮
400	#11400	#11400	#13400	#12400

当变量值未定义时这样的变量成为空变量，变量#0 总是空变量它不能写只能读。

1）引用

当引用一个未定义的变量时地址本身也被忽略。

当#1 = <空>　　　　当#1 =0

G90X100Y#1 G90X100Y#1

G90X100 G90X100Y0

2）运算

除了用空赋值以外其余情况下空与0 相同。

当#1 = 空时　　　　当#1 =0 时

#2 =#1　　　　#2 =#1

#2 =空　　　　#2 =0 时

#2 =#1 * 5　　　　#2 =#1 * 5

#2 =0　　　　#2 =0

#2 =#1 + #1　　　　#2 =#1 + #1

#2 =0　　　　#2 =0

3）条件表达式

EQ 和 NE 中的空不同于0。

#1 =空　　　　#1 =0

#1EQ#0　　　　#1EQ#0

成立　　　　不成立

#1NE0#0　　　　#1NE0#

成立　　　　不成立

#1GE0#0　　　　#1GE0#0

成立　　　　成立

#1GT0#0　　　　#1GT0#0

不成立　　　　不成立

4）限制

程序号顺序号和任选程序段跳转号不能使用变量。

例如在以下方式中不可使用变量：

O#1

/#2G00X100.0

N#3Z200.0

2. FANUC 宏程序运算符(表 6 –7、表 6 –8)

表 6 –7　FANUC 宏程序的算术或逻辑运算表达式

功　能	格　式	备　注
定义	#i = #j	
加法	#i = #j + #k	
减法	#i = #j – #k	
乘法	#i = #j * #k	

续表

功能	格式	备注
除法	#i = #j / #k	
正弦	#i = SIN[#j]	角度以度指定，如90°30′表示为90.5°
反正弦	#i = ASIN[#j]	
余弦	#i = COS[#j]	
反余弦	#i = ACOS[#j]	
正切	#i = TAN[#j]	
反正切	#i = ATAN[#j]/[#k]	
平方根	#i = SQRT[#j]	
绝对值	#i = ABS[#j]	
舍入	#i = ROUND[#j]	
上取整	#i = FIX[#j]	
下取整	#i = FUP[#j]	
自然对数	#i = LN[#j]	
指数函数	#i = EXP[#j]	
或	#i = #j OR #k	逻辑运算一位一位的按二进制数执行
异或	#i = #j XOR #k	
与	#i = #j AND #k	
从BCD转为BIN	#i = BIN[#j]	用于与PMC的信号交换
从BIN转为BCD	#i = BCD[#j]	

注：角度单位是度，如90°30′表示为90.5°。

表6-8 FANUC宏程序的条件表达式运算符

运算符	含义	运算符	含义
EQ	等于	NE	不等于
GT	大于	GE	大于或等于
LT	小于	LE	小于或等于

3. 算术和逻辑运算控制语句

FANUC宏程序的转移和循环在程序中，使用GOTO语句和IF语句可以改变控制的流向。有3种转移和循环操作可供使用：

GOTO语句(无条件转移)

IF语句(条件转移：IF…THEN…)

WHILE语句(当…时循环)

无条件转移：GOTOn(n为顺序号，1~99999)

例：GOTO10为转移到N10程序段。

条件转移：(IF语句)

IF［条件表达式］GOTOn

当指定的条件表达式满足时，转移到标有顺序号 n 的程序段，如果指定的条件表达式不满足时，执行下个程序段。

例：如果变量#1 的值大于 10，转移到顺序号 N2 的程序段。不满足条件时，执行下个程序段。

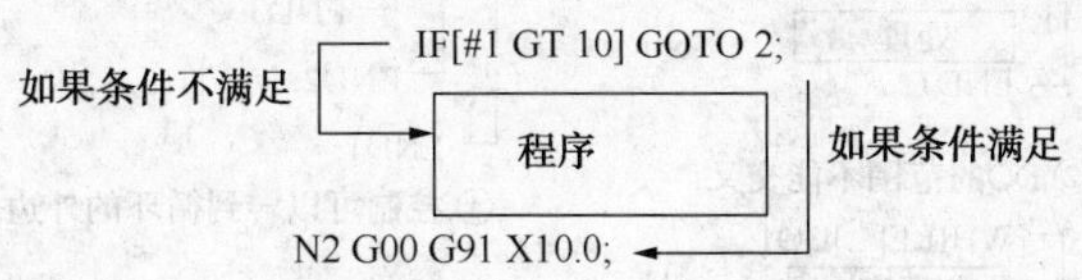

IF［条件表达式］THEN

当指定的条件表达式满足时，执行预先决定的宏程序语句。只执行一个宏程序语句。

例：如果#1 和#2 的值相同，0 赋给#3。

IF[#1 EQ #2]THEN #3 =0；

WHILE 语句)

在 WHILE 后指定一个条件表达式，当指定条件满足时，执行从 DO 到 END 之间的程序。否则，转到 END 后的程序段。

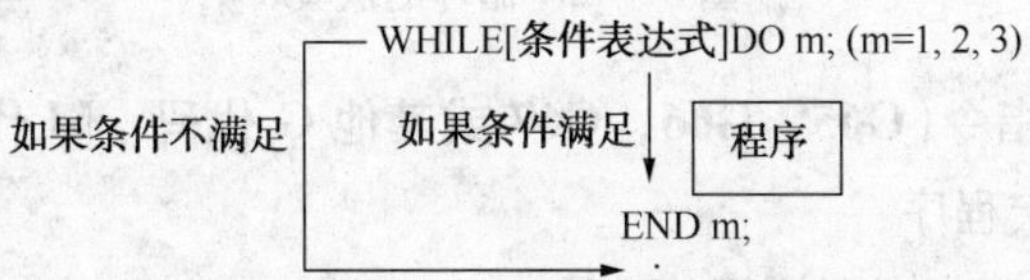

当指定的条件满足时，执行 WHILE 从 DO 到 END 之间的程序。否则，转而执行 END 之后的程序段。这种指令格式适用于 IF 语句。DO 后的号和 END 后的号是指定程序执行范围的标号，标号值为 1、2、3。若用 1、2、3 以外的值会产生 P/S 报警 No.126。

例：下面的程序计算数值 1 ~10 的总和。

O0001

#1 =0

#2 =1

WHILE[#2 LE 10]DO 1　　如果变量#2 的值不小于等于 10，转移到 END 1 程序段；如果变量#2 的值小于等于 10 执行下个程序段

#1 =#1 +#2

#2 =#2 +1

END 1

M30

在 DO—END 循环中的标号(1 到 3)可根据需要多次使用。但是，当程序有交叉重复循环(DO 范围的重叠)时，出现 P/S 报警 No.124。当指定 DO 而没有指定 WHILE 语句时，产生从 DO 到 END 的无限循环。当在 GOTO 语句中有标号转移的语句时，进行顺序号检索。反向检索的时间要比正向检索长。用 WHILE 语句实现循环可减少处理时间。在使用 EQ 或 NE 的条件表达式中，〈空〉和零有不同的效果。在其他形式的条件表达式中，〈空〉被当作零。如图 6 -42 所示。

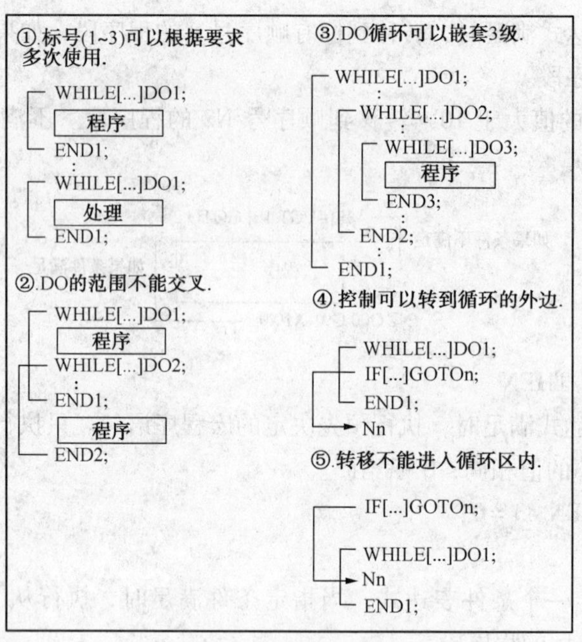

图 6－42　循环的嵌套

4. 包含宏程序调用指令(G65，G66，G67 或其他 G 代码，M 代码调用宏程)

用下面的方法调用宏程序：

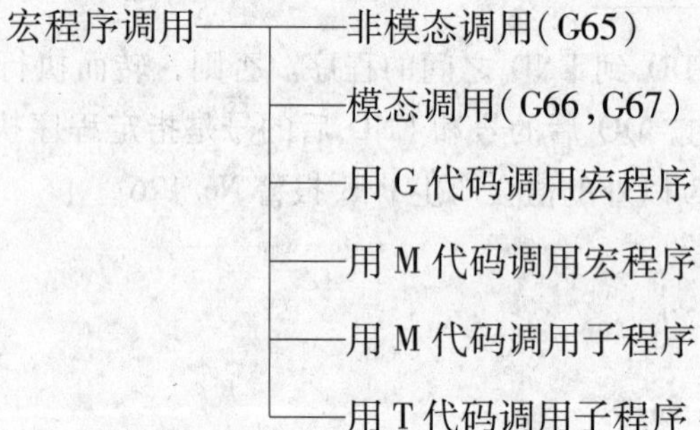

5. 宏程序调用与子程序调用的区别

用(G65)调用宏程序不同于子程序调用(M98)。

(1) 用 G65，可以指定自变量(数据传送到宏程序)。M98 没有该功能。

(2) 当 M98 程序段包含另一个 NC 指令(例如，G01 X100.0 M98Pp)时，在指令执行之后调用子程序。相反，G65 无条件地调用宏程序。

(3) M98 程序段包含另一个 NC 指令(例如，G01 X100.0 M98Pp)时，在单程序段方式中，机床停止。相反，G65 机床不停止。

(4) 用 G65，改变局部变量的级别。用 M98，不改变局部变量的级别。

G65　P　L　(自变量)

P——指定用户宏程序的程序号。

L——后指定从 1 ~ 9999 的重复次数。省略 L 值时认为 L 等于 1。

(自变量)——其值被赋值到相应的局部变量。

例：

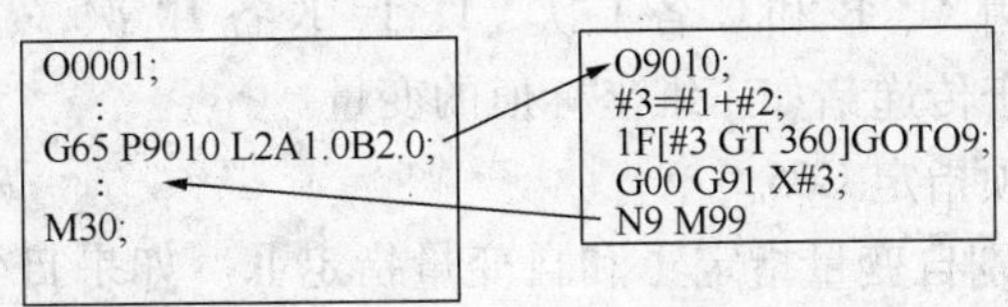

P9010——指定宏程序号 O9010；

L2——指定重复次数 2 次；

A1. 0B2. 0——1. 0 赋值到#1，2. 0 赋值到#2。

自变量指定 I 如下：

地址	变量号
A	#1
B	#2
C	#3
D	#7
E	#8
F	#9
H	#11

地址	变量号
I	#4
J	#5
K	#6
M	#13
Q	#17
R	#18
S	#19

地址	变量号
T	#20
U	#21
V	#22
W	#23
X	#24
Y	#25
Z	#26

（1）自变量指定 I，不使用 G、L、O、N 和 P 字母。

（2）自变量指定 I，每个字母指定一次。

（3）不需要指定的地址可以省略，对应于省略地址的局部变量设为空。

（4）地址不需要按字母顺序指定。但应符合字地址的格式。但是，I、J 和 K 需要按字母顺序指定。

例：

B_ A_ D_ ……J_ K_ 正确

B_ A_ D_ ……J_ I_ 不正确

自变量指定Ⅱ如下：

地址	变量号
A	#1
B	#2
C	#3
I1	#4
J1	#5
K1	#6
I2	#7
J2	#8
K2	#9
I3	#10
J3	#11

地址	变量号
K3	#12
I4	#13
J4	#14
K4	#15
I5	#16
J5	#17
K5	#18
I6	#19
J6	#20
K6	#21
I7	#22

地址	变量号
J7	#23
K7	#24
I8	#25
J8	#26
K8	#27
I9	#28
J9	#29
K9	#30
I10	#31
J10	#32
K10	#33

（1）自变量指定Ⅱ使用 A、B 和 C 各 1 次，I、J、K 各 10 次，

（2）自变量指定Ⅱ用于传递诸如三维坐标值的变量。

（3）任何自变量前必须指定 G65。

（4）CNC 内部自动识别自变量指定Ⅰ和自变量指定Ⅱ。如果自变量指定Ⅰ和自变量指定Ⅱ混合指定的话，后指定的自变量类型有效。

例：

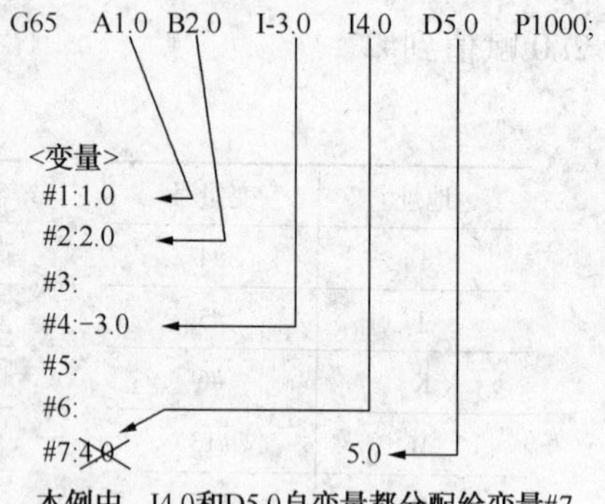

用 G66 模态调用宏程序后需 G67 取消模态调用。

例：

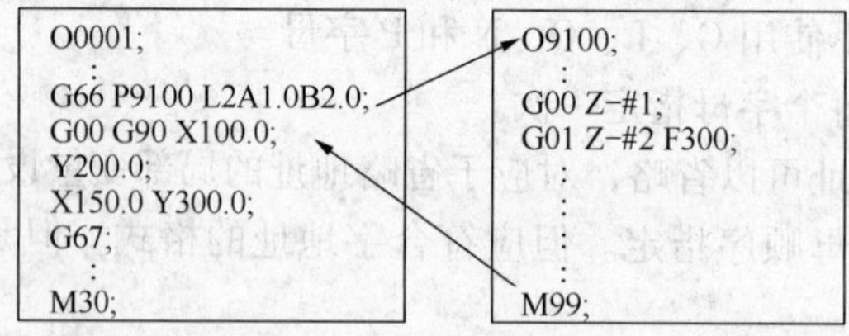

G 代码调用宏程序，与非模态调用(G65)同样的方法。

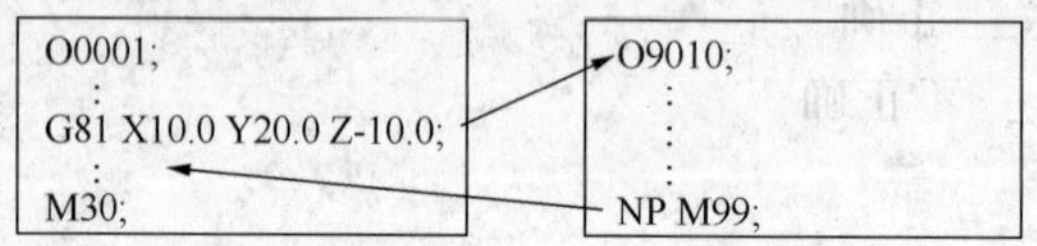

参数 No. 6050 = 81

参数(No. 6050 ~ No. 6059)中设置调用用户宏程序(O9010 ~ O9019)

M 代码调用宏程序，与非模态调用(G65)方法一样。

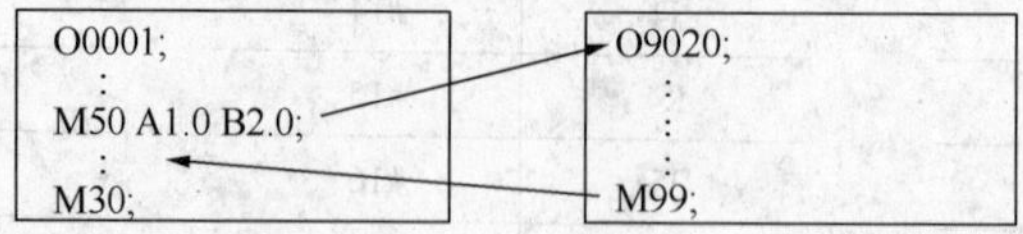

参数 No. 6080 = 50

参数(No. 6080 ~ No. 6089)中设置调用用户宏程序(O9020 ~ O9029)

M 代码调用子程序(宏程序)，可与子程序调用(M98)相同的方法。

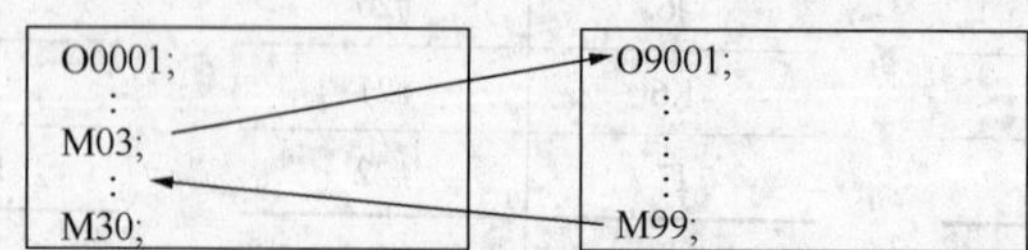

参数 No. 6071 = 03

参数(No. 6071 ~ No. 6079)中设置调用子程序的 M 代码(从 1 ~ 99999999)，相应的用户宏程序(O9001 ~ O9009)可与 M98 同样的方法用。

T 代码调用子程序(宏程序)，每当在加工程序中指定该 T 代码时，即调用宏程序。

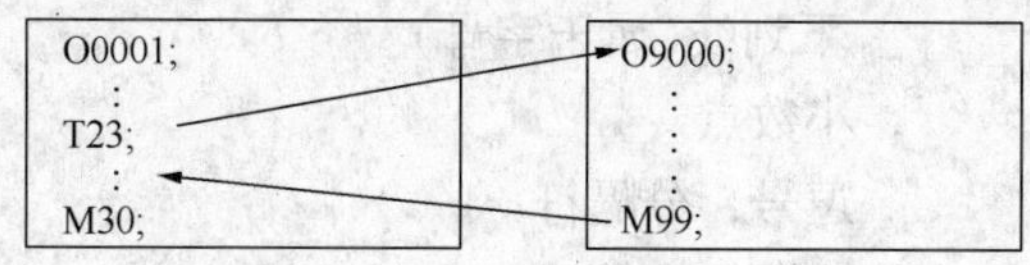

参数 No. 6001 的 5 位 = 1

参数 No. 6001 的 5 位 TCS = 1，当在加工程序中指定 T 代码时，可以调用宏程序 O9000。在加工程序中指定的 T 代码赋值到公共变量#149。

用 G 代码调用的宏程序中或用 M 或 T 代码调用的程序中，T 代码不能调用子程序。这种宏程序或程序中的 T 代码被处理为普通 T 代码。

6.4.2 SIEMENS 参数编程的构成

1. SIEMENS 的编程 R 参数

格式：R_n(n 的缺省取值范围为 0 ~ 99)例如：R_1 R_2 $\cdots R_{99}$

1) R 参数主要功能

要使一个 NC 程序不仅仅适用于特定数值下的一次加工，或者必须要计算出数值，这两种情况均可以使用计算参数。你可以在程序运行时由控制器计算或设定所需要的数值；

也可以通过操作面板设定参数数值。如果参数已经赋值，则它们可以在程序中对由变量确定的地址进行赋值。

编程：$R_0 = \cdots$ 到 $R_{299} = \cdots$

2) R 参数的赋值

可以在以下数值范围内给计算参数赋值：±(0.000 0001…9999 9999)(8 个小数位，带符号和小数点)。在取整数值时可以去除小数点。正号可以一直省去。

举例：

$R_0 = 3.5678$ $R_1 = -37.3$ $R_2 = 2$ $R_3 = -7$ $R_4 = -45678.1234$ 用指数表示法可以赋值更大的数值范围：$\pm(10^{-300} \cdots 10^{+300})$指数值写在 EX 字符之后；最大字符数：10(包括符号和小数点)。EX 值域：-300 到 +300

举例：

R_0 = -0.1EX-5 ；意义：$R_0 = -0.000\,001$

R_1 = 1.874EX8 ；意义：$R_1 = 187\,400\,000$

说明：一个程序段中可以有多个赋值语句；也可以用计算表达式赋值。

可以用数值、算术表达式或计算参数对任意 NC 地址赋值。但对地址 N、G 和 L 例外。赋值时在地址符之后写入符号“=”。赋值语句也可以赋值一负号。给坐标轴地址(运行指令)赋值时，要求有一独立的程序段。

举例：N10 G0 X = R_2；给 X 轴赋值。

3) R 参数的计算规则

在计算参数时也遵循通常的数学运算规则。圆括号内的运算优先进行。另外，乘法和除法运算优先于加法和减法运算。角度计算单位为度。

2. SIEMENS 的编程中的数学运算

参数编程中的数学运算字符如下：

(圆括号开　　“ 引号

) 圆括号闭　　_ 下划线（属于字母）

[方括号开　　. 小数点

] 方括号闭　　, 逗号，分隔符

< 小于　　; 注释标志符

> 大于　　% 保留，未使用

: 主程序　　& 标志符结束 & 保留，未使用

= 赋值，相等部分　　' 保留，未使用

/ 除号，跳跃符　　$系统自身的变量识别

* 乘号　　? 保留，未使用

+ 加号，正号　　! 保留，未使用

- 减号，负号

参数编程中的比较运算符见表 6-9。SIEMENS 参数编程的运算表达式见表 6-10。

表 6-9　参数编程中的比较运算符及意义

运算符	含　义	运算符	含　义
=	等于	< >	不等于
>	大于	> =	大于或等于
<	小于	< =	小于或等于

用上述比较运算表示跳转条件，计算表达式也可用于比较运算。比较运算的结果有两种，一种为“满足”，另一种为“不满足”。“不满足”时，该运算结果值为零。

举例：

比较运算符编程示例

$R_1>1$　　R_1 大于 1

$1<R_1$　　1 小于 R_1

$R_1<R_2+R_3$　　（R_1 小于 R_2 加 R_3）

$R_6>=\mathrm{SIN}(R_7\times R_7)$　　R_6 大于或等于 sin（R_7 的平方）

表 6-10　SIEMENS 参数编程的运算表达式

功　能	格　式	编程举例	备　注
定义	$R_1=R_1$		
定义	$R_1=R_1+1$		由原来的 R_1 加上 1 后得到新的 R_1
加法	$R_1=R_2+R_3$		
减法	$R_1=R_2-R_3$		
乘法	$R_1=R_2\times R_3$		乘法和除法运算优先于加法和减法运算
除法	$R_1=R_2/R_3$		
正弦	SIN()	R_1 = SIN17. 35	R_1 等于正弦 17. 35°

续表

功 能	格 式	编程举例	备 注
反正弦	ASIN( )	R_{10} = ASIN0. 35；R_{10} =20. 487°	
余弦	COS( )	R_2 = COS(R_3)	
反余弦	ACOS( )	R_{20} = ACOS(R_2) R20 = …度	
正切	TAN( )	R_4 = TAN(R_5)	
反正切 2	ATAN2( )	R_{40} = ATAN2(30. 5°，80. 1°) R_{40} =20. 8455°(30. 5°/80. 1°) 角度范围为：－180° ~ ＋180°	
平方根	SQRT( )	R_6 = SQRT(R_7)	R_{15} = SQRT($R_1 \times R_1 + R_2 \times R_2$) R_{15} $= \sqrt{R_1^2 + R_2^2}$
绝对值	ABS( )	R_8 = ABS(R_9)	
取整	TRUNC( )	R_{10} = TRUNC(R_2)	
自然对数	LN( )	R_{12} = LN(R_9)	
指数函数	EXP( )	R_{13} = EXP(R_1)	

注：角度单位是度，如 90°30′表示为 90. 5°。

3. SIEMENS 的编程中的跳转

1）GOTOB 向后跳转(向程序头方向跳转)

与跳转标志符一起，表示跳转到所标志的程序段，跳转方向向前面的程序段跳转。

N10 LABEL1：. . .

. . .

N100 GOTOB LABEL1

LABEL 为程序段标示

2）GOTOF 向前跳转(向程序尾跳转)

与跳转标志符一起，表示跳转到所标志的程序段，跳转方向向后面的程序段跳转。

N10 GOTOF LABEL2

. . .

N130 LABEL2：. . .

LABEL 为程序段标示

示例

N10 IF R1 >5 GOTOF LABEL3

. . .

N80 LABEL3：. . .

3）跳转条件

如果跳转条件满足，便会跳转到带有标记符的程序段，否则便执行下一条指令，同一个程序段中可以有多个 IF 指令。

4）编程示例

N10 IF R1 GOTOF LABEL1（R_1 不等于零时，跳转到 LABEL1 程序段）

...

N90 LABEL1：…

N100 IF R1 >1 GOTOF LABEL2（R_1 大于 1 时，跳转到 LABEL2 程序段）

...

N150 LABEL2：…

...

N800 LABEL3：…

...

N1000 IF R_{45} = = R_7 +1 GOTOB LABEL3（R_{45} 等于 R_7 加 1 时，跳转到 LABEL3 程序段）

一个程序段中有多个条件跳转。

N10 MA1：...

...

N20 IF R1 =1 GOTOB MA1 IF R1 =2 GOTOF MA2 ...

...

N50 MA2：...

说明：第一个条件实现后就进行跳转。

6.4.3 两种常用数控系统（FANUC 0i 、SIEMENS－802c/s）的宏程序使用对比（表 6－11）

表 6－11 FANUC 0i 与 SIEMENS－802c/s 的宏程序使用对比

项目		FANUC 0i	SIEMENS 802c/s
变量的表示		#i（i =1、2、…）	R_1、R_2…
变量的引用（如 G01 X15 Z10 F0.5）		#1 =1	R_2 =15
		#2 =15	R_3 =10
		#3 =10	G01X = R_2 Z = R_3 F0.5
		G#1 X#2 Z#3 F0.5	
运算符	算术	+，－，＊，／	+，－，＊，／
	条件	EQ（=），NE（≠），GT（>），GE（≥），LT（<），LE（≤）	=，<>，>，>=，<，<=
	逻辑	AND，OR，NOT，XOR	AND，OR，NOT
函数		SIN，ASIN，COS，ACOS，TAN，ATAN，ABS，SQRT，BIN（十～二进制），LN，BCD，ROUND（取整），FIX，FUP（小数进位到整数）	SIN，COS，TAN，ABS，SQRT
条件判别句		①IF 条件表达式	①IF 条件表达式 GOTOB n
		GOTO n	②IF 条件表达式 GOTOF n
			GOTOB 当前程序段向起始方向
			GOTOF 当前程序段向结束方向

续表

项　目	FANUC 0i	SIEMENS 802c/s
跳转语句	GOTO *n*（*n* 为程序号）	
循环语句	WHILE 条件表达式	
	DO *n*	
	…	
	END *m*(*m* 为 1～3 的自然数)	

6.4.4　宏程序编程的结构流程

如图 6－43 所示。

6.4.5　宏程序实例

1. 用宏程序编制如图 6－44 所示抛物线 $Z=X^2/8$ 在区间[0，16]内的程序

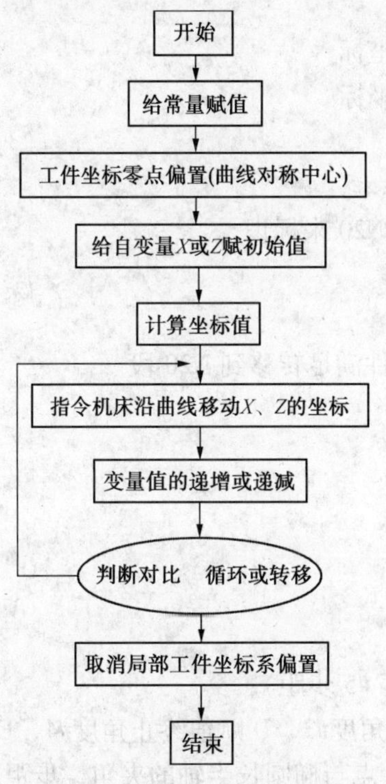

图 6－43　宏程序编程流程图

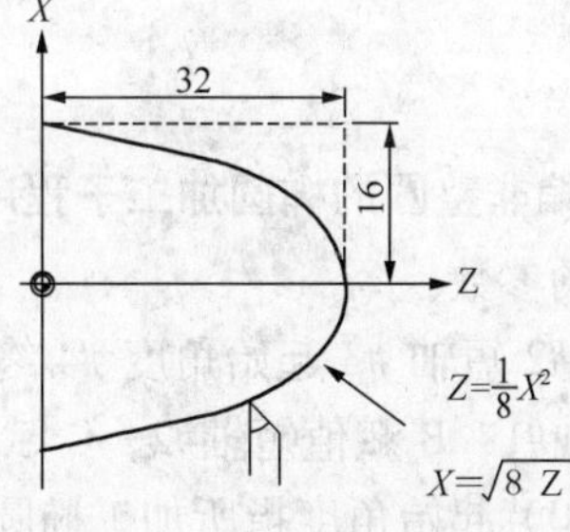

图 6－44　宏程序实例 1 图

(1) 用 FANUC 编写参考程序如下：

用 #11 表示刀具刀位点 *Z* 坐标值：#11 ＝ #10 ＊ #10/8；

用 #10 表示刀具刀位点 *X* 坐标值：#10 ＝ SQRT ［ 8 ＊ #11 ］。

00008	程序名
N1 # 10 =0	用# 10 表示刀具刀位点 *X* 坐标值
N2 #11 =0	用# 11 表示刀具刀位点 *Z* 坐标值
N10 G92 X0. 0 Z32	设定工件坐标系

N20 M03 S600

N30 WHILE[#11 LE 16]DO1

如果变量#2 的值不小于等于 16 转移到 END 1 程序段。

如果变量#2 的值小于等于 16 执行循环体内程序段。

N40 G90 G01 X[#10] Z[#11] F500 直线逼近，刀具移动

N50 #10 = #10 + 0.08　　　　步长为 0.08，计算下一步 X、Z 的值

N60 #11 = #10 * #10/8

N70 END 1　　　　条件不满足，跳出循环往下执行

N80 G00 Z0 M05

N90 G00 X0

N100 M30

(2) 用 SIEMENS 编写参考程序如下：

用 R_2 表示刀具刀位点 Z 坐标值：$R_2 = R_1 \times R_1/8$；

用 R_1 表示刀具刀位点 X 坐标值：$R_1 = \mathrm{SQRT}(8 \times R_2)$。

MPF 0013

$R_1 = 0$　　　　X 坐标

$R_2 = 0$　　　　Z 坐标

N10 G54 X0 Z32

M03 S600

N20 G90 G94 G1 X = R_1 Z = R_2 F500　　　　用 N20 来标识

$R_1 = R_1 + 0.08$

$R_2 = R_1 \times R_1/8$

IF $R_1 < R_2$ GOTOB 20　　　　条件满足转移到 N20 段

条件不满足执行下一段

G0 Z0 M5;

X0

M30

2. 宏程序编非整圆的椭圆加工子程序

设置椭圆的参数：

(#1 长轴 #2 短轴 #3 起始角度 #4 终止角度 #5 步距)；

A 赋值长轴#1，B 赋值短轴#2，C 赋值起始角度#3，D 赋值终止角度#4，E 赋值步距#5。整圆 D = C + 360）起始角度指所加工椭圆的起始点与椭圆长半轴的夹角，步距是用线段逼近椭圆的最小等分角度，例如 1°、0.5°、0.1°，等分角度越小，椭圆越逼真。

N * * * G65 P2222 (A * * B * * C * * D * * E * *)；调用子程序并赋初值

N * * * #1 = A #2 = B #3 = C #4 = D #5 = E

加工椭圆的子程序（宏程序编程）

O2222

N010 G01 X[#1 * COS[#3]] Y[#2 * SIN[#3]]

N020 #3 = #3 + #5

N030 IF[#3LT#4]GOTO10

N040 M99

3. 宏程序编旋转抛物面车削程序

【实例 6－18】 试在 SIEMENS－802D 系统中编制图 6－45 所示旋转抛物面的车削程序。

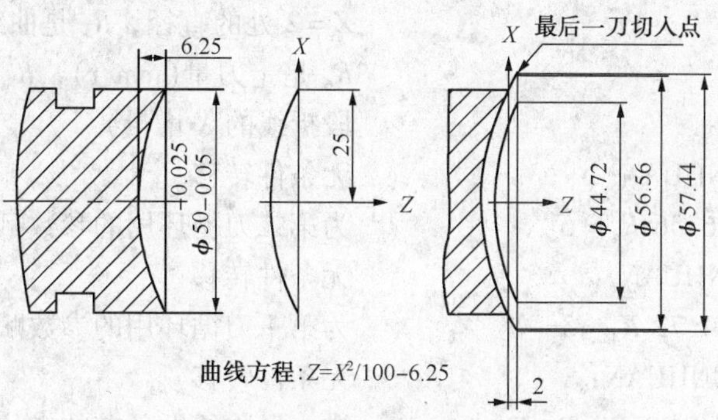

图 6－45 旋转抛物面

解：假设要分三刀来加工，最后一刀的切削量设为 0.25mm，其余的加工量要由第一刀和第二刀完成，对于第二刀来说，就相当于第二刀是把曲线向右平移 0.25mm，其刀具运行的轨迹方程为：$Z=X^2/100-6$。第一刀就相当于将曲线向右平移 3.25mm。其刀具运行的轨迹方程为：$Z=X^2/100-3$。下面要先确定每一刀的切入点，假设每刀的切入点都定在产品 $Z=2$（端面的右方 2mm）处，则可根据每一刀轨迹的曲线方程求得该点的 X 值。第三刀 $X=\pm\sqrt{(2+6.25)\times100}=\pm28.72$，注意，这里算出的是半径方向的值，在编程时要将该值乘以 2。去掉没有意义的负值，得 $X=28.72$。于是，得到第三刀切入点的 X 坐标为：$28.72\times2=57.44$，Z 坐标为 2。

第二刀 $X=\sqrt{(2+6)\times100}=28.28$，第二刀切入点的 X 坐标为：

$28.28\times2=56.56$，Z 坐标为 2。

第一刀 $X=\sqrt{(2+3)\times100}=22.36$，第二刀切入点的 X 坐标为：

$22.36\times2=44.72$，Z 坐标为 2。

我们知道，系统中没有走抛物线的指令，所以必须将该抛物线用折线近似替代，折线的坐标间隔越小，就越接近于实际的抛物线。可以将任意一个轴设为自变量轴，另一个轴为因变量轴。

车削程序如下：

MPF 0014	程序名
N10 T1 D1 G54 G0 X60 Z100	调取 1 号刀位，1 号刀补，机床零偏，机床快移到零件坐标系的(60，Z100)点
N20 M3 M8 S100 G96 LIMS＝1500	开冷却液，主轴正转，线速度 100m/min，极限转速 1500r/min
N30 $R_5=1$ $R_6=0.2$ $R_3=1$	给基本参数赋初值，R_5 是外循环次数记录，R_3 是曲线的自变量(本例选为 X)的步长
N40 AA1：IF R_5＝＝1 GOTOF CC1 IF R_5＝＝2 GOTOF CC2	外循环起始标志，两个条件转移，如果 $R_5=1$，执行第一刀循环，如果 $R_5=2$，执行第二

刀循环，否则执行第三刀循环

程序	说明
N50 $R_1=57.44$ $R_4=6.25$ $R_6=0.1$ $R_3=0.1$	为第三刀循环用的参数赋初值，R_1 为曲线在 $Z=2$ 处的直径，R_4 是曲线 $X=0$ 处的 Z 坐标，R_6 是走刀量(mm/r)，R_3 是自变量的步长(每段折线的 X 增量)
N60 GOTOF XUNHUAN	无条件转移
N70 CC2：$R_1=56.56$ $R_4=6$	为第二刀循环用的参数赋初值
N80 GOTOF XUNHUAN	无条件转移
N90 CC1：$R_1=44.72$ $R_4=3$	为第一刀循环用的参数赋初值
N100 GOTOF XUNHUAN；	无条件转移
N110 XUNHUAN：G0 $X=R_1$ Z2；	进入抛物线循环前的走位
N130 PAOWU：$R_1=R_1-R_3$	给自变量 X 进行增量累加，车削抛物线的内循环起始标志
N140 $R_2=R_1\times R_1/400-R_4$	计算 Z 坐标
N150 G1 G95 G64 $X=R_1$ $Z=R_2$ $F=R_6$	折线切削
N160 IF $R_1>0$ GOTOB PAOWU	条件转移，如果直径大于 0 就继续执行折线切削循环
N170 $R_5=R_5+1$	本次内循环结束，外循环次数 +1
N180 G0 Z10	Z 向退刀
N190 IF $R_5<=3$ GOTOB AA1	条件转移，如果外循环次数小于或等于 3，就转向执行下一次外循环。
N200 X200 Z300	切削完成，退刀
N210 M5 M9	主轴停，关冷却液
N220 M30	程序结束

在上面的程序中，各参数的含义如下：

R_1——自变量 X 坐标；

R_2——因变量 Z 坐标；

R_3——自变量的增量；

R_4——曲线在 Z 轴上的截距；

R_5——外循环次数；

R_6——走刀速度，粗车时为 0.2mm/r，最后一刀的精车时为 0.1mm/r。

请注意程序段 N150 中的指令 G64，这个指令在用多条折线逼近曲线时非常有用，我们知道，每次程序执行一条直线的走刀动作时，都有一个加速→匀速→减速的过程，这样，在这条线段上，走刀的速度实际上不是匀速的，在两条线段的结合点，刀具停顿的时间就长，在各条线段中间，刀具停顿的时间就短，所以，当某个曲线是由很多条折线逼近的时，就会严重影响该曲面的粗糙度。而执行 G64 以后，系统就会在执行本条指令时，提前将下一条指令的点计算出来，以保持两条折线的结合点走刀速度相同。也就是我们常说的"连续切削"。G64 指令是一条模态指令，也就是说，可以将其写在程序的开始段。以后的程序在执行 G1、G2、G3 时，都会使各段直线(或圆弧)的走刀速度均匀。

4. 用宏程序编写椭圆+圆弧的混合面

【实例6-19】 试编制图6-46所示手柄的椭圆、R_{40}圆弧、R_{20}圆弧和20外圆的精车程序。

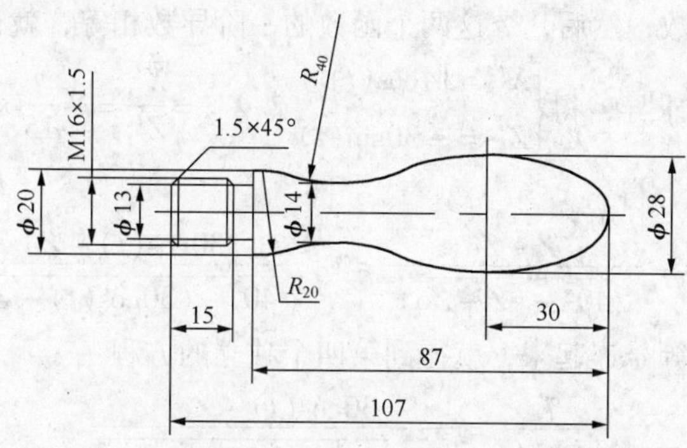

图6-46 椭圆、圆弧混合面

解：椭球面是由椭圆截面绕回转轴旋转而成。所以，车削刀具的运行轨迹为椭圆。根据图示尺寸知，该椭圆的长半轴为30，短半轴为14。如果我们选定椭圆中心为原点时，它的直角坐标方程为：

$$\frac{X^2}{14^2}+\frac{Z^2}{30^2}=1 \tag{6-6}$$

参数方程为：

$$\begin{cases}X=14\sin t\\Z=30\cos t\end{cases}\quad(0\leqslant t\leqslant 2\pi) \tag{6-7}$$

这个零件的轮廓特点是：椭圆连接一个R_{40}的圆弧，再过渡一个R_{20}的圆弧，最后再连接一个直线。所以，编程前要将这些连接点的坐标计算出来。设椭圆与R_{40}圆弧的切点为A，R_{40}圆弧与R_{20}圆弧的切点为B，R_{20}圆弧与直线的切点为C。如图6-47所示。

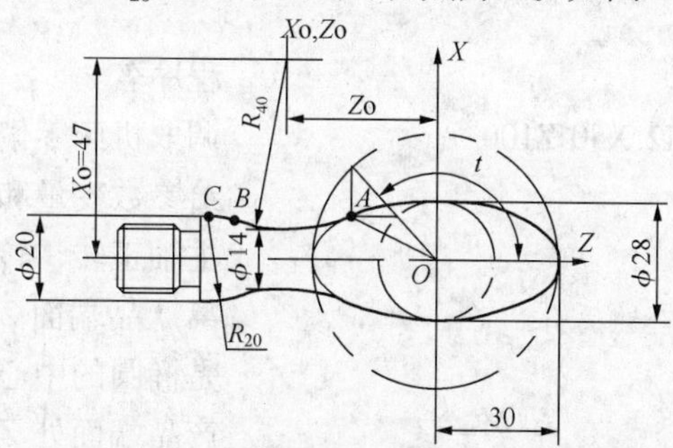

图6-47 各条曲线之间的切点位置

设R_{40}圆弧的圆心坐标为(Xo，Zo)，Xo=47，Zo要计算，该圆弧的曲线方程为：

$$(X-47)^2+(Z-Zo)^2=40^2 \tag{6-8}$$

因为要求出这两条曲线的切点，所以，将这两个曲线方程联立求解。这三个方程中共有4个未知数，即X、Z、t、Zo，显然，这是得不到唯一解的，但是，我们知道，当半径为40的圆沿X=47这条直线移动(就是Zo在变化)时，与椭圆的关系是这样变化的：当圆心向左移动到一定位置时，两者相切，如果再向左移，两者相离，没有交点；同样，向右移动到一定位置时，两者相切，再继续向右移，两者相离。在左右两个交点之间移动，圆与椭圆有 2 个交点。当圆与椭圆相交时，在交点处，这两条曲线的切线斜率是不同的，只有在两者的公共切点处，两者的切线斜率相同。于是，我们分别把椭圆方程和圆方程变为 $X=f(Z)$ 的函数形式，并对其求一阶导数，然后，令这两个函数的一阶导数相等，就得到第四个独立方程。

我们先对式(7-7)求导，得 $\begin{cases} X'_t = 14\cos(t) \\ Z'_t = -30\sin(t) \end{cases}$，$X'_Z = \dfrac{X'_t}{Z'_t} = -\dfrac{7}{15} \times \dfrac{1}{\mathrm{tg}(t)}$

再对式(7-8)求导，得

$$X'_Z = -\frac{Z-Zo}{\sqrt{40^2-(Z-Zo)^2}} = -\frac{30\cos(t)-Zo}{\sqrt{40^2-(30\cos(t)-Zo)^2}}$$

将这两个导函数用等号连起来，就得到第四个独立的方程：

$$\frac{7}{15\mathrm{tg}(t)} = \frac{30\cos(t)-Zo}{\sqrt{40^2-(30\cos(t)-Zo)^2}} \tag{6-9}$$

求解联立方程组式(6-7)、式(6-8)和式(6-9)，解得 $t=132.774°$，$Zo=36.228$，切点 A 的坐标为 $X_A=10.277$，$Z_A=-20.373$，同样，分别求得 R_{40} 圆弧和 R_{20} 圆弧的切点 B 坐标 $X_B=9$，$Z_B=-48.718$；R_{20} 圆弧和直线的切点 C 坐标 $X_C=10$，$Z_C=-54.963$。将这些坐标换算成编程坐标(X 方向以直径表示)为：

$$\begin{cases} X_A=20.544,\ Z_A=-20.373 \\ X_B=18,\ Z_B=-48.718 \\ X_C=20,\ Z_C=-54.963 \end{cases}$$

对于椭圆部分，只能用宏程序进行编程。因为我们知道，系统是没有走椭圆插补功能的，我们是将椭圆用很多细小的折线来逼近的，不可能把这些细小折线的点一一计算出来，用宏程序编程就可以利用系统的超强的计算能力，让其自动计算这些点，再利用条件转移功能使程序自动循环起来。

程序如下：

程序	说明
MPF 0015	程序名
N10 G54 G0 T1 D1 G42 X50 Z100	调取机床零偏，调取到位和刀补值
N20 $R_1=0$ $R_2=0.1$	给参数变量和增量赋初值
N30 M3 M8 S1000	主轴正转，转速 1000r/min，开冷却液
N40 X0 Z32	离产品端面 2mm，注意，这里的 $Z=0$ 是椭圆的中心点，而不是产品的端面，产品端面处 $Z=30$
N50 G1 Z30 F0.15	走到椭圆的起始点
N60 AA1：$R_4=28*\mathrm{SIN}(R_1)R_5=30*\mathrm{COS}(R_1)$	计算椭圆轨迹上的点
N70 G1 G64 $X=R_4$ $Z=R_5$	走椭圆轨迹
N80 $R_1=R_1+R_2$	给参数以增量
N90 IF $R_1<=132.8$ GOTOB AA1	判断是否到达椭圆与圆弧相切点处，已经到达就转向车 R_{40} 圆弧，否则继续走椭圆轨迹
N100 G2 X18 Z-48.718 $CR=40$	走 R_{40} 圆弧轨迹

```
N110 G3 X20 Z-54.963 CR=20            走R20圆弧轨迹
N120 G1 Z-57                          走直线
N130 G0 G40 X50                       X向退刀
N140 Z300 M5 M9                       Z向退刀，关冷却液，主轴停
N150 M30                              程序结束
```

5. 用户宏程序和子程序混合编写精车三个内圆弧及其圆弧边沿倒角的程序。

通过下面的例子来介绍在法那克－0i 系统中如何混合使用宏程序与调子程序的功能。使用调子程序功能，可以将零件上的若干个相同要素用一个子程序来加工，以使加工程序的编写简化而且层次分明。

【实例 6－20】 图 6－48 所示为某产品的一部分，试在 FANVC－0i 系统中编写精车 3 个内圆弧及其圆弧边沿倒角的程序。精车刀具为 $R_{2.0}$ 的圆弧车刀(图 6－49)。

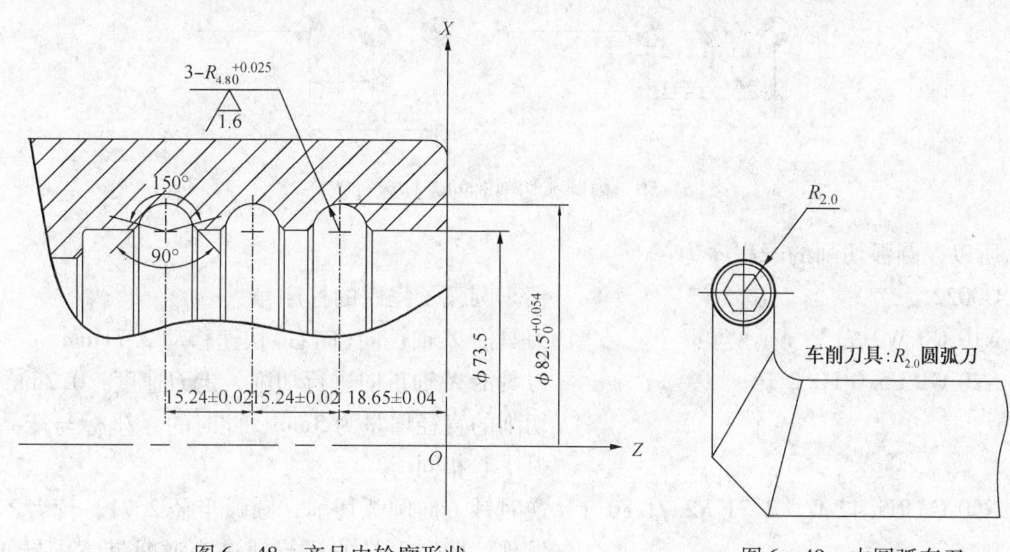

图 6－48 产品内轮廓形状　　　图 6－49 内圆弧车刀

零件的回转轴线即为零件坐标系的 Z 轴，也是 X 轴的原点，零件的端面为零件坐标系的 Z 轴原点。

解：方法一，以刀具圆弧中心为编程点，也就是刀补值是按照刀具圆弧中心所在的位置来确定的。比如，刀具的圆弧半径是 2mm，当刀具车出 ϕ50mm 的孔时，输入到刀补中的值不是 50，而是 46，因为此时刀具圆弧中心处在 ϕ46mm 的位置。由于该例的三个圆弧的半径尺寸相同，故宜采用调子程序的方式编程。每个圆弧切削和圆弧两个边沿的倒角切削，均以圆弧中心作为其相对坐标系的原点，这样，从主程序进入到子程序时，都是让机床运行到相对坐标原点的位置，子程序就可以用相对坐标来编程。

本例中圆弧的圆心坐标根据已给尺寸算出：

3 个圆弧中心的 X 坐标均为：82.5－4.8×2＝72.9；

第一个圆弧圆心的 Z 坐标为－18.65；

第二个圆弧圆心的 Z 坐标为－18.65－15.24＝－33.89；

第三个圆弧圆心的 Z 坐标为－18.65－15.24×2＝－49.13。

下面，我们来分析圆弧切削时的运行轨迹(图 6－50)。

圆弧的切削分为半精车(子程序中从 N10 到 N80)和精车(N90 到 N130)。

半精车时，给精车留量0.1mm，实际切出的轮廓的圆弧半径为4.71mm。机床运行轨迹和实际切出的轨迹如图6－50的左图所示。机床的运行轨迹为：1→2(快速移动)→3(直线走刀)→4(逆时针圆弧走刀，1/4圆)→1(快速移动)→5(快速移动)→6(直线走刀)→4(顺时针圆弧走刀)→1(快速移动)。

精车时，机床的运行轨迹和实际切出的轨迹如图6－50的右图所示。机床的运行轨迹为：1→2(快速移动)→3(直线走刀)→4(逆时针圆弧走刀，半圆)→5(快速移动)。

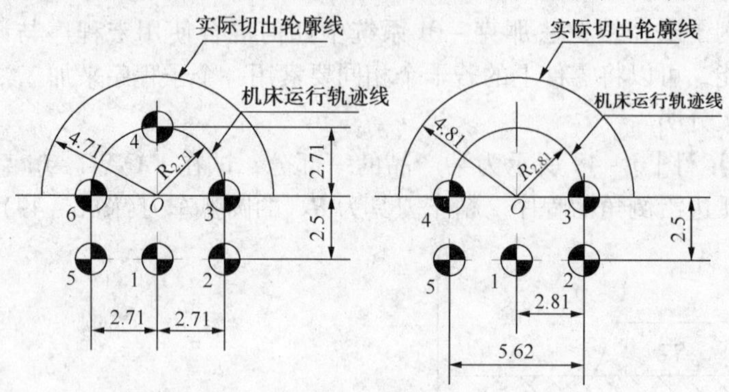

图6－50　内圆弧切削时的刀具运行轨迹

所以，圆弧切削的子程序为：

程序	说明
O0022	精车圆弧子程序的程序号
N10 G0 W2.71	刀具沿 *Z* 轴正向(向右)快速移动2.71mm
N20 G1 U5.0 F0.2	刀具沿 *X* 轴正向进行切削，走刀速度：0.2mm/r，切削的直径增量为5mm，此时的 *X* 坐标与产品圆弧中心相同
N30 G3 U5.42 W－2.71 *R*2.71 F0.1	逆时针方向圆弧切削，圆弧半径2.71，读者不难发现，此时刀具的运行轨迹为逆时针方向转1/4圆周
N40 G0 U－10.42	刀具向直径减小的方向快速移动11.62mm，此为沿 *X* 向退刀，此时的位置与子程序入口处相同
N50 W－2.71	刀具向 *Z* 轴的负向快速移动2.71mm
N60 G1 U5.0 F0.2	刀具沿 *X* 轴正向进行切削，走刀速度：0.2mm/r，切削的直径增量为5mm，此时的 *X* 坐标与产品圆弧中心相同
N70 G2 U5.42 W2.71 *R*2.71 F0.1	顺时针方向圆弧切削，圆弧半径2.71，此时刀具作了顺时针1/4圆周轨迹运动
N80 G0 U－10.42	沿 *X* 向退刀
N90 W2.81	刀具向 *Z* 轴的正向快速移动2.81mm
N100 G1 U5.0 F0.2	刀具沿 *X* 轴正向进行切削，走刀速度：0.2mm/r，切削的直径增量为5mm，此时的 *X* 坐标与产品圆弧中心相同
N110 G3 W5.62 $R_{2.81}$ F0.1	逆时针方向圆弧切削，圆弧半径2.81，切削终点

	相对于起始点的 X 向增量为 0，Z 向增量为 5.62mm，走刀速度为 0.1mm/r。读者不难发现，此时刀具作了逆时针半圆运动
N120 G0 U-5.0	沿 X 向退刀，退到进来时的位置
N130 M99	子程序结束，返回主程序

对于倒角程序，在编制之前，要做些数学准备。

先要算出圆弧和两边45°倒角线的交点坐标(以圆弧中心为原点的相对坐标系，下同)，进而计算出实际切出点的坐标，再算出切入点的坐标。如图6-51所示，计算过程如下：

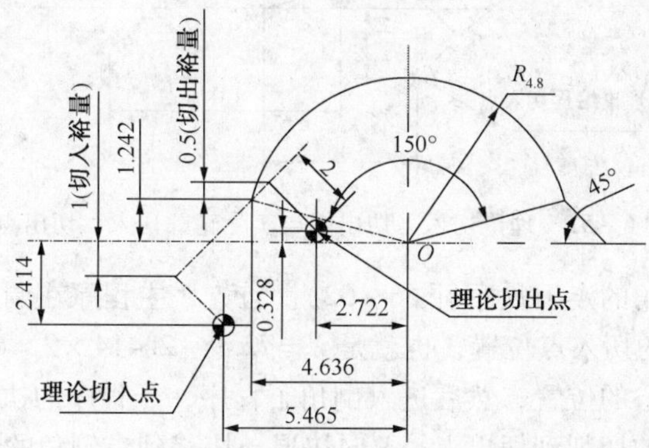

图6-51　倒角时刀具的理论切入、切出点

(1) $R_{4.8}$ 圆弧与45°倒角线的交点相对于圆弧中心的 X 向增量为(精确到0.001mm)

$\Delta X = 2 \times 4.8 \times \sin 15° \approx 2.485$(注意，$X$ 向的增量是以直径方式呈现的，所以要乘以2，图中半径方向上标注的1.242即是该值)，由图形的对称性可知，所有倒角线与圆弧线交点的 X 坐标均为2.485。

左倒角线圆弧交点相对于圆弧中心的 Z 向坐标为 $-4.8 \times \cos 15° \approx -4.636$，同样根据图形的对称性可知，右边倒角线与圆弧交点的 Z 向坐标为4.636。

(2) 为确保倒角完整(不留飞边)，切出点必须超过倒角线和圆弧线的交点，也就是俗称的切出裕量，假设该裕量在直径上为1mm(半径上为0.5mm)，则轴向就应为0.5mm。根据已经算出的交点坐标，可以计算切出点的坐标：左倒角切出点的 X 坐标为 $2.485+1=3.485$(半径上为 $1.242+0.5=1.742$)，Z 坐标为 $-4.636+0.5=-4.136$。根据图形的对称性可知右倒角切出点的 X 坐标为3.485，Z 坐标为4.136。

(3) 刀具在切入时也存在一个切入裕量的问题。从图纸尺寸已知圆弧中心(所处的直径为72.9mm)在直径为73.5mm的孔下方，所以，我们可以假定圆弧为半圆(便于计算，而且丝毫不影响精度)。倒角切入点的计算是从已经算出的倒角切出点出发，先假定倒角切入点的 X 值比圆弧中心小2mm(半径上为1mm)，这样计算出倒角切出点与倒角切入点之间的 X 坐标的差值，再按照45°线的方向来求出倒角切入点的 Z 向坐标。然后，再根据实际轮廓的倒角切入点和倒角切出点坐标计算理论编程的倒角切入点和倒角切出点。具体计算如下：

① 左倒角理论切出点的 X 坐标为 $3.485-2\times2\times\cos45° \approx 0.657$，$Z$ 坐标为 $-4.136+2\times\cos45° \approx -2.722$。

② 左倒角理论切入点的 X 坐标为 $-2-2\times2\times\sin45° \approx -4.828$。(在零件坐标系中，其值为 $72.9-4.828=68.072$)。

③ 左倒角理论切出点和理论切入点之间的 X 向差值为 -4. 828 -0. 657 = -5. 485。

④ 左倒角理论切入点的 Z 坐标为 -2. 722 + (-5. 485)/2 = -5. 465

⑤ 根据图形的对称性可知右倒角理论切入点的 X 坐标为 -4. 828，Z 坐标为 5. 465

(4) 左倒角理论切出点到右倒角理论切入点之间的 Z 向差值为 5. 465 - (-2. 722) =8. 187。

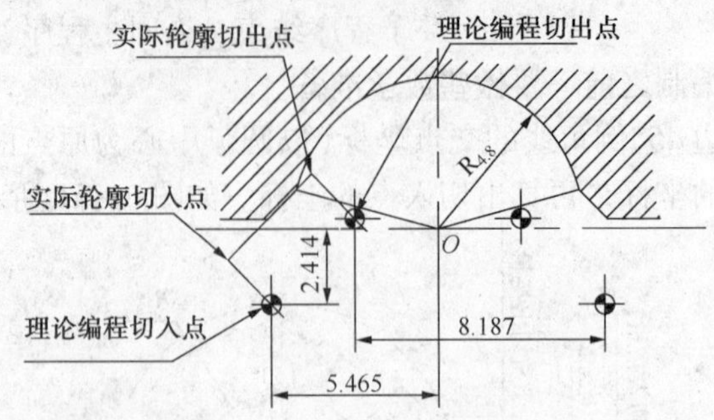

图 6-52　理论切入、切出点与实际轮廓切入、切出点

现在，再来分析倒角的走刀顺序(图 6-52)。首先，主程序在调子程序前，先将机床的 X 坐标快速移动到倒角的切入点位置，也就是 X =72. 9 -2. 414 ×2 =68. 072 的位置，再将 Z 坐标快速移动到圆弧中心的位置，然后进入倒角子程序，子程序的执行顺序是：快移到左倒角切入点→进行左倒角的切削到切出点→X 向快退→快移到右倒角的切入点→进行右倒角的切削到切出点→X 向快退→返回到主程序。

倒角子程序如下：

O0033	倒角子程序的程序号
N10 G0 W -5. 465	刀具沿 Z 轴负向快速移动，到达左倒角的切入点
N20 G1 U5. 485 W2. 743 F0. 1	倒左边的 45°角
N30 G0 U -5. 485	刀具回到产品圆弧中心下方 5mm 处
N40 W8. 187	刀具到达右倒角的切入点
N50 G1 U5. 485 W -2. 743	刀具以与 X 轴正向成 135°的斜线方向走刀
N60 G0 -U5. 485	X 向退刀，本次倒角结束
N70 M99	返回到主程序

从上面的分析我们已经知道，主程序的任务是将机床运行到执行子程序的预备位置，所以，我们可以很容易地写出主程序。

主程序如下：

O0009	主程序名
N10 G54 T0101 G0 X67. 9 Z100. 0	调取机床零偏(G54)，将 1 号刀位转到工作位，并调取 1 号刀补值，将刀尖(此处所谓的“刀尖”，对于不用刀具圆弧半径补偿的圆弧车刀来讲，就是刀尖圆弧的中心)移动到零件坐标 X =67. 9(产品圆弧中心下方 2. 5mm 处，直径差为 5mm)，Z =100 处。
N20 M3 S600	主轴正转，转速 600r/min
N30 M8	开冷却液
N40 Z -18. 65	“刀尖”移动到第一个圆弧中心的 Z 向位置
N50 M98 P0022	调用 P0022 子程序(精车圆弧子程序)一次

N60 G0 X67.9	“刀尖”移动到直径为67.9mm处
N70 G0 Z-33.89	“刀尖”移动到第个二圆弧中心的Z向位置
N80 M98 P0022	调用精车圆弧子程序一次
N90 G0 X67.9	“刀尖”移动到直径为67.9mm处
N100 Z-49.13	“刀尖”移动到第三个圆弧中心的Z向位置
N110 M98 P0022	调用精车圆弧子程序一次
N120 G0X68.072	“刀尖”移动到直径为68.072mm处（倒角切入点的X值）。
N130 Z-49.13	“刀尖”移动到第三个圆弧中心的Z向位置
N140 M98 P0033	调用倒角子程序一次
N150 G0 X68.072 N160 Z-33.89	“刀尖”移动到第二个圆弧中心的Z向位置
N170 M98 P0033	调用P0033子程序（圆弧边沿的倒角子程序）一次
N180 G0 X68.072	
N190 Z-18.65	“刀尖”移动到第一个圆弧中心的Z向位置
N200 M98 P0033	调用P0033子程序（圆弧边沿的倒角子程序）一次
N210 G0 X60.0 M9	“刀尖”移动到直径为60mm处，准备轴向退刀，关闭冷却液
N220 Z300.0 M5	轴向退刀，主轴停
N230 M30	程序结束。

方法二：用刀尖圆弧半径补偿（G41和G42）进行编程，以“刀尖”为刀补值的计算点（此时的“刀尖”就是刀尖圆弧与平行于X轴的切线和平行于Z轴的切线相交的那个点。如图6-53所示。

在方法一的介绍中，已经将实际轮廓的左、右倒角切出点坐标（以产品圆弧中心为原点的相对坐标系，下同）求出，倒角切入点坐标应该这样计算（图6-54）：

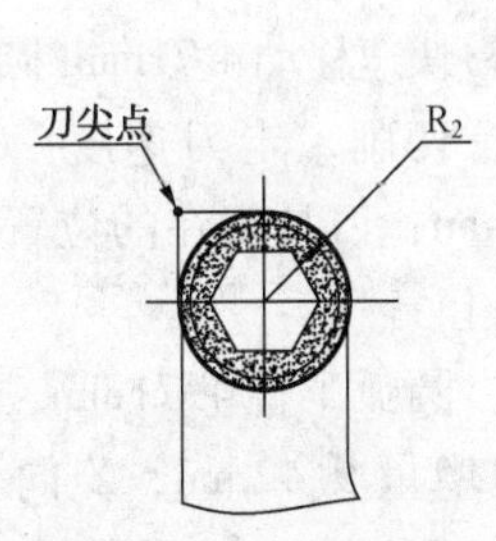

图6-53　刀具的假想刀尖

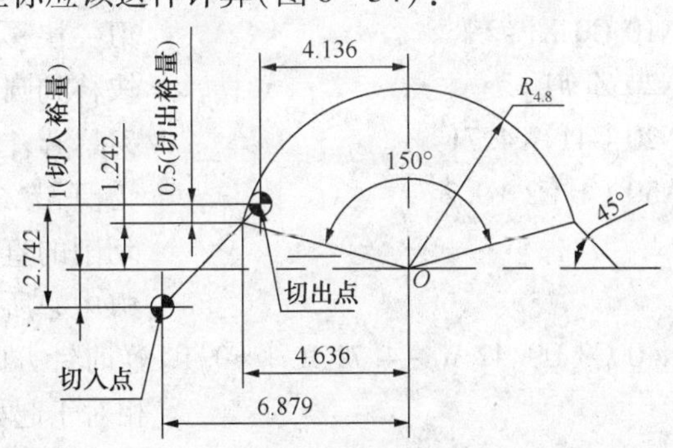

图6-54　切入、切出点的计算

左倒角X坐标为-2（即圆弧中心下方1mm处，该点在零件坐标系中的X值为70.9），Z坐标为-4.136-0.5-1.242-1=-6.879。

由对称性可知，右倒角切入点X坐标为-2，Z坐标为6.879。这里特别要注意的是，车圆弧和倒角时，根据走刀的方向，使用不同的半径补偿，不可用错。在变换半径补偿的方向时，要先用G40取消刀具圆弧半径补偿。

车削程序如下。

主程序：

O0010；	主程序名
N10 G54 T0101 G0 X60 Z100.0；	调取机床零偏(G54)，将1号刀位转到工作位，并调取1号刀补值，将刀尖(参见上图)移动到零件坐标 $X=60$，$Z=100$ 处
N20 M3 S600	主轴正转，转速600r/min
N30 G0 Z10.0 M8	调取刀尖圆弧半径左补偿，刀尖移动到零件坐标系的 Z 坐标10mm处，开冷却液
N40 #1 = -18.65 #2 =70.9	将第一个圆弧中心的 Z 向坐标赋予变量1
N50 M98 P0044	调用精车圆弧子程序一次
N70 #1 = -33.89	将第二个圆弧中心的 Z 向坐标赋予变量1
N80 M98 P0044	调用精车圆弧子程序一次
N100 #1 = -49.13	将第三个圆弧中心的 Z 向坐标赋予变量1
N110 M98 P0044	调用精车圆弧子程序一次
N140 M98 P0055	调用倒角子程序一次
N160 #1 = -33.89	将第二个圆弧中心的 Z 向坐标赋予变量1
N170 M98 P0055	调用倒角子程序一次
N190 #1 = -18.65	刀将第一个圆弧中心的 Z 向坐标赋予变量1
N200 M98 P0055	调用圆弧边沿的倒角子程序一次
N210 X60.0 M9	X 向退刀，取消刀尖圆弧半径补偿，关闭冷却液
N220 Z300.0 M5	轴向退刀，主轴停
N230 M30	程序结束。

精车圆弧子程序：

O0044	精车圆弧子程序的程序号
N10 G0 X[#2]	刀尖快移到直径为70.9mm的圆柱面上
N20 Z[#1]	快移到圆弧中心所在的 Z 坐标处
N20 G41 W4.71	刀具沿 Z 轴正向(向右)快速移动4.71mm(圆弧半径)
N30 G1 U2 F0.2	刀具沿 X 轴正向进行切削，走刀速度：0.2mm/r，切削的直径增量为2mm，刀具现在的位置在产品圆弧中心所处的圆柱面上
N40 G3 U9.42 W -4.71 $R_{4.71}$ F0.1	逆时针方向圆弧切削，圆弧半径4.71mm，切削终点相对于起始点的 X 向增量9.42mm，Z 向增量为 -4.71mm，走刀速度为0.1mm/r。此段圆弧由2点(起始点和终止点)+半径确定，读者不难发现，此时刀具作了逆时针1/4圆周运动
N40 G0 G40 X70.9 Z[#1]	取消刀尖圆弧半径补偿，刀具向直径减小的方向快速移动11.42mm，此为沿 X 向退刀
N50 G42 W -4.71	调取刀尖圆弧半径右补偿，刀具向 Z 轴的负向快速移动4.71mm
N60 G1 U2 F0.2	刀具沿 X 轴正向进行切削，走刀速度：0.2mm/r，

	切削的直径增量为2mm，刀具现在所处的位置与产品圆弧中心的X位置相同
N70 G2 U9.42 W4.71 $R_{4.71}$ F0.1	顺时针圆弧切削，圆弧半径4.71mm，切削终点相对于起始点的X向增量9.42mm，Z向增量为4.71mm，走刀速度为0.1mm/r。读者不难发现，此时刀具作了顺时针1/4圆周运动
N80 G0 G40 X70.9	取消刀尖圆弧半径补偿，沿X向退刀
N90 G41 W4.81	调取刀尖圆弧半径左补偿，刀具向Z轴的正向快速移动4.81mm
N100 G1 U2 F0.2	刀具沿X轴正向进行切削，走刀速度：0.2mm/r，切削的直增量为2mm，刀具现在所处的位置与产品圆弧中心的X位置相同。
N110 G3 W9.62 $R_{4.81}$ F0.1	逆时针方向圆弧切削，圆弧半径4.81mm，切削终点相对于起始点的X向增量为0，Z向增量为5.82mm，走刀速度为0.1mm/r。读者不难发现，此时刀具作了逆时针半圆运动。
N120 G0 G40 X70.9	取消刀尖圆弧半径补偿，沿X向退刀
N130 M99	子程序结束，返回主程序

倒角子程序：

O0055	倒角子程序的程序号
N10 G0 W-6.879	刀具沿Z轴正向快速移动5.26mm。
N30 G1 U5.485 W2.743	刀具以与X轴正向成45°的斜线方向走刀，圆弧左边倒角
N40 G0 G40 X70.9 Z[#1]	刀具沿X轴的负向移动5.9mm，退刀
N50 G41 W6.879	刀具沿Z轴正向移动10.015mm，准备圆弧的右边沿倒角
N70 G1 U5.485 W-2.743	刀具以与X轴正向成135°的斜线方向走刀，圆弧右边倒角
N80 G0 G40 X70.9	取消刀尖圆弧半径补偿，退刀，本次倒角结束
N90 M99	返回到主程序

思考题

1. 精车循环G70与 粗车循环G71、G72、G73的关系是什么？在使用中应注意什么？
2. 宏程序编程的思路是什么？
3. 什么叫用户宏程序？
4. 螺纹切削复循环的意义是什么？

第 7 章　数控车床编程加工实例

本章主要介绍了 4 个例题的加工工艺及加工程序。中级工主要考察基本程序的编制、循环等的应用；高级工主要考察简单宏程序的编制和理解；技师主要突出对加工工艺的合理安排及宏程序的进一步深入；高级技师将编程工作作为一个系统的项目去应用，在实例中介绍了一个简单的模块化程序的编制。通过本章的学习，需要掌握毛坯循环、螺纹循环、切槽循环等应用；准确判断刀尖圆弧半径的补偿方向；了解系统参数及用户自定义循环的应用等。

7.1　中级工技能要求例题

7.1.1　例题描述与例题图

如图 7－1 所示工件，毛坯为 $\phi55\times120$mm 的 45 钢，单件加工，试编写其工艺及数控车加工程序。

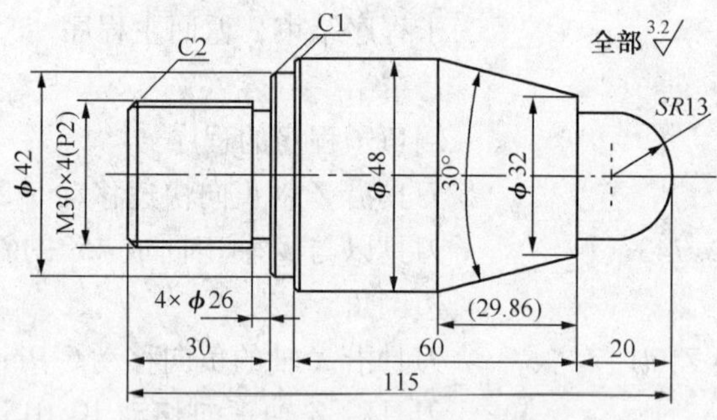

图 7－1　中级工技能要求例题

7.1.2　加工准备与加工要求

1. 加工准备

本例选用机床为 FANUC 0i－TD 系统或 SIEMENS－802D 系统的 CKA6140 型数控车床，三爪自定心卡盘。加工中使用的刀具见表 7－1。

表 7－1　中级工技能要求例题使用刀具

名　称	规　格	数　量	备　注
外圆车刀	93°C 型刀片	1	
切槽车刀	3mm 宽	1	
螺纹车刀	螺距 2mm	1	

2. 加工要求

（1）编写加工工艺。

（2）车端面可采用点动模式，不需编写加工程序。

7.1.3　参考工艺

参考工艺见表 7－2。

表 7－2　中级工技能要求例题工艺

工序名称	工艺简图	工步内容	刀具	切削用量		
				背吃刀量/mm	进给量/(mm/r)	主轴转速/(r/min)
加工零件右侧		车端面	93°端面外圆	2	0.15	700
		粗精加工右侧外圆	93°端面外圆	2/0.5	0.2/0.1	700/1200
加工零件左侧		车端面取长	93°端面外圆	2	0.15	700
		粗精加工左侧外圆	93°端面外圆	12.5	0.1	700/1200
		车螺纹退刀槽	3mm 外切槽刀	2/0.5	0.2/0.1	500
		车 M30×4（P2）螺纹	2mm 螺距外螺纹刀		4	600

7.1.4　参考程序

1. FANUC 程序

1）右侧加工程序

```
O0711
N10 G21 G99 G97 G40                 机床初始化
N20 T0101                           调用 1 号刀 1 号刀补（外圆刀）
N30 M03 S700                        主轴正转 700r/min
N40 G00 X200. Z100.                 快移至安全位置
N50 X55. Z2. M08                    快移至对刀参考点并加入刀具半径右补偿、冷却液开
N60 G71 U2. R2.                     粗车循环背吃刀量 2mm（半径），退刀量 2mm（半径）
N70 G71 P80 Q150 U1. W0.1 F0.2      轮廓起始行号 80，结束行号 150，X 轴余量 1mm（直径），Z 轴余量 0.1mm，粗车走刀量 0.2mm/min
N80 G00 X0.                         1 型循环，X 轴移动到起始点（轮廓起始行）
N90 G01 G42 X0. Z0. F0.1            工进至圆弧起点，精加工走刀量 0.1mm/r
```

N100 G03 X26. Z-13. R13.	圆弧终点
N110 G01 Z-20.	ϕ26mm 外圆
N120 X32.24	圆锥起点
N130 X48. Z-49.86	圆锥终点
N140 Z-85.	ϕ48 外圆
N150 X55.	
N160 S1200	精车转速 1200r/min
N170 G70 P10 Q20	精车循环
N180 G00 G40 X200. Z100. M09	
N190 M05	主轴停
N200 M30	程序结束返回

2）左侧加工程序

O0712

N10 G21 G99 G97 G40	机床状态初始化
N20 T0101	调用 1 号刀 1 号刀补(外圆刀)
N30 M03 S700	主轴正转 700r/min
N40 G00 X200. Z100.	快移至安全位置
N50 G42 X55. Z2. M08	快移至对刀参考点并加入刀具半径右补偿
N60 G71 U2. R2.	粗车循环背吃刀量 2mm(半径)，退刀量 2mm(半径)
N70 G71 P80 Q160 U1. W0.1 F0.2	轮廓起始行号 80，结束行号 160，X 轴余量 1mm(直径)，Z 轴余量 0.1mm，粗车走刀量 0.2mm/min
N80 G00 X24.	1 型循环，X 轴移动至起始点(轮廓起始行)
N90 G01 X24.8 Z0.5 F0.1	工进至倒角延长点，精车走刀量 0.1mm/r
N100 X29.8 Z-2.	2×45°倒角终点
N110 G01 Z-30.	加工螺纹外圆
N120 X40.	
N130 X42. W-1.	
N140 Z-35.	ϕ42mm 外圆
N150 X46.	
N160 X50. W-2.	1×45°倒角延长至 2×45°，轮廓结束段
N170 S1200	精车转速 1200r/min
N180 G70 P80 Q160	精车循环
N190 G00 G40 X200. Z100. M09	退刀至安全点，取消刀具半径补偿，关闭冷却液
N200 M01	选择停
N210 T0202	调用 2 号刀 2 号刀补(切槽刀)
N220 M03 S500	主轴正转，500r/min

程序	说明
N230 G00 X200. Z100.	快移至安全点
N240 X45. Z-30. M08	快移至对刀参考点，冷却液开
N250 G01 X26. F0.1	切槽 ϕ26mm 走刀量 0.1mm/min
N260 G00 X45.	退刀
N270 W1.	Z 轴增量移动 1mm
N280 G01 X26.	切槽 ϕ26mm
N290 G00 X45. M09	X 轴退刀，冷却液关
N300 G00 X200. Z100.	退刀至安全位置
N310 M01	选择停
N320 T0303	调用 3 号刀 3 号刀补(螺纹车刀)
N330 M03 S600	主轴正转，600r/min
N340 G00 X200. Z100.	快移至安全位置
N350 X36. Z4. M08	快移至安全对刀参考点
N360 G76 P020060 Q100 R0.1	调用螺纹循环，精加工重复次数 2 次，倒角退尾量 0，刀尖角度 60°，最小切深 0.1mm，精加工余量 0.1mm
N370 G76 X27.4 Z-28. P1300 Q500 F4.	螺纹深度 1.3mm，第一刀切深 0.5mm，螺距 4
N380 W2.	Z 轴增量移动 2mm(轴向分头)
N390 G76 P020060 Q100 R0.1	调用螺纹循环加工第二头螺纹
N400 G76 X27.4 Z-28. P1300 Q500 F4.	
N410 G00 X200. Z100. M09	退刀至安全位置，冷却液关
N420 M05	主轴停
N430 M30	程序结束返回

2. SIEMENS 程序

1）右侧加工程序

程序	说明
SH0711.MPF	
N10 G71 G95 G90 G54	机床初始化
N20 T1D1	调用 1 号刀的 1 号参数(外圆车刀)
N30 M03 S700	主轴正转 700r/min
N40 G00 X200. Z100.	快移至安全位置
N50 X55. Z2. M08	快移至对刀参考点，冷却液开
N60 CYCLE95("AA1：AA2"，2，0.05，0.5，，0.2，，，1，，，0.5)	粗车循环，轮廓从 AA1 至 AA2
N70 STOPRE	预处理停止
N80 S1200	
N90 CYCLE95("AA1：AA2"，，，，，，，，0.1，5，，，)	精车循环，轮廓从 AA1 至 AA2
N100 G00 X200. Z100. M09	退刀至安全点，冷却液关
N110 M05	主轴停

```
N120 M30                          程序结束
N130 AA1：                        轮廓起始段
N140 G00 X0.
N150 G01 X0. Z0.1
N160 G03 X26. Z-13. CR=13.
N170 G01 Z-20.
N180 X32.24
N190 X48. Z-49.86
N200 Z-85.
N210 X55.
N220 AA2：                        轮廓结束段
N230 M02
```

2）左侧加工程序

```
SH0712.MPF
N10 G71 G95 G90 G54               机床状态初始化
N20 T1D1                          调用1号刀的1号参数(外圆车刀)
N30 M03 S700                      主轴正转700r/min
N40 G00 X200. Z100.               快移至安全位置
N50 X55. Z3. M08                  快移至对刀参考点，冷却液开
N60 CYCLE95("AA1：AA2"，2，0.05，
0.5，，0.2，，，1，，，0.5)        粗车循环，轮廓从AA1至AA2
N70 STOPRE                        预处理停止
N80 S1200
N90 CYCLE95("AA1：AA2",,,,,,,
0.1，5，，，)                      精车循环，轮廓从AA1至AA2
N100 G00 X200. Z100. M09          退刀至安全点，冷却液关
N110 M05                          主轴停
N120 M01                          选择停
N130 T2D1                         调用2号刀的1号参数(切槽刀)
N140 M03 S500                     主轴正转500r/min
N150 G00 X200. Z100.              快移至安全位置
N160 X45. Z-30. M08               快移至对刀参考点，冷却液开
N170 G01 X26. F0.1                切槽，进给量0.1mm/r
N180 G00 X45.                     退刀
N190 Z-29.                        Z轴后退1mm
N200 G01 X26.                     切槽
N210 G00 X45. M09                 X轴退刀
N220 G00 X200. Z100.              退刀至安全点
N230 M05                          主轴停
N240 M01                          选择停
```

```
N250 T3D1                                     调用 3 号刀的 1 号参数(螺纹刀)
N260 M03 S600                                 主轴正转 600r/min
N270 G00 X200. Z100.                          快移至安全点
N280 X36. Z4. M08                             快移至对刀参考点，冷却液开
N290 CYCLE97(4，，0，－26，27.4，27.4，
3，2，1.3，0.1，30，，5，2，3，2)              外螺纹循环
N300 G00 X200. Z100. M09                      退刀至安全点，冷却液关
N310 M05                                      主轴停
N320 M30                                      程序结束
N330 AA1：                                    轮廓起始段
N340 G00 X24.
N350 G01 X24.8 Z0.5
N360 X29.8 Z－2.
N370 G01 Z－30.
N380 X40.
N390 X42. Z－31.
N400 Z－35.
N410 X46.
N420 X50. Z－37.
N430 AA2：                                    轮廓结束段
N440 M02
```

7.1.5 相关知识

通过本例题的学习要掌握外圆粗精车循环、螺纹车削循环、刀尖圆弧半径补偿等指令代码的应用；模态代码、非模态代码的区别和使用；FANUC 与 SIEMENS 部分代码的区别，如公制、英制代码的区别等。

熟练掌握外圆加工、三角螺纹加工、切槽加工、圆弧加工、圆锥加工等加工操作。

1. 数控刀具的现场维护

在加工现场对刀具执行例行保养和检查可以有效防止出现的加工问题和提高刀具的有效寿命以节省资金。

(1) 检查刀片座。应经常对刀片座进行检查，确保刀片座在加工或处理过程中没有受到损坏，主要对以下项点进行检查：

① 刀座是否由于磨损而尺寸过大。刀片是否能在刀座侧面正确定位。可使用 0.02 mm 塞尺检查间隙。

② 刀垫和刀座底部之间的圆角处是否有小间隙。

③ 刀垫是否损坏。在切削区域刀垫圆角不应有崩裂现象。

④ 是否有刀片断屑器的压印而造成的磨损。

(2) 清洁刀片座。确保刀片座中没有灰尘或加工产生的碎屑。如有必要，可使用压缩空气清洁刀片座。

(3) 更换刀片。过高的扭矩将给刀具性能带来不利影响并导致刀片和螺钉断裂。过低的

扭矩将导致刀片移动、振动和切削效果变差。不要随意更换随刀具提供的扳手附件，以使各种刀片夹紧系统达到最佳性能，建议使用扭矩扳手来正确夹紧刀片。

2. 切削用量的选择

合理选择切削用量是数控加工质量的关键。因此，在编程与加工前应合理规划刀具的切削用量。

粗加工时，根据刀具的切削性能和机床性能选择切削用量。选择的次序是：首先选取尽可能大的背吃刀量 αp；其次根据机床动力和刚性的限制条件，选取尽可能大的进给量 f；最后根据刀具使用寿命要求，确定合适的切削速度 Vc。

精加工时，应根据零件的加工精度和表面质量来选择切削用量。首先根据粗加工后的余量确定背吃刀量 αp；其次根据已加工表面的粗糙度要求，选取合适的进给量 f；最后在保证刀具寿命的前提下尽可能的选取较高的切削速度 Vc。

在刀片保护盒上有该刀片对应不同零件材料的推荐切削参数，在应用时可作为参考，以发挥刀具的切削性能以及获得较长的使用寿命，以下为零件材料对应的 ISO 编码。

P 碳钢及合金钢。

M 不锈钢及钢铸件。

K 灰口铸铁及球墨铸铁。

N 铝、有色金属及其他非金属材料。

S 优质耐热合金，如钛合金及镍合金等。

H 淬硬钢及冷硬铸铁的高硬度材料。

3. 刀片编码中需格外注意的选项

在刀片编码中，最需要注意的是刀片的形状、主切削刃法向后角以及刀片圆弧半径编码，即第一位、第二位和第九位的编码，特别是第九位的刀尖圆弧半径编码，这是编程加工时必须的参数，刀片编码请查看 3. 3. 2 节。

4. 螺纹加工

螺纹在零件中应用广泛，是数控车工的考核重点，不同的数控系统有不同的螺纹加工循环程序，在加工过程中一定要注意合理选择；还应注意每次吃刀深度的合理选择，如果选择不当，则容易产生“崩刃”和“扎刀”等事故，表 7 - 3 为 SECO 刀具推荐的车削 ISO 公制螺纹的步数和进刀深度。

表 7 - 3　螺纹车削步数和进刀深度　　mm

导　程	2	1.75	1.5	1.25	1	0.8	0.75	0.5
总进刀深度	1.25	1.13	0.93	0.81	0.65	0.52	0.48	0.33
步数 1	0.24	0.22	0.22	0.21	0.18	0.17	0.16	0.11
步数 2	0.22	0.2	0.2	0.17	0.16	0.15	0.14	0.09
步数 3	0.18	0.17	0.17	0.14	0.12	0.12	0.11	0.07
步数 4	0.16	0.14	0.14	0.11	0.11	0.08	0.07	0.06
步数 5	0.14	0.12	0.12	0.1	0.08			

续表

导程	2	1.75	1.5	1.25	1	0.8	0.75	0.5
步数6	0.12	0.1	0.08	0.08				
步数7	0.11	0.1						
步数8	0.08	0.08						
导程	6	5.5	5	4.5	4	3.5	3	2.5
总进刀深度	3.82	3.52	3.19	2.87	2.53	2.23	1.92	1.6
步数1	0.46	0.43	0.41	0.37	0.34	0.34	0.28	0.27
步数2	0.43	0.4	0.39	0.34	0.32	0.31	0.26	0.24
步数3	0.35	0.32	0.32	0.28	0.25	0.25	0.21	0.2
步数4	0.3	0.28	0.27	0.24	0.22	0.21	0.18	0.17
步数5	0.19	0.26	0.24	0.22	0.2	0.18	0.16	0.15
步数6	0.26	0.24	0.24	0.22	0.18	0.18	0.15	0.15
步数7	0.24	0.21	0.22	0.2	0.17	0.16	0.14	0.12
步数8	0.23	0.2	0.2	0.18	0.15	0.15	0.13	0.11
步数9	0.22	0.19	0.19	0.17	0.14	0.14	0.12	0.11
步数10	0.19	0.18	0.18	0.16	0.13	0.12	0.11	0.08
步数11	0.18	0.17	0.16	0.14	0.12	0.11	0.1	
步数12	0.16	0.15	0.15	0.13	0.12	0.08	0.08	
步数13	0.15	0.14	0.12	0.12	0.11			
步数14	0.13	0.13	0.1	0.1	0.08			
步数15	0.13	0.12						
步数16	0.1	0.1						

5. FABNUC 数控系统小数点的表示法

FANUC 数控系统有两种类型的小数点表示法：计算器型表示法和标准表示法。下列地址可使用小数点：X，Y，Z，U，V，W，A，B，C，I，J，K，R 和 F。当用计算器型表示法时，不带小数点的值的单位认为是 mm。当用标准表示法时，这样的值以最小输入增量为单位指定，一般为 0.001mm。

如表 7－4 所示，当控制系统选用标准型小数点输入时，若忽略了小数点，则将指令值变为 1/1000，此时若加工，则必出事故。小数点表示法的选择由 3401 号参数的第 0 位（DPI）确定，0 为标准表示法，1 为计算器型表示法。

表 7－4 小数点表示法

程序指令	计算器型小数点输入	标准型小数点输入
X1000	1000mm	1mm
X1000.	1000mm	1000mm

判断该系统采用何种小数点表示法，一是查阅 3401 参数，二是在 MDI 方式下，输入一个不带小数点的移动段并执行，查看机床的实际位移量即可知道系统采用的小数点表示方法。

6. 模态 G 指令初始化

加工程序的起始，通常需要一段使模态 G 指令初始化的程序段，如：G21G99G90。机床在断电重启时模态 G 代码会被初始化，但模态 G 代码的初始化状态取决于机床参数的设定。通常机床并不是一个人操作，模态 G 代码的默认状态在操作中可能会被修改，如果没有初始化程序段，可能会发生意想不到的事。

7.2 高级工技能要求例题

7.2.1 例题描述与例题图

如图 7－2 所示工件，毛坯为 $\phi55\times120$mm 的 45 钢，底孔 $\phi20\times45$mm 已钻好，单件加工，试编写其工艺及数控车加工程序。

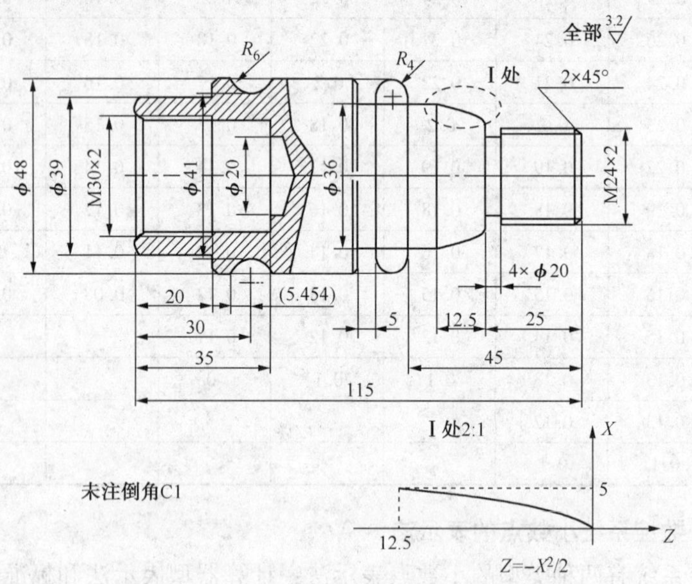

图 7－2 高级工技能要求例题

7.2.2 加工准备与加工要求

1. 加工准备

本例选用机床为 FANUC 0i－TD 或 SIEMENS－802D 系统的 CKA6140 型数控车床，三爪自定心卡盘。加工中使用的刀具见表 7－5。

表 7－5 高级工技能要求例题使用刀具

名 称	规 格	数 量	备 注
外圆车刀	93° C 形刀片	1	
外圆车刀	93° V 形刀片	1	
圆弧切槽刀	$R_{1.5}$	1	
切槽车刀	3mm 宽	1	
外螺纹车刀	螺距 2mm	1	
内孔车刀	93° C 形刀片 $\phi16$	1	
内螺纹车刀	2mm 螺距 $\phi16$	1	

2. 加工要求

（1）编写加工工艺。

（2）车端面可采用点动模式，不需编写加工程序。

7.2.3 参考工艺

参考工艺见表 7－6。

表 7－6 高级工技能要求例题工艺

工序名称	工艺简图	工步内容	刀具	切削用量		
				背吃刀量/mm	进给量/(mm/r)	主轴转速/(r/min)
加工零件右侧		车端面	93°端面外圆 C 型刀片	2	0.15	700
		粗精加工右侧外圆	93°端面外圆 V 型刀片	2/0.5	0.2/0.1	700/1200
		车槽 2 处	3mm 切槽刀		0.15	500
		车 R_4 圆弧	$R_{1.5}$ 圆弧车刀	2	0.15	700
		车 M24×2 螺纹	2mm 螺距外螺纹刀		2	600
加工零件左侧		车端面取长	93°端面外圆	2	0.15	700
		粗精加工左侧外圆	93°端面外圆	2/0.5	0.2/0.1	700/1200
		粗精车内孔	3mm 外切槽刀	2/0.5	0.2/0.1	600/1000
		车 M30×2 内螺纹	2mm 螺距内螺纹刀		2	600

7.2.4 参考程序

1. FANUC 程序

1）右侧加工程序

```
O0021
N10 G99 G21 G90                     机床状态初始化
N20 T0101                           调用1号刀1号刀具(93°V型刀片外圆刀)
N30 G00 X200. Z100.                 快移至安全位置
N40 M03 S700                        主轴正转700r/min
N50 X52. Z3. M08                    快移至对刀参考点，冷却液开
N60 G71 U2. R0.5                    粗车循环，背吃刀量2mm(半径)，退刀量0.5mm
                                    (半径)
N70 G71 P80 Q250 U1. W0.1 F0.2      轮廓起始段N80，结束段N250，X精车余量1mm
                                    (直径)，Z精车余量0.1mm，粗车走刀量0.2mm/r
N80 G00 X18.8 Z2.                   轮廓起始段，Ⅱ型循环(必须指定Z轴移动量)
N90 G01 G42 Z0.5 F0.1               工进至倒角延长处，精加工走刀量0.1mm/r
N100 X23.8 Z-2.
N110 Z-25.                          M24×2螺纹外圆
N120 X28.
N130 #1=0                           抛物线X轴赋初值
N140 WHILE[#1LE5] DO1               对X轴是否到达指定值进行判断，如没到达则执行
```

	循环体内的程序段
N150 #2 = -#1 * #1/2	计算 Z 轴的值
N160 G01 X[26. +#1 * 2]	
Z[-25 + #2]	加工抛物线
N170 #1 = #1 + 0.05	X 轴累加
N180 END1	循环结束
N190 G01 X36. Z-37.5	抛物线终点
N200 Z-45.	ϕ36mm 外圆
N210 X48.	
N220 Z-79.546	ϕ48mm 外圆
N230 G02 W-10.908 R6.	R_6 圆弧
N240 G01 Z-100.	
N250 X52.	轮廓结束段
N260 S1200	精车转速 1200r/min
N270 G70 P80 Q250	精车循环
N280 G00 G40 X200. Z100. M09	快移至安全点，刀具半径补偿取消，冷却液关
N290 M05	主轴停
N300 M01	选择停
N310 T0202	调用 2 号刀 2 号刀补(3mm 切槽刀)
N320 M03 S600	主轴正转 600r/min
N330 G00 X200. Z100.	快移至安全点
N340 X28. Z-25. M08	快移至对刀参考点，冷却液开
N350 G01 X20. F0.15	切槽，走刀量 0.15mm/r
N360 G00 X28.	
N370 Z-24.	
N380 G01 X20. F0.15	
N390 G00 X50.	X 轴退刀
N400 X50. Z-53.	
N410 G75 R0.5	切槽循环，回退量 0.5mm(啄式加工)
N420 G75 X36. Z-55.	
P2500 Q2000 F0.1	切槽 ϕ36mm × 5，X 轴每次切深 2.5mm，Z 轴移动量 2mm
N430 G00 X50.	X 轴退刀
N440 Z-58.	
N450 G01 X44. W3. F0.1	加工倒角
N460 G00 X200. M09	X 轴退刀，冷却液关
N470 Z100.	Z 轴退刀
N480 M05	主轴停
N490 M01	选择停
N500 T0303	调用 3 号刀 3 号刀补(R1.5 圆弧刀)

N510 M03 S700	主轴正转 700r/min
N520 G00 X200. Z100.	快移至安全点
N530 G00 Z-41.	
N540 X43. M08	冷却液开
N550 G01 Z-43.5 F0.15	工进至 R_4 圆弧起点处
N560 G03 Z-54.5 R5.5	加工 R_4 圆弧
N570 G00 X55.	
N580 Z-41.	
N590 X40.	
N600 G01 Z-43.5 F0.15	
N610 G03 Z-54.5 R5.5	加工 R_4 圆弧
N620 G00 X55.	
N630 Z-41.	
N640 X37.	
N650 G01 Z-43.5 F0.1	
N660 G03 Z-54.5 R5.5	加工 R_4 圆弧
N670 G00 X55. M09	X 轴退刀，冷却液关
N680 G00 X200.	X 轴退刀
N690 Z100.	Z 轴退刀
N700 M05	主轴停
N710 M30	程序结束

2）左侧加工程序

O0022	
N10 G21 G99 G90	机床状态初始化
N20 T0101	调用 1 号刀 1 号刀补(外圆刀)
N30 M03 S700	主轴正转 700r/min
N40 G00 X200. Z100.	快移至安全点
N50 G00 X52. Z3. M08	快移至对刀参考点，冷却液开
N60 G71 U2 R1	粗车循环，背吃刀量 2mm(半径)，退刀量 1mm(半径)
N70 G71 P80 Q140 U1 W0.1 F0.2	轮廓起始段 N80，结束段 N140，X 轴余量 1mm(直径)，Z 轴精车余量 0.1mm，粗车走刀量 0.2mm/min
N80 G42 G00 X35.	X 轴快移，Ⅰ型循环，加入刀尖半径右补偿
N90 G01 Z0.5 F0.1	工进至倒角延长点
N100 X39. Z-1.	倒角
N110 Z-20.	ϕ39mm 外圆
N120 X50. C1.5	倒角
N130 W-1.	
N140 X52.	轮廓结束段
N150 S1200	精车转速 1200r/min
N160 G70 P80 Q140	精车循环

N170 G00 G40 X200. Z100. M09	退刀至安全点，取消刀尖半径补偿，冷却液关
N180 M05 M01	主轴停，选择停
N190 T0202	调用2号刀2号刀补(内孔车刀)
N200 M03 S600	主轴正转600r/min
N210 G00 X200. Z100.	快移至安全点
N220 X18.	快移至X轴加工起点
N230 Z3. M08	快移至Z轴加工起点，冷却液开
N240 G71 U2. R0.5	粗车循环背吃刀量2mm(半径)，退刀量0.5mm(半径)
N250 G71 P260 Q300 U-1. W0.1 F0.2	轮廓起始段N260，结束段N300，X轴余量-1mm(直径)，Z轴余量0.1mm，粗车走刀量0.2mm/r
N260 G00 X33.	Ⅰ型循环，轮廓起始段
N270 G01 G41 Z0.5 F0.1	工进至轮廓起点，刀尖半径左补偿，精车走刀量0.1mm/r
N280 X28. Z-2.5	倒角
N290 Z-35.	
N300 X18.	
N310 S1000	精车转速1000r/min
N320 G70 P260 Q300	精车循环
N330 G00 G40 Z100. M09	Z轴退刀，取消刀尖半径补偿，冷却液关
N340 X200.	X轴退刀
N350 M05 M01	主轴停，选择停
N360 T0303	调用3号刀3号刀补(内螺纹车刀)
N370 M03 S600	主轴正转600r/min
N380 G00 X200. Z100.	快移至安全点
N390 G00 X25.	
N400 Z5. M08	
N410 G76 P020060 Q100 R-0.1	螺纹循环，精车2次，最小进刀量0.1mm，精车余量0.1mm
N420 G76 X30. Z-20. P1300 Q500 F2.	螺纹深度1.3mm，第一次切深0.5mm，螺距2mm
N430 G00 Z100. M09	Z轴退刀，冷却液关
N440 X200.	X轴退刀
N450 M05	主轴停
N460 M30	程序结束

2. SIEMENS 程序

1）右侧加工程序

SH721. MPF	
N10 G71 G95 G90 G54	机床状态初始化
N20 T1D1	调用1号刀的1号刀补

N30 G00 X200. Z100.	快移至安全点
N40 M03 S700	主轴正转 700r/min
N50 X52. Z2. M08	快移至对刀参考点，冷却液开
N60 CYCLE95（“AA721”， 2，0，0.5，，0.2，0.1，，1，，，0.5）	粗车循环，轮廓子程序“AA721”
N70 STOPRE	预处理停止
N80 S1200	精车转速 1200r/min
N90 CYCLE95（“AA721” ，，，，，，，0.1，5，，，）	精车循环，轮廓子程序“AA721”
N100 G00 X200. Z100. M09	退刀至安全点，冷却液关
N110 M05 M01	主轴停，选择停
N120 T2D1	调用 2 号刀的 1 号刀补（切槽刀）
N130 M03 S500	主轴正转 500r/min
N140 G00 X200. Z100.	快移至安全点
N150 X28. Z－20. M08	快移至对刀参考点，冷却液开
N160 G01 X20. F0.1	车 ϕ20mm×4mm 螺纹退刀槽，走刀量 0.1mm/r
N170 G00 X28.	
N180 Z－19.	
N190 G01 X20.	
N200 G00 X50.	X 轴退刀
N210 X50. Z－53.	快移至下一槽位置
N220 CYCLE93（48，－53， 5，6，0，0，0，0，－1，0，0， 0，0，3，1，5）	车槽循环 ϕ36mm×5mm
N230 G00 X200. M09	X 轴退刀，冷却液关
N240 Z100.	Z 轴退刀
N250 M05	主轴停
N260 M01	选择停
N270 T3D1	调用 3 号刀的 1 号刀补（圆弧刀）
N280 M03 S700	主轴正转 700r/min
N290 G00 X200. Z100.	快移至安全点
N300 G00 Z－41.	
N310 X43. M08	
N320 G01 Z－43.5 F0.15	进给至圆弧起始点
N330 G03 Z－54.5 CR＝5.5	车圆弧
N340 G00 X55.	X 轴退刀
N350 Z－41.	
N360 X40.	
N370 G01 Z－43.5 F0.15	进刀至圆弧起点
N380 G03 Z－54.5 CR＝5.5	车圆弧

N390 G00 X55.　　　　　　　　　　X 轴退刀
N400 Z－41.
N410 X37.
N420 G01 Z－43.5 F0.1　　　　　　进刀至圆弧起点
N430 G03 Z－54.5 CR＝5.5　　　　车圆弧
N440 G00 X55. M09　　　　　　　 X 轴退刀，冷却液关
N450 G00 X200. Z100.　　　　　　退刀至安全点
N460 M05　　　　　　　　　　　　主轴停
N470 M01　　　　　　　　　　　　选择停
N480 T4D1　　　　　　　　　　　　换刀并调用 4 号刀的 1 号刀补(螺纹刀)
N490 M03 S600　　　　　　　　　　主轴正转 600r/min
N500 G00 X200. Z100.　　　　　　快移至安全点
N510 X30. Z5. M08　　　　　　　　快移至对刀参考点
N520 CYCLE97(2，，0，－17，
21.4，21.4，3，0.5，1.3，
0.1，30，，5，2，3，1)　　　　调用螺纹循环
N530 G00 X200. Z100. M09　　　　退刀至安全点
N540 M05　　　　　　　　　　　　主轴停
N550 M30　　　　　　　　　　　　程序结束

2）左侧加工程序

SH722. MPF
N10 G21 G99 G90　　　　　　　　 机床状态初始化
N20 T1D1　　　　　　　　　　　　 换 1 号刀并调用其中的 1 号刀补(外圆刀)
N30 M03 S700　　　　　　　　　　 主轴正转 700r/min
N40 G00 X200. Z100.　　　　　　 快移至安全点
N50 G00 X52. Z3. M08　　　　　　快移至对刀参考点，冷却液开
N60 CYCLE95("AA722"，2，0.05，
0.5，，0.2，，，1，，，0.5)　　粗车循环，轮廓子程序"AA722"
N70 STOPRE　　　　　　　　　　　预处理停止
N80 S1200　　　　　　　　　　　　精车转速 1200r/min
N90 CYCLE95("AA722"
，，，，，，，0.1，5，，，)　　　精车循环，轮廓子程序"AA722"
N100 G00 X200. Z100. M09　　　　退刀至安全点，冷却液关
N110 M05 M01　　　　　　　　　　主轴停，选择停
N120 T2D1　　　　　　　　　　　　换 2 号刀并调用其中的 1 号刀补(内孔车刀)
N130 M03 S600　　　　　　　　　　主轴正转 600r/min
N140 G00 G40 X200. Z100.　　　　取消刀具半径补偿，移动至安全位置
N150 X18.　　　　　　　　　　　　快移至 X 轴起刀点
N160 Z3. M08　　　　　　　　　　 快移至 Z 轴起到点
N170 CYCLE95("AM1：AM2"，2，

```
0.05，0.5，，0.2，，，3，，，0.5)调用粗车循环，轮廓程序 AM1 至 AM2
N180 STOPRE                          预处理停止
N190 S1000                           精车转速 1000r/min
N200 CYCLE95(“AM1：AM2”
，，，，，，，，0.1，7，，，)         精车循环，轮廓程序 AM1 至 AM2
N210 G00 Z100. M09                   Z 轴退刀，冷却液关
N220 X200.                           X 轴退刀
N230 M05 M01                         主轴停，选择停
N240 T3D1                            换 3 号刀并调用其中的 1 号刀补(内螺纹刀)
N250 M03 S600                        主轴正转 600r/min
N260 G00 X200. Z100.                 快移至安全点
N270 G00 X25.                        快移至 X 轴起点
N280 Z5. M08                         快移至 Z 轴起点
N290 CYCLE97(2，，0，-20，30，
30，3，0.5，1.3，0.1，
30，，5，2，4，1)                     螺纹循环
N300 G00 Z100. M09                   Z 轴退刀，冷却液关
N310 X200.                           X 轴退刀
N320 M05                             主轴停
N330 M30                             程序结束
N340 AM1：                           左侧内孔轮廓起始段
N350 G00 X33.
N360 G01 Z0.5 F0.1
N370 X28 Z-2.5
N380 Z-35.
N390 X18.
N400 AM2：                           左侧内孔轮廓结束段
N410 M02
```

3）右侧外圆轮廓子程序

```
AA0721.SPF
N10 G00 X18.8
N20 G01 Z0.5 F0.1
N30 X23.8 Z-2.
N40 Z-25.
N50 X28.
N60 R1=0                             抛物线 X 轴赋初值
N70 AM1：
N80 R2=-R1*R1/2                      通过 X 轴计算 Z 轴
N90 G01 X=(26+R1*2)
Z=(-25+R2)                           加工抛物线
```

```
N100 R1 = R1 + 0.1                      X 轴 0.05mm 增加
N110 IF R1 < = 5 GOTOB AM1              判断 X 轴是否结束
N120 G01 X36. Z - 37.5                  抛物线终点
N130 Z - 45.                            φ36mm 外圆
N140 X48.
N150 Z - 79.546                         φ48mm 外圆
N160 G02 Z = IC( - 10.908) CR = 6 R6 内凹圆弧，增量值编程
N170 G01 Z - 100.
N180 X52.
```

4）左侧外圆轮廓子程序

```
AA0722.SPF
N10 G00 X35.
N20 G01 Z0.5
N30 X39. Z - 1.
N40 Z - 20.
N50 X50. Z = IC( - 1.5)
N60 Z = IC( - 1.)
N70 X52.
N80 RET
```

7.2.5 相关知识

通过本例题要掌握内孔粗精车循环、内螺纹车削循环、切槽循环等指令代码的应用；能使用宏指令编制程序加工简单的公式曲线；学会使用刀尖圆弧中心直接编程及刀尖圆弧中心的简单计算；绝对值编程及增量值编程的合理应用。

1. 车孔的关键技术

车孔是常用的孔加工方法之一，可用作粗加工，也可用作精加工。车孔精度一般可达IT7 ~ IT8，表面粗糙度 Ra1.6 ~ 3.2μm。车孔的关键技术是解决内孔车刀的刚性问题和内孔车削过程中的排屑问题。

为了增加车削刚性，防止产生振动，要尽量选择粗的刀杆，安装时刀杆伸出长度尽可能短，只要略大于孔深即可。刀尖要对准工件中心，刀杆与轴心线平行。精车内孔时，应保持刀刃锋利，否则容易产生让刀，把孔车成锥形。

内孔加工过程中，主要是通过控制切屑流出方向来解决排屑问题。精车内孔时要求切屑流向待加工表面(前排屑)，前排屑主要是采用正倾角内孔车刀。加工盲孔时，应采用负的刃倾角，使切屑从孔口排出。

内孔车刀应按以下原则选取。

（1）选择正前角刀具。

（2）尽可能选取接近90°的主偏角，并且不要小于75°的刀具，否则，将会导致径向切削力急剧增加。

（3）在内孔车削中，通常小刀尖半径应为首选。加大刀尖半径，将会加大径向切削分力，并且会产生增大振动趋势的风险。在工艺系统刚性足够的情况下，应尽可能使用最大的刀尖半径，这样可获得更坚固的切削刃、更好的表面质量和切削刃上更均匀的压力分布。

（4）安装内孔车刀时应注意以下几个问题：

① 刀尖应与工件中心等高或稍高。如果安装的低于中心，由于切削抗力的作用，容易将刀柄压低而产生“扎刀”现象，并可造成孔径扩大。

② 刀杆伸出刀架不宜过长，一般比被加工孔长5~6mm。

③ 刀柄基本平行于工件轴线，否则在车削到一定深度时刀杆后半部容易碰到工件孔口。

④ 盲孔车刀安装时，主刀刃与孔底平面成3°~5°的角度，并且在车平面时要求横向有足够的退刀余地。

⑤ 对于轴向安装刀具的转塔车床，还要注意内孔刀具的后面伸出部分不要与转塔的旋转发生干涉。

不同的操作系统，加工循环结束后的自动退刀的动作是有所区别的。出于安全的考虑，内孔加工完毕后先轴向再径向退刀。

2. 切槽加工

车精度不高且宽度较窄的矩形沟槽时，可用刀宽等于槽宽的车槽刀，采用直进法一次进给车出。精度要求较高的沟槽，一般采用二次进给车槽，即第一次进给车槽时，槽壁两侧留精车余量，第二次进给时用等宽刀修整。车较宽的沟槽，可以采用多次直进法车削，并在槽壁及底面留精加工余量，最后一刀精车至尺寸。

较小的梯形槽一般用成型刀具车削完成。较大的梯形槽，通常先车直槽，然后用梯形刀采用直进法或左右切削法进行加工。

SIEMENS－802D 系统的 CYCLE93 指令中，没有规定切槽刀具的刀宽参数，其刀宽值是通过切槽刀两个刀尖的两次对刀后（即通过 D1 和 D2 存储器中的刀具补偿值）由系统自行计算其刀具宽度，编程时要按照理论槽宽编程。

3. 内凹轮廓的加工

在 FANUC 0i－TD 中，粗加工循环有两种类型，即类型Ⅰ和类型Ⅱ。通常情况下，在所有类型Ⅰ的粗加工循环中，轮廓外形在 X 轴和 Z 轴必须采用单调递增或单调递减的形式。类型Ⅱ的粗加工循环中沿 X 轴的外形轮廓不必单调递增或单调递减，并且最多可以有 10 个凹面（凹槽），但是要注意沿 Z 轴的外形轮廓必须单调递增或递减。

在 FANUC 0i－TD 系列的Ⅰ型粗加工循环中顺序号“ns”程序段中只规定一个 X 轴的移动，Ⅱ型循环中顺序号“ns”程序段中规定两个轴，即 X、Z 轴都需指定，即使不包含 Z 轴运动也必须指定 W0。如果在Ⅰ型循环中指定了凹槽的轮廓，则会产生凹形轮廓不是分层切削而是在半精加工时一次性切削的情况。

4. 刀尖半径与切削深度

当切削深度增加时，试图将刀片推离切削表面的径向力变为轴向力。另外刀尖半径也影响切屑形状，通常，使用较小的刀尖半径可改善断屑。一般的经验法则是，切削深度不应小于刀尖半径的 2/3 或进给控制在刀尖半径的 1/2 内。因此，对于精加工的余量，我们推荐背吃刀量稍大于或等于刀尖圆弧半径。

5. 刀尖圆弧半径补偿的应用

FANUC 0i 系列控制系统的粗车循环及精车循环需要在程序中加入刀尖圆弧半径补偿指令。SIEMENS－802D 数控系统的刀具半径补偿将由 CYCLE95 循环自动选用，然后再取消。利用 G41/G42 在轮廓子程序中进行刀具半径补偿值编程会令循环中断，并发出报警 10931

“毛坯切削轮廓错误”。因此 SIEMENS－802D 数控系统在使用毛坯切削循环时，无需加入刀具半径补偿指令。

注意：只有在线性插补时(G00、G01)才可以进行 G41/G42 的选择。

6. 增量值编程和绝对值编程的混合应用

绝对值编程是根据已设定的工件坐标系计算出工件轮廓上各点的绝对坐标值进行编程的方法。增量值编程是用相对前一个位置的坐标增量来表示坐标值的编程方法，其正负由行程方向确定，当行程方向与工件坐标轴方向一致时为正，反之为负。混合编程是将绝对值编程和增量值编程混合起来进行编程的方法。

合理运用混合编程可以简化计算，实现手工快速编程。

7. 程序错误报警的快速处理

在编程中，出现程序错误的原因是多方面的。程序运行过程中，FANUC 数控系统通常能同时处理四条语句，即正在执行的程序段、前一程序段和预读其后的两个程序段。因此，当系统出现程序错误报警时，通常只需检查这 4 个程序段即可。

7.3 技师技能要求例题

7.3.1 例题描述与例题图

如图 7－3 所示工件，毛坯为 ϕ85mm×60mm 的 45 钢，底孔 ϕ35mm 已钻好，单件加工，试编写其工艺及数控车加工程序。

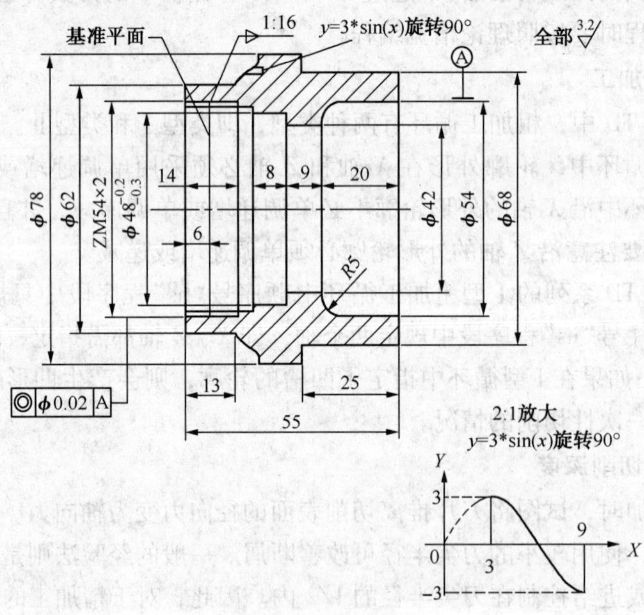

图 7－3 技师技能要求例题

7.3.2 加工准备与加工要求

1. 加工准备

本例选用机床为 FANUC 0i－TD 或 SIEMENS－802D 系统的 CKA6140 型数控车床，三爪

自定心卡盘。加工中使用的刀具见表 7 - 7。

表 7 - 7　技师技能要求例题使用刀具

名　称	规　格	数　量	备　注
外圆车刀	93° C 形刀片	1	
内孔车刀	93° C 形刀片 ϕ30mm	1	
螺纹车刀	螺距 2mmϕ30mm	1	
反镗车刀	93° V 形刀片 ϕ30mm	1	

2. 加工要求

(1) 编写加工工艺。

(2) 车端面可采用点动模式，不需编写加工程序。

7.3.3　参考工艺

参考工艺见表 7 - 8。

表 7 - 8　技师技能要求例题工艺

工序名称	工艺简图	工步内容	刀具	切削用量		
				背吃刀量/mm	进给量/(mm/r)	主轴转速/(r/min)
加工零件右侧		车端面	93°端面外圆	2	0.15	700
		粗精加工右端外圆	93°端面外圆	2/0.5	0.2/0.1	700/1500
加工零件左侧		车端面取长	93°端面外圆	2	0.15	700
		粗精加工左端外圆	93°端面外圆	2/0.5	0.2/0.1	700/1200
		粗精加工左端内孔	93°C 形刀片 ϕ30mm	2/0.5	0.2/0.1	600/1000
		车 ZM54 ×2 内螺纹	螺距 2mmϕ30mm		2	600
		背镗另一侧内孔	93°V 形刀片 ϕ30mm	2/0.5	0.2/0.1	600/900

7.3.4　参考程序

1. FANUC 程序

1) 右侧加工程序

```
O0031
N10 G99 G90 G21                   机床状态初始化
N20 T0101                         调用 1 号刀 1 号刀补(外圆刀)
N30 M03 S700                      主轴正转 700r/min
N40 G00 X200. Z100.               快移至安全点
N50 X85. Z3. M08                  快移至对刀参考点，冷却液开
N60 G71 U2. R2.                   粗车循环，背吃刀量 2mm(半径)，退刀量 2mm(半径)
N70 G71 P80 Q120 U1. W0.1 F0.2    轮廓起始行号 N80，结束行号 N120，X 轴余量 1mm
                                  (直径)，Z 轴余量 0.1mm，粗车走刀量 0.2mm/r
```

N80 G00 X68. Ⅰ型循环，轮廓起始段
N90 G01 Z -25. F0.1 精车走刀量 0.1mm/r
N100 X78.
N110 Z -40.
N120 X85. 轮廓结束段
N130 S1200 精车转速 1200r/min
N140 G70 P80 Q120 精车循环
N150 G00 X200. Z100. M09 退刀至安全点，冷却液关
N160 M05 M30 主轴停，程序结束

2）左侧加工程序

O0032
N10 G99 G90 G21 机床状态初始化
N20 T0101 调用 1 号刀 1 号刀补(外圆刀)
N30 M03 S700 主轴正转 700r/min
N40 G00 X200. Z100. 快移至安全点
N50 X85. Z3. M08 快移至对刀参考点
N60 G71 U2. R2. 粗车循环，背吃刀量 2mm(半径)，退刀量 2mm(半径)
N70 G71 P80 Q160 U1. W0.1 F0.2 轮廓起始行号 N80，结束行号 N160，*X* 轴余量 1mm(直径)，*Z* 轴余量 0.1mm，粗车走刀量 0.2mm/r
N80 G00 X62. 轮廓开始段
N90 G42 G01 Z -13. F0.1 刀尖半径左补偿，精车走刀量 0.1mm/r
N100 #1 =0 *X* 轴初始化
N110 WHILE[#1LE180] DO1 判断 *X* 轴自变量是否小于 180°，如小于则执行循环体中代码
N120 #2 =3 * cos[#1] 计算 *Z* 轴值
N130 G01 X[62 +2 * #1 * 6/180] Z[-16 + #2]
N140 #1 = #1 +0.5 *X* 轴累加
N150 END1
N160 X85. 轮廓结束段
N170 S1200 精加工转速 1200r/min
N180 G70 P80 Q160 精车循环
N190 G00 G40 X200. Z100. M09 取消刀尖半径补偿，快移至安全点，冷却液关
N200 M05 主轴停
N210 M01 选择停
N220 T0202 调用 2 号刀 2 号刀补(内孔车刀)
N230 M03 S600 主轴正转 600r/min
N240 G00 X200. Z100. 快移至安全点
N250 X35.

N260 Z3. M08	
N270 G71 U2. R0. 5	粗车循环
N280 G71 P290 Q350 U－1. W0. 1 F0. 2	轮廓起始行 N290，结束行 N350，*X* 轴余量 1mm，*Z* 轴余量 0. 1mm，粗车走刀量 0. 2mm/r
N290 G00 X52. 56	轮廓起始段
N300 G01 G41 X51. 25 Z－18. F0. 1	加入刀尖半径左补偿，精车走刀量 0. 1mm/r
N310 X47. 85	
N320 W－8.	
N330 X42.	
N340 Z－56.	
N350 X35.	轮廓终点段
N360 S1000	精车转速 1000r/min
N370 G70 P290 Q350	
N380 G00 G40 Z100. M09	*Z* 轴退刀，取消刀尖半径补偿，冷却液关
N390 X200.	*X* 轴退刀
N400 M05	主轴停
N410 M01	选择停
N420 T0303	调用 3 号刀 3 号刀补(内螺纹车刀)
N430 M03 S600	主轴正转 600r/min
N440 G00 X200. Z100.	快移至安全点
N450 X40.	
N460 Z4. M08	
N470 G76 P020060 Q100 R－0. 1	螺纹循环，精车 2 次，最小切深 0. 1mm，精车余量 0.1mm
N480 G76 X53. 5 Z－14. R1. 125 P1300 Q500 F2	锥螺纹半径差 1. 125mm
N490 G00 Z100. M09	*Z* 轴退刀，冷却液关
N500 X200.	*X* 轴退刀
N510 M05 M01	主轴停，选择停
N520 T0404	调用 4 号刀 4 号刀补(内孔反镗刀)
N530 M03 S600	主轴正转 600r/min
N540 G00 X200. Z100.	快移至安全点
N550 X40.	
N560 Z－60. M08	
N570 G71 U2. R0. 5	粗车循环
N580 G71 P590 Q620 U－1. W－0. 1 F0. 2	
N590 G00 X54.	轮廓起始段
N600 G42 G01 Z－40. F0. 1	

N610 G02 X44. Z -35. R5.
N620 G01 X40.　　轮廓结束段
N630 S900　　精车转速 900r/min
N640 G70 P590 Q620　　精车循环
N650 G00 G40 Z100. M09　　*Z* 轴退刀，取消刀尖半径补偿，冷却液关
N660 X200.　　*X* 轴退刀
N670 M05　　主轴停
N680 M30　　程序结束

2. SIEMENS 程序

1）右侧加工程序

SH0731. MPF
N10 G71 G95 G54 G90　　机床状态初始化
N20 T1D1　　换 1 号刀并调用其中的 1 号刀补（外圆刀）
N30 M03 S800　　主轴正转 700r/min
N40 G00 X200. Z100.　　快移至安全点
N50 X82. Z3. M08　　快移至对刀参考点
N60 CYCLE95（“AA731”，2，
0.1，1，，0.2，，0.1，9，，，）　　纵向外圆粗精加工，轮廓子程序号“AA731”
N70 G00 X200. Z100. M09　　退刀至安全点，冷却液关
N80 M05　　主轴停
N90 M30　　程序结束

2）左侧加工程序

SH0732. MPF
N10 G71 G95 G90 G54　　机床状态初始化
N10 T1D1　　换 1 号刀并调用其中的 1 号刀补（外圆刀）
N30 M03 S700　　主轴正转 700r/min
N40 G00 X200. Z100.　　快移至安全点
N50 G00 X82. Z3. M08　　快移至对刀参考点
N60 CYCLE95（“AA732”，2，0.05，
0.5，，0.2，，，1，，，0.5）　　纵向外圆粗加工，轮廓子程序号“AA732”
N70 S1200
N80 CYCLE95（“AA732”
，，，，，，，0.1，5，，，）　　精加工循环，轮廓子程序号“AA732”
N90 G00 X200. Z100. M09　　退刀至安全点，冷却液关
N100 M05　　主轴停
N110 M01　　选择停
N120 T2D1　　换 2 号刀并调用其中的 1 号刀补（内孔车刀）
N130 M03 S600　　主轴正转 600r/min
N140 G00 X200. Z100.　　快移至安全位置
N150 G00 X37.

```
N160 Z5. M08
N170 CYCLE95("AM1: AM2", 2,
0.1, 1, , 0.2, , 0.1, 11, , , )   纵向内孔粗精车，轮廓起始标记 AM1，结束标记 AM2
N180 G00 Z100. M09                Z 轴退刀，冷却液关
N190 X200.                        X 轴退刀
N200 M05                          主轴停
N210 M01                          选择停
N220 T3D1                         换 1 号刀并调用其中的 1 号刀补(内螺纹刀)
N230 M03 S600                     主轴正转 600r/min
N240 G00 X200. Z100.              快移至安全点
N250 G00 X40.
N260 Z5. M08
N270 CYCLE97(2, , 0, -13,
54.375, 53.5625, 3, 0.5,
1.3, 0.1, 30, , 5, 2, 4, 1)       内螺纹循环
N280 G00 Z100. M09                Z 轴退刀，冷却液关
N290 X200.                        X 轴退刀
N300 M05                          主轴停
N310 M01                          选择停
N320 T4D1                         换 1 号刀并调用其中的 1 号刀补(内孔反镗刀)
N330 M03 S600                     主轴正转 600r/min
N340 G00 X200. Z100.              快移至安全点
N350 G00 X40.
N360 Z-58. M08
N370 CYCLE95("AA733", 2,
0.05, 0.5, ,
0.2, , , 3, , , 0.5 )             纵向内孔粗车，轮廓子程序"AA733"
N380 STOPRE                       预处理停止
N390 S900                         精车转速 900r/min
N400 CYCLE95("AA733", , , , , , ,
0.1, 7, , , )                     纵向内孔粗车，轮廓子程序"AA733"
N410 G00 X40. M09
N420 Z100.                        Z 轴退刀
N430 X200.                        X 轴退刀
N440 M05                          主轴停
N450 M30                          程序结束
N460 AM1:                         左侧内孔轮廓起始行标记
N470 G00 X52.56
N480 Z3.
```

```
N490 G01 X51. 25 Z - 18.
N500 X47. 85
N510 Z - 26.
N520 X42.
N530 Z - 56.
N540 X37.
N550 AM2:                              左侧内孔轮廓结束行标记
N560 M02
```

3）右侧外圆轮廓子程序

```
AA0731. SPF
N10 G00 X68.
N20 G01 Z - 25.
N30 X78.
N40 Z - 40.
N50 X82.
N60 M02
```

4）左侧外圆轮廓子程序

```
AA0732. SPF
N10 G00 X62.
N20 G01 Z - 13. F0. 1
N30 R1 = 90
N40 MA1:
N50 R2 = 3 * SIN(R1)
N60 G01 X = (56 + 2 * R1 * 6/180) Z = ( - 16 + R2)
N70 R1 = R1 + 1. 5
N80 IF R1 < = 270 GOTOB MA1       判断函数是否到区间
N90 X85.
N100 RET
```

5）右侧内孔反镗子程序

```
AA733. SPF
N10 G00 X54.
N20 G01 Z - 40.
N30 G02 X44. Z - 35. CR = 5.
N40 G01 X40.
N50 M02
```

7.3.5 相关知识

通过本例题我们要掌握内孔反镗循环、正弦曲线、锥螺纹等的编程；刀具干涉的分析和处理；反镗刀的对刀和使用；公式曲线编程规律的总结及套用，特别是要对加工工艺做出合理的安排。

1. 圆锥螺纹的车削和计算

加工锥螺纹与加工普通螺纹相比较，其加工指令相同，加工方法也相类似。但由于锥螺纹在 X 轴和 Z 轴方向均有螺距，当锥螺纹的圆锥面与其轴线的夹角小于45°时，取 Z 方向的螺距 P_z 作为指令中的螺距，反之则取 X 方向的螺距 P_x 作为指令中的螺距。

圆锥螺纹的车削主要是要计算锥螺纹的引入长度及引出长度所引起的半径变化。

通常单件加工，都是加工完内孔，再安装内螺纹刀具并对刀。在本例中，如果按通常的做法，螺纹车刀没有对刀基准。因此加工时必须在车内孔之前就将内孔车刀和螺纹车刀都安装好并对刀。

2. 正弦曲线余弦曲线的介绍及应用

正弦曲线是由单位圆投影到坐标系得出的，如图 7－4 所示为正弦曲线 $y = A * \sin x$，$A > 0$，$x \in [0，2\pi]$的图形。

数控编程需要记住一些基本曲线函数的图形，如椭圆、抛物线、双曲线、正弦、余弦曲线等，并了解变化规律。

如图 7－5 所示为余弦曲线和正弦曲线的函数图形，从图中可看出，余弦曲线相对正弦曲线在图形上相差 1/2π，在编程时正弦曲线和余弦曲线可以互相转换。这样会方便我们计算工件坐标系和曲线坐标系的差值，在编程时会更加灵活。如本节例题，正弦曲线转换成余弦曲线后工件坐标系和函数图形坐标系差值会更容易计算。

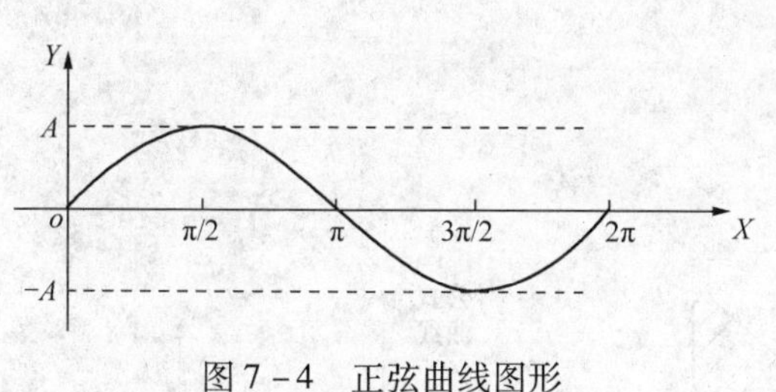

图 7－4　正弦曲线图形

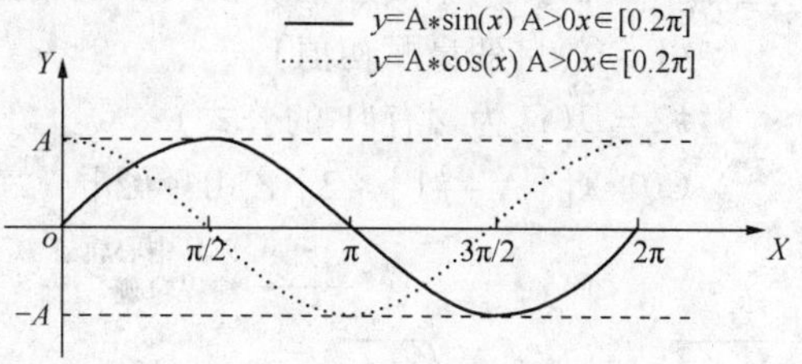

图 7－5　正弦、余弦曲线

3. 反镗刀介绍及使用

如图 7－6(b)所示刀具为反镗车刀，通常内孔加工切削方向都是朝向卡盘，而反镗刀具由卡盘向尾座方向切削。

反镗只是内孔加工的另一种应用，具有对刀困难，无法观察，无法测量等特点，是车加工的难点。

本例题中螺纹相对右端内孔有同轴度要求，采用掉头装夹无法保证同轴度，只能采用了反镗技术，这也是这个例题工艺考核的重点。对刀可以利用一个平面度较高的垫块或刀杆平面对 Z 向进行对刀，如图 7－7 所示。

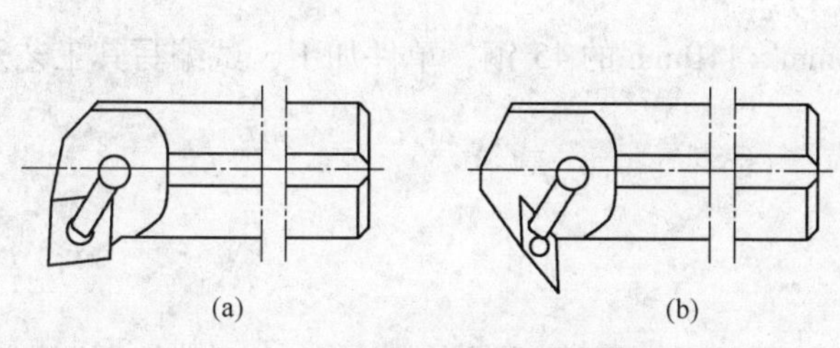

图 7－6　正镗刀与反镗刀

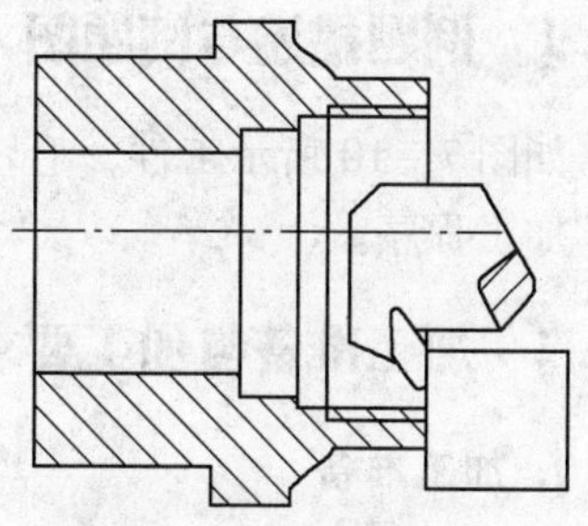

图 7－7　反镗刀的对刀

注意：反镗时注意刀尖方向的设定及刀尖圆弧变径补偿方向的判断。

4. 干涉检查

干涉仅发生在使用刀尖圆弧半径补偿的情况下，刀具过切称为干涉。干涉检查功能可以提前检查刀具是否过切。FANUC 对干涉的定义如下：

(1) 刀尖半径轨迹方向与编程轨迹方向不同(在 90°到 270°之间)，如图 7－8 所示。

(2) 除了(1)的情况外，在圆弧加工中(大于 180°)刀尖半径中心轨迹起点和终点之间的角度与编程轨迹起点和终点之间的角度完全不相同。

第二种情况仅发生在圆弧加工时调用两种不同半径的刀具补偿值引起，这种情况一般极少出现，可以不需考虑。

仔细分析图 7－8 所示的情况，可以发现干涉一般发生在刀具轨迹夹角小于 180°的情况下，并且中间的某一直线或圆弧段的长度小于刀尖圆弧的直径值。因此在编程时，要避免出现内角过渡时轮廓位移小于刀尖半径或在两个相连内角处轮廓位移小于刀尖直径的情况。

在宏程序中应用刀具半径补偿特别容易产生刀具干涉，通常干涉是由于宏程序的起点和终点设置不当引起。当干涉发生时，对宏程序的计算起点或终点进行调整，一般使首次和末次移动长度大于一个刀尖圆弧直径值即可解决。

5. 公式曲线的快速套用

如图 7－9 所示 *XOZ* 为工件坐标系原点，*X′O′Y′*为公式曲线坐标系原点，*AB* 分别为两坐标系 *X* 轴和 *Z* 轴的差值。公式曲线编制的重点就是计算两坐标系的差值。程序如下：

#1 = C(自变量赋初值)

#2 = D(D 为含有#1 的公式)

G01 X[[A + #1] * 2] Z[B + #2]

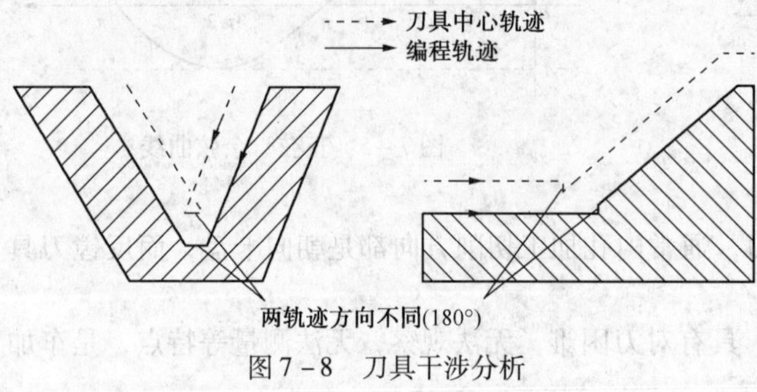

图 7－8　刀具干涉分析

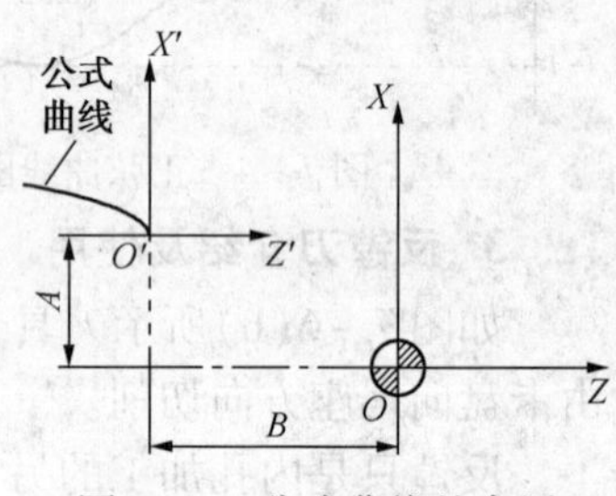

图 7－9　公式曲线的套用

7.4　高级技师技能要求例题

7.4.1　例题描述与例题图

如图 7－10 所示工件，毛坯为 ϕ55mm × 110mm 的 45 钢，单件加工，试编写其工艺及数控车加工程序。

7.4.2　加工准备与加工要求

1. 加工准备

本例选用机床为 FANUC 0i－TD 或 SIEMENS－802D 系统的 CKA6140 型数控车床，三爪自定心卡盘。加工中使用的刀具见表 7－9。

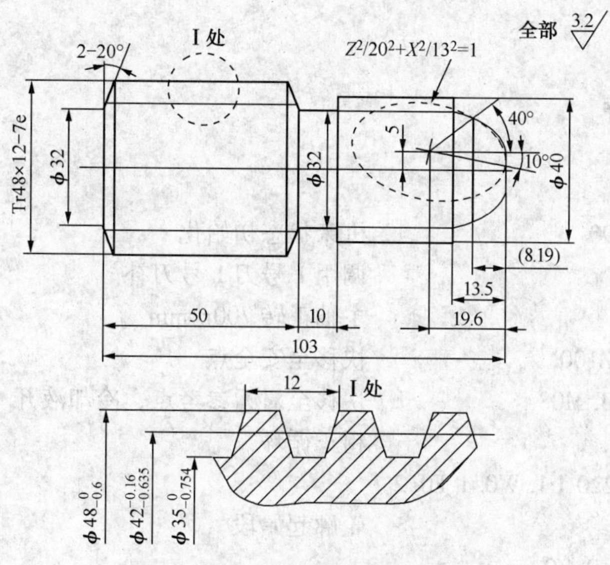

图 7－10　高级技师技能要求例题

表 7－9　高级技师技能要求例题使用刀具

名　称	规　格	数　量	备　注
外圆车刀	93° C 形刀片	1	
切槽车刀	3mm 宽	1	

2. 加工要求

（1）编写加工工艺。

（2）车端面可采用点动模式，不需编写加工程序。

7.4.3　参考工艺

参考工艺见表 7－10。

表 7－10　高级技师技能要求例题工艺

工序名称	工艺简图	工步内容	刀具	切削用量		
				背吃刀量/mm	进给量/(mm/r)	主轴转速/(r/min)
加工零件左侧		车端面	93°端面外圆	2	0.15	700
		粗精加工左端外圆	93°端面外圆	2/0.5	0.2/0.1	700/1200
		车退刀槽	3mm 宽切槽刀		0.1	500
加工零件右侧		车端面取长	93°端面外圆	2	0.15	700
		粗精加工右端外圆	93°端面外圆	2/0.5	0.2/0.1	700/1200
		车 Tr48 × 12 螺纹	3mm 外切槽刀			350

7.4.4 参考程序

1. 旋转椭圆程序

1）FANUC 程序

```
O0041
N10 G21 G99 G90                     机床状态初始化
N20 T0101                           调用1号刀1号刀补
N30 M03 S700                        主轴正转700r/min
N40 G00 X200. Z100.                 快移至安全点
N50 G00 X52. Z3. M08                快移至对刀参考点，冷却液开
N60 G71 U2. R2.                     粗车循环
N70 G71 P80 Q220 U1. W0.1 F0.2
N80 G00 X8.                         轮廓起始段
N90 G01 G42 X10. Z0.
N100 #1 = 15.177                    旋转椭圆的起始离心角
N110 WHILE[#1LE61.395] DO1          如果离心角小于等于61.395°，则执行循环体中的
                                    代码
N120 #2 = COS[#1] * 20              通过离心角计算Z轴值
N130 #3 = SIN[#1] * 13              通过离心角计算X轴值
N140 #4 = #2 * COS[-10]
-#3 * SIN[-10]                      计算旋转后的Z轴的值
N150 #5 = #2 * SIN[-10]
+#3 * COS[-10]                      计算旋转后的X轴的值
N160 G01 X[10 + #5 * 2]
Z[-19.6 + #4]                       直线拟合旋转椭圆曲线
N170 #1 = #1 + 0.1                  离心角累加
N180 END1                           循环结束标记
N190 G01 X32. Z-13.5                圆锥终点
N200 X40.
N210 Z-53.
N220 X52.                           轮廓结束段
N230 S1200                          精车转速1200r/min
N240 G70 P80 Q220                   精车循环
N250 G00 G40 X200. Z100. M09        退刀至安全点，取消刀尖圆弧半径补偿，冷却液关
N260 M05 M30                        主轴停，冷却液停
```

2）SIEMENS 程序

```
SH0741. MPF
N10 G90 G71 G95 G54                 机床状态初始化
N20 T1D1                            换1号刀并调用其中的1号刀补(外圆刀)
N30 M03 S700                        主轴正转700r/min
```

```
N40 G00 X200. Z100.                快移至安全点
N50 X52. Z3. M08                   快移至对刀参考点，冷却液开
N60 CYCLE95("AA1: AA2", 2,
0.05, 1, , 0.2, , 0.1, 9, , , )   纵向外圆粗精车加工，轮廓起始段标记 AA1，结束
                                   段标记 AA2
N70 G00 X200. Z100. M09            退刀至安全点，冷却液关
N80 M05 M30                        主轴停，程序结束
N90 AA1:                           轮廓起始段标记
N100 G00 X8.
N110 G01 X10. Z0.
N120 R1 =15.177                    旋转椭圆的起始离心角
N130 MA1:
N140 R2 = COS(R1) * 20             通过离心角计算 Z 轴的值
N150 R3 = SIN(R1) * 13             通过离心角计算 X 轴的值
N160 R4 = R2 * COS( -10)
- R3 * SIN( -10)                   计算旋转后的 Z 轴的值
N170 R5 = R2 * SIN( -10)
+ R3 * COS( -10)                   计算旋转后的 X 轴的值
N180 G01 X = (10 + R5 * 2)
Z = ( -19.6 + R4)                  直线拟合旋转椭圆曲线
N190 R1 = R1 +2                    离心角累加
N200 IF R1 < =61.395
GOTOB MA1                          如果离心角小于 61.395°，则跳转到 MA1
N210 G01 X32. Z -13.5              圆锥终点
N220 X40.
N230 Z -53.
N240 X52.
N250 AA2:                          轮廓结束段标记
N260 M02
```

2. 车槽程序

1) FANUC 程序

```
O0042
N10 G21 G99 G90
N20 T0101
N30 M03 S500
N40 G00 X200. Z100.
N50 X45. Z -46. M08
N60 G01 X32. F0.1                  第一次切削梯形螺纹退刀槽
N70 G00 X50.
N80 W -0.5
```

```
N90 G72 W2. R0.2                       端面粗车循环
N100 G72 P110 Q130 U0.5 W0.1 F0.1
N110 G00 Z-56.276
N120 G01 X32. Z-53.
N130 Z-47.
N140 G70 P110 Q130                     精车循环
N150 G00 X200. Z100. M09               退刀至安全点，冷却液关
N160 M05 M30
```

2）SIEMENS 程序

```
SH742.MPF
N10 G90 G71 G95 G54
N20 T1D1
N30 M03 S500
N40 G00 X200. Z100.
N50 X50. Z-46. M08
N60 CYCLE93(48, -43, 10,
8, 0, 0, 20, 0, 0, 0, 0,
0, 0, 4, 1, 5)                         车槽循环
N70 G00 X200. M09
N80 Z100.
N90 M05
N100 M30
```

3. 梯形螺纹程序

1）FANUC 程序

（1）主程序。

```
O0043
N10 G21 G98 G90
N20 T0202
N30 M03 S350
N40 G00 X200. Z100.
N50 G00 X55. Z10. M08
N60 G65 P0044 X35. Z-55. H
6.5 Q0.1 T3. F12.                      使用 G65 调用宏程序，并传递加工参数，X35 为螺
                                       纹小径，Z-55 为螺纹 Z 轴终点，H6.5 为螺纹的深
                                       度，Q0.1 为径向进给时每次的切深，T3. 为切槽刀
                                       的刀宽，F12 为螺距
N70 G00 X200. Z100. M09                退刀，冷却液关
N80 M05
N90 M30
```

(2) 螺纹加工子程序。

```
O0044
G21 G90
#120 = 0.366 * #9 - 0.536 *
[#11 - 0.5 * #9]                计算槽底宽
#121 = #11                      读取传入的螺纹深度
G65 P0045 X#24 Z#26 H#11
Q#17 T#20 F#9                   使用 G65 调用宏程序检查参数是否输入错误
WHILE[#121GE0] DO1              如果剩余螺纹深度大于等于零则执行 DO1 至 END1
                                之间的程序
#123 = TAN[15] * #121           计算剩余螺纹深度对应的半角宽度
#124 = #120 + #123 * 2 - #20    计算实际加工的槽宽
WHILE[#124GT0]DO2               如果剩余加工的槽宽大于零则执行 DO2 至 END2 之
                                间的程序
#112 = #101 - #123 + #124
G00 Z[#112]                     Z 向进刀，#101 为起刀时 Z 轴工件坐标
G92 X[#24 + #121 * 2] Z
[#26] F[#9]                     车螺纹
#124 = #124 - #20 * 0.8         计算下一次纵向进刀后的槽宽
END2
#112 = #101 - #123              计算螺纹左侧精加工 Z 轴的起刀点
G00 Z[#112] Z                   向进刀
G92 X[#24 + #121 * 2]
Z[#26] F[#9]                    车螺纹
#121 = #121 - #17               计算下一次径向进刀后剩余的螺纹深度
IF[#121GT0] GOTO300             如果剩余深度大于零则跳转到行号 N300
IF[#121EQ - #17] GOTO300        如果剩余深度等于一个负的径向进刀深度则跳转到
                                行号 N300
#121 = 0                        剩余深度设为零
N300
END1
M99
```

(3) 参数检查报警程序。

```
O0045
#100 = #5041                    读取起刀 X 轴工件坐标系数据
#101 = #5043                    读取起刀 Z 轴工件坐标系数据
IF[#9LE0] GOTO1400              如果导程小于等于零则跳转到行号 N1400 报警
IF[#11LE[#9 * 0.5]] GOTO1000    如果螺纹设置深度小于理论深度则跳转到行号 N1000
                                报警
IF[#100EQ#24] GOTO1200          如果起刀的 X 与螺纹车削直径一样则跳转到行号
```

```
                                  N1200 报警
IF[#100LT#24] GOTO50              如果起刀 X 小于螺纹车削直径则跳转到行号 N50
                                  (内螺纹)
N20IF[#100LT[#24 + #11 * 2]]
GOTO1200                          外螺纹，如果起刀 X 小于最小退刀 X 则跳转到行号
                                  N1200 报警
GOTO80
N50IF[#100GT[#24 - #11 * 2]]
GOTO1200                          内螺纹，如果起刀 X 大于最小退刀 X 则跳转到行号
                                  N1200 报警
N80IF[#17LE0]GOTO1300             如果径向每次进刀深度小于零则跳转到行号 N1300
                                  报警
IF[#17GT#11]GOTO1300              如果径向每次进刀深度大于螺纹深度则跳转到行号
                                  N1300 报警
IF[#20LE0]GOTO1500                如果刀具宽度小于等于零则跳转到行号 N1500 报警
IF[#20GT#120]GOTO1500             如果刀宽大于槽底宽则跳转到行号 N1500 报警
M99                               子程序结束
N1000#3000 = 1
(H SETTING ERROR)                 螺纹高度设置错误
N1200#3000 = 2
(X SETTING ERROR)                 螺纹 X 轴起刀点错误
N1300#3000 = 3
(Q SETTING ERROR)                 背吃刀量不能大于牙深，小于等于零
N1400#3000 = 4
(F SETTING ERROR)                 螺距不能小于零
N1500#3000 = 5
(T SETTING ERROR)                 刀具切削刃宽度不能小于零，大于槽底宽
M30                               程序结束返回
```

2）SIEMENS 程序

```
SH743. MPF
N10 G71 G90 G54
N20 T1D1
N30 M03 S350
N40 G00 X200. Z100.
N50 X55. Z10. M08
N60 R20 = 35                      螺纹小径
N70 R21 = -55                     螺纹 Z 轴终点
N80 R22 = 12                      螺纹导程
N90 R1 = 6. 5                     螺纹加工起始深度
N100 R2 = 3                       刀具宽度
N110 R3 = 4. 124                  槽底宽
```

```
N120 R4 = 0.1                         X 轴每次进刀量
N130 R5 = 2.5                         Z 轴每次进刀量
N140 AM1:
N150 R16 = R20 + R1 * 2               当前加工 X 轴
N160 R10 = TAN(15) * R1               计算螺纹横向深度对应的纵向宽度
N170 R15 = R3 - R2 + R10 * 2          每层车削时刀具纵向移动量
N180 AM2:
N190 R17 = 10 - R10 + R15             计算螺纹 Z 轴的起刀点
N200 G00 Z = R17                      Z 轴进刀
N210 X = R16                          X 轴进刀
N220 G33 Z = R21 K = R22              加工螺纹
N230 G00 X55.                         X 轴退刀
N240 Z = R17                          Z 轴退刀
N250 R15 = R15 - R5                   计算下一纵向进刀后的螺纹未加工宽度
N260 IF R15 >0 GOTOB AM2              如果螺纹为加工宽度大于零则跳转到标记 AM2
N280 R17 = 10 - R10                   计算螺纹左侧精加工 Z 轴的起刀点
N290 G00 Z = R17                      Z 轴进刀
N300 X = R16                          X 轴进刀
N310 G33 Z = R21 K = R22              加工螺纹
N320 G00 X55.                         X 轴退刀
N330 Z = R17                          Z 轴退刀
N340 R1 = R1 - R4                     计算下一径向进刀后剩余螺纹深度
N350 IF R1 > = 0 GOTOB AM1            如果剩余螺纹深度大于等于零则跳转到标记 AM1
N360 G00 X200. M09                    X 轴退刀，冷却液关
N370 Z100.                            Z 轴退刀
N380 M05                              主轴停
N390 M30                              程序结束
```

7.4.5 相关知识

通过本例题的学习要掌握空间旋转公式的应用；大螺距导程梯形螺纹的编程及加工；系统参数的正确使用；并学习编制用户自定义循环等。

1. 梯形螺纹相关尺寸的计算

梯形螺纹的部分公式见表 7－11。

表 7－11 梯形螺纹相关尺寸

名 称	计 算 公 式			
牙型角(α)	$\alpha = 30°$			
间隙(z)	螺距(t)	2～4	5～12	16～43
	z	0.25	0.5	1
牙型高度(h)	$h = 0.5t + z$(7－1)			
牙槽底宽(W)	$W = 0.366t - 0.536z$(7－2)			

2. 椭圆公式、离心角、旋转角

把平面内与两个定点 F_1、F_2 的距离的和等于常数（大于 $|F_1 * F_2|$）的点的轨迹叫做椭圆，如图 7 - 11 所示，这两个点叫做椭圆的焦点，两焦点的距离叫做焦距。

（1）标准方程。

$$\frac{x^2}{a^2} + \frac{y^2}{b^2} = 1(a > b > 0) \tag{7-3}$$

在标准方程中，椭圆图形关于 x 轴、y 轴和原点都是对称的，如图 7 - 11 所示。

（2）参数方程。

在坐标系 XOY 中，以 O 为圆心，分别以 a、b 为半径，分别作两个辅助圆，如图 7 - 12 所示。再以 OX 为始边作角 $\angle XOA = \theta$，那么，M 的横坐标 $x = a * \cos\theta$，N 点的纵坐标是 $y = b * \sin\theta$。过 M、N 分别作 x 轴、y 轴的垂线，两垂线的交点 $P(x, y)$ 应是椭圆上的点，这样作出的点 P 的轨迹就是整个椭圆。所以参数 θ 就是 OM 的倾斜角，通常将这个角叫做离心角。

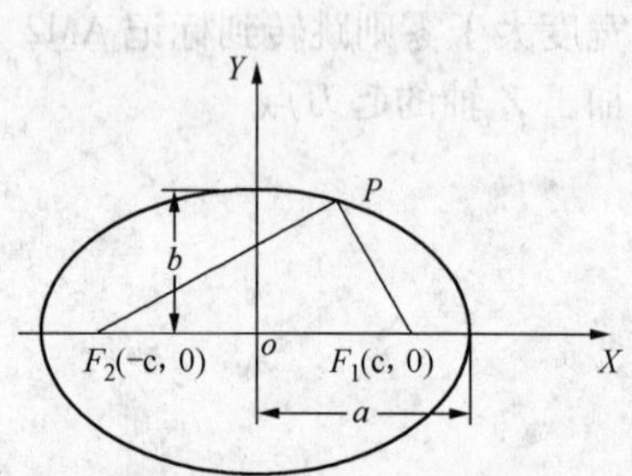

图 7 - 11　椭圆定义及标准方程

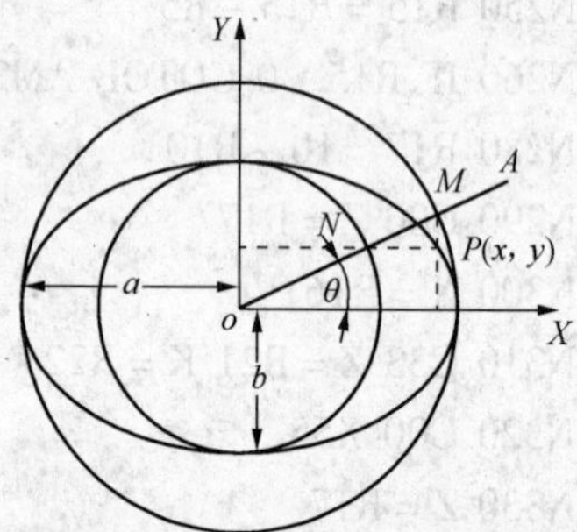

图 7 - 12　椭圆的参数方程

$$\begin{cases} x = a * \cos\theta \\ y = b * \sin\theta \end{cases} \quad (0 \leqslant \theta < 2\pi) \tag{7-4}$$

（3）椭圆离心角 θ 和旋转角 β 的转换

椭圆上点 P 到圆心 O 的连线与 OX 的夹角 $\angle XOP$（即 β）称为旋转角，如图 7 - 13 所示。离心角 θ 和旋转角 β 的换算关系为：

$$\tan\beta = \frac{y}{x} = \frac{b * \sin\theta}{a * \cos\theta} = \frac{b}{a} * \tan\theta \Rightarrow \theta = \arctan\left(\tan\beta * \frac{a}{b}\right) \tag{7-5}$$

3. 坐标旋转公式

如图 7 - 14 所示，在二维坐标上，有一点 $A(x, y)$，直线 OA 的长度为 r。直线 OA 和 X 轴的正向夹角为 β，直线 OA 围绕原点做逆时针方向 θ 度得旋转，到达 $A'(x', y')$。

$$\begin{cases} x' = r * \cos(\beta + \theta) = r * \cos\beta * \cos\theta - r * \sin\beta * \sin\theta \\ y' = r * \sin(\beta + \theta) = r * \sin\beta * \cos\theta + r * \cos\beta * \sin\theta \end{cases} \tag{7-6}$$

其中 $x = r * \cos\beta, y = r * \sin\beta$

代入式(7 - 6)得

$$\begin{cases} x' = x * \cos\theta - y * \sin\theta \\ y' = x * \sin\theta + y * \cos\theta \end{cases} \tag{7-7}$$

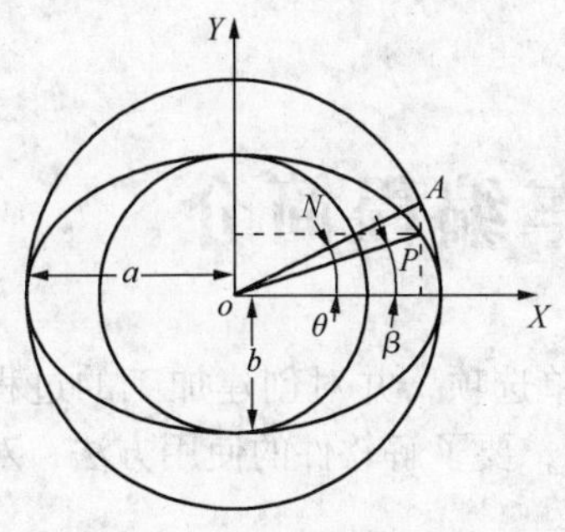

图 7－13　离心角和旋转角

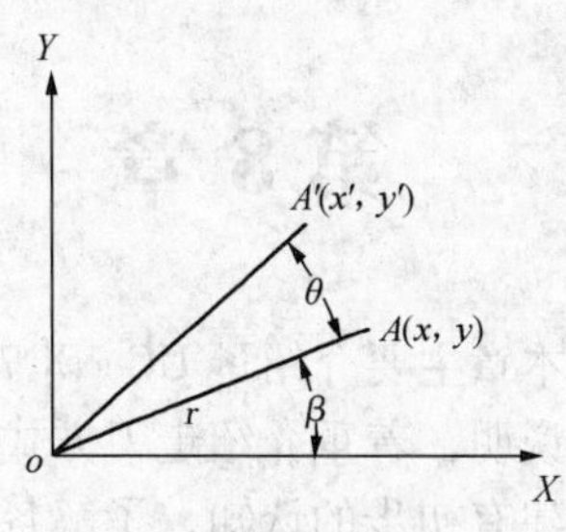

图 7－14　坐标旋转公式

4. 用户自定义循环

6.3.5 对大螺距的梯形螺纹的切削方法进行了详细的介绍与理论分析，本例的 FANUC 程序即应用了该切削方法并采用模块化编程思路进行编制。采用模块化编程可简化主程序，相当于编写用户自定义循环，编写用户自定义循环时不仅要考虑加工，还要增加对用户错误输入的判断及报警处理程序。

本例中螺纹循环还有较大的局限性，如不能用于锥螺纹的加工；在计算时也没有考虑切槽刀刀尖圆弧对加工的影响，使用是要适当减小刀具宽度设定值以修正刀尖圆弧半径的影响。

5. G72 的另类应用

FANUC 0i－TD 系列控制系统的 G75 切槽循序，不能加工复杂凹槽。但 FANUC 提供了 G72 端面粗车复合循环，可以使用这个循环来切非常复杂的凹槽，如本例中的凹槽加工。

注意：使用 G72 端面粗车复合循环切槽是需要先加工一个退刀槽，循环起始 Z 轴必须向加工方向移动一段稍大于退刀量 R(e)的距离。

思考题

1. 刀具干涉是为什么？

2. 使用 7.4 节所示方法加工大导程螺距时需要注意什么？

3. 想一想，在使用 G72 端面粗车循环车槽时为什么要先车一个退刀槽？

4. 2008 年全国数控大赛数控车工职工组有一个在圆弧上加工圆弧螺纹的试题，如图 7－15 所示，请尝试对其编程(提示：使用 G32 分段进行连续螺纹加工)。

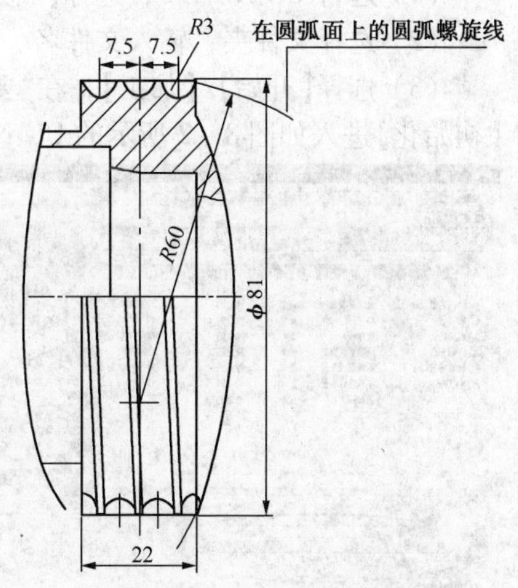

图 7－15　圆弧面上的圆弧螺旋线

第 8 章 UGNX7.5 数控车编程简介

本章主要介绍了 UG NX 7.5 软件的工作界面及常用菜单选项，并对创建加工的过程进行了说明，着重介绍走刀方式和进刀方式。通过本章的学习，要了解软件的使用方法，对加工创建有初步的认知，了解各种走刀方式和进刀方式的区别。

8.1 数控加工模块简介

为适应专业化生产及复杂零件的编程需求，涌现出大量的数控加工编程软件，其中使用较为广泛的有 UG、MASTERCAM、PRO/E、CAXA 等。这些软件界面虽然有较大的差异，但创建数控加工的操作步骤和方法基本一致，本章将以 UG NX 7.5 为例简要介绍该软件的用户界面及数控车编程的过程及方法。

UG 自 NX 4.0 开始加工模块的功能已经较为完备，其后的各类版本多是完善一些功能选项，特别是数控车加工模块内容基本没变，只是在界面上做了一些调整，因此学习本章对其他版本的 UG 也具有一定的参考性。

UG NX 7.5 的 CAM 主要包括铣、车、钻、线切割等加工模块，其中的数控车包含了粗车加工、精车加工、示教加工、中心钻孔加工、螺纹加工等操作，能够实现各种复杂回转类零件的数控加工编程。

8.1.1 UG NX 7.5 的工作环境

UG NX 7.5 是标准的 Windows 图形用户界面，它的界面简单易懂，用户只要了解各部分的位置和用途，就可以充分运用系统的操作功能，给自己的设计工作带来方便。

（1）运行 UG NX 7.5，选择【新建】。

（2）选择文件夹，输入文件名。

（3）选择【开始】/【加工】，在“要创建的 CAM 设置”中选择【turning】，如图 8－1 所示。【初始化】进入如图 8－2 所示的 UG NX 7.5 加工模块工作界面。

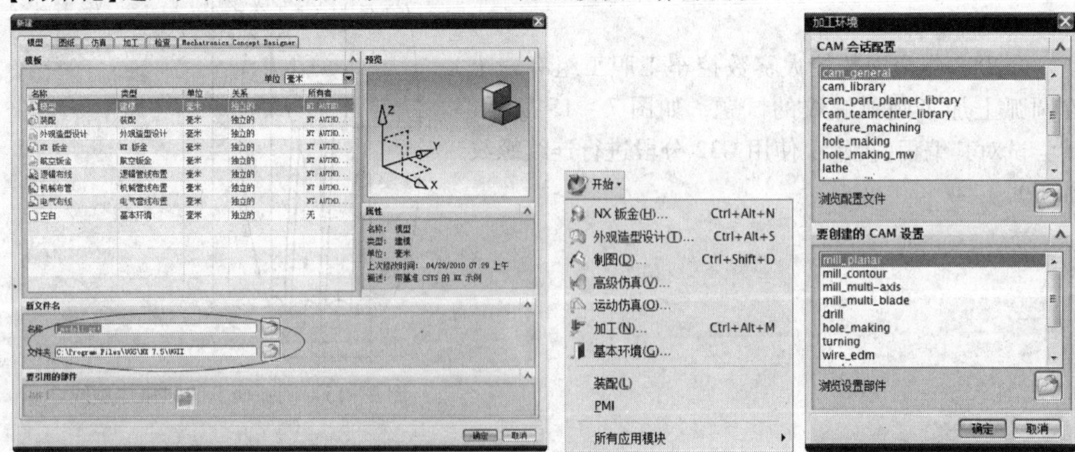

图 8－1 UG 加工模块环境

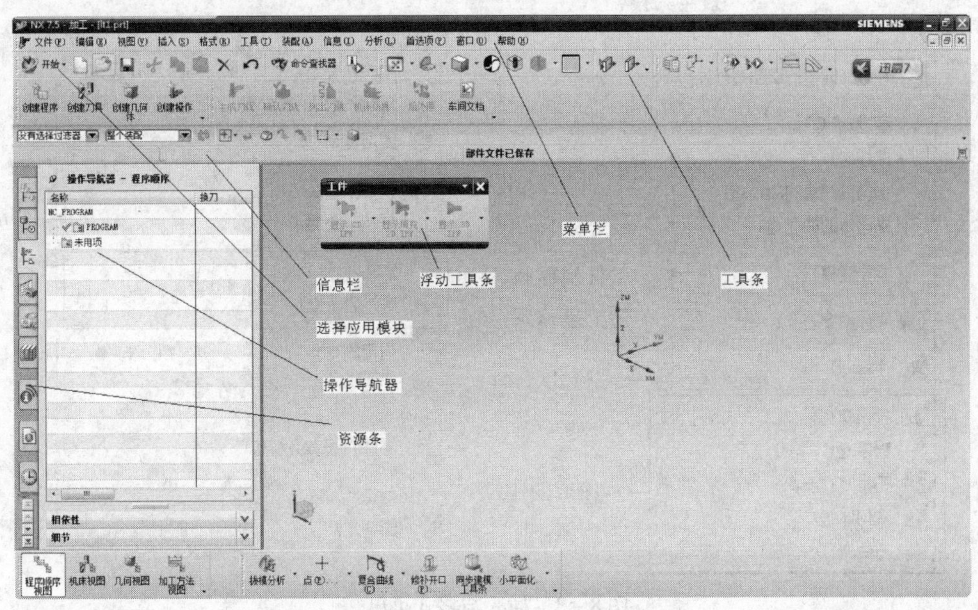

图 8－2　UG 加工基本环境

注意：文件夹和文件名不能含有中文字符。如错误进入其他模块，可以按照【工具】/【操作导航器】/【删除设置】重新创建“CAM 配置”。

在工作界面中主要包括菜单栏、信息栏、工具条、浮动工具条、资源条和图形工作区等。

菜单栏包含了 UG NX 7.5 的所有功能命令。系统将所有的命令或设置选项予以分类，分别设置在不同的菜单项中，以方便用户的查询及使用。

工具条可以是固定的也可以是浮动的，系统按照功能模块的要求建立各种工具条，在工具条的图标中几乎包含了 UG NX 7.5 系统的全部功能。每个工具图标栏中的图标按钮都对应着不同的命令，而且图标按钮都以图形的方式直观地表现了该命令的功能，用户可以根据不同需求定制工具条以方便使用，如定制工具条的按钮功能，是否下方显示文本提示等。

信息栏主要用来提示用户如何操作。执行每个命令时，系统都会在提示栏中显示用户必须执行的动作，或者提示用户下一个操作的动作，状态栏主要用来显示系统或图形的当前状态。

资源条中包含了在具体的应用模块中系统可以提供的资源，如在加工模块中，资源条中可以调用【装配导航器】、【部件导航器】、【操作导航器】、【加工特征导航器】、【机床导航器】等多个资源条，方便用户使用。

图形工作区是用户使用的最大的工作窗口，在图形工作区中主要进行模型的显示和编辑等。

8.1.2　数控加工模块常用菜单选项

UG NX 7.5 中常用的功能选项包括【插入】菜单、【格式】菜单、【工具】菜单、【信息】菜单、【首选项】和工具条等。

在【插入】菜单中，主要包括加工过程中 5 个主要的加工创建功能，即创建加工操作、程序组、刀具、几何体和加工方法；在【格式】菜单中经常要使用的是坐标系控制功能，主要是工作坐标系的控制功能，如图 8－3 所示。

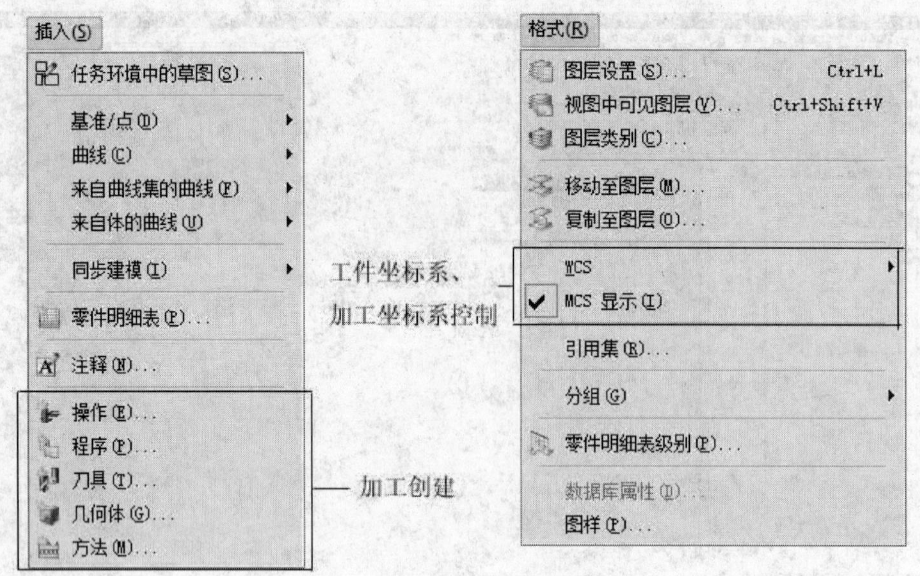

图 8－3　插入与格式菜单

在【工具】菜单中经常使用的是操作导航器功能、刀位轨迹控制功能、NC 后处理器管理、仿真控制和数据库控制等，如图 8－4 所示。

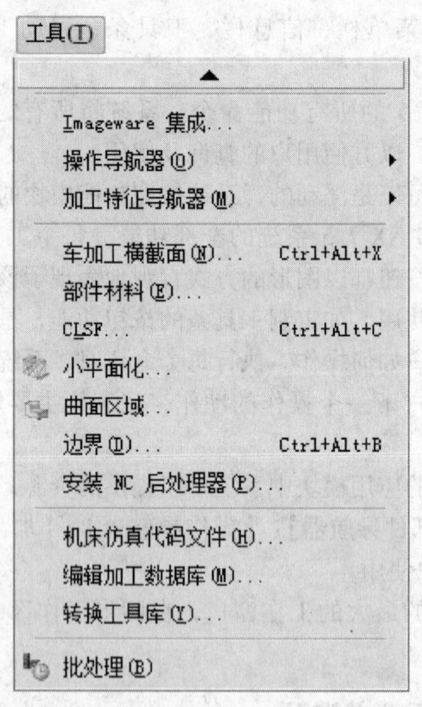

图 8－4　工具菜单

【操作导航器】功能中包括了进行数控加工过程中常用的工具，包括对象控制、输出控制、刀轨控制、工件控制、视图控制等，如图 8－5 所示。

在【信息】菜单中经常使用的是车间文档功能，用户可以根据需求输出相应的车间工艺文件，输出的文件可以是文本格式的文件，也可以是网页形式的超文本文件，还能输出整个加工过程中的全部信息，如图 8－6 所示。

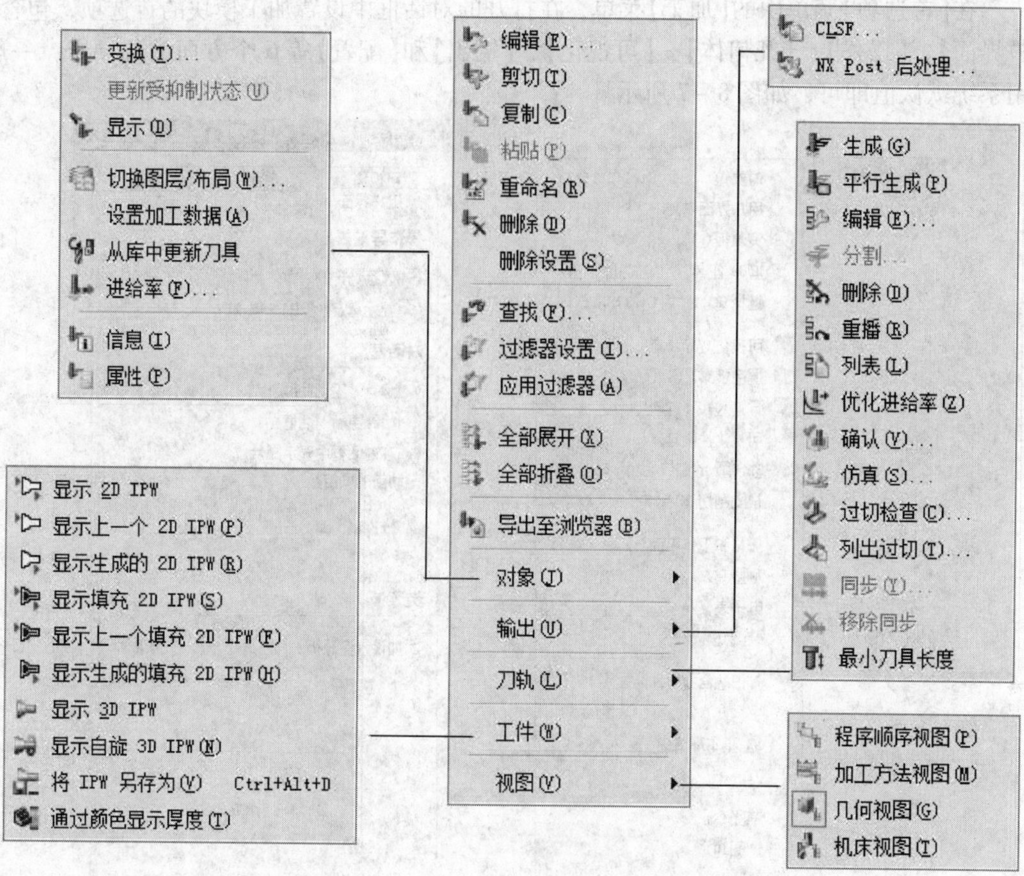

变换(T)...
更新受抑制状态(U)
显示(D)
切换图层/布局(W)...
设置加工数据(A)
从库中更新刀具
进给率(F)...
信息(I)
属性(P)

编辑(E)...
剪切(T)
复制(C)
粘贴(P)
重命名(R)
删除(D)
删除设置(S)
查找(F)...
过滤器设置(I)...
应用过滤器(A)
全部展开(X)
全部折叠(O)
导出至浏览器(B)
对象(J)
输出(U)
刀轨(L)
工件(W)
视图(V)

CLSF...
NX Post 后处理...

生成(G)
平行生成(P)
编辑(E)...
分割...
删除(D)
重播(R)
列表(L)
优化进给率(Z)
确认(V)...
仿真(S)...
过切检查(C)...
列出过切(T)...
同步(Y)...
移除同步
最小刀具长度

显示 2D IPW
显示上一个 2D IPW(P)
显示生成的 2D IPW(R)
显示填充 2D IPW(S)
显示上一个填充 2D IPW(F)
显示生成的填充 2D IPW(H)
显示 3D IPW
显示自旋 3D IPW(N)
将 IPW 另存为(V)　Ctrl+Alt+D
通过颜色显示厚度(T)

程序顺序视图(P)
加工方法视图(M)
几何视图(G)
机床视图(T)

图 8-5　操作导航器

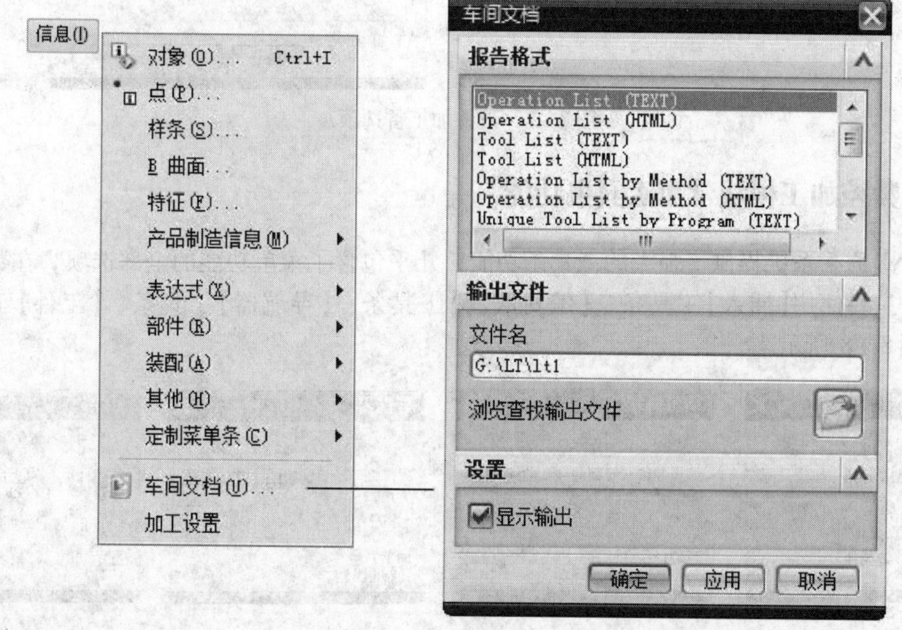

图 8-6　车间文档输出

在【首选项】菜单中的【加工】菜单，在打开的对话框中设置加工模块的首选项，包含【用户界面】、【操作】、【几何体】、【可视化】、【输出】和【配置】等6个方面的选项卡，一般采用系统默认值即可，如图8-7所示。

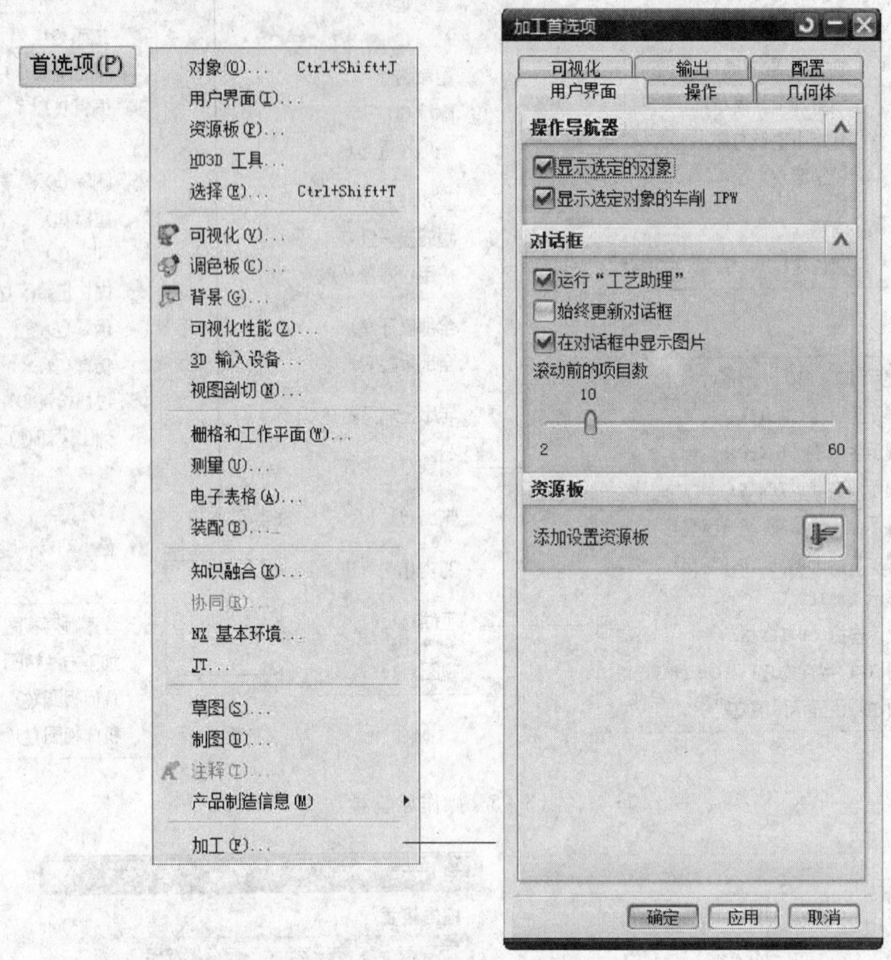

图8-7 设置加工首选项

8.1.3 数控加工模块常用工具条功能

UG NX 7.5 系统提供了强大的工具条功能，几乎包含了菜单功能的全部选项。在数控加工模块中主要使用【插入】工具条、【编辑取消】工具条、【导航器】工具条、【工件】工具条等，如图8-8所示。

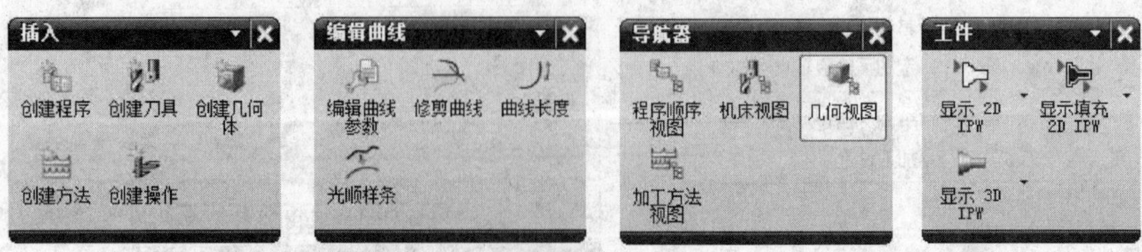

图8-8 数控加工模块常用工具条

8.2 数控加工模块基本环境设置

在初次使用数控加工模块时需要对加工基本环境进行设置。设置数控加工环境变量的方式有两种方式，一种是直接修改 UG 系统文件“\UGS\NX 7.5\UGⅡ\ugii_ env. dat”中有关加工的环境变量，这种方式控制的优先级较高，在 UG 系统启动时加载；另一种方式是利用 UG NX 7.5 系统提供的“用户默认设置”进行设置，这种方式可以在未打开任何文件的时候进行设置，也可以在加工模块内进行设置。

本节将简单介绍使用“用户默认设置”设置加工模块基本环境的过程，主要介绍加工中的一些参数，方便读者使用。

(1) 启动 UG NX 7.5 系统，选择菜单【文件】/【实用工具】/【用户默认设置】，激活【用户默认设置】对话框，设置【加工】/【用户界面】/【操作导航器】，选择“切换视图以便匹配创建”，如图 8－9 所示。

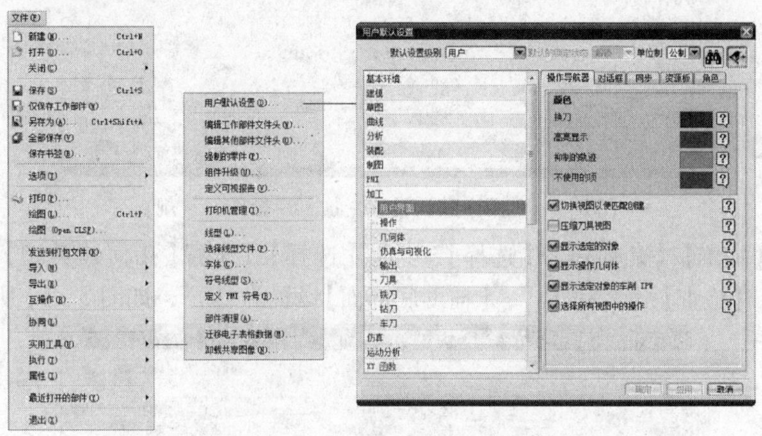

图 8－9 用户默认设置－加工－用户界面－操作导航器

(2) 设置【加工】/【用户界面】/【对话框】，选择“在对话框中显示图像”，如图 8－10 所示。

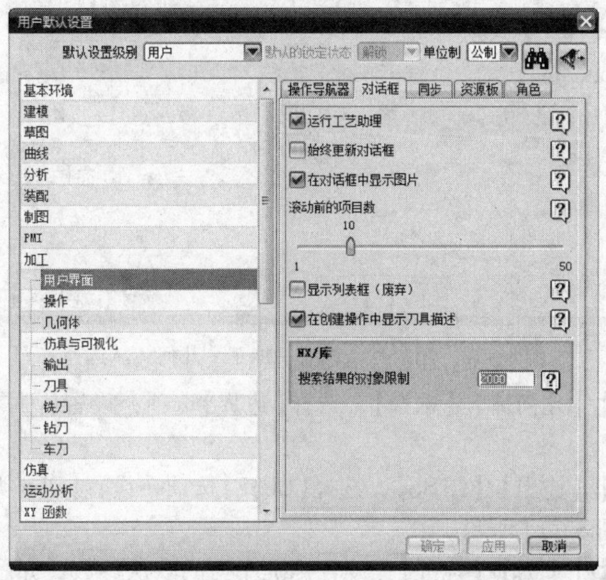

图 8－10 用户默认设置－加工－用户界面－对话框

（3）设置【加工】/【操作】/【常规】，选择“在每一个刀轨前刷新”，如图 8－11 所示。

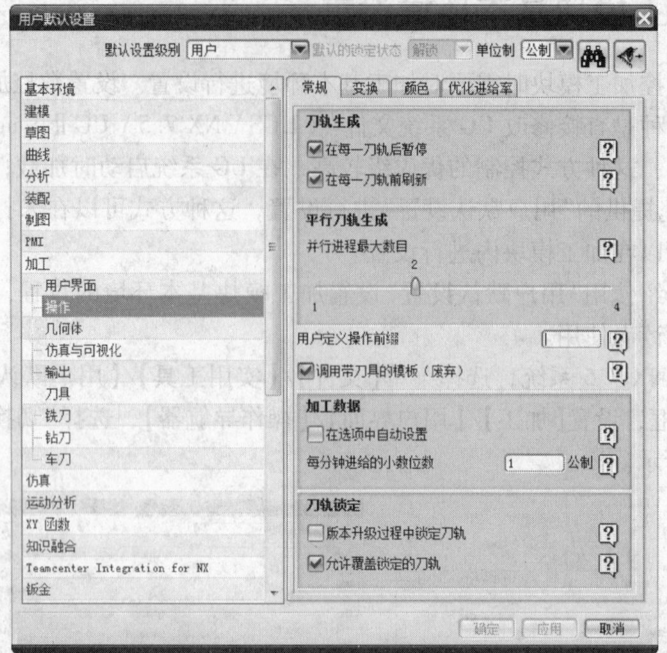

图 8－11　用户默认设置－加工－操作－常规

（4）设置【加工】/【几何体】/【选择】，选择【选择】，设置【几何体类型】选项，将【部件】、【毛坯】、【检查】设置为“体”，【辅助底部面】设置为“面”，如图 8－12 所示。

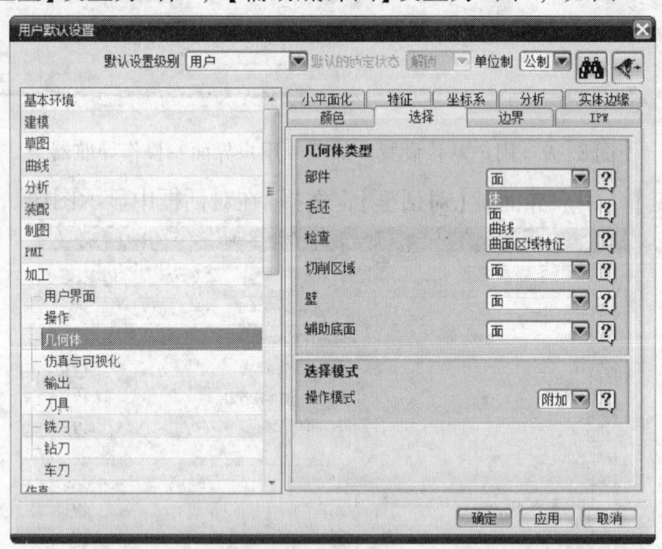

图 8－12　用户默认设置－加工－几何体－选择

（5）设置【加工】/【几何体】/【选择】，选择【边界】选项，设置【刀具位置】为“相切于”，如图 8－13 所示。

（6）设置【加工】/【输出】/【CLSF】，选择【CLSF】选项，设置【CLS 类型】为“标准”，【小数位数】为“4”，如图 8－14 所示。

（7）设置【加工】/【车刀】/【标准】，设置标准车刀的默认参数，如图 8－15 所示。

注意：对于所有交互使用情况，默认参数取自模板部件中的刀具，而非此处。

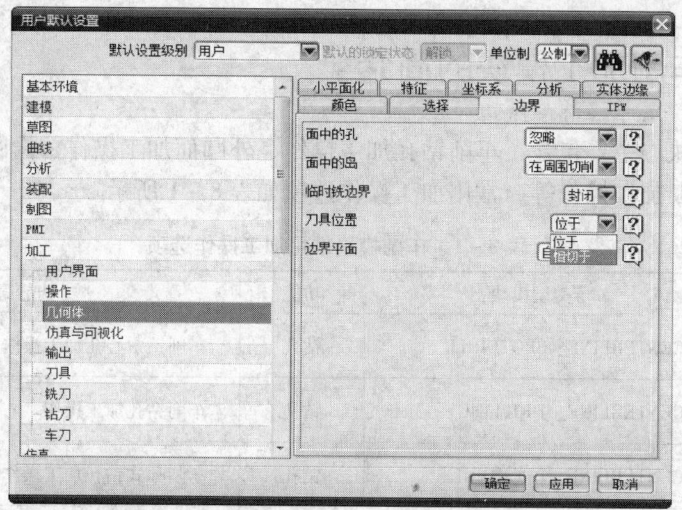

图 8－13　用户默认设置－加工－几何体－边界

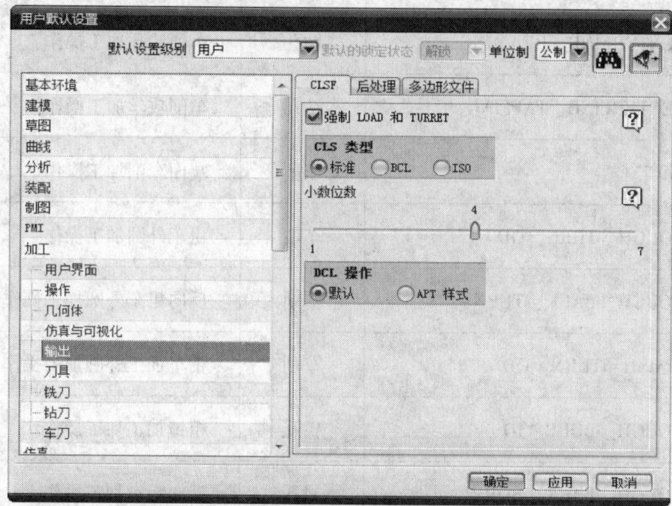

图 8－14　用户默认设置－加工－输出－CLSF

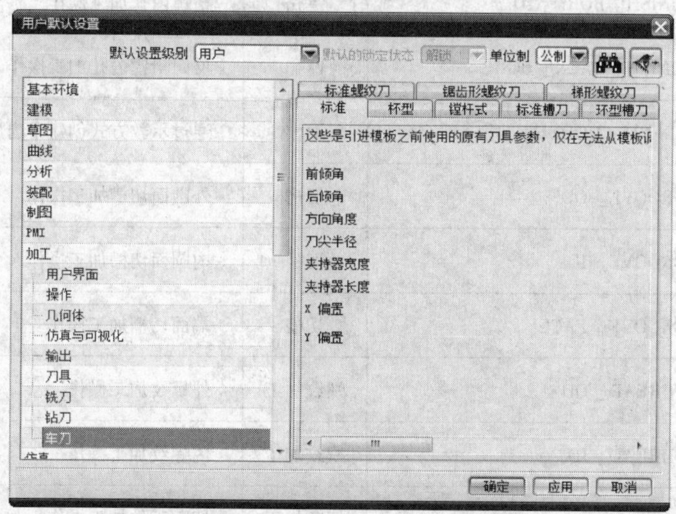

图 8－15　用户默认设置－加工－车刀

8.3 数控车削加工模块的简介

车削加工模块中主要包含了车削钻孔加工操作、外圆面加工操作、内圆面加工操作、端面加工操作和切断加工操作等，常用加工操作选项如表 8－1 所示。

表 8－1 车削模块常用加工操作选项

图标	子类型模块	功能	功能简介
	CENTERLINE_ SPOTDRILL	钻孔	车削钻中心孔加工操作
	CENTERLINE_ DRILLING	钻孔	车削钻孔加工操作
	CENTERLINE_ PECKDRILL	钻孔	车削啄式钻孔加工操作
	CENTERLINE_ BREAKCHIP	钻孔	带断屑功能的车削啄式钻孔加工操作
	CENTERLINE_ REAMING	钻孔	车削铰孔加工操作
	CENTERLINE_ TAPPING	钻孔	车削攻丝加工操作
	FACING	车削	端面车削加工操作
	ROUGH_ TURN_ OD	车削	粗车外圆加工操作
	ROUGH_ BACK_ TURN	车削	反向粗车外圆加工操作
	FINISH_ TURN_ OD	车削	精车加工外圆加工操作
	ROUGH_ BORE_ ID	镗孔	粗镗加工加工操作
	ROUGH_ BACK_ BORE	镗孔	反向粗镗加工操作
	FINISH_ BORE_ ID	镗孔	精镗内孔加工操作
	FINISH_ BACK_ BORE	镗孔	反向精镗内孔加工操作
	TEACH_ MODE	示教	通过示教方式创建车削加工操作
	GROOVE_ OD	切槽	外圆面切槽加工操作
	GROOVE_ ID	切槽	内圆面切槽加工操作
	GROOVE_ FACE	切槽	端面切槽加工操作
	THREAD_ OD	螺纹加工	外螺纹加工操作
	THREAD_ ID	螺纹加工	内螺纹加工操作
	PARTOFF	切断加工	切断工件加工操作

8.4 创建加工操作的4个父对象

在创建各种数控加工操作之前，一般需要先创建此加工操作的4个父对象，包括程序组、刀具、几何体及加工方法。

8.4.1 创建程序组

程序组对象用来组织加工操作的排列顺序，可以将几个加工操作存放在一个程序组对象中，利用这个特性，可以使用程序组来描述零件加工的工艺过程，每个程序组可以代表一个加工工序，每个程序组中可以包含若干的加工操作，也可以再包括几个程序组（此时程序组可以代表加工工步），利用程序组对象可以将所有的数控加工操作按照工艺规程进行组织。

本节将简单介绍程序组的各种使用方法，包括创建程序组对象，移动程序组对象和复制程序组对象。

(1) 创建程序组对象 PROGRAM_ 1，PROGRAM_ 2，如图8－16所示。

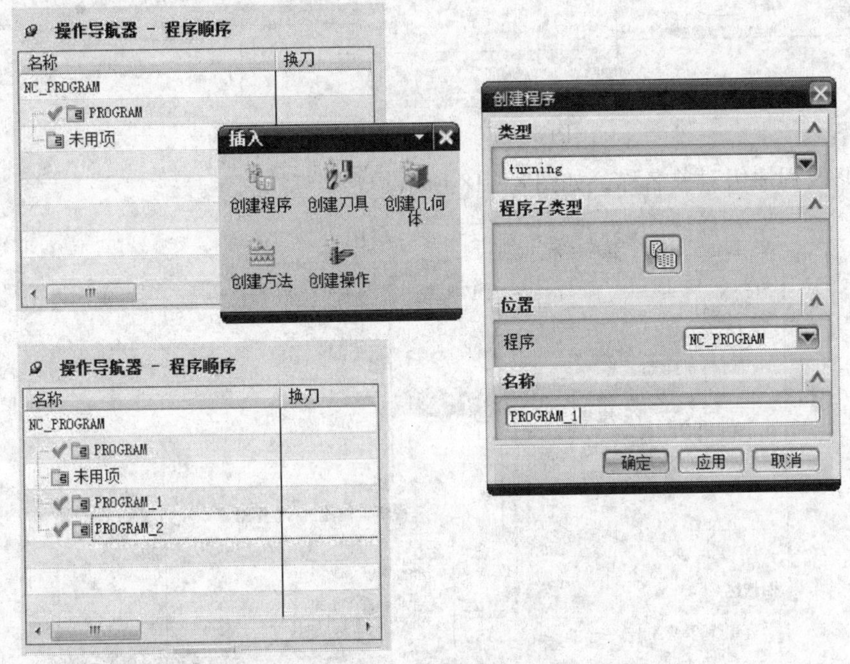

图8－16 创建程序组

① 打开文件，选择【开始】/【加工】，进入加工模块。

② 在【插入】工具条中选择“创建程序”。

③ 在【创建程序】对话框中设置【类型】、【位置】、【名称】。

(2) 在操作导航器的程序顺序视图中重新组织程序组对象的顺序，如图8－17所示。

① 在程序视图中选中程序组“PROGRAM_ 1”，单击鼠标右键选择“剪切”。

② 选中程序组“PROGRAM”，单击鼠标右键选择“内部粘贴”。

③ 重复同样的方法，将程序组“PROGRAM_ 2”移动到程序组“PROGRAM”中。

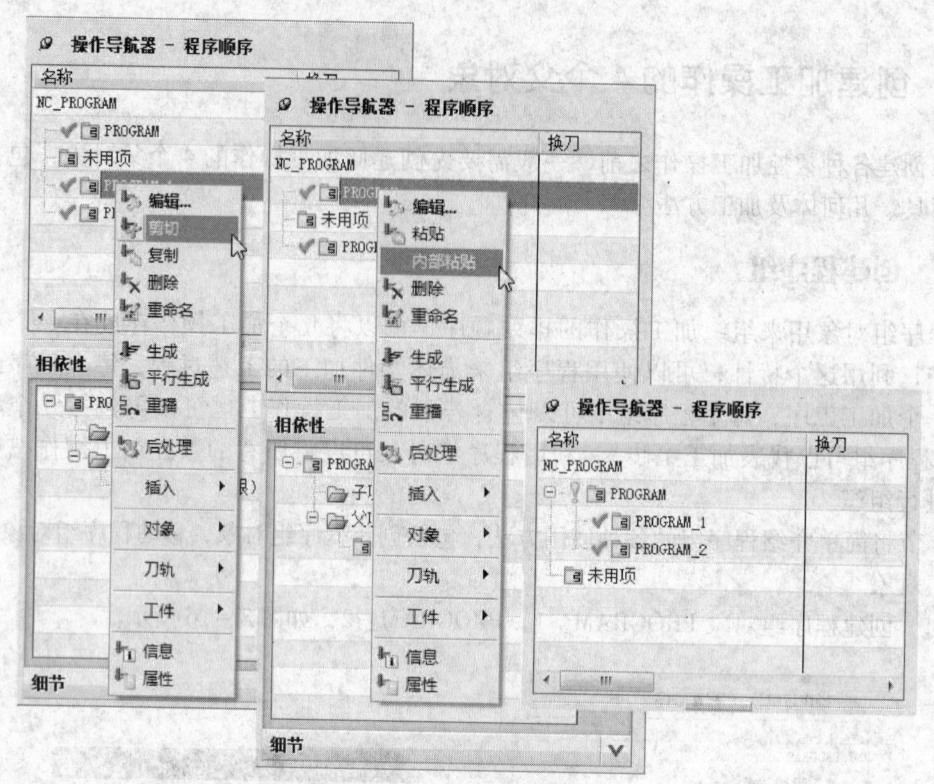

图 8－17　程序组对象的组织

（3）修改程序组对象名称，如图 8－18 所示。

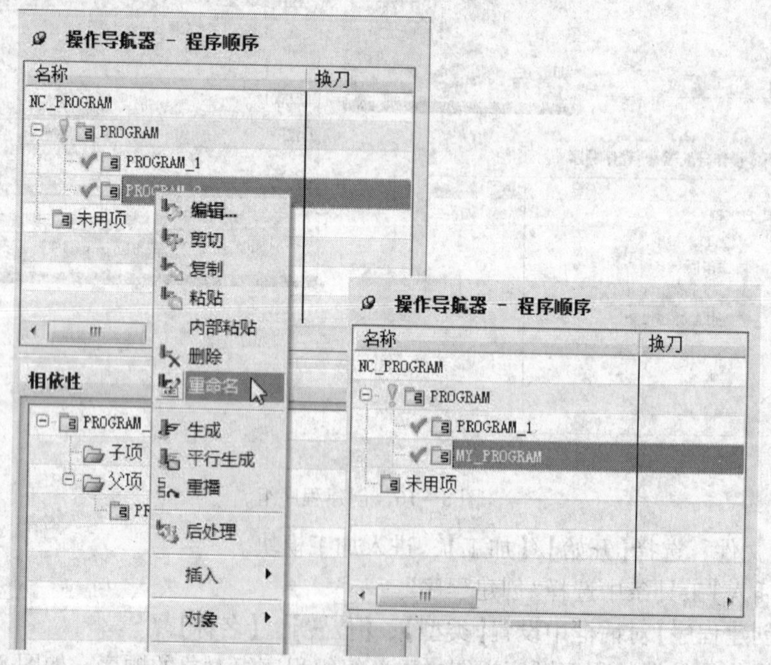

图 8－18　程序组对象的重命名

① 选择上一步骤移动的程序组对象“PROGRAM_ 2”，单击鼠标右键选择“重命名”。

② 将该程序组对象重命名为“MY_ PROGRAM”。

8.4.2 创建刀具

在操作导航器的机床视图中，可以创建数控加工刀具，也可以从系统的刀具库中选择合适的刀具。刀具对象是完成加工的必要因素，可以先创建刀具，再创建加工操作，也可以在创建加工操作的过程中创建刀具对象。

UG NX 7.5 系统预定义刀具如表 8－2 所示。

表 8－2 UG NX 7.5 车加工系统预定义刀具类型

序号	刀具名称	刀具类型	加工类型
1	SPOTDRILLING_ TOOL		中心钻，用于在转孔之前进行预钻孔
2	DRILLING_ TOOL		标准钻头，用于钻孔、深孔加工，是粗加工操作
3	OD_ 80_ L		外圆车刀(左偏)，菱形刀片，刀尖角度 80°
4	OD_ 80_ R		外圆车刀(右偏)，菱形刀片，刀尖角度 80°
5	OD_ 55_ L		外圆车刀(左偏)，菱形刀片，刀尖角度 55°
6	OD_ 55_ R		外圆车刀(右偏)，菱形刀片，刀尖角度 55°
7	ID_ 80_ L		内圆车刀(左偏)，菱形刀片，刀尖角度 80°
8	ID_ 55_ L		内圆车刀(左偏)，菱形刀片，刀尖角度 55°
9	BACKBORE_ 55_ L		内圆反镗车刀(左偏)，菱形刀片，刀尖角度 55°
10	OD_ GROOVE_ L		外圆切槽刀，主要用于外圆面切槽加工
11	FACE_ GROOVE_ L		端面切槽刀，主要用于端面切槽加工
12	ID_ GROOVE_ L		内圆切槽刀，主要用于内圆面凹槽加工
13	OD_ THREAD_ L		外螺纹车刀，主要用于加工外螺纹
14	ID_ THREAD_ L		内螺纹车刀，主要用于加工内螺纹
15	FORM_ TOOL		自定义车刀，用户可以自定义各种成型刀具形状

创建外圆车刀对象 OD_ 80_ L，如图 8－19 所示。

① 在【插入】工具条中选择“创建刀具”。

② 在【创建刀具】对话框中设置【类型】为“turning”，【刀具子类型】为“OD_ 80_ L”。

③ 设置【刀片形状】为“C(菱形 80)”，【刀片位置】为“顶侧”，设置【刀尖半径】、【方向角度】、【长度】、【刀具号】等。

④ 设置车刀夹持器(刀柄)，选择“L 样式”，设置其中的“尺寸”参数。

⑤ 设置车刀跟踪点。

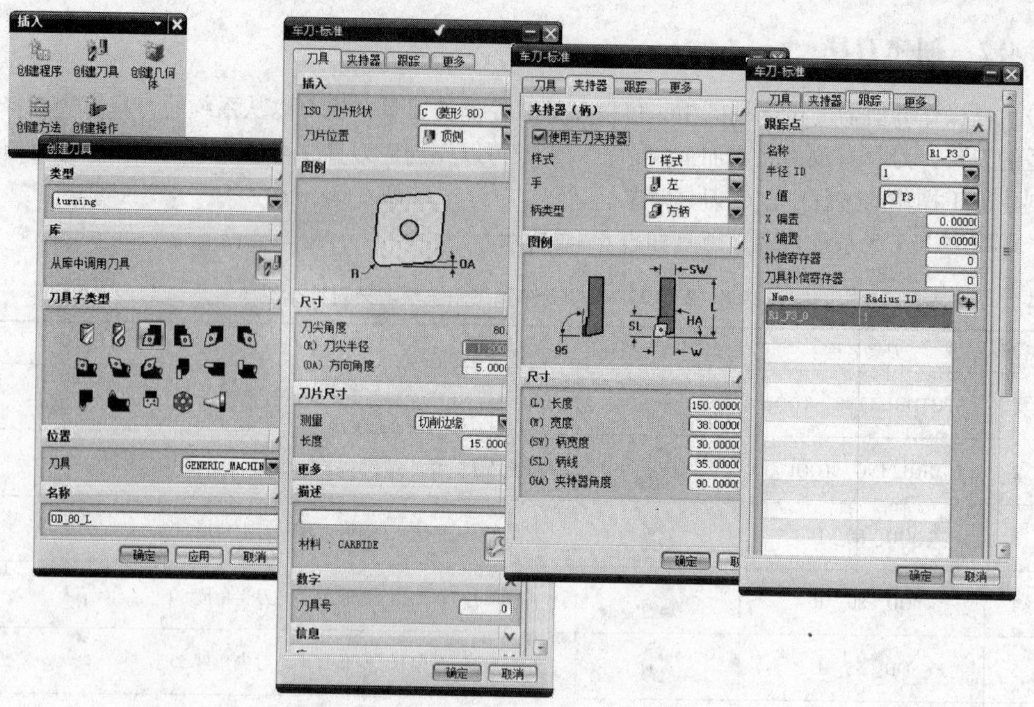

图 8-19　创建外圆刀具

8.4.3　创建几何体

几何体对象定义了加工几何体和工件在机床上的放置方向，创建车削几何体包含车削主轴对象、工件对象、车削工件、车削包容几何体等对象，创建几何体内容如表 8-3 所示。

表 8-3　车削几何体对象

序号	名称	类型	说　明
1	MCS_ SPINDLE		MCS 主轴，主要用来设定工件坐标系。其下依次包含 WORKPIECE 和 TURNING_ WORKPIECE 子项
2	WORKPIECE		工件，对工件、毛坯及几何检查进行设定。其下包含一个 TURNING_ WORKPIECE 子项
3	TURNING_ WORKPIECE		车削工件，对工件和毛坯进行边界设定
4	TURNING_ PART		车削部件，仅对部件边界进行设定
5	CONTAINMENT		空间范围，可对子项操作中的加工范围作出统一规定
6	AVOIDANCE		避让，可对子项操作中的避让作出统一规定

（1）创建加工坐标系对象及工件对象。

① 打开文件“LT8-1. prt”，选择【开始】/加工，进入车加工模块（LT8-1. prt 文件请参考 UG 建模书籍按图 7-5 自行创建）。

② 在【加工创建】工具条中选择“创建几何体”。

③ 在【创建几何体】对话框中设置【类型】为“turning”，【几何体子类型】为“MCS_ SPINDLE”，【名称】为“MY_ MCS”，确定后如图 8-20 所示。

图 8－20　创建 MCS 主轴

④ 在【MCS 主轴】/【机床坐标系】/【指定 MCS】选取“CSYS 对话框”，将坐标系设置在工件的右端面上，如图 8－21 所示。

图 8－21　设置工件坐标系

⑤ 展开上一步创建的【MY_ MCS】，双击其下的“WORKPIECE”，打开【工件】对话框。

⑥ 选取【几何体】/【指定部件】，激活【部件几何体】对话框，【选择选项】为“几何体”，【过滤方法】为“体”，选取工作区的加工零件，如图 8－22 所示。

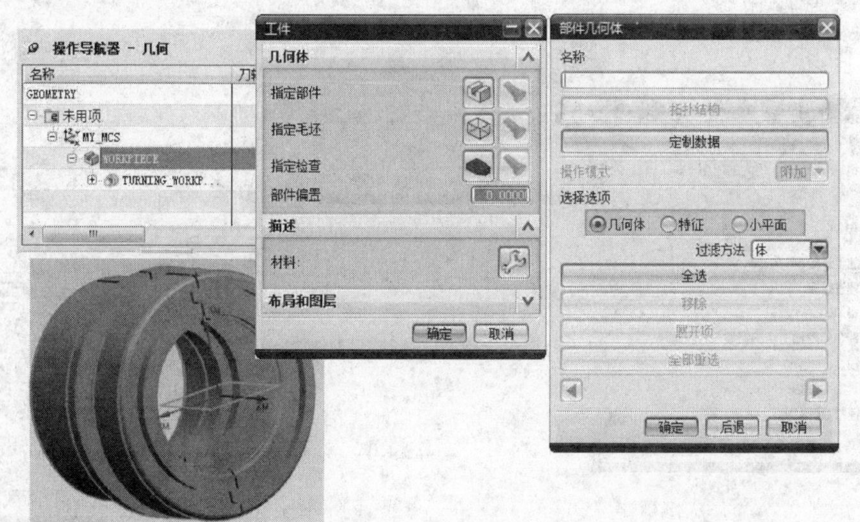

图 8－22　指定部件

⑦ 展开操作导航器中【WORKPIECE】，选择"TURNING_ WORKPIECE"，打开【Turn Bnd】对话框。

⑧【几何体】/【指定毛坯边界】点击"选择或编辑毛坯边界"，弹出【选择毛坯】对话框，选择"管料"，【按照位置】点击"选择"，在【点】对话框中选取工件右端面轴线处"确定"，【点位置】为"在主轴箱处"，设定毛坯【长度】、【外径】、【内径】。如图 8－23 所示。

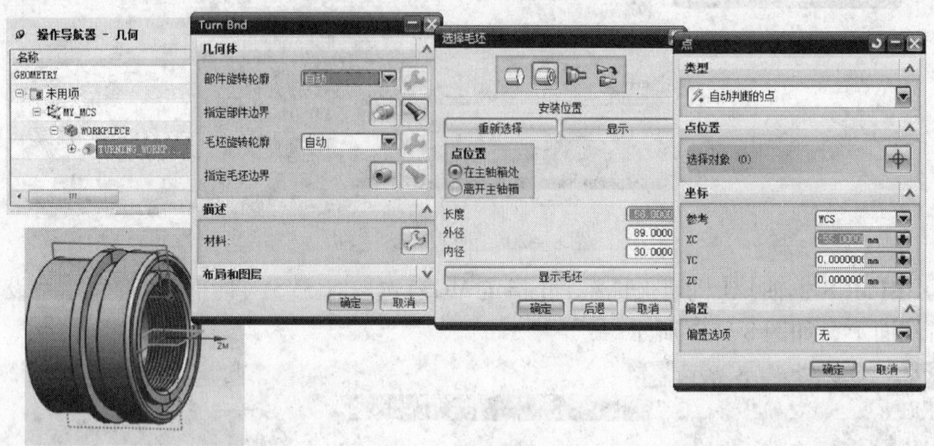

图 8－23　指定毛坯边界

8.4.4　创建加工方法

加工方法对象定义了切削的方法，系统已经定义了粗加工、半精加工、精加工方法，用户可以自定义加工方法对象。加工方法对象包含余量、公差、刀轨设置、选项、碰撞设置、自动进退刀等选项。在不同的加工类型中，加工对象的参数也会有所不同。如图 8－24 所示。

图 8－24　创建加工方法

8.5 创建操作

创建操作是完成创建刀位轨迹的最后环节，在创建操作的过程中需要设定操作的类型、子类型、4 个父对象以及相关的控制参数。

8.5.1 创建操作的一般步骤

下面以创建端面粗加工为例介绍创建加工操作的过程，如图 8－25 所示。

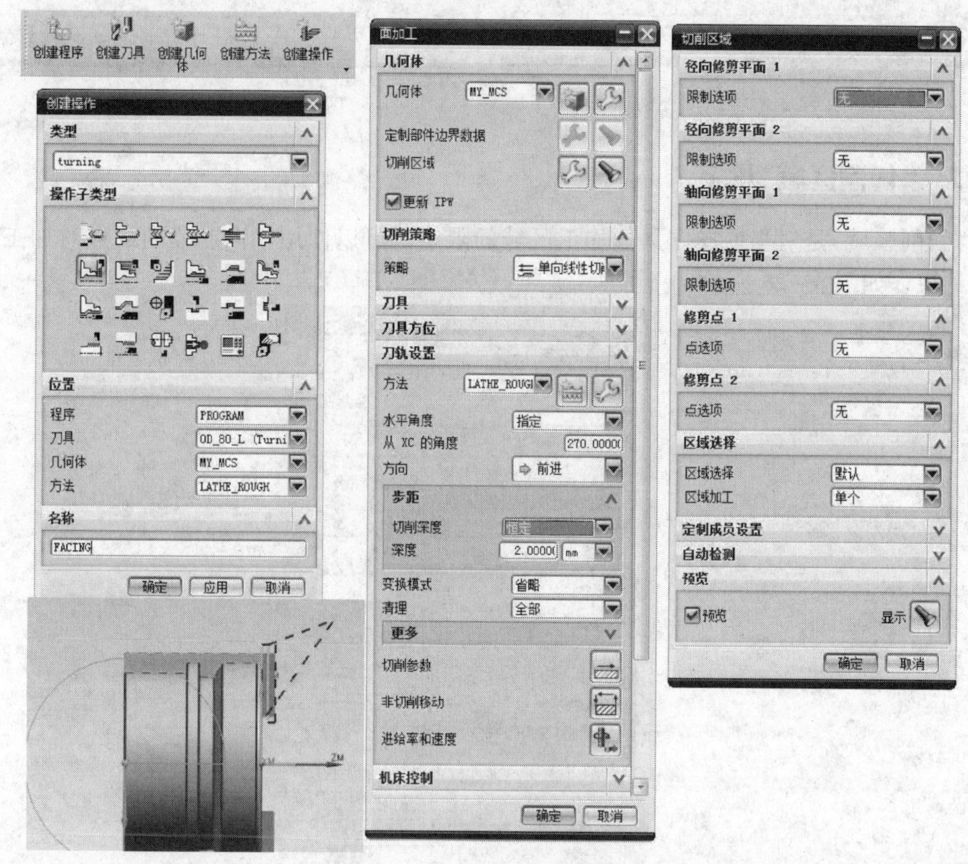

图 8－25　创建端面操作

（1）打开上节使用的文件“LT8－1. prt”。

（2）选择【创建操作】，【操作子类型】为“FACING”，设定【程序】、【刀具】、【几何体】、【方法】等选项，并设定【名称】。

（3）设定切削策略、切削区域。

（4）设定切削深度方法及深度。

（5）设定切削参数(主要是余量)，如图 8－26 所示。

（6）设定非切削移动参数(主要是进刀、退刀、逼近、离开等选项)，如图 8－27 所示。

（7）设定进给率和速度。

（8）生成加工操作。

（9）对加工轨迹进行仿真。

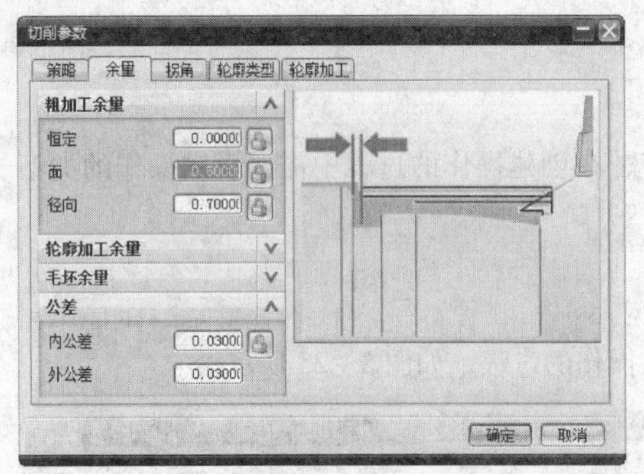

图 8－26　设置切削参数

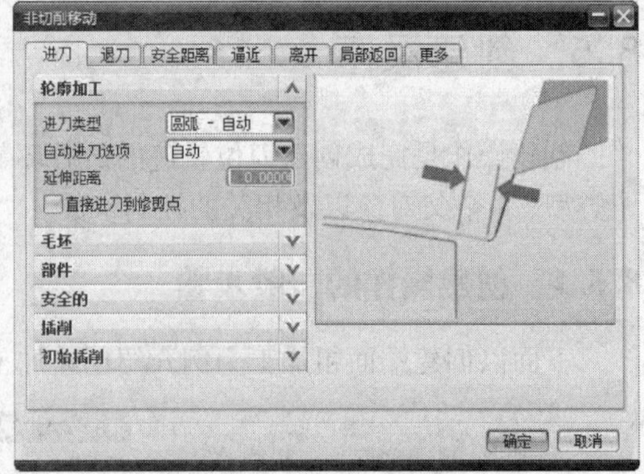

图 8－27　设定非切削移动

8.5.2　“切削区域”设定

“切削区域”是对当前操作具体加工区域的限定，可以使用轴向、径向或点对加工范围进行约束，如图 8－28 所示。

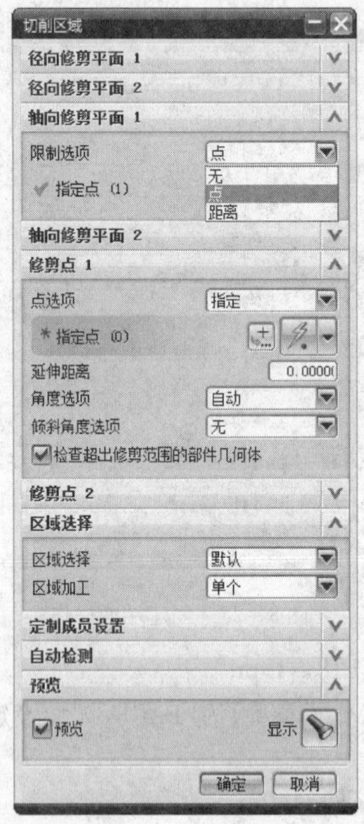

图 8－28　设定“空间范围”

8.5.3　“非切削移动”设定

“非切削移动”主要是对“进刀/退刀”和“逼近/离开”等选项进行设定。

其中“逼近/离开”主要是对刀具“运动到起点”和“运动到返回点/安全平面”的运动类型进行设定，如图 8－29 所示。

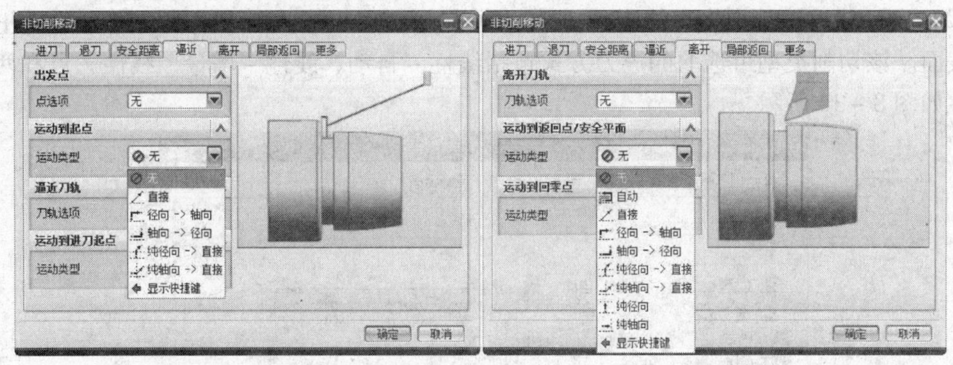

图 8－29 “逼近/离开”设定

在刀具接近工件的空行程中，刀具以快进速度移动，为防止碰刀和提高加工质量，在刀具靠近工件时，应设置附加的进刀和退刀运动，使刀具以较低的速度切入或离开工件。“进刀/退刀”的设置决定刀具如何接近和离开工件，车削加工根据切削类型的不同提供了多种不同的进刀退刀方式，如图 8－30 所示。

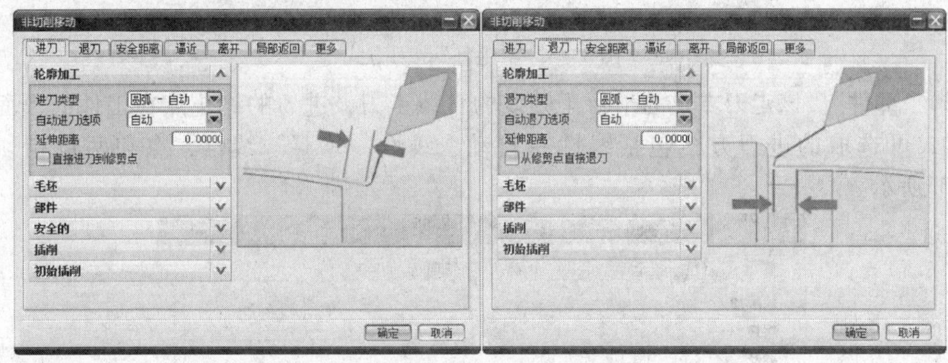

图 8－30 “进刀/退刀”设定

1. 走刀方式

走刀方式分为“轮廓加工”、“毛坯”、“部件”、“安全的”、“插削”和“初始插削”等。

（1）“轮廓加工”。该选项为沿着工件表面轮廓走刀，即轮廓精车。进刀类型包括圆弧－自动、线性－自动、线性－增量、线性、线性－相对于切削、点等进刀方式，如图 8－31所示。

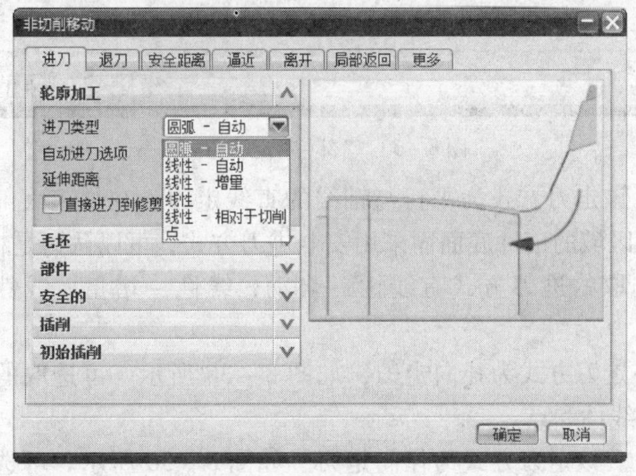

图 8－31 “轮廓加工”走刀方式

（2）“毛坯”。该选项为直线走刀方式，直线走刀的方向平行于轴线，进刀的终止点在毛坯表面。该切削类型可选取的进刀方式包括线性－自动、线性－增量、线性、点和两个圆周等，如图8－32所示。

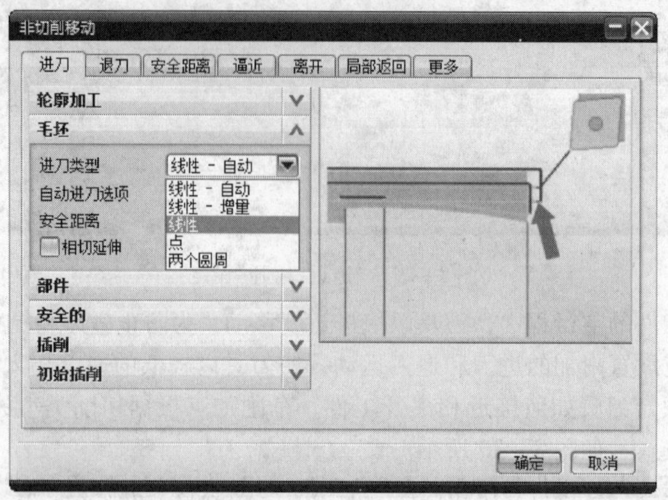

图8－32 “毛坯”走刀方式

（3）“部件”。该走刀方式为平行于轴线的直线走刀，进刀的终止点在工件的表面。该走刀方式可选取的进刀方式包括线性－自动、线性－增量、线性、点和两点相切，如图8－33所示。

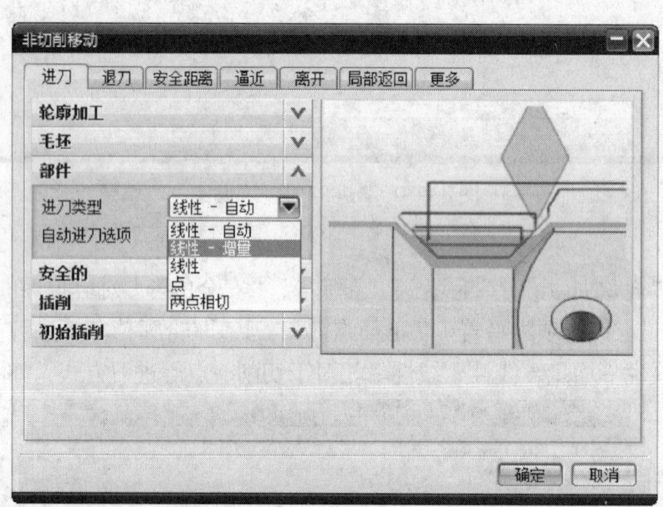

图8－33 “部件”走刀方式

（4）“安全的”。该走刀方式为平行与轴线的直线走刀，在加工大部分余量后，为防止进刀时碰伤靠近切削区域的工件底面而采用安全进刀方式，可以认为是粗加工的最后一次切削。该走刀方式可选取的进刀方式有线性－自动、线性－增量、线性和点，如图8－34所示。

（5）“插削”。该走刀方式为径向走刀，如图8－35所示。可选取的进刀方式为线性－自动、线性－增量、线性和点。

（6）“初始插削”。该走刀方式为径向走刀，如图8－36所示。可选取的进刀方式有线性－自动、线性－增量、线性和点。

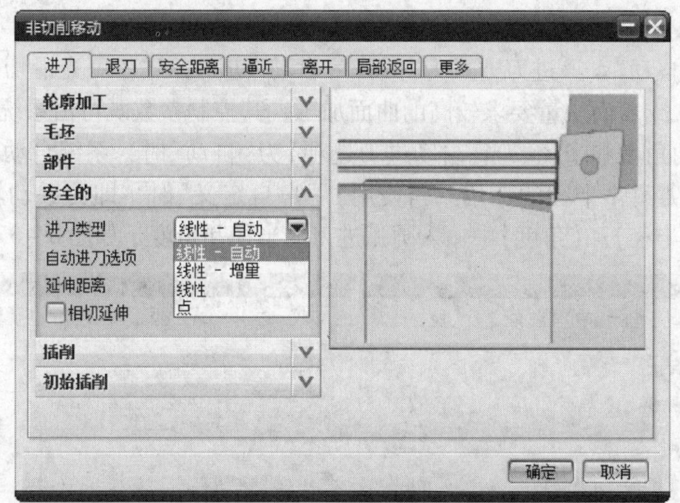

图 8-34 “安全的”走刀方式

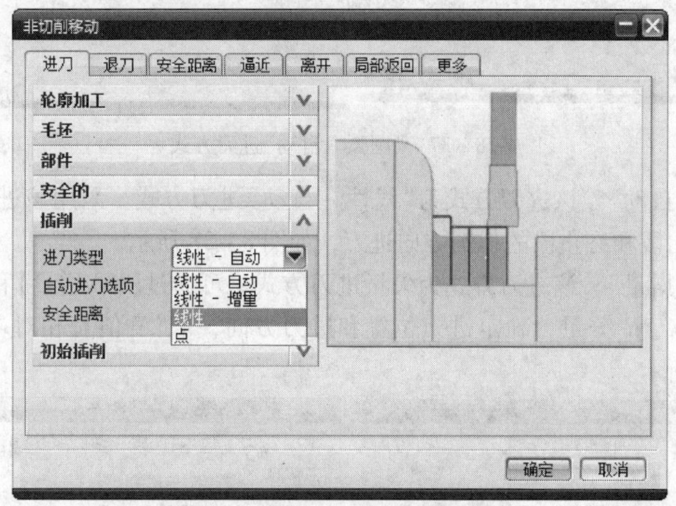

图 8-35 “插削”走刀方式

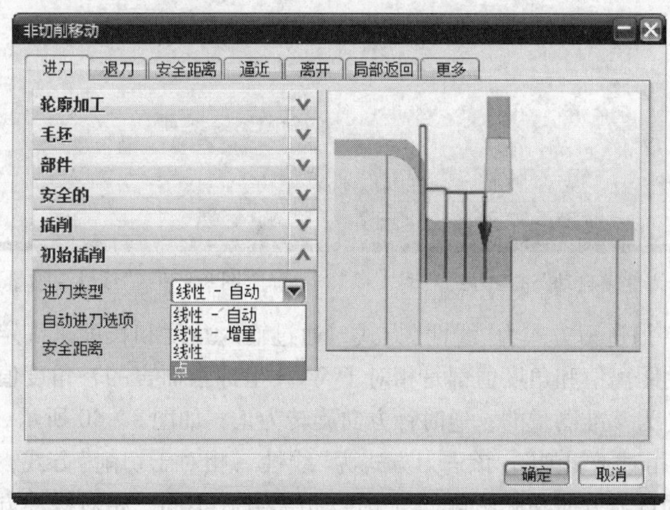

图 8-36 “初始插削”走刀方式

2. 进刀方式

(1)"圆弧－自动"。该进刀方式为"圆弧－自动"进刀方式，可光滑切入工件而不产生刀痕，适于精加工或表面质量要求较高的曲面加工。其控制参数既可由系统自动设置，也可由用户输入圆弧的角度和半径。当【自动进刀选项】为"自动"时，系统自动生成的角度值为90°，半径值为刀尖圆弧半径的2倍。当使用"用户自定义"时，即为手动输入圆弧进刀参数。可在下面的【半径】和【角度】中输入圆弧进刀的半径和角度，如图8－37所示。

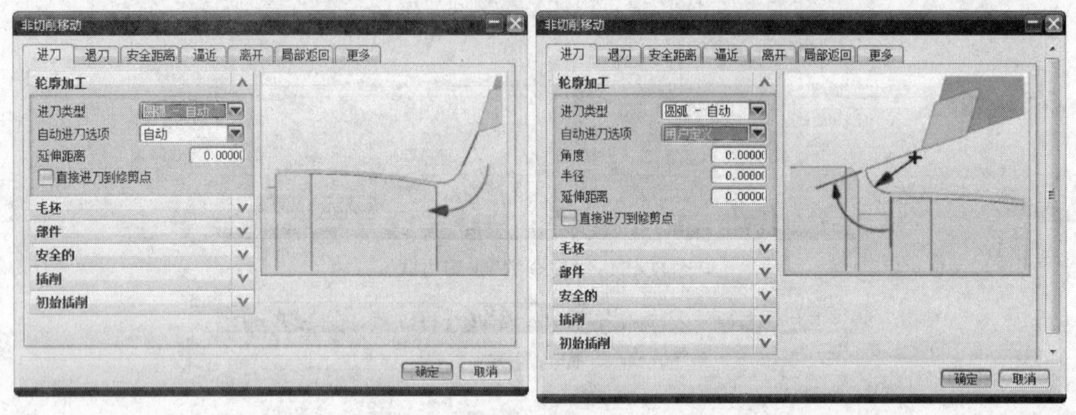

图8－37 "圆弧－自动"进刀方式

(2)"线性－自动"。该进刀方式为"线性－自动"进刀方式。采用该进刀方式，刀具根据工件或毛坯起始段和终止段的切削方向进刀，如图8－38所示。

(3)"线性－增量"。该进刀方式为矢量进刀方式。可通过【XC增量】和【YC增量】文本框中输入矢量的X、Y分量，确定进刀位置和进刀方向，X、Y值是相对WCS坐标系而言的，如图8－39所示。

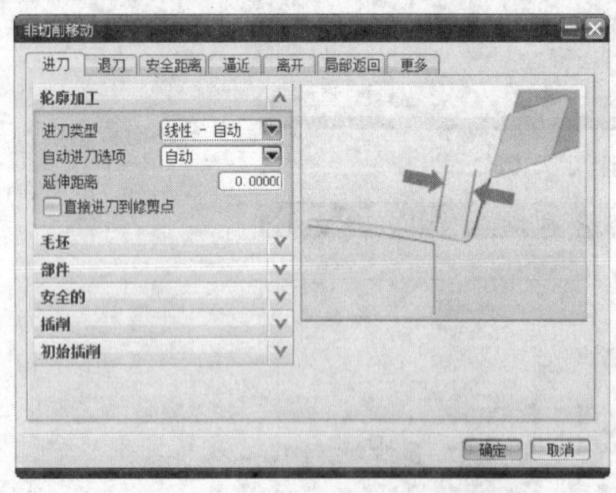

图8－38 "线性－自动"进刀方式

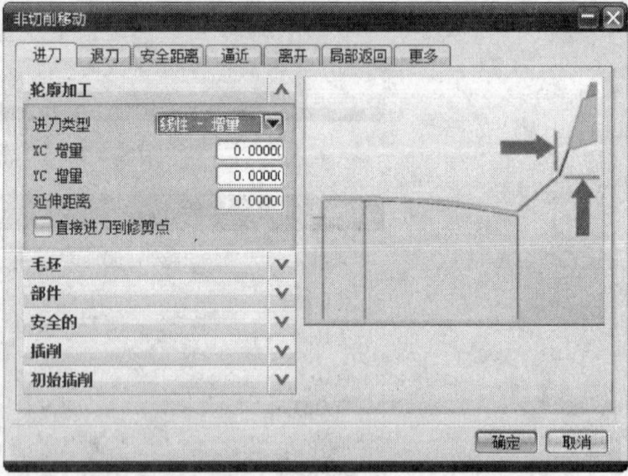

图8－39 "线性－增量"进刀方式

(4)"线性"。该进刀方式为"线性"方式，通过输入角度和长度来确定进刀位置和进刀方向。其所使用的距离值和角度值都是相对于WCS坐标系而言的，角度值是以进刀运动的起始点坐标轴正向为基准测量的，逆时针方向旋转为正，如图8－40所示。

(5)"线性－相对于切削"。该进刀方式为"线性－相对于切削"方式，通过输入角度和长度，设置刀具的进刀方向和起始点。与角度/距离方式不同，相对线性方式的角度值是以起始段或终止段的切削方向为基准而测量的，如图8－41所示。

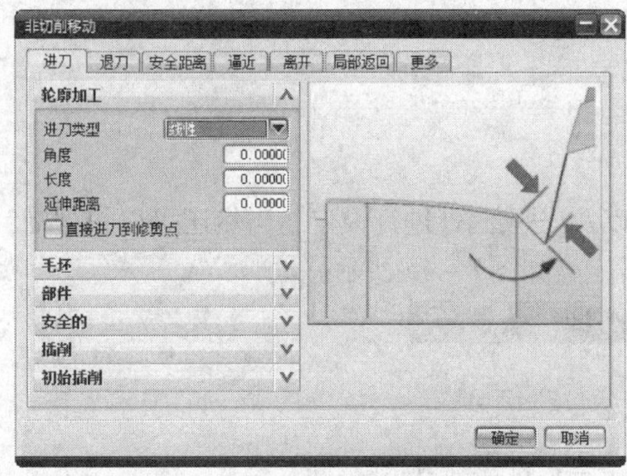

图 8－40 “线性”进刀方式

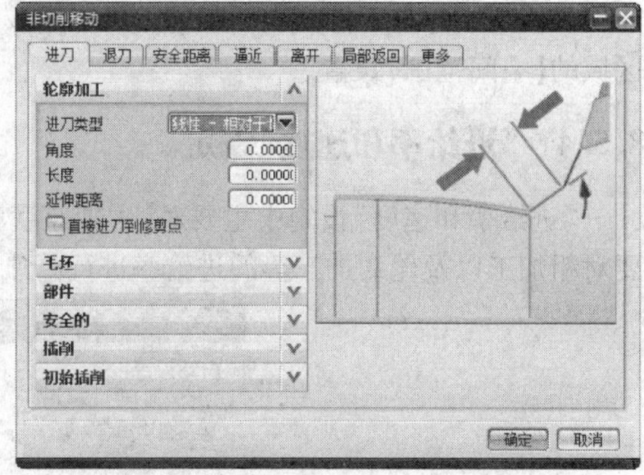

图 8－41 “线性－相对于切削”进刀方式

（6）“点”。该进刀方式是通过指定进刀起始点来控制进刀运动，如图 8－42 所示。单击【指定点】图标时，会弹出【点构造器】对话框，引导用户选择点位置。

（7）“两个圆周”。该进刀方式为双圆弧方式，用两段相切圆弧控制进刀方式。它要求输入两段圆弧的半径值，只有切削类型为【毛坯】时才存在这种进刀方式。可在【第一个半径】和【第二个半径】文本框中输入相应的半径，如图 8－43 所示。

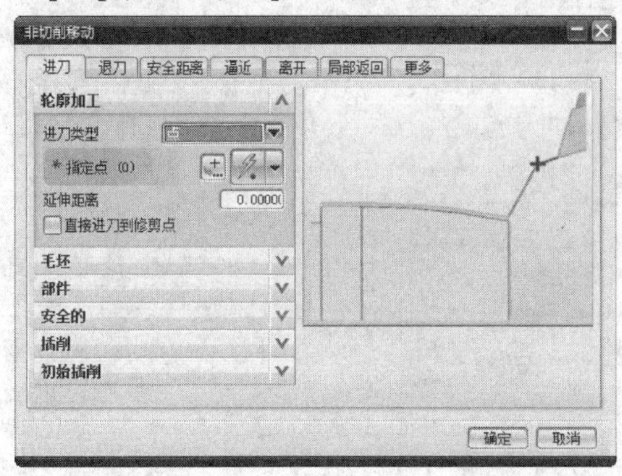

图 8－42 “点”进刀方式

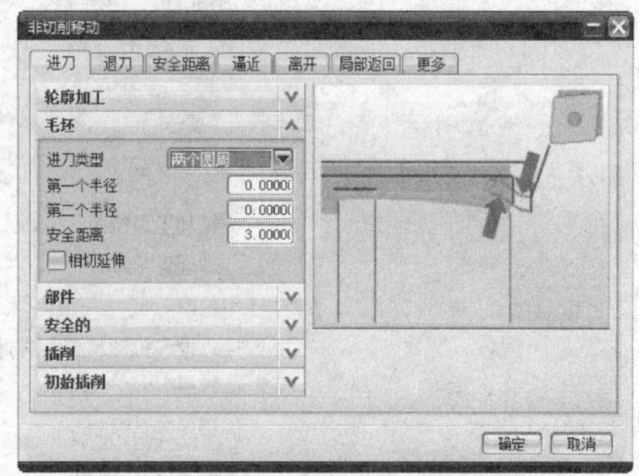

图 8－43 “两个圆周”进刀方式

（8）“两点相切”。该进刀方式产生一个与工件表面相切的弧形进刀运动，此圆弧分别与直线切削运动轨迹和工件表面相切。只有切削类型为【层/工件】时，才存在这种进刀方式。选择该进刀方式时，要求输入相对于粗车运动的角度值和圆弧半径值，可在【角度】和【半径】文本框中输入相应参数，如图 8－44 所示。

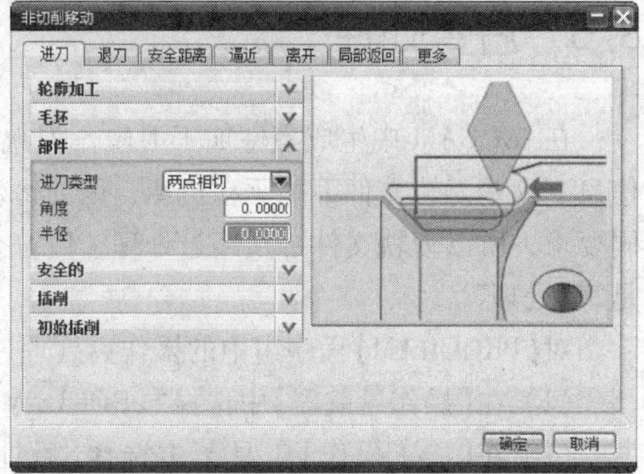

图 8－44 “两点相切”进刀方式

3.“延伸距离”

“延伸距离”选项用于设置切削起始点（或终止点）沿坐标轴向的偏移值，只有在精车时或粗车时用轮廓类型才显示该选项。

4.“直接进刀到修剪点”

“直接进刀到修剪点”选项只在精加工时或者粗加工时用轮廓走刀时才会出现。精车或附加轮廓车削的切削层很薄，为确保刀具能切入切削层并与工件的表面相切，可采用该选项使刀具进刀至修剪点。剪切点可通过切削区域的【空间范围】设置。

8.5.4 “进给率和速度”设定

“进给率和速度”设定中主要对【主轴速度】以及【进给率】进行设定，当然还可以根据需要对粗加工以及轮廓加工等的进给率进行单独设定，如图 8 - 45 所示。

图 8 - 45 “进给率和速度”

8.6 后置处理

在 NX CAM 中生成零件加工刀轨，刀轨文件中包含切削点数据，还有控制机床的其他信息。这些刀轨文件不能驱动机床，因为每台机床结构/控制系统对程序格式和指令都有不同要求，所以刀轨文件必须经过处理，以符合某一机床结构/控制系统的要求。这一过程就是“后处理”。

对【PROGRAM】程序组中的操作后处理过程如图 8 - 46 所示。

（1）在【操作导航器】中选择“PROGRAM”程序组。

（2）在【加工操作】工具条中选择【后处理】键，设定后处理对话框中的【后处理器】、【文件名】、【单位】等参数并【确定】。也可以通过【浏览查找后处理器】选择合适的机床后处理文件。

(3) 查看程序信息文件。

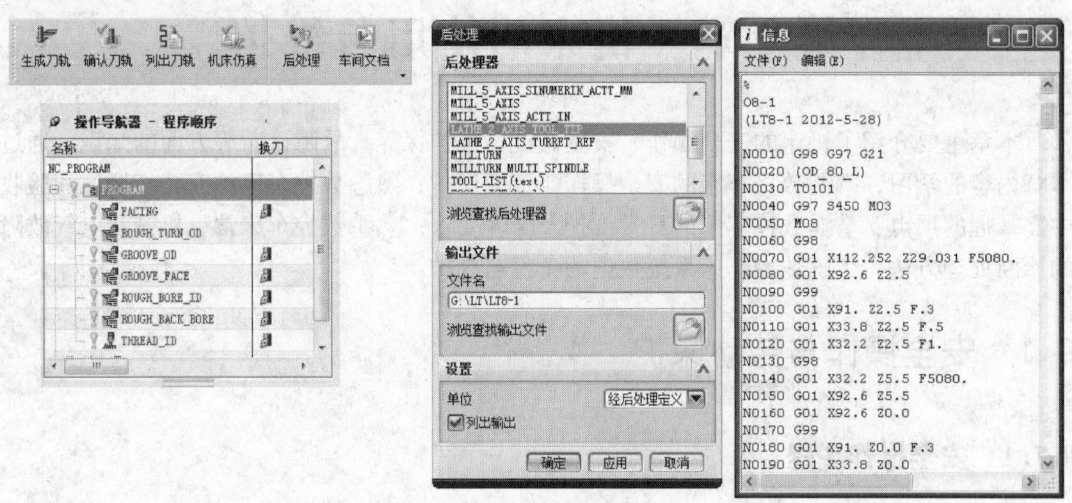

图 8－46　后置处理

注意：后处理需要对应相应的机床后处理文件，后处理文件的制作请查阅相关的后处理书籍。

思 考 题

1. 试一试进刀方式对最小安全距离是否有影响。
2. 理解几种走刀方式的区别，特别是“部件”、“毛坯”的区别应用。
3. 试一试走刀方式中“线性”和“线性－相对于切削”的区别及角度设定的应用。

第 9 章　机床的使用与维护

本章主要介绍了机床的安全操作、安装调试、维护保养、故障诊断等方面的知识。通过本章内容的学习，掌握数控车床的安全操作与劳动保护；熟悉数控车床的安装、调试和验收中需掌握的项点；掌握数控车床的日常维护及保养要求；熟悉数控车床常见机械和电气故障的诊断处理方法；了解数控车床系统数据的备份与维护。

9.1　安全操作与劳动保护

9.1.1　安全操作规程

（1）操作人员在上岗前必须穿戴好防护用品，不得酒后上岗，严格按照操作规程来操作设备。

（2）机床必须先进行空载试运，无问题后方可正式切削加工。

（3）装卸工件后，应立即取下卡盘扳手和工作台的浮放物件。

（4）工件、刀具夹具必须夹卡牢固，浮动刀具必须将引刀部分伸入工件后方可启动机床。

（5）对刀调整必须缓慢，当刀尖离工件加工部位 40 ~ 60mm 时应改用手动或工作进给，不准快速进给直接吃刀。

（6）手控输入时要注意刀架位置，防止刀架转动时，碰撞床身或工件。

（7）机床运转时不准：

① 手摸刀具、机床的转动部分或转动工件。

② 除规定外，变换手柄位置或调整机床。

③ 测量检查工件尺寸。

④ 操作人手持绵纱、破布或戴手套。

（8）停车前应先退刀，不准反车制动或用手及其他器具对机床卡盘或工件进行制动（被允许者除外）。

（9）不准使用紧急停车按钮进行正常停车，如遇紧急情况用该按钮停车后，应按机床的启动前规定重新检查一遍。

（10）不准用潮湿的手接触开关、电动机和控制电路。工作结束后严格按操作规程关闭所有电路与电源。

（11）如果发生重大事故时，为保证人生与设备的安全，要快速按下操作面板上的红色急停按钮。必要时要关掉总的电源开关，等处理后重新启动。

9.1.2　警示标识，常见符号（图 9 - 1）

9.1.3　文明生产

文明生产是指生产的科学性，要创造一个保证质量的内部条件和外部条件。内部条件主要指生产要节奏，要均衡生产，物流路线的安排要科学合理，要适应于保证质量的需要；外部条件主要指环境、光线等有助于保证质量的条件。生产环境的整洁卫生，包括生产场地和环境要卫生整洁，光线照明适度，零件、半成品、工夹量具放置整齐，设备仪器保持良好状态等。没有起码的文明生产条件，企业的质量管理就无法进行。

图 9－1　警示标识

文明生产的构成：

(1) 严格的组织性、纪律性，即首先是人的行为的文明规范、科学合理；遵守劳动纪律，严格的按章操作，包括认真参加岗前培训、持证上岗、操作程序化，养成文明行为习惯。

(2) 符合国家标准和行业规范的大气条件，照明、燥声、粉尘、幅射及各种有害气体控制。

(3) 有完善可靠的各类设施，包括各种安全设施使用可靠、警示信号灵敏以及个人防护用品的齐全。

(4) 机器设备运转正常，保养、维修、检修及时，故障率低，无超期服役运转，保养合乎规定，各种制度齐全，定期更换配件，完好标准在行业规定之上，不出现拼设备恶习。

(5) 安全生产周期长，无任何不良违章行为，“三违现象”受到广泛批判并被坚决杜绝，不发生人为和低级的错误。

（6）物资材料存放有序，有足够备用配件和储用物资，材料码放整齐，易耗品、备用品储存合乎行业规定。

（7）工作场所光线明亮，空气新鲜，无积水、无杂物，排水有管沟，线管布置整齐。

9.1.4 劳动保护(图9－2)

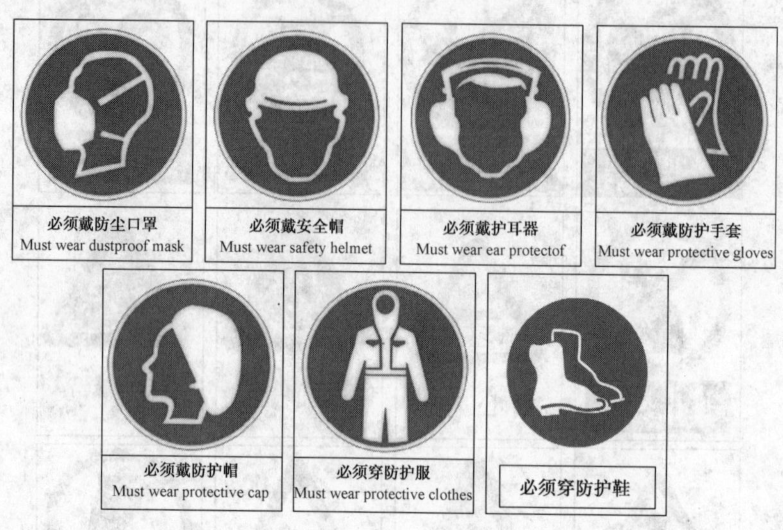

图9－2 劳动保护标识

9.2 数控车床的安装、调试和验收

数控车床正确安全地安装、调试、验收，对其后续的产品加工精度和设备使用寿命有着直接影响。机床安装中厂家未规定的内容可参照GB 50271—2009《金属切削机床安装工程施工及验收规范》和GB 50231—2009《机械设备安装工程施工及验收通用规范》执行。下面以数控卧式车床为例介绍设备的安装、调试和验收过程。

9.2.1 数控车床安装前的准备

1. 安装环境的要求

为了保持稳定的机床精度和加工精度，数控车床安装环境应具备：

（1）工作环境温度应在10～35℃之间。机床的工作环境最好有恒温设施，恒温环境是机床精度和加工精度的保障。虽然部分厂家在机床说明书中并未对室温提出明确要求，但大量实践证明，当工作环境温度过高或过低时产品的加工质量会不稳定，设备的故障率会明显上升。

（2）适宜的湿度，相对湿度不超过80%。数控车床应安装在远离液体飞溅的场所，潮湿的环境会降低数控系统的可靠性。在南方的雨季，数控柜中应有除湿的措施。

（3）电源电压的波动范围不超过－10%～+15%，频率不超过±2Hz波动范围。波动范围过大容易造成电气元件的损坏，如电压不能满足数控车床安装的需要，则应配置稳压电源。

(4) 远离有粉尘和有腐蚀性气体的环境。特别是有金属粉尘和导电粉尘的环境，容易造成电气系统的短路。腐蚀性气体环境会对电路板造成腐蚀，金属接插件的接触不良。

(5) 数控车床安装时应远离振动源。数控车床基础施工时，根据环境振动条件，可在基础或机床底部另行采取隔振措施。

(6) 远离强电磁干扰源或有防干扰措施。如周围有焊机、高中频等设备时。

2. 安装前的准备

机床到货前，根据设备厂家提供的安装资料，了解机床对基础和管线联接的要求，提前做好相应的准备。

1）机床厂家提供的资料。

应包括设备的型号、功率；设备外观尺寸图及基础图；辅助设备、管道位置；坑、沟、孔洞尺寸位置；灌浆层厚度、地脚螺栓和预埋件的位置；设备的吊装图；检修空间的预留等。

2）基础的施工。

数控车床安装基础的质量直接影响机床精度，产品加工精度，设备运行的平稳性，长期运行可能的变形及使用寿命。数控车床安装前，处理好地基非常重要。

(1) 为使地基具有足够的强度，避免过大的振动、下沉和变形，数控车床安装中地基一般用混凝土浇筑。

(2) 重型车床安装中，为防止地基的变形需要加大地基刚度并压实。地基的处理方法通常采用碾压夯实法、换土垫层法、碎石挤密法或碎石桩加固法。50T 以上的重型车床可用预压法或采用桩基。

(3) 确定安放的位置后根据提供的安装地基图进行施工，考虑水、电、气管道的铺设位置、预留好地脚螺栓和预埋件的位置。一般小型数控车床采用垫铁稳定床身即可；中大型、重型车床需要专门做地基；精密车床应安装在单独的地基上，地基周围设置防振沟。

(4) 地基施工中应考虑设备的整体外形尺寸，预留安装、调试和维修所需的空间。机床边还应留有工件存放空间和通道，避免设备后续运行中的干涉。

3）电气的准备。

根据设备容量确认安装电缆的类型和截面积、空气开关的类型和容量。做好地线的连接，接地电阻一般要求小于 4 ~ 7Ω。

3. 数控车床的开箱

1）搬运和拆箱

(1) 数控车床到货时，应由用户和厂家共同组织开箱。如得到厂家授权用户自己组织开箱时，要做好相关开箱过程记录。如果是进口设备，还须通知海关商检人员到场。

(2) 检查包装箱数量是否正确，外观是否完好。

(3) 根据机床重量选择合适的起吊工具，按外包装箱标注的起吊位置起吊，并事先对吊具安全性能进行检查。

(4) 机床未就位前，严禁拆卸机床活动部件的固定件。

(5) 机床开箱后应进行设备外观的检查。机床的防护罩、部件应完整无缺陷；部件安装规范，无松动；无锈蚀，有防锈措施；油漆、镀层无褪色或脱落；机械部件无变形；机床设计制造符合安全规范。

(6) 设备开箱过程中发现的设备缺件、损坏或与合同不相符的问题应及时联系厂家，并将相关资料及时收集齐全，特别是进口数控机床到货后，商检局进行商检后的商检报告要及时归档，作为索赔的有效凭证。

2）资料的登记和归档。

设备开箱后及时对资料进行登记归档，避免资料的流失。资料应包括：

（1）装箱单、出厂合格证。

（2）精度检验报告。

（3）设备使用、操作、编程、维修、图纸、软件等方面的技术文件。

资料收集整理中的注意事项：除对随机资料、备件和工具进行清点外，还应根据技术合同中规定的内容进行核实，如有缺少，应要求厂家补充提供。

4. 机床水平调整

机床就位后即可拆除。因运输需要而安装的紧固件（如螺钉、连接板、楔铁等），一般紧固件颜色为棕黄色。

机床的水平调整先用楔形垫铁把机床水平粗调好，待地脚螺栓固定后，再精调水平。垫铁的形式、规格和布置应符合下述要求或参照机床安装文件中的规定。

（1）每一地脚螺栓附近，应至少有一组垫铁。

（2）垫铁宜靠近地脚螺栓和底座主要受力部位的下方。

（3）相邻两个垫铁组之间的距离不宜大于800mm。

（4）机床底座接缝处的两侧，应各垫一组垫铁。

（5）每一组垫铁的块数不应超过3块。

（6）垫铁组伸入机床底座底面的长度应超过地脚螺栓的中心。

（7）对于床身长度大于8m的机床，应先达到“自然调平”，然后采用机床技术要求允许的方法强制达到相关的精度要求。

5. 连接

机床主机就位后即可连接电缆、油管和气管。电缆连接时插头和插座必须仔细清洁和检查有无损坏。安装电缆、油管和气管时，仔细检查拧紧状态，保证接触安全、可靠。电气连接时应注意的问题：

（1）动力电缆及空气开关的选择要严格执行设备安装文件中的规定，满足设备容量的要求。

（2）机床良好的接地不仅对设备和人身安全起着重要的作用，同时还能减小电气干扰。禁止将本机床与强干扰设备共用地线。

9.2.2 数控车床调试前的准备工作

1. 清洗

机床出厂前，导轨面和机械部件外露表面均涂了防锈油（或脂），机床就位后需要对防锈油（或脂）进行清理。

（1）清洗时不得使用金属或其他坚硬刮具，要用浸有清洗剂的棉布或绸布。清洗过程中应防止防锈油（或脂）和清洗剂进入电气元件内。

（2）彻底擦净机床后，及时在机床导轨面和机械部件外露表面薄薄地涂一层润滑油，避免生锈。

2. 连接和检查

（1）检查机床的冷却液、液压油、润滑油的液位，如不足则按照设备说明书中的要求予以添加。

（2）全面检查各机械部件的连接状况，看是否有松动和多余的接头等。

（3）检查电气柜内各接插件接触是否良好，线缆插头是否有松脱。

（4）检查外部输入电源电压是否符合要求，检查相序是否正确，相序的检查可用相序表。

9.2.3 数控车床的整机调试

1. 空运行检验

空运行检验是在无负荷状态下运转机床，检验各机构的运转状态，温度变化，功率消耗，动作的灵活性、平稳性、可靠性及安全性。

1）通电试运行检查

（1）通电试运行应按照先局部分别供电，再全面供电的顺序进行。

（2）接通电源后查看机床是否有报警。

（3）检查油泵电机旋转方向是否正确，液压压力表指示是否在要求范围内。

（4）检查散热风扇、电柜空调运行是否正常。

（5）检查机床油管接头、阀件是否有渗漏现象，气管是否有漏气现象，冷却液是否有渗漏现象。

（6）检查急停按钮、超程保护开关等是否有效。

（7）机床噪声的检验。机床运行时不应有不正常的尖叫声和冲击声，空运转时的总噪声不得超过 80dB。

2）动作的检查

（1）点动主轴，判断主轴的平稳性、旋转方向和速度是否正确。用程序手动输入方式选择低、中、高 3 个速度进行主轴正转、反转、制动、定位、换档的测试，观察动作的灵活性和可靠性。

（2）手动操作进给轴的移动、回零，判断机床坐标轴移动是否平稳，移动方向、移动距离和移动速度是否正确。

（3）手动换刀判断刀架旋转的平稳性，程序手动输入刀位选择和定位是否正确。

（4）检查卡盘的夹紧/松开，尾座的运行，冷却泵的启动停止，运屑器的运行，中心架的运行等辅助装置，检查其灵活性和可靠性。

（5）与机床连接的随机附件应在该机床上试运行，检查是否符合设计要求。

3）机床系统功能的检查

（1）操作功能检查。检查机床操作面板、数控系统按键是否有效，数控系统界面转换是否正确，手动数据输入、位置显示、程序检索、程序编辑和删除等功能是否正常。

（2）指令功能检查。检查坐标系转换相关功能、程序的运行和停止、刀具的长度和补偿功能、固定循环、用户宏程序和变量、各种插补指令等指令的准确性和完成产品加工所需功能是否具备。

（3）空运转连续试验。主轴运转试验，在最高转速段不得少于 1h，主轴轴承的温度不超过 70℃，温升不超过 40℃。编制程序进行连续空运转试验，测试时间大于 8h，每个循环时间不大于 15min，每个循环终了停车，并模拟松卡工件动作，停车时间不超过 1min，再继续运转。

2. 数控车床的负荷试验

数控车床空运转试验合格后，即可进行机床的精度检测。完成机床精度的检测后进行机床的负荷试验。负荷试验的目的是检验数控车床的刚度和各机械结构的强度，特别是考核主传动系统是否能承受设计允许的最大转矩和功率。负荷试验中，要求机床所有机构、各运动部件动作平稳、工作正常、无振动和噪声，主轴的转速不得比空运转转速降低5%以上。

负荷试验一般采用切削试件的方法。用户准备好典型零件的图纸和毛坯，选择切削刀具和切削量，编写程序输入数控系统中。负荷试验可按粗车、重切削和精车3个步骤进行，每一次切削完成后，检验零件已加工部位实际尺寸并与指令值进行比较，检验机床在负荷条件下的运行精度，即机床的综合加工精度。

9.2.4 数控车床的验收项点

数控车床的验收项点包括：开箱验收，外观检查，功能试验，精度检验，资料和附件清点，操作及维修培训，空运转试验，负荷试验，按合同批量加工出合格产品，即可办理机床验收手续。

9.2.5 卧式数控车床精度检验

数控车床的精度检验在机床空运行及相关功能检测后进行，精度检测的内容主要包括几何精度、定位精度和切削精度的检测。

数控车床的精度检测的依据可参照以下标准：

《GB/T 16462.1—2007 数控车床和车削中心检验条件　第1部分：卧式机床几何精度检验》；

《GB/T 16462.4—2007 数控车床和车削中心检验条件　第4部分：线性和回转轴线的定位精度及重复定位精度检验》；

《BS ISO 13041/6—2009 数控车床和车削中心的试验条件 精加工试件的精度》。

1. 数控车床的几何精度检测

数控车床的几何精度是综合反映机床各关键零部件经组装后的综合几何形状误差。它规定了决定加工精度的各主要零部件间以及这些零部件的运动轨迹之间的相对位置允差。检测机床几何精度的常用检测工具有精密水平仪、精密方箱、90°角尺、平尺、平行光管、千分表、测微仪、高精度主轴心棒等。检测工具的精度等级必须比所测的几何精度高一个等级。几何精度的检测必须在机床精调后一次完成，不允许调整一项检测一项。

1）卧式数控车床几何精度主要检测项点

（1）主轴定心轴径的径向跳动。

（2）主轴的轴向窜动。

（3）主轴端面跳动。

（4）主轴孔的径向跳动。

（5）*Z* 轴运动（床鞍运动）对主轴轴线的平行度。

（6）主轴轴线对 *X* 轴线在 *ZX* 平面内运动的垂直度。

（7）*Z* 轴运动（床鞍运动）的角度偏差。

（8）*X* 轴运动（刀架滑板运动）的角度偏差。

（9）尾座移动对床鞍 *Z* 轴移动的平行度。

(10) 尾座套筒移动对床鞍 Z 轴移动的平行度。

(11) 尾座套筒锥孔轴线对床鞍 Z 轴运动的平行度。

(12) Z 轴运动对车削轴线的平行度。

(13) 刀架工具安装基面对主轴轴线的垂直度。

(14) 刀架工具安装孔轴线对 Z 轴运动的平行度。

(15) 刀架工具安装孔轴线对 X 轴运动的平行度。

(16) 刀具主轴的径向跳动和端面跳动(如配置了动力刀具)。

(17) 刀具主轴轴线对 Z 轴和 X 轴运动的平行度(如配置了动力刀具)。

(18) 刀架转位的定位精度和重复定位精度。

检测中应注意消除检测工具和检测方法造成的误差,如:检测机床主轴回转精度时,检验心棒自身的振摆、弯曲等造成的误差;在表架上安装千分表和测微仪时,由于表架的刚性不足而造成的误差;在卧式机床上使用回转测微仪时,由于重力影响,造成测头抬头位置和低头位置时的测量数据误差等。

2) 检测方法

(1) 直线度检测。平尺和指示器法、钢丝和显微镜法、准直望远镜法和激光干涉仪法。

(2) 平面度检测。平板法、平板和指示器法、平尺法、精密水平仪法和光学法。

(3) 平行度、等距度、重合度。平尺和指示器法、精密水平仪法、指示器和检验棒法。

(4) 垂直度。平尺和指示器法、角尺和指示器法、光学法(如自准直仪、光学角尺、放射器等)。

(5) 旋转。指示器法、检验棒和指示器法、钢球和指示法。

2. 数控车床的定位精度检测

数控车床定位精度是指机床各坐标轴在数控装置控制下运动所能达到的位置精度。数控车床的定位精度决定了该车床所能达到的最高加工精度。

定位精度检测内容主要有:直线运动定位精度,直线运动重复定位精度,直线运动轴机械原点返回精度,直线运动矢动量的测定。

(1) 直线运动定位精度。数控机床的定位精度可理解为机床的运动精度,决定于数控系统和机械传动误差。直线运动定位精度在空载状态下,以快速移动形式进行检测。通过不同速度的定位检验,传动链刚度不好的机床会得到不同的定位精度和不同的反向间隙,反映出机床制造和装配的质量。

(2) 直线运动重复定位精度。该精度是反映坐标轴运动稳定性的基本指标,决定着零件加工质量的稳定性和一致性。

(3) 直线运动轴机械原点的返回精度。检验的目的是检测坐标轴原点的复归精度和复归的稳定性。实质上是检测坐标轴上一个特殊点的重复定位精度,机床坐标轴的原点是程序编制工件坐标系和夹具安装的基准。

(4) 直线运动矢动量。坐标轴直线运动矢动量又称为直线运动反向误差,是进给轴传动链上驱动元件的反向死区以及机械传动副的反向间隙和弹性变形等误差的综合反映。该误差越大,直线运动的定位精度和重复定位精度就越差,如果矢动量在全行程范围内分布均匀,可通过反向间隙参数补偿功能予以修正,如补偿值过大,则需要分析引起误差过大的原因。

3. 数控车床的切削精度

数控机床切削精度检验又称动态精度检验,是对机床的几何精度、定位精度在切削加工情况下的一项综合考核。

数控车床常以加工一个包含圆柱面、锥面、球面、倒角和割槽等多种形状的棒料作为切削精度的检验方法。对于特殊需求的高效车床，还要进行单位时间内金属切削量的试验。切削精度检验可分单项加工精度检验和加工一个标准的综合性试件的精度检验两种。

因为试件的材料、环境温度、刀具性能以及切削条件等各种因素都会对切削精度结果造成计量误差，所以试验过程中要尽量排除这些因素的影响。

4. 数控车床精度检验项目表

项目表适用于床身上最大回转直径不大于 1000mm，Z 轴行程不大于 2000mm 的普通精度等级的卧式数控车床和车削中心的几何精度检验，Z 轴行程大于 2000mm 的也可作为参照。

机床按主参数分为 3 个尺寸范围(表 9－1)。

表 9－1　机床的尺寸范围

mm

主参数	范围 1	范围 2	范围 3
床身上最大回转直径	D≤250	250 < D≤500	500 < D≤1000

对应的常用精度检验项目见表 9－2。

表 9－2　精度检验表

mm

检测内容		检测方法	允许误差/mm
床身导轨调水平	纵向 导轨在垂直平面内的直线度	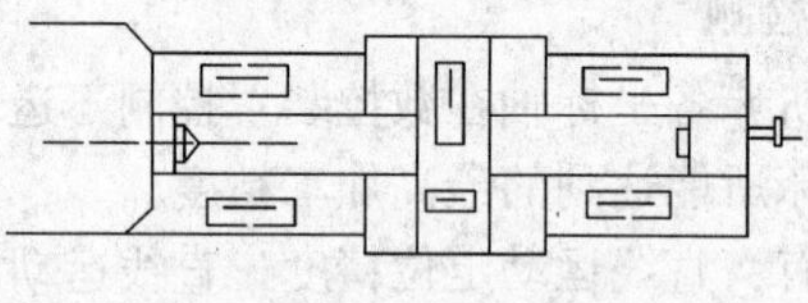	工件长度为 DC DC≤500：0.01 500 < DC≤1000：0.02 1000 < DC≤1500：0.025
	横向 导轨的平行度	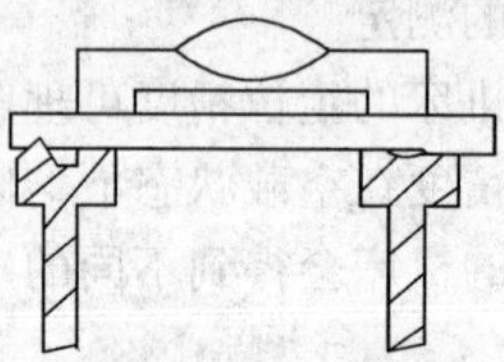	0.04/1000
溜板移动在水平面内的直线度		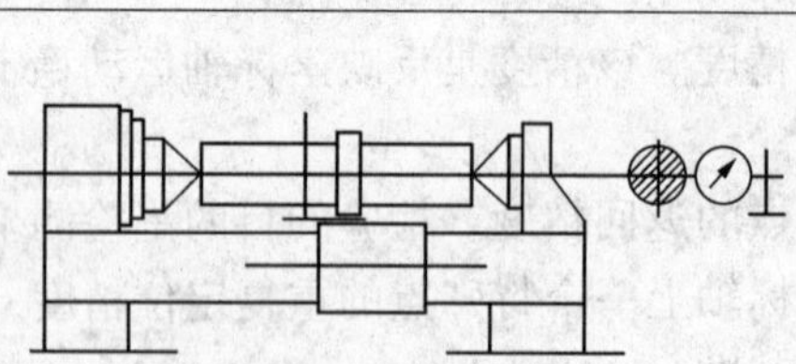	两顶尖距离为 DC DC≤500：0.015 500 < DC≤1000：0.02 1000 < DC≤1500：0.025
尾座移动对溜板移动的平行度： a：在垂直平面内 b：在水平面内		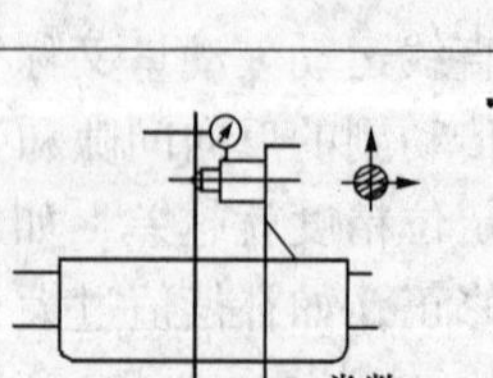 L=常数	Z≤1500 a：0.03 b：0.03 1500 < Z≤2000 a：0.04 b：0.04

续表

检测内容	检测方法	允许误差/mm
主轴 a：主轴的轴向窜动 b：主轴轴肩支承面的跳动	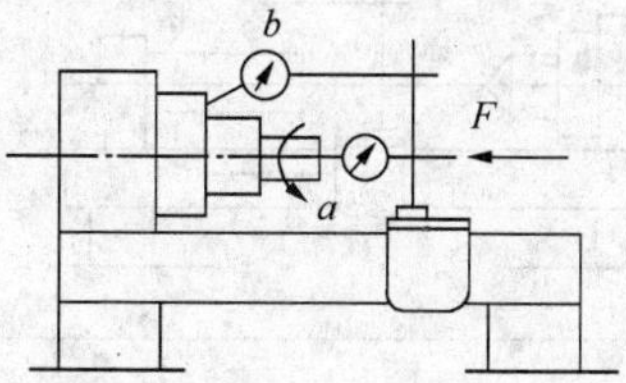	a： 范围 1：0.005 范围 2：0.005 范围 3：0.005 b： 范围 1：0.008 范围 2：0.01 范围 3：0.015
主轴定心轴颈的径向跳动	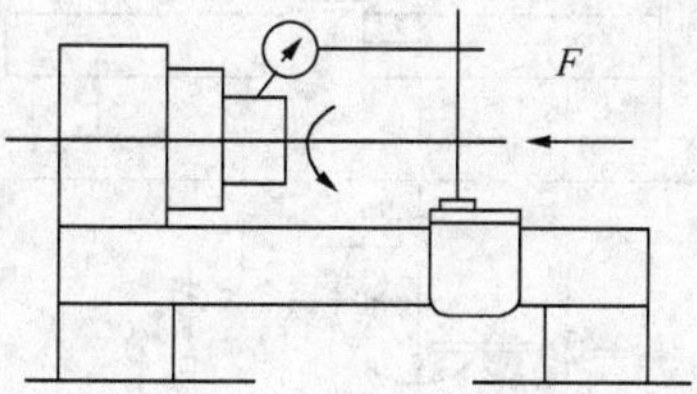	范围 1：0.005 范围 2：0.008 范围 3：0.012
主轴锥孔轴线的径向跳动 a：靠近主轴端面 b：距离主轴端面 300mm 处	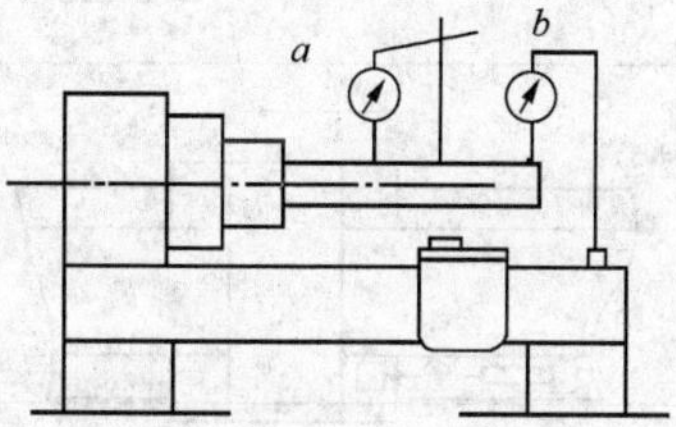	a： 范围 1：0.01 范围 2：0.015 范围 3：0.02 b： 范围 1：0.015 范围 2：0.02 范围 3：0.025
主轴轴线对溜板移动的平行度 a：在垂直平面内 b：在水平内 （测量长度为 300mm）	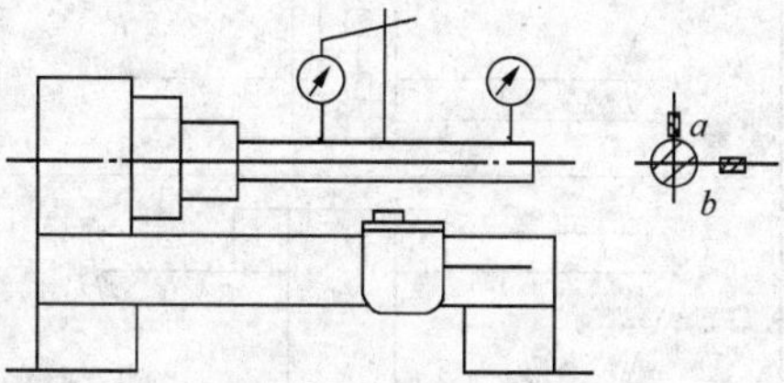	a： 范围 1：0.01 范围 2：0.015 范围 3：0.02 b： 范围 1：0.015 范围 2：0.02 范围 3：0.025
顶尖的跳动	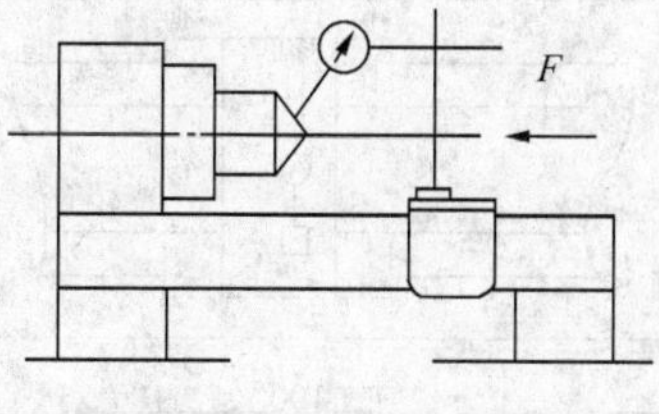	0.015
尾座套筒轴线对溜板移动的平行度 a：在垂直平面内 b：在水平面内	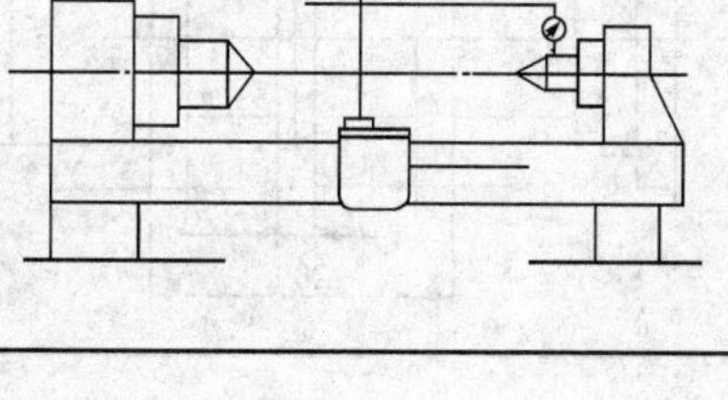	a：在 100 测量长度上为 0.015 b：在 100 测量长度为 0.02

续表

允许误差/mm	检测内容	检测方法
尾座套筒锥孔轴线对溜板移动的平行度 a：在垂直平面内 b：在水平面内 （测量长度为300mm）	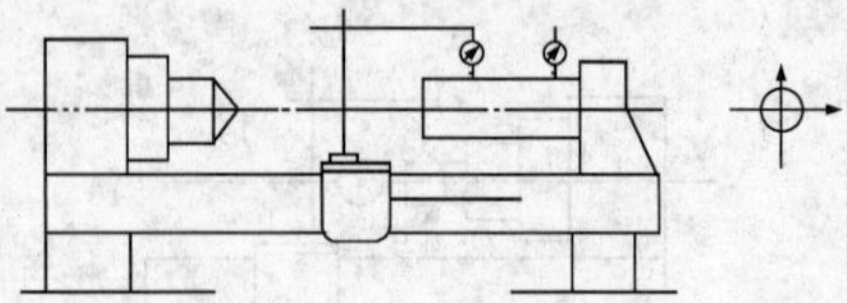	a：b： 范围1：0.01 范围2：0.02 范围3：0.025
主轴和尾座两顶尖的等高	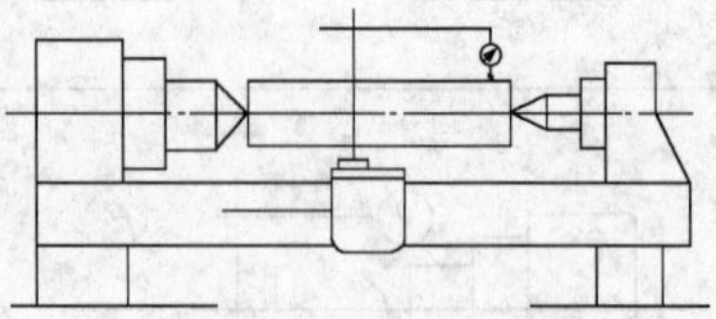	0.02（只许尾座高）
刀架回转的重复定位精度	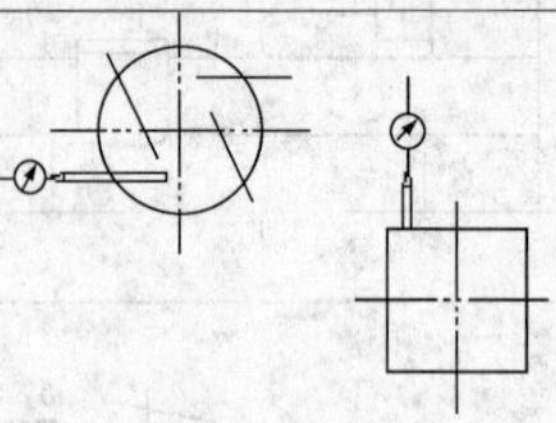	±0.01
重复定位精度　Z轴	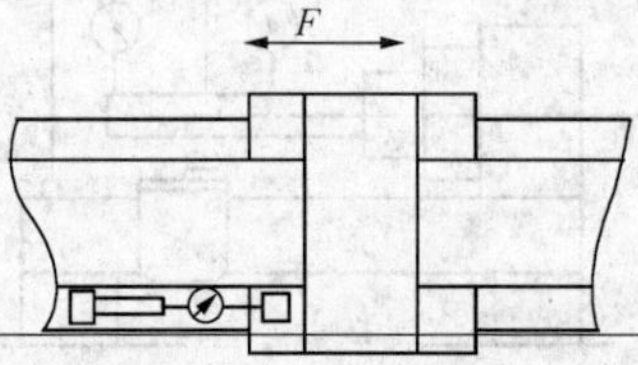 F	±0.01
重复定位精度　X轴	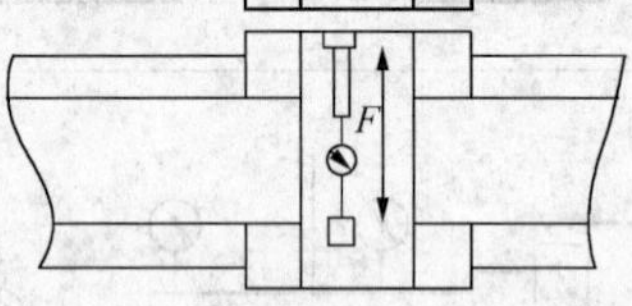 F	±0.005
定位精度　Z轴	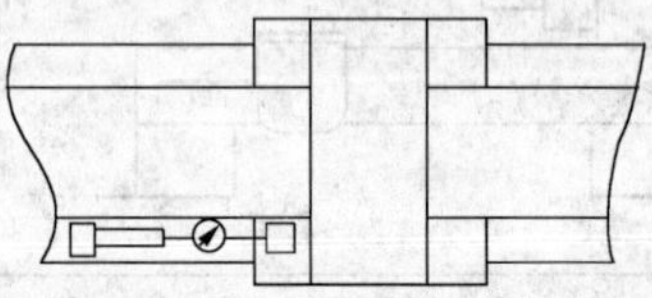	0.02
定位精度　X轴	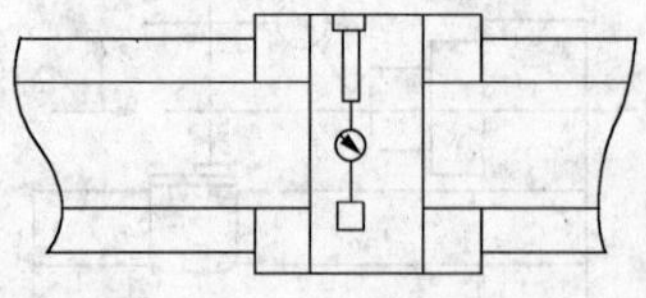	0.015
精车外圆的精度 a：圆度 b：在纵截面内直径一致性	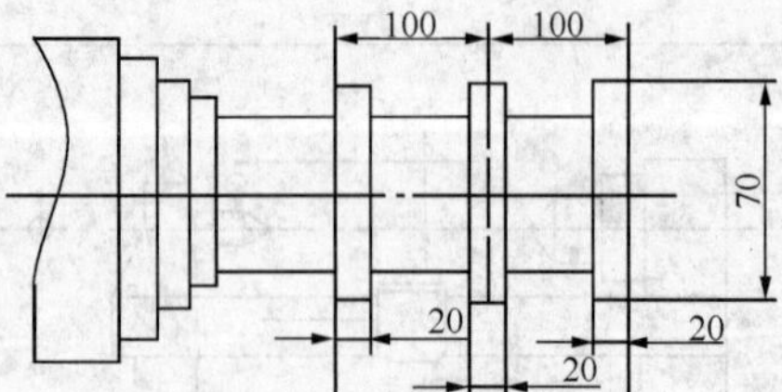 100　100　70　20　20　20　200	a：0.005 b：在200测量长度上为0.03

续表

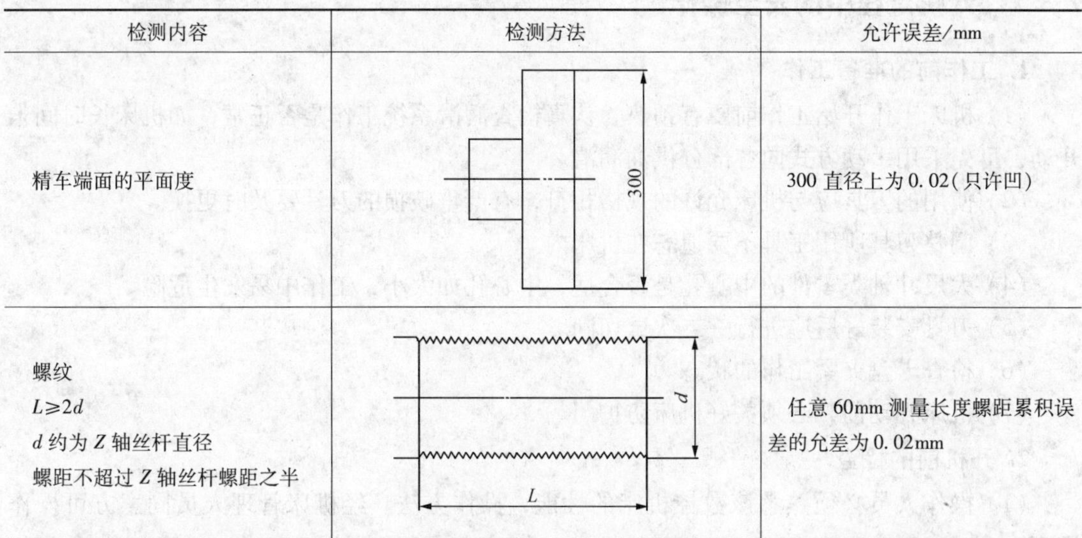

检测内容	检测方法	允许误差/mm
精车端面的平面度	300	300 直径上为 0.02（只许凹）
螺纹 $L \geqslant 2d$ d 约为 Z 轴丝杆直径 螺距不超过 Z 轴丝杆螺距之半	d L	任意 60mm 测量长度螺距累积误差的允差为 0.02mm

注：序号 15、17 试切件为钢材，序号 16 试件为铸铁。

9.3 重要操作方法

数控机床是一种自动化程度较高，结构较复杂的先进加工设备，为了充分发挥机床的优越性，提高生产效率，操作人员除了要熟悉掌握数控机床的性能，做到熟练操作以外，还必须严格遵循数控机床的安全操作规程，这样不仅是保障人身和设备安全的需要，也是保证数控机床能够正常工作、达到技术性能、充分发挥其加工优势的需要。因此，在数控机床的使用和操作中，应做到以下几点：

（1）严格遵守数控机床的安全操作规程。未经专业培训不得擅自操作机床。

（2）做到用好、管好机床，具有较强的工作责任心。

（3）保持数控机床周围的环境整洁。

（4）工作前，必须穿戴好规定的劳保用品；工作中，要精神集中，细心操作，严格遵守安全操作规程。

（5）操作前必须熟知每个按钮的作用以及操作注意事项。

（6）使用机床时，应当注意机床各个部位警示牌上所警示的内容。

（7）请开动机床前务必详细阅读机床的使用说明书，并且注意以下事项。

① 操作人员必须熟悉该数控机床的性能，操作方法。经机床管理人员同意方可操作机床。

② 机床通电前，先检查电压、气压、油压是否符合工作要求。

③ 检查机床可动部分是否处于可正常工作状态。

④ 检查工作台是否有越位，超极限状态。

⑤ 检查电气元件是否牢固，是否有接线脱落。

⑥ 检查机床接地线是否和车间地线可靠连接（初次开机特别重要）。

⑦ 已完成开机前的准备工作后方可合上电源总开关。

9.3.1 开机过程中的安全操作

1. 工作前的准备工作

（1）机床工作开始工作前要有预热，认真检查润滑系统工作是否正常，如机床长时间未开动，可先采用手动方式向各部分供油润滑。

（2）使用的刀具应与机床允许的规格相符，有严重破损的刀具要及时更换。

（3）调整刀具所用工具不要遗忘在机床内。

（4）大尺寸轴类零件的中心孔是否合适，中心孔如太小，工作中易发生危险。

（5）刀具安装好后应进行一二次试切削。

（6）检查卡盘夹紧工作的状态。

（7）机床开动前，必须关好机床防护门。

2. 开机前的检查

（1）操作人员必须熟悉该数控机床的性能，操作方法。经机床管理人员同意方可操作机床。

（2）机床通电前，先检查电压、气压、油压是否符合工作要求。

（3）检查机床可动部分是否处于可正常工作状态。

（4）检查工作台是否有越位，超极限状态。

（5）检查电气元件是否牢固，是否有接线脱落。

（6）检查机床接地线是否和车间地线可靠连接(初次开机特别重要)。

（7）已完成开机前的准备工作后方可合上电源总开关。

3. 开机过程注意事项

（1）严格按机床说明书中的开机顺序进行操作。

（2）一般情况下开机过程中必须先进行回机床参考点操作，建立机床坐标系。

（3）开机后让机床空运转 15min 以上，使机床达到平衡状态。

（4）关机后必须等待 5min 以上才可以进行再次开机，没有特殊情况不得随意频繁进行开机或关机操作。

9.3.2 调试过程注意事项

（1）编辑、修改、调试好程序。若是首件试切必须进行空运行，确保程序正确无误。

（2）按工艺要求安装、调试好夹具，并清除各定位面的铁屑和杂物。

（3）按定位要求装夹好工件，确保定位正确可靠。不得在加工过程中发生工件有松动现象。

（4）安装好所要用的刀具，若是加工中心，则必须使刀具在刀库上的刀位号与程序中的刀号严格一致。

（5）按工件上的编程原点进行对刀，建立工件坐标系。若用多把刀具，则其余各把刀具分别进行长度补偿或刀尖位置补偿。

（6）设置好刀具半径补偿。

（7）确认冷却液输出通畅，流量充足。

（8）再次检查所建立的工件坐标系是否正确。

(9) 以上各点准备好后方可加工工件。

9.3.3 工作过程中的安全注意事项

(1) 禁止用手接触刀尖和铁屑，铁屑必须要用铁钩子或毛刷来清理。

(2) 禁止用手或其他任何方式接触正在旋转的主轴、工件或其他运动部位。

(3) 禁止加工过程中量活、变速，更不能用棉丝擦拭工件、也不能清扫机床。

(4) 车床运转中，操作者不得离开岗位，机床发现异常现象立即停车，遇到问题及时解决，防止发生不必要的事故。

(5) 机床各轴在关机时远离其参考点，或停在中间位置，使工作台重心稳定。

(6) 经常检查轴承温度，过高时应找有关人员进行检查。

(7) 在加工过程中，不允许打开机床防护门。

(8) 严格遵守岗位责任制，机床由专人使用，他人使用须经责任人同意。

(9) 工件伸出车床 100mm 以外时，须在伸出位置设防护物。

(10) 工作结束后，应注意保持机床及控制设备的清洁，要及时对机床进行维护保养。必要时涂防锈油。

9.3.4 工作完成后的注意事项

(1) 清除切屑、擦拭机床，使用机床与环境保持清洁状态。

(2) 注意检查或更换磨损坏了的机床导轨上的油察板。

(3) 检查润滑油、冷却液的状态，及时添加或更换。

(4) 依次关掉机床操作面板上的电源和总电源。

(5) 加工完毕后应清扫机床，保持清洁。

9.3.5 操作中特别注意事项

(1) 机床在通电状态时，操作者千万不要打开和接触机床上示有闪电符号、装有强电装置的部位，以防被电击伤。

(2) 在维护电气装置时，必须首先切断电源。

(3) 机床主轴运转过程中，务必关上机床的防护门，关门时务必注意手的安全，避免造成伤害。

(4) 在打雷时，不要开机床。因为雷击时的瞬时高电压和大电流易冲击机床，造成烧坏模块或丢失改变数据，造成不必要的损失，所以，打雷时不要开启机床；每台数控机床接地良好，并保证接地电阻小于 4Ω。

9.3.6 机床回零

以台湾产的 VT-50B 数控机床为例，该机床使用的是 FANU Cseries 0i-TC 数控系统。该机床零点为绝对式，正常情况下无需手动回零。一旦发生零点丢失或零点偏移的情况，则需重新寻找零点。

VT-50B 机床 X 轴零点位置设定：

(1) 参数可写入置 1，并改 1326 软超程为 99999999。

(2) 用百分表找 X 轴中心位(标准值：160、000)。

(3) 记下此时显屏的显示值(假如为 250、140)。

(4) 计算此时的显示值与标准值的差(250、140 - 160、000 = 90、140)。

(5) 将 920、000 + 90、140 = 1010、140(注：920、000 为 X 轴原点的标准值)。

(6) 将 X 轴上移至 1010、140 显示值。

(7) 将参数 1815 中 APC 和 API 改为 0。

(8) 断电重起。

(9) 改参数 1815 中 APC 和 API 改为 1，断电重起。

(10) 改参数 1326 为 924000(软超程)。

(11) 参数可写入置 0。

(12) 重回原点。

9.3.7 机床启动及关机(图 9 - 3)

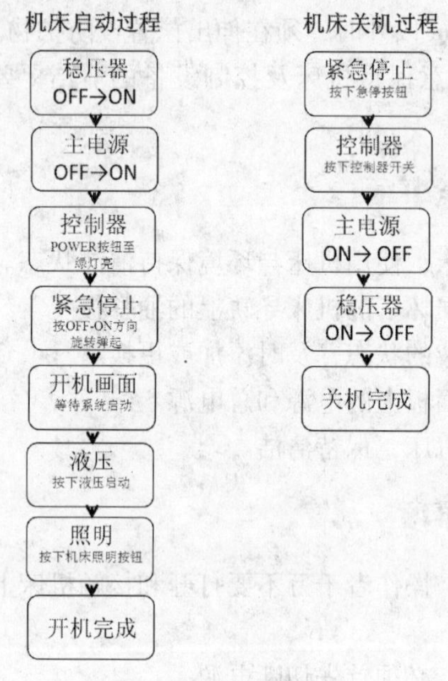

图 9 - 3

9.4 数控车床的日常维护及保养

在企业生产中，数控机床能否达到加工精度高、产品质量稳定、提高生产效率的目标，这不仅取决于机床本身的精度和性能，很大程度上也与操作者在生产中能否正确地对数控机床进行维护保养和使用密切相关。只有坚持做好对机床的日常维护保养工作，才可以延长元器件的使用寿命，延长机械部件的磨损周期，防止意外恶性事故的发生，争取机床长时间稳定工作；才能充分发挥数控机床的加工优势，达到数控机床的技术性能，确保数控机床能够正常工作。因此，做好日常维护保养，可使设备保持良好的技术状态，延缓劣化进程，及时发现和消灭故障隐患，从而保证安全运行。

数控机床的使用寿命和效率高低，不仅取决于机床本身的精度和性能，很大程度上也取决于它的正确使用和维修。正确的使用能防止设备非正常磨损，避免突发故障；精心的维护可使设备保持良好的技术状态，延迟老化进程，及时发现和消灭故障防患于未来，防止恶性事故的发生，从而保障安全运行。因此，机床的正确操作与精心维护，是贯彻设备管理“以预防为主”的重要环节。

对数控机床进行正确的维护保养的重要意义有：

（1）延长平均无故障时间，增加机床的开动率。

（2）便于及早发现故障隐患，避免停机损失。

（3）长期保持数控设备的加工精度。

（4）降低机床机械、电器元件的磨损或老化等故障的概率，延长元件的使用寿命，降低机床的维护成本。

由于数控机床具有精度高、结构复杂、电器元件工作环境要求较高等特点，对于机床的检查、维护以及保养需要有一个比较系统的方法。因此，数控机床的安全使用以及维护都要严格遵守机床的操作规程。

数控机床的维护按照不同的类型可以分为以下几类：

（1）按照维护保养人员来分为专业维护、日常维护。

（2）按照维护保养时间来分为一级保养、二级保养与三级保养，即例保、周保、半年保与年保。

（3）按照维护维修的内容分为日常维修、项修、大修。

9.4.1 数控设备维护与保养的基本要求

1. 制定有效操作规程

在数控机床的使用与管理方面，应制定一系列切合实际、行之有效的操作规程。例如润滑、保养、合理使用及规范的交接班制度等，是数控设备使用及管理的主要内容。制定和遵守操作规程是保证数控机床安全运行的重要措施之一。实践证明，众多故障都可由遵守操作规程而减少。

2. 数控设备不宜长期封存

购买数控机床以后要充分利用，尤其是投入使用的第一年，使其容易出故障的薄弱环节尽早暴露，得以在保修期内得以排除。加工中，尽量减少数控机床主轴的启闭，以降低对离合器、齿轮等器件的磨损。没有加工任务时，数控机床也要定期通电，最好是每周通电1～2次，每次空运行1h左右，以利用机床本身的发热量来降低机内的湿度，使电子元件不致受潮，同时也能及时发现有无电池、电量不足报警，以防止系统设定参数的丢失。

3. 严格遵循正确的操作规程

无论是什么类型的数控机床，它都有一套自己的操作规程，这既是保证操作人员人身安全的重要措施之一，也是保证设备安全、使用产品质量等的重要措施。因此，使用者必须按照操作规程正确操作，如果机床在第一次使用或长期没用时，应先使其空转几分钟；并要特别注意使用中开机、关机的顺序和注意事项。

4. 要冷静对待机床故障，不可盲目处理

机床在使用中不可避免地会出现一些故障，此时操作者要冷静对待，不可盲目处理，以免产生更为严重的后果，要注意保留现场，待维修人员来后如实说明故障前后的情况，并参与共同分析问题，尽早排除故障。故障若属于操作原因，操作人员要及时汲取经验，避免下次犯同样的错误。

5. 制定并且严格执行数控机床管理的规章制度

除了对数控机床的日常维护外，还必须制定并且严格执行数控机床管理的规章制度。主要包括：定人、定岗和定责任的“三定”制度，定期检查制度，规范的交接班制度等。这也是数控机床管理、维护与保养的主要内容。

9.4.2 数控机床的维护保养

数控机床的使用寿命和效率高低，不仅取决于机床本身的精度和性能，很大程度上也取决于它的正确使用和维护。正确的使用能防止设备非正常磨损，避免突发故障；精心的维护可使设备保持良好的技术状态，延迟老化进程，及时发现和消灭故障防患于未来，防止恶性事故的发生，从而保障安全运行。机床的正确操作与精心维护，是贯彻设备管理以预防为主的重要环节。

9.4.3 日常维护保养要点

1. 使机床保持良好的润滑状态

定期检查清洗自动润滑系统，添加或更换油脂、油液，使丝杠、导轨等各运动部位始终保持良好的润滑状态，降低机械磨损速度。

2. 定期检查液压、气压系统

对液压系统定期进行油质化检，检查和更换液压油，并定期对各润滑、液压、气压系统的过滤器或过滤网进行清洗或更换，对气压系统还要注意经常放水。

3. 适时对各坐标系轴进行超限位试验

由于切削液等原因使硬件限位开关产生锈蚀，平时又主要靠软件限位起保护作用。因此，要防止限位开关锈蚀后不起作用，防止工作台发生碰撞，严重时会损坏滚珠丝杠，影响其机械精度。试验时只要按一下限位开关确认一下是否出现超程报警，或检查相应的I/O接口信号是否变化。

4. 定期检查电器元件

检查各插头、插座、电缆、各继电器的触点是否接触良好，检查各印刷线路板是否干净。检查主变电器、各电机的绝缘电阻在1MΩ以上。平时尽量少开电气柜门，以保持电气柜内的清洁，定期对电器柜和有关电器的冷却风扇进行卫生清洁，更换其空气过滤网等。电路板上太脏或受湿，可能发生短路现象，因此，必要时对各个电路板、电气元件采用吸尘法进行卫生清扫等。

5. 机床长期不用时的维护

数控机床不宜长期封存不用，购买数控机床以后要充分利用起来，尽量提高机床的利用率，尤其是投入的第一年，更要充分的利用，使其容易出现故障的薄弱环节尽早的暴露出来，使故障的隐患尽可能在保修期内得以排除。数控机床不用，反而由于受潮等原因加快电子元件的变质或损坏，如数控机床长期不用时要长期通电，并进行机床功能试验程序的完整运行。要求每1~3周通电试运行1次，尤其是在环境湿度较大的梅雨季节，应增加通电次数，每次空运行1h左右，以利用机床本身的发热来降低机内湿度，使电子元件不致受潮。同时，也能及时发现有无电池报警发生，以防系统软件、参数的丢失等。

6. 经常打扫卫生

如果机床周围环境太脏、粉尘太多，均可以影响机床的正常运行；电路板太脏，可能产生短路现象；油水过滤网、安全过滤网等太脏，会发生压力不够、散热不好，造成故障。所以必须定期进行卫生清扫。

7. 应尽量少开数控柜门和强电柜的门

在机械加工车间的空气中往往含有油雾、尘埃，它们一旦落入数控系统的印刷线路板或者电气元件上，则易引起元器件的绝缘电阻下降，甚至导致线路板或者电气元件的损坏。所以，在工作中应尽量少开数控柜门和强电柜的门。

8. 定时清理数控装置的散热通风系统

可以防止数控装置过热。散热通风系统是防止数控装置过热的重要装置。为此，应每天检查数控柜上各个冷却风扇运转是否正常，每半年或者一季度检查一次风道过滤器是否有堵塞现象，如果有则应及时清理。

9. 定期进行机床水平和机械精度检查

机械精度的校正方法有软硬两种。其软方法主要是通过系统参数补偿，如丝杠反向间隙补偿、各坐标系定位精度定点补偿、机床回参考点位置校正等；其硬方法一般要在机床大修时进行，如进行导轨修刮、滚珠丝杠螺母预紧、调整反向间隙等。

9.4.4 机床导轨的维护与保养

1. 导轨的润滑

导轨润滑的目的是减少摩擦阻力和摩擦磨损，以避免低速爬行和降低高温时的温升。因此导轨的润滑很重要。对于滑动导轨，采用润滑油润滑；而滚动导轨，则润滑油或者润滑脂均可。数控机床常用的润滑油的牌号有：L－AN10、15、32、42、68。导轨的油润滑一般采用自动润滑，我们在操作使用中要注意检查自动润滑系统中的分流阀，如果它发生故障则会造成导轨不能自动润滑。此外，必须做到每天检查导轨润滑油箱油量，如果油量不够，则应及时添加润滑油；同时要注意检查润滑油泵是否能够定时启动和停止，并且要注意检查定时启动时是否能够提供润滑油。

2. 导轨的防护

在操作使用中要注意防止切屑、磨粒或者切削液散落在导轨面上，否则会引起导轨的磨损加剧、擦伤和锈蚀。为此，要注意导轨防护装置的日常检查，以保证导轨的防护。

9.4.5 辅助装置的维护与保养

数控机床的辅助装置的维护与保养主要包括：数控分度头、自动换刀装置、液压气压系统的维护与保养。

1. 数控分度头的维护与保养

数控分度头是数控铣床和加工中心等的常用附件，其作用是按照 CNC 装置的指令作回转分度或者连续回转进给运动，使数控机床能够完成指定的加工精度，因此，在操作使用中要注意严格按照数控分度头的使用说明书要求和操作规程正确操作使用。

2. 自动换刀装置的维护与保养

自动换刀装置是加工中心区别于其他数控机床的特征结构。它具有根据加工工艺要求自动更换所需刀具的功能，以帮助数控机床节省辅助时间，并满足在一次安装中完成多工序、工步加工要求。因此，在操作使用中要注意经常检查自动换刀装置各组成部分的机械结构的运转是否正常工作、是否有异常现象；检查润滑是否良好等，并且要注意换刀可靠性和安全性检查。

3. 液压系统的维护与保养

(1) 定期对油箱内的油进行检查、过滤、更换。

(2) 检查冷却器和加热器的工作性能，控制油温。

(3) 定期检查更换密封件，防止液压系统泄漏。

(4) 定期检查清洗或更换液压件、滤芯、定期检查清洗油箱和管路。

(5) 严格执行日常点检制度，检查系统的泄漏、噪声、振动、压力、温度等是否正常。

4. 气压系统的维护与保养

(1) 选用合适的过滤器，清除压缩空气中的杂质和水分。

(2) 检查系统中油雾器的供油量，保证空气中有适量的润滑油来润滑气动元件，防止生锈、磨损造成空气泄漏和元件动作失灵。

(3) 保持气动系统的密封性，定期检查更换密封件。

(4) 注意调节工作压力。

(5) 定期检查清洗或更换气动元件、滤芯。

9.4.6 机床的日常保养(表9-3)

表9-3 日常维护保养

检查周期	检查部位	检查要求
每天	导轨润滑油箱	检查油量，及时添加润滑油，润滑泵是否定时启动停止
每天	主轴润滑恒温油箱	是否正常工作，油量是否充足，温度范围是否合适
每天	机床液压系统	油箱油泵有无异常噪声，工作油是否合适，压力表指示是否正常，管路积分接头有无漏油
每天	压缩空气气源压力	气动控制系统的压力是否在正常范围内
每天	气源自动分水滤气器自动空气干燥器	及时清理分水器中滤出的水分，检查自动空气干燥器是否正常工作
每天	气源转换器和增压器油面	油量是否充足、不足时及时补充
每天	X、Y、Z 轴导轨面	清除金属屑和脏物、检查导轨面有无划伤和损坏、润滑是否充分
每天	液压平衡系统	平衡压力指示是否正常，快速移动时平衡阀工作正常
每天	各种防护装置	导轨、机床防护罩是否齐全、防护罩移动是否正常
每天	电器柜通风散热装置	各电器柜中散热风扇是否正常工作、风道滤网有无堵塞
每周	电器柜过滤器、滤网	过滤网、管网上是否沾附尘土、如有应及时清理
不定期	冷却油箱	检查液面高度、及时添加冷却液；却液太脏时应及时更换和清洗箱体及过滤期
不定期	废液池	及时处理积存的废油，避免溢出
不定期	排屑器	经常清理切屑，检查有无卡住等现象

续表

检查周期	检查部位	检查要求
半年	检查传动皮带	按机床说明书的要求调整皮带的松紧程度
半年	各轴导轨上的镶条压紧轮	按机床说明书的要求调整松紧程度
一年	查或更换直流伺服电机	检查换向器表面、去除毛刺、吹干净碳粉、及时更换磨损过短的碳刷
一年	液压油路	清洗溢流阀、液压阀、滤油器、油箱过滤或更换液压油
一年	主轴润滑、润滑油箱	清洗过滤器、油箱，更换润滑油
一年	润滑油泵、过滤器	清洗润滑油池
一年	滚珠丝杆	清洗滚珠丝杆上的润滑脂，添上新的润滑油

9.4.7 液压油及冷却液的使用

1. 液压油的分类与牌号划分

液压油的种类繁多，分类方法各异。长期以来，习惯以用途进行分类，也有根据油品类型、化学组分或可燃性分类的。GB 1118.1—2011 根据 GB 7631.2—2003 标准，将液压油分为 L－HL 抗氧防锈液压油、L－HM 抗磨液压油(高压、普通)、L－HV 低温液压油、L－HS 超低温液压油和 L－HG 液压导轨油 5 个品种。GB 7631.2—2003 标准是我国根据 1999 年 ISO 6743/4—1999 提出的《润滑剂、工业润滑油和有关产品—第四部分 H 组》分类，基础上制定的，等效的采用了 ISO 6743/4—1999 标准。该系统分类较全面地反映了液压油间的相互关系及其发展。

GB 7631.2—2003 等效采用 ISO 6743/4—1999 的规定。液压油采用统一的命名方式。

液压油标记为：品种代号　黏度等级　产品名称　标准号

示例：L－HL46 抗氧防锈液压油　　GB11118.1

L－HM46 抗磨液压油(高压)　GB11118.1

L－HM46 抗磨液压油(普通)　GB11118.1

L－HV46 低温液压油　GB11118.1

L－HS46 超低温液压油　GB11118.1

L－HG46 液压导轨油　GB11118.1

其中：L——类别(润滑剂及有关产品 GB 7631.1—2003)。

黏度等级——液压油在 40°C 情况下的运动黏度。

2. 液压油的规格、性能及应用

在 GB/T 7631.2—2003 分类中的 HL、HM、HV、HS、HG 液压油均属矿油型液压油，这类油的品种多，使用量约占液压油总量的 85% 以上，汽车与工程机械液，压系统常用的液压油也多属这类。以下分别介绍其规格、性能及其应用。

1) HL 液压油(抗氧防锈液压油)

(1) 规格 HL 液压油是由精制深度较高的中性基础油，加抗氧和防锈添加剂制成的。HL 液压油按 40℃运动黏度可分为 15、22、32、46、68、100 六个牌号。

(2) 用途。HL 液压油主要用于对润滑油无特殊要求，环境温度在 0℃以上的各类机床的轴承箱、齿轮箱、低压循环系统或类似机械设备循环系统的润滑。它的使用时间比机械油可延长一倍以上。该产品具有较好的橡胶密封适应性，其最高使用温度为80℃。

（3）质量要求。适宜的黏度和良好的黏温性能。要求油的黏度受温度变化的影响小，即温度变化不致影响液压系统的正常工作；具有良好的防锈性、抗氧化安定性；其有较理想的空气释放值、抗泡性、分水性和橡胶密封适应性。

（4）使用注意事项。使用前要彻底清洗原液压油箱，清除剩油、废油及沉淀物等，避免与其他油品混用；本品不适用于工作条件苛刻，润滑要求高的专用机床。对油品质量要求较高的齿轮传动装置、液压系统及导轨，应选用中、重负荷齿轮油、抗磨液压油或HG液压油；本油品代替机械油用于通用机床及其他类似机械设备的循环系统的润滑，经济效益显著，能延长换油周期，平均节约润滑油1/3~1/2。

2）HM液压油（抗磨液压油）

（1）规格。抗磨液压油（L-HM液压油）是从防锈、抗氧液压油基础上发展而来的，它有碱性高锌、碱性低锌、中性高锌型及无灰型等系列产品，它们均按40℃运动黏度分为22、32、46、68四个牌号。

（2）用途。抗磨液压油主要用于重负荷、中压、高压的叶片泵、柱塞泵和齿轮泵的液压系统YB-D25，叶片泵、PF15，柱塞泵、CBN-E306，齿轮泵、YB-E80/40，双联泵等液压系统；用于中压、高压工程机械、引进设备和车辆的液压系统。如电脑数控机床、隧道掘进机、履带式起重机、液压反铲挖掘机和采煤机等的液压系统；除适用于各种液压泵的中高压液压系统外，也可用于中等负荷工业齿轮（蜗轮、双曲线齿轮除外）的润滑。其应用的环境温度为-10~40℃。该产品与丁腈橡胶具有良好的适应性。

（3）质量要求。合适的黏度和良好的黏温性能，以保证液压元件在工作压力和工作温度发生变化的条件下得到良好润滑、冷却和密封；良好的极压抗磨性，以保证油泵、液压马达、控制阀和油缸中的摩擦副在高压、高速苛刻条件下得到正常的润滑，减少磨损；优良的抗氧化安定性、水解安定性和热稳定性，以抵抗空气、水分和高温、高压等因素的影响或作用，使其不易老化变质，延长使用寿命；良好的抗泡性和空气释放值，以保证在运转中受到机械剧烈搅拌的条件下产生的泡沫能迅速消失；并能将混入油中的空气在较短时间内释放出来，以实现准确、灵敏、平稳地传递静压；好的抗乳化性，能与混入油中的水分迅速分离，以免形成乳化液，引起液压系统的金属材质锈蚀和降低使用性能；好的防锈性，以防止金属表面锈蚀。

（4）注意事项。要保持液压系统的清洁，及时清除油箱内的油泥和金属屑；按换油参考指标进行换油，换油时应将设备各部件清洗干净，以免杂质等混入油中影响使用效果；储存和使用时，容器和加油工具必须清洁，防止油品被污染；该油品主要适用于钢-钢摩擦副的液压油泵。用于其他材质摩擦副的液压油泵时，必须要有油泵制造厂或供油单位推荐本产品所适用的油泵负荷限值。

3）HV、HS液压油（低温液压油）

（1）规格。这是两种不同档次的液压油，在GB 7631.2—2003中均属宽温度变化范围下使用的液压油。这两种油都有低的倾点，优良的抗磨性、低温流动性和低温泵送性。HV、HS液压油按基础油分为矿油型与合成油型两种，按40℃运动黏度，HV液压油分为15、22、32、46、68、100六个牌号，HS液压油分为15、32、32、46四个牌号。

（2）用途。HV低温液压油主要用于寒区或温度变化范围较大和工作条件苛刻的工程机械、引进设备和车辆的中压或高压液压系统，如数控机床、电缆井泵、以及船舶起重机、挖掘机、大型吊车等液压系统，使用温度在30℃以上；HS低温液压油主要用于严寒地区上述各种设备，使用温度在30℃以下。

（3）质量要求。适宜的黏度；良好的极压抗磨性能；优良的低温性能，倾点较低，能保证工程机械或设备在寒区或严寒区环境下易于启动和正常运转；优良的黏温性能，黏度指数均在130以上，保证液压设备在温度变化幅度较大的情况下得到良好的润滑、冷却和密封；良好的抗乳化性和防锈性能；良好的氧化安定性、水解安定性和热稳定性能。

（4）注意事项。低温液压油是一种既具有抗磨又具有低温性能的高级液压油，应注意合理使用；低温液压油不能用于有银部件的液压设备；HV液压油和HS液压油由于基础油组成不同，所以不能混装混用，以免影响使用性能。其他注意事项同HM液压油。

4）HG液压油（导轨油）

HR液压油是在环境温度变化大的中低压液压系统中使用的液压油。该油具有良好的防锈、抗氧性能，并在此基础上加入了黏度指数改进剂，使油品具有较好的黏温特性。该类油由于用量小，至今尚未大力开发，在此不作详细介绍。

HG液压油原为普通液压油中的32G和68G，曾用名为液压导轨油，该产品是在HM液压油基础上添加油性剂或减磨剂构成的一类液压油。该油不仅具有优良的防锈、抗氧、抗磨性能，而且具有优良的抗黏滑性。该产品主要适用于各种机床液压和导轨合用的润滑系统或机床导轨润滑系统及机床液压系统。在低速情况下，防爬效果良好。目前的液压－导轨油属这一类产品。

3. 液压油的选用

由于液压传动具有元件体积小、重量轻、传动平稳、工作可靠、操作方便、易于实现无级变速等优点，因此在许多工业部门的传动系统被采用。不同工业部门由于使用要求、操作条件、应用环境的差异，所用的液压传动系统差别也很大。正确选用液压油品种，确保液压系统长期平稳、安全运行，是保证连续生产、节省材料消耗和提高经济效益的有效措施。

按国际标准化组织ISO 6743/4—1999“润滑剂，工业润滑油和有关产品分类（第4部分）H组液压系统”，根据应用场合不同分为：流体静压系统液压油、液压导轨油、难燃液压油和流体液力系统4类。

根据不同的应用场合应选用不同类型的液压油品种，加上液压泵的类型、工作温度和压力、操作条件和周围环境的不同，选用液压油是一项细致并要求具备一定油品知识的工作。据统计，液压系统运行的故障绝大部分是由于液压油选用和使用不当引起的。因此，正确选用和合理使用液压油，对液压设备运行的可靠性，延长系统和元件的使用寿命，保证设备安全，防止事故的发生有着重要的意义。特别是液压系统朝着缩小体积、减轻重量、增大功率、提高效率、增加可靠性和环境友好的方向发展，正确选用液压油显得更为重要。

1）液压油的选用原则

一般液压设备制造商在设备说明书或使用手册中规定了该设备系统使用的液压油品种、牌号和黏度级别，用户首先应根据设备制造商的推荐选用液压油。但也会遇到许多场合，用户所用系统的工况和使用环境与设备制造商所规定有一定的出入，需要自行选用液压油。一般可根据下列原则来选用：

(1) 无确定系统应选用什么类型液压油。这要根据系统的工况和工作环境来确定。

(2) 其次要确定系统应选用什么黏度级别的液压油。

(3) 了解所选用液压油的性能。

(4) 了解产品的价格。

2) 液压油品种的选择

(1) 根据液压系统的工作压力和温度选择液压油品种。

(2) 根据液压系统的工作环境选择液压油品种。

(3) 根据特殊性能要求选择液压油品种。

3) 液压油黏度的选择

选定合适的品种后，还要确定采用什么黏度级别的液压油才能使液压系统在最佳状态下工作。黏度选用过高虽然对润滑性有利，但增加系统的阻力，压力损失增大，造成功率损失增大，油温上升，液压动作不稳，出现噪音。过高的黏度还会造成低温启动时吸油困难，甚至造成低温启动时中断供油，发生设备故障。相反，当液压系统黏度过低时，会增加液压设备的内、外泄漏，液压系统工作压力不稳，压力降低，液压工作部件不到位，严重时会导致泵磨损增加。

选用黏度级别首先要根据泵的类型决定，每种类型的泵都有它适用的最佳黏度范围：叶片泵为25～68mm^2/s，柱塞泵和齿轮泵都是30～115mm^2/s。叶片泵的最小工作黏度不应低于10mm^2/s，而最大启动黏度不应大于700mm^2/s。柱塞泵的最小工作黏度不应低于8mm^2/s，最大启动黏度不应大于1000mm^2/s。齿轮泵要求黏度较大，最小工作黏度不应低于20mm^2/s，最大启动黏度可达到2000mm^2/s。

选用黏度级别还要考虑泵的工况，使用温度和压力高的液压系统要选用黏度较高的液压油，可以获得较好的润滑性，相反，温度和压力较低，应选用较低的黏度，这样可节省能耗。此外，还应考虑液压油在系统最低温度下的工作黏度不应大于泵的最大黏度。

9.4.8 液压系统的故障分析

随着液压技术的发展，液压系统在各工业部门的应用日益广泛。因此确保液压系统的正常动作，增加工作的可靠性非常重要，正确选用液压油的品种和黏度是保证系统长期、可靠工作的首要条件。另一方面，当液压系统发生故障时能够迅速的找到原因和有效的解决也十分重要。液压设备系统由机械、液压、电气及仪表等装置组合而成，因此在分析液压系统的故障时必须先了解整个液压系统的传动原理、结构特点和元件及材料配置情况。由于液压系统是密封带压系统，管路中油液的流动情况，液压元件内部的零件动作和密封是否损坏都不易观察到，因此分析故障的原因和判断故障的部位都比较困难。

液压系统发生故障的原因很多，归纳起来有3方面：

1) 设备的机械故障

这包括液压系统设计不合理，安装间隙不正确，液压元件质量问题，密封件选用不当等，由这些问题引起的液压系统故障一般与液压油没有关系。

2) 操作失误造成液压系统故障

这是指液压系统在正常运转时由于操作人员操作不当而造成，如错误开闭阀门、突然中断电源、操作温度或压力过高、补油时加错油品、油箱油面过高或过低、不及时从油箱底部放出分离的水等。由于操作失误造成的液压系统故障，都不是液压油质量问题造成，大都不涉及液压油，但有些则从液压油的质量变化可以反映出来。

3）由于液压油的质量造成液压系统故障

这大多是由于选油不当或使用了不合格的油品的所致，也可能是液压油使用时间过长，不及时更换新油所造成。本文仅从液压油的品质及使用中出现的问题对液压系统的故障进行分析。

（1）液压油系统油温过高自动停机。

（2）液压系统压力不稳或不足。

（3）液压系统进水的影响。

（4）液压油中混入空气的影响。

（5）液压系统的颗粒污染。

（6）液压系统中混入其他油品。

液压油的更换和液压系统的清洗，液压油在使用中一定会发生变质，继续使用变了质的液压油会造成液压系统工作不正常，零部件磨损和腐蚀，严重时会造成重大事故。反之，若液压油还没有变质就更换，不但造成浪费，而且还需停机换油，增加不必要的开支。因此，在使用中了解液压油的质量状况，在它发生明显变质时及时更换，是保护设备、降低成本的一项重要手段。液压油的变质包括油品组成和性质的变化，主要是液压油的氧化变质、轻质馏分的挥发、添加剂损耗和油品污染等，所有这些都会使液压油的性能发生变化，影响正常使用。

9.4.9 润滑油的润滑管理

1. 润滑油的使用状态监控

润滑油在使用过程中会逐步老化变质这是必然的规律。老化变质有两种情况：一种是正常的老化变质；另一种为因受水污染等异常因素的异常变质。进行润滑油使用状态监控，可及时掌握油品的技术状态，预防设备润滑事故发生，延长油品使用寿命。监控方法如下。

（1）抽查操作人员执行设备润滑“五定”、“三过滤”规范标致。

①“五定”是指定点、定质、定量、定期、定人,。其含义如下。

定点：确定每台设备的润滑部位和润滑点，保持其清洁与完好无损，实施定点给油。

定质：按照润滑图表规定的油脂牌号用油，润滑材料及掺配油品必须经检验合格；润滑装置和加油器具保持清洁。

定量：在保证良好润滑的基础上，实行日常耗油量定额和定量换油，做好废油回收退库工作，治理设备漏油现象，防止浪费。

定期：按照润滑图表或卡片规定的周期加油、添油和清油，对储油量大的油箱，应按规定时间抽样化验，视油质状况确定清洗换油、循环过滤及抽验周期。

定人：按润滑图表上的规定，明确操作工、维修工、润滑工对设备日常加油、添油和清洗换油的分工，各司其责，互相监督，并确定取样送检人员。

②“三过滤”亦称“三级过滤”是为了减少油液中的杂质含量，防止尘屑等杂质随油进入设备而采取的净化措施。它包括库过滤、发放过滤和加油过滤。

入库过滤：油液经过输入库，泵入油罐储存时，必须经过严格过滤。

发放过滤：油液注入润滑容器时要过滤。

加油过滤：油液加入设备储油部位时也必须先过滤。

（2）采样观察油品的外观情况，检查油品的颜色、透明度、气味等情况。

（3）定期进行黏度、闪点、水份、酸值(或碱值)等能反映油品质量变化的关键理化指标。

（4）没有试验室的可以进行水份爆音试验和斑迹试验等。

（5）用现代化仪器分析。如用红外光谱仪测定油中添加剂变化的情况，用铁谱仪或ICP发射光谱测定油中金属磨粒或元素变化。仪器分析快捷准确，对发电机组等大型关键设备的润滑管理有很重要的意义。

2. 润滑油的更换

润滑油使用一段时间(几个月、几年以至几十年)后，由于本身的氧化以及使用过程中外来因素影响会逐渐变质，性能下降或改变，必须适时更换。

1）换油时间的确定

（1）根据检验评定的结果确定换油时间，但目前困难的是还比较缺乏各种油品的报废标准。

（2）根据润滑油制造商和设备制造厂家的推荐结合实际使用经验定期更换。

2）换油注意事项

（1）要轻易作出换油决定，要设法延长油品的使用期。

（2）尽量结合检修期进行换油。

（3）换油时不要轻易报废，如油质尚好，可以稍加处理(如沉降过滤，去除水份杂质)后再用或用于次要设备。废油要收集好，以利于今后再处理和防止污染环境。

9.4.10 冷却液

1. 金属切削液发展

金属切削液作为机械加工重要的配套材料，它在机械加工中主要起冷却、润滑、清洗和防锈4个作用。在过去以及今后相当长的一段时期内，金属切削液在金属切削加工中的使用仍是金属切削加工中主要的冷却方法。

金属切削液的历史始于18世纪后期，当时金属切削以很低的速度进行。1883年，美国人F. M. Taylor发现将水浇注到切削区，可以提高切削速度、排除切屑。随着人们对金属切削加工质量的要求不断提高，人们又采用动植物油作为切削液。它能在金属表面形成比较牢固的吸附膜，降低工件表面粗糙度，但其易氧化变质，使用期限短。人们逐渐在实践中试着将脂肪油跟矿物油掺合而形成一种混合油。后来，含硫、氯、磷等有机化合物和其他添加剂的非活性极压油和活性极压油应运而生。它们与金属起化学反应，形成高熔点、低剪切强度的固体润滑膜，提高了切削液在高温、高压下降低摩擦和抗烧结的能力。随着切削速度和切削温度的不断提高，油基切削液不能完全满足切削要求，这时人们又开始重视水冷却的优点，把油的润滑性能与水的冷却性能结合起来，促使了乳化液的应用。现在又发展了合成和半合成切削液(即乳化液)，且分别形成了系列产品。近年来，人们又致力于低污染切削液的研制与开发，以减少切削废液对环境的危害。

2. 金属切削液的作用

1）润滑作用

金属切削加工液(简称切削液)在切削过程中的润滑作用，可以减小前刀面与切屑、后刀面与已加工表面间的摩擦，形成部分润滑膜，从而减小切削力、摩擦和功率消耗，降低刀具与工件坯料摩擦部位的表面温度和刀具磨损，改善工件材料的切削加工性能。

在磨削过程中，加入磨削液后，磨削液渗入砂轮磨粒 - 工件及磨粒 - 磨屑之间形成润滑膜，使界面间的摩擦减小，防止磨粒切削刃磨损和黏附切屑，从而减小磨削力和摩擦热，提高砂轮耐用度以及工件表面质量。

2）冷却作用

切削液的冷却作用是通过它与因切削而发热的刀具(或砂轮)、切屑和工件间的对流和汽化作用把切削热从刀具和工件处带走，从而有效地降低切削温度，减少工件和刀具的热变形，保持刀具硬度，提高加工精度和刀具耐用度。切削液的冷却性能和其导热系数、比热、汽化热以及黏度(或流动性)有关。水的导热系数和比热均高于油，因此水的冷却性能要优于油。

3）清洗作用

在金属切削过程中，要求切削液有良好的清洗作用。除去生成切屑、磨屑以及铁粉、油污和砂粒，防止机床和工件、刀具的沾污，使刀具或砂轮的切削刃口保持锋利，不致影响切削效果。对于油基切削油，黏度越低，清洗能力越强，尤其是含有煤油、柴油等轻组份的切削油，渗透性和清洗性能就越好。含有表面活性剂的水基切削液，清洗效果较好，因为它能在表面上形成吸附膜，阻止粒子和油泥等黏附在工件、刀具及砂轮上，同时它能渗入到粒子和油泥黏附的界面上，把它从界面上分离，随切削液带走，保持切削液清洁。

4）防锈作用

在金属切削过程中，工件要与环境介质及切削液组分分解或氧化变质而产生的油泥等腐蚀性介质接触而腐蚀，与切削液接触的机床部件表面也会因此而腐蚀。此外，在工件加工后或工序之间流转过程中暂时存放时，也要求切削液有一定的防锈能力，防止环境介质及残存切削液中的油泥等腐蚀性物质对金属产生侵蚀。特别是在我国南方地区潮湿多雨季节，更应注意工序间防锈措施。

5）其他作用

除了以上 4 种作用外，所使用的切削液应具备良好的稳定性，在贮存和使用中不产生沉淀或分层、析油、析皂和老化等现象。对细菌和霉菌有一定抵抗能力，不易长霉及生物降解而导致发臭、变质。不损坏涂漆零件，对人体无危害，无刺激性气味。在使用过程中无烟、雾或少烟雾。便于回收，低污染，排放的废液处理简便，经处理后能达到国家规定的工业污水排放标准等。

金属切削液在金属切削、磨削加工过程中具有相当重要的作用。实践证明，选用合适的金属切削液，能降低切削温度 60 ~ 150℃，降低表面粗糙度 1 ~ 2 级，减少切削阻力 15% ~ 30%，成倍地提高刀具和砂轮的使用寿命，并能把铁屑和灰沫从切削区冲走，因而提高了生产效率和产品质量。

3. 金属切削液的性能要求

切削液性能要达到以下要求：

(1) 热容量大，导热性好，具有较好的冷却作用。

(2) 具有较高的油性或在金属表面的吸附作用。能使形成的吸附薄膜具有较高的强度，牢固的吸附在金属表面，起到良好的润滑作用。

(3) 防锈性好，对金属不起腐蚀作用，不会因腐蚀而损坏机床和工件的精度及表面粗糙度。

（4）表面张力低，易于均匀扩散，有利于冷却和洗涤作用并具有较好的润滑性。

（5）使用方便，价格低廉，要求容易配置并最好适用于多种金属材料和多种加工方式（如车、磨、刨等），有一定的透明度，在提高切削速度时不冒烟。

（6）对人体无害，无毒、无异味。不会伤害皮肤及鼻腔黏膜，不刺激眼睛等。

（7）稳定性好，使用寿命长。在长期使用和贮存期间，不分层、不析出沉淀物，不发霉变质。

（8）切削废液量较大，考虑废液处理，避免造成环境污染。

附录：

设备操作、维护、维修管理规定

1. 设备操作

（1）操作前。按点检卡认真检查设备。检查运转记录及润滑、液压、冷却、电气、机械等设备状况，严禁设备“脏、松、漏、缺”。做到：①润滑良好，油标清晰，油位到线，油管畅通，过滤器清洁、润滑油牌号正确，油不变质，并无渗漏现象，要求各滑动部位无碰、砸、拉伤、无锈蚀；②机床内外没有裸露线头；③操纵机构、变速手柄、各种挡铁、限位器，指示信号及安全防护保险等灵敏可靠，机床安全参数设置合理；④防护罩完全，牢固；⑤工装夹具紧固完好；⑥悬臂吊上下限位行程有效，钢丝绳完好；⑦叉车刹车灵敏可靠，指示灯、蜂鸣器、照明完好；⑧机床周围不许有锯沫油污。

（2）运行中。①监视设备的运转状况，注意周围的情况，发现异常情况，紧急停车；②严防加工中心小车撞人，料盘撞车；③严防焊接工位可燃性气体泄漏。

（3）停机。①车辆停放在规定位置；②关停设备的运屑器、润滑、液压、冷却等运动，仅保持 CNC 通电，保持通风；③停运的数控设备每一周必须通电 1 ~ 2h。

2. 设备检查

（1）操作工操作设备的检查按规定执行。

（2）设备负责人每天 8：30 前必须完成本班设备的点检，并准确记录设备运行参数。

（3）设备员每天在操作工交接设备的时候，必须对设备的例保情况进行检查，包括场地卫生、机床卫生、运转记录卡等，对维修工的巡回检查记录要进行抽查。

（4）维修工每隔 2h 就需对所属区域进行巡回检查，检查的内容主要有：润滑系统、液压系统、电气系统、冷却系统、运屑器、导轨等，按照“十字作业”的要求，防止“松、漏、缺”；发现问题及时整改，不能整改的要有计划、有措施，并将检查情况进行详细记录。

3. 设备维护

（1）维护类别。例保、周保、一保、二保、年保、节前保养及整改保养等。

（2）一级保养规定。设备运转到 500h 以后，根据设备的使用情况，进行部分解体清洗，对设备的各部分配合间隙进行适当调整，清洗各油毡、油线、滤清器及各种防尘防屑装置，要使管路畅通无泄漏。

（3）二级保养规定。设备在运转 2500 ~ 3500h 进行一次二级保养，要进行重点部位的解体、检查、清洗、保养、重点解决机床存在的严重缺陷；更换或修复必要的磨损件，并给下次二保或大修做好备件资料准备；彻底清洗油箱、齿轮箱、冷却池，换油、换水；刮研或修正部分导轨面、滑动面或基准面；全面检查清扫配电柜，清洗保养电机、检查更换碳刷，清洗电路板，检查各信号、指示灯是否正常，报警保护装置是否安全可靠；校正安装水平和检查测量主要精度项目，填写好二保合格单档案资料。

(3) 保养时间。例保一般为0.5h；周保至少为2～3h；一保为4h；二保1d计8h。

4. 设备维修

(1) 维修类别。故障维修，预防性维修，项修，大修。

(2) 故障维修。操作工直接联系维修工进行维修，并及时填写故障报告，内容包括故障部位、故障现象、发生时间；维修工完成维修后，及时填写维修报告，内容包括故障原因、维修过程、已更换和需要补充的配件、维修及停机时间；并由验收人验收后及时交与班长。维修工不能解决的故障，可以联系设备员解决。

(3) 预防性维修。预防性维修由班长、设备员及其他途径提供，由提供人填写故障报告，维修工填写维修报告。

(4) 项修及大修。由设备员根据设备管理部门安排计划，并协助设备管理部门落实。

(5) 维修工维修设备时操作工必须协助维修工维修。故障维修，预防性维修按相关规定记入维修工、操作工的绩效考核。

5. 设备润滑

设备润滑遵循“三级过滤”和“五定”制度。

三级过滤：润滑站一级过滤，车间加油时二级过滤，机床通过精密过滤网三级过滤。

五定：定人、定质、定量、定点、定时。

要求油标清晰，油管畅通，过滤器清洁、润滑油牌号正确，油不变质；润滑点正确、完全、润滑良好，包括减速箱、齿轮箱、轴承箱、升降系统、电机、泵、导轨等；液体油位1/2～2/3，润滑脂填满腔体的1/2～2/3。

设备润滑良好是降低设备故障的有效手段，要求润滑器具合格；操作工启动、操作设备务必检查润滑情况；例保、周保、一保、二保、年保是集中保证润滑的良好时机，按要求定期更换润滑油，设备进行二保时，务必保养相关电机，防止抱死轴承、烧损线圈。

9.5 数控车床的故障诊断与排除

数控车床的故障是指机床丧失了规定的功能，它包括机械系统、数控系统和伺服系统、辅助系统等方面的故障。

数控车床是一种综合应用了计算机技术、自动控制技术、电子技术、精密测量技术、机械制造和网络通信等先进技术的典型机电一体化产品。其控制系统复杂，因此数控车床的故障诊断与维修对维修人员的素质提出了比普通机床更高的要求。

9.5.1 数控车床故障产生的规律

根据机床故障发生的频率一般分为3个阶段，即磨合期、稳定工作期和衰退期。

1. 磨合期

设备运行初期故障率较高，故障多属设备制造缺陷或装配不良造成，少数为操作人员不熟练误操作引起。

2. 稳定工作期

设备磨合期运行过后相对稳定，机床故障率低，偶发故障多为维护不当或偶然因素造成。

3. 衰退期

部分机床零部件达到使用寿命，故障呈上升趋势，如机械运动部件长期运行的磨损，电子元器件的老化等。

9.5.2 数控车床故障的分类

1. 按故障发生的部位分类

1）主机故障

常见的主机故障体现在：

(1) 机械部件装配不当和磨损引起的传动噪声过大、加工精度差、运行阻力大、机械部件不动作等等。

(2) 润滑不良，液压、气动系统的管路堵塞和密封不良，也是主机发生故障的常见现象。

2）电气控制系统故障

从电器元器件类型上我们通常分为“弱电”故障和“强电”故障两大类。

(1)“弱电”指控制系统中以电子元器件、集成电路为主的控制部分，包括数控装置、伺服驱动单元、输入输出单元等。

“弱电”故障又分为硬件故障与软件故障。硬件故障是指上述装置的印刷电路板、接插件以及外部联接组件等出现的故障。软件故障是指加工程序出错，系统参数和控制程序的运行异常等。

(2)“强电”部分是指机床控制电气系统中的主回路，包括控制回路上的继电器、接触器、开关、熔断器、变压器、电机、电磁铁、行程开关等电气元器件。这部分出现故障的机率要高于“弱电”部分。

2. 按故障的性质分类

1）系统性故障

系统性故障是指控制系统只要满足一定的条件，数控机床必然会发生的故障。这类故障由于具有一定的规律，因此做好设备正确的使用与维护可以避免故障的发生或提前做好应对准备，节省故障维修时间。

2）随机性故障

随机性故障是指数控机床在工作中偶然发生的故障。没有一定的规律性，偶发性大，通常称之为“软故障”，往往与机械部件的安装不到位、参数的设置不合理、元器件性能不稳定、软件功能不完善等因素有关。随机性故障一般通过重新开机可恢复正常，但运行一定时间后可能再次出现。

3. 按故障产生时有无报警显示分类

1）有报警显示的故障

数控机床的故障显示状态可通过报警指示灯或显示器显示。

通过报警指示灯或显示器上显示的故障信息大致可判断出故障发生的部位，因此，出现故障后首先应认真查看这些报警提示信息。

2）无报警显示的故障

这类故障发生时系统无报警显示，诊断难度较大。需要收集故障发生前后的详细信息，结合设备电气、机械、液压工作原理图进行综合分析，原理分析法与 PLC 程序分析法是解决无报警显示故障的主要方法。有时此类故障是由于系统软件文件丢失或数据存储区混乱造成，这时只需重装软件和参数，机床即可恢复正常。

4. 按故障产生的原因分类

1）数控机床自身故障

这类故障的发生是由于数控机床自身的原因引起，与外部环境无关。数控机床所发生的大多数故障均属此类故障。

2）数控机床外部故障

这类故障是由于外部原因所造成的。如供电电压过低、过高，波动过大；电源相序不正确或三相输入电压不平衡；环境温度过高、过低；潮湿、金属粉尘；外来振动；强磁干扰等。

此外，人为因素也是外部故障原因之一，如装配、调整不当，误操作等。

5. 其他原因的分类

除上述常见故障分类方法外，其他故障分类方法还有：按故障发生时破坏性可分为破坏性故障和非破坏性故障；按故障发生状态可分为突然故障和渐变故障；按影响程度可分为完全失效故障和部分失效故障等。

9.5.3 数控车床出现故障时的现场信息收集

1. 做好故障记录

数控车床发生故障后，操作人员应保持机床停机状态，保护好现场，对故障现象和发生经过进行尽可能详细的记录。记录内容应包括如下 3 个部分。

1）故障发生时的情况记录

（1）故障发生时机床所处的操作方式，如：AUTO（自动方式）、MDI（手动数据输入方式）、JOG（手动方式）等。

（2）故障发生时的异常，如异常声音、烟、味等。

（3）系统的报警信息显示，报警号。

（4）在产品加工过程中出现的故障，须记录发生故障时正在执行的加工程序号、程序段号。整个操作过程中操作人员所执行的操作，如中断、补偿、调整等。

（5）若发生产品加工尺寸或精度超差故障时，应记录被加工工件号，并保留不合格工件供故障的分析。

（6）如出现进给轴移位位置异常造成的故障时，则要记录当前坐标轴位置、余程、加工程序、刀补值、偏置值等信息。

2）故障发生的频次记录

（1）故障发生的周期，如：故障是否一直存在？若为随机性故障，多长时间会出现一次？

（2）故障是否在特定工件或某类工件加工时出现的频次高？

（3）故障是否在某时间段出现的频次高？

（4）故障是否在某操作方式下或某特殊操作情况下出现的频次高？

3）故障时的外部条件记录

（1）故障发生时，周围环境温度是否正常？

（2）故障发生时，是否有强烈的振动源存在？

（3）故障发生时，线路上是否有大功率设备启动、制动？输入电压是否有异常波动？

（4）故障发生时，机床周围的其他机械设备工作是否正常？

（5）故障发生时，机床附近是否有高频设备造成的强电磁干扰？

（6）故障发生时，机床运动部位是否有异物进入？

（7）检查故障发生时电气柜内是否有液体、金属粉尘的进入？

2. 维修前的检查

数控车床故障维修前，应根据故障记录与故障现象，结合当前报警信息和机床资料进行各项检查，分析故障原因。这些检查包括如下4个部分。

1）机床的工作状况检查

（1）机床加工程序是否正确？是否有误删或输入了错误代码？

（2）加工选用的刀具是否正确？切削参数设置是否合理？

（3）系统的刀具补偿量、程序偏置值等参数设定是否正确？

（4）系统的坐标轴运行位置是否正确？反向间隙补偿值是否正确？

（5）系统与加工相关的参数设置，如坐标转换、比例缩放、镜像等是否正确？

（6）夹具、刀具的安装是否有松动？工件的夹紧状态是否到位？

（7）机床操作面板上的按扭、开关位置是否正确？如检查方式选择开关位置、进给保持按钮、急停开关功能是否正常？

2）机床运转情况检查

（1）机床自动运转过程中的加工方式是否发生过改变？

（2）主轴旋转、坐标轴移动是否平稳，是否有异响？

（3）刀盘定位是否正确？刀盘落下是否到位？

（4）液压系统运转是否正确，压力表指针位置是否正常？液位是否正常？

（5）润滑系统运转指示是否正常？液位是否正常？

（6）电机、泵温升是否正常？

3）电气系统连接的检查

（1）检查电线、电缆是否有破损？

（2）电源线与信号线布置是否存在干扰？

（3）机床及电气元件接地电阻是否可靠？

（4）信号线缆的屏蔽线接地是否良好？

（5）电缆接头、插头是否紧固？

4）数控装置的检查

（1）电气柜内温度是否过高？是否有异味？

（2）电气柜门开关、机床安全防护开关的检查？

（3）电气柜风扇、空调工作是否正常？

（4）电气柜内部系统、驱动器的模块风扇运转是否正常？

(5) 电柜内是否有切削液或导电粉尘?

(6) 检查熔断器是否熔断，自动开关、断路器是否有跳闸?

(7) 检查系统模块、板卡、联接电缆插头是否有松动?

(8) 检查是否有电子元器件烧坏?

(9) 检查系统、驱动装置是否有报警指示?

总之，对于碰到的机床疑难故障，检查、记录的原始数据越多、越详细，分析故障原因就越方便。

9.5.4　故障分析的常规方法

数控车床出现故障后首先应进行故障的分析，而不是盲目地操作机床和拆卸机床部件。通过故障分析我们可以迅速查明故障原因，防止故障的扩大。机床故障分析方法主要有9种。

(1) 直观法。直观检查法是故障分析之初首先用的方法，就是通过故障发生时产生的各种打火、异响、气味、冒烟等异常现象，以及触摸的检查将故障缩小范围，找到故障点。

(2) 系统自诊断法。是利用数控系统的自诊断功能，根据显示屏上显示的报警信息及各模块上的报警灯指示，判断故障的起因，是故障诊断过程中最常用、有效的方法之一。

(3) 功能测试法。是将数控系统的程序指令编写成测试程序，检查机床的实际动作，判别故障的一种方法。功能测试可以快速判断哪个功能不能执行，再有针对性的检查分析。

(4) 测量法。测量法是查找数控机床故障的基本方法。当机床发生故障时，利用手中的仪表参照电气原理图或查看内部控制系统的运行逻辑状态，沿着发生故障的通道进行检查，直到找到故障点为止。

(5) 部件代换法。部件代换法是维修过程中最常用的故障判别方法之一，也是最简单、快捷的方法之一。交换的部件可以是系统的备件，也可以用同类机床上现有的同类型部件。

必须注意的是：在备件交换之前应仔细检查，确认部件的外部工作条件是否正常，否则轻易的更换备件可能造成配件的再次损坏。如交换数控装置的存储板时应先做好数据的备份工作。

(6) 参数检查法。数控系统的机床参数由于电池不足或受到外界的干扰，可能导致部分参数的丢失或变化，造成设备故障。通过核对参数或进行备份参数的重新恢复有时可以迅速排除故障。有时产品加工精度的不良故障可以通过参数的优化调整来解决。

(7) 隔离法。有些故障，无法准确确定故障范围时，可以采用隔离法进行判别。如伺服轴运行抖动、爬行、不动作故障，可以将伺服电机与机械传动部件脱开进行诊断。

(8) 原理分析法。是根据机床机械传动、液压、电气控制、数控系统、驱动系统等工作原理，针对故障进行综合检查分析的一种方法，要求维修人员有较高的理论知识水平。

(9) 经验法。经验法是指机床重复发生的故障，凭借长期积累的维修经验，一旦出现故障立即可以准确判定故障部位。

9.6　数控车床常见机械故障的诊断和处理

9.6.1　刀架转塔故障处理

国产SSCK80B数控车床采用SINUMERIK－840D系统，在加工过程中频繁出现510000

报警，刀架转塔停在换刀点位置，机床不能正常加工产品。

510000 报警表示转塔当前位置错误，主要原因是转塔刀架没完全落到刀架的定齿盘位置。拆开转塔刀架，清理定齿盘上的细碎铁屑，安装后，机床恢复正常。经过进一步分析发现，该机床的床身与水平面成45°，转塔刀架是外抬起式刀架，如图 9－4 所示。旋转时转塔刀架整体向上抬起，造成刀架换刀过程中细碎铁屑钻进入转塔内，使转塔落不到相应的位置。如果非常细小的铁屑进入刀架内，转塔的定位开关虽能感应到位，但实际上转塔并没有完全落到位，加工中工件直径就会超差，产生废品。

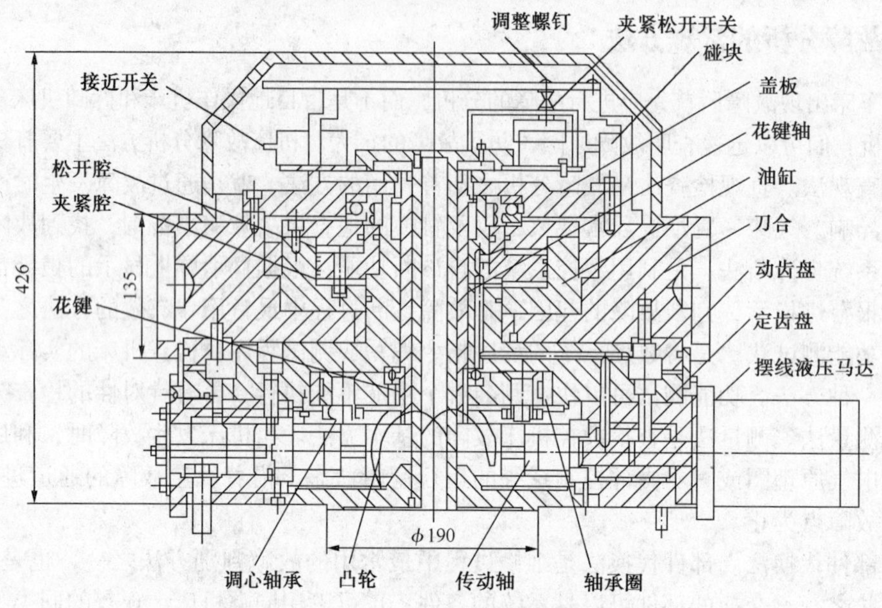

图 9－4　刀架转塔改造前结构图

针对以上问题，决定对机床刀架转塔进行换型改造。经过技术分析，决定选用烟台机床附件厂的 AK22500×8A 数控刀架转塔，如图 9－5 所示。该刀架是内抬起式，采用凸轮式间歇运动机构进行转位分度，利用摆线液压马达驱动，液压缸带动齿盘进行松开、夹紧，使转塔刀架无需抬起即可转位加工。重复定位精度为 0.01mm，具有转位精度高、夹紧力大、运转平稳、动作简捷、密封性能良好、可正反方向转位等特点。在转塔刀架的心部装有定齿盘，转塔与动齿盘相连，在动齿盘与定齿盘之间装有一夹紧齿盘(这 3 个齿盘的齿数均为 40)，同时与动齿盘和定齿盘啮合。夹紧齿盘与装在转塔刀架上的转动体相连，转动体与转塔用两个平键相连。

该转塔刀架转位换刀时，机床操作系统发出指令，夹紧、松开，换向阀带电，液压油进入松开腔，油缸向上运动，顶起盖盘和转动体，使夹紧齿盘抬起，让夹紧齿盘与动齿盘和定齿盘脱离接触，刀架转塔在分度机构带动下进行分度运动。经 0.3s 延时，控制摆线液压马达的三位四通换向阀动作(顺逆皆可)，液压油进入驱动马达，马达转一圈，刀架转一工位，当转到所需工位时，接近开关发信号，马达换向阀回到中间位置，随后系统发出夹紧指令，换向阀失电，液压油进入夹紧腔，油缸向下运动，将夹紧齿盘往下推，直到夹紧齿盘与动齿盘、定位齿盘充分啮合夹紧为止，此时接近开关发出夹紧信号后，机床就可以继续进行切削加工。

机床刀架抬起方式由外抬起改为内抬起后，有效地防止了加工换刀中细铁屑落入刀架转塔的齿盘中，大大降低了刀架故障的发生频率，保证了产品的加工质量。

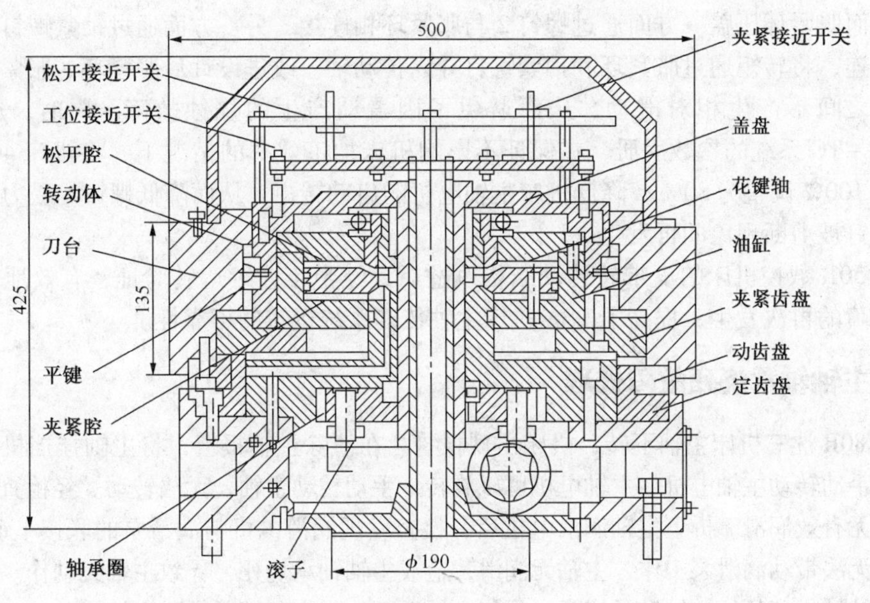

图 9－5　刀架转塔改造后结构图

9. 6. 2　皮带轮传动系统故障处理

2006 年底公司新引进的台湾 VT－50B 数控机床，在投产不到半年时间内陆续出现了 5 起机床皮带轮传动轴上胀紧环、胀紧套和传动轴一起烧蚀，以及皮带轮压盖螺钉剪切故障，严重影响了生产。

经查阅 BSA 机床相关部位机械设计图纸，如图 9－6 所示。对故障仔细分析后发现机床主轴传动结构设计上存在缺陷，即机床皮带轮将转矩传递给传动轴，完全依赖其胀紧环对传动轴的摩擦力。由于加工轴颈夹具存在动平衡问题，机床主轴惯性较大，机床循环启动瞬时产生的力大大超过胀紧环对传动轴所提供的摩擦力，从而导致传动轴上胀紧环和胀紧套烧蚀、压盖螺钉剪切等机械故障。

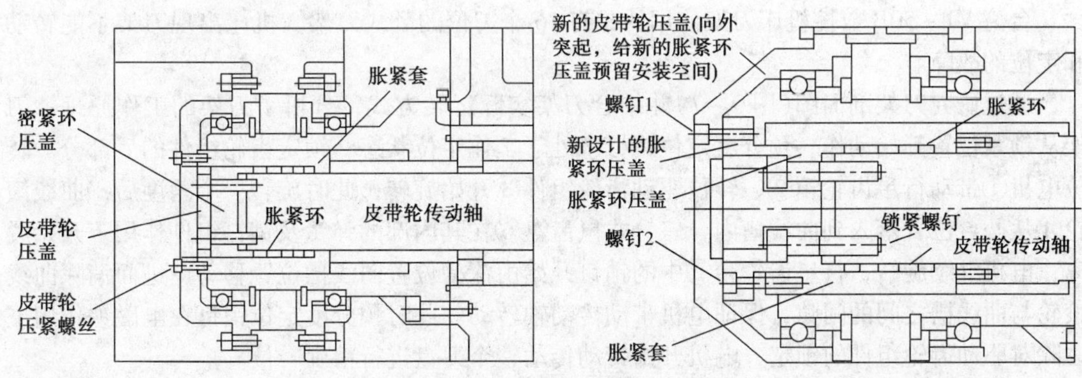

图 9－6　皮带轮传动系统改造前结构图

结合现场情况，对机床皮带轮传动部位的机械结构进行了改造（图 9－6），重新设计，加工了胀紧环压盖、胀紧环、胀紧套、皮带轮压盖等零件，并将胀紧环压盖螺钉由 M6 改为 M8，避免螺丝被剪切。改造后，皮带轮压盖与胀紧环压盖通过螺钉 1 相连接，成为转矩的输入端，而胀紧环压盖一方面通过螺钉 2 与胀紧环相连接，另一方面通过锁紧螺钉与皮带轮传动轴相连，将转矩通过胀紧环和锁紧螺钉导入传动轴。改进设计后胀紧环、胀紧套与皮带轮传动轴之间不产生相对滑动，从而避免了因滑动产生的烧蚀故障。同时，通过查阅 FANUCOi－TC 系统的参数手册，在保证不影响机床加工效率的情况下，将机床 4029#参数由以前的 100% 调整为 80%，降低机床主轴电机的启动转矩，从而降低螺钉的受力负荷，避免压盖螺钉被剪断现象的再发生。

VT－50B 数控机床的皮带轮传动结构改造后，经半年连续运转验证，有效地避免了类似机械故障的再次发生，提高了 BSA 机床主轴传动系统运转的可靠性。

9.6.3 主轴轴承烧死故障处理

SSCK80B 沈三机床主轴不转，机床出现报警。在清除主轴报警，将主轴挂挡机构拨至空挡处就，手动转动主轴电机，主轴电机可以旋转，手动转动主轴，无法转动。经检查发现，主轴轴承处无有效润滑。拆下主轴润滑电机后，检查发现润滑电机与润滑泵的联接平键已磨平，润滑电机无法带动润滑泵工作，主轴无润滑，造成主轴轴承烧死，导致主轴无动作。但无法判断是前主轴轴承还是后主轴轴承烧死，需将主轴拆下，观察各轴承实际磨损情况。

先后将机床夹具、主轴挂挡机构、主轴夹紧油缸上所有油管和主轴编码器拆下，并拆下主轴夹紧油缸和主轴之间的联接盘，将主电机固定螺丝松开，调整主电机的调整螺栓使主电机向右移动，松开主轴连接皮带后取出皮带。将主轴箱边盖拆下，卸下皮带轮，将皮带轮轴抽出，把变挡齿轮取出，取下后轴承挡圈和轴承。把固定主轴齿轮的卡簧取下后，将主轴敲出使用吊车吊住主轴，将主轴吊出机床放在木板上。立起主轴检查发现是前端主轴轴承烧坏。将固定主轴轴承的卡簧取下，使用 $\phi 8$ 的两根圆钢放入专门敲轴承的孔，使用铜榔头敲击，取出烧毁的前轴承。将主轴倒立，装上新轴承。重新测量、制作润滑电机与润滑泵的联接平键，并严格保证平键与润滑电机的配合，减少两者之间的间隙，防止电机旋转时平键与电机发生冲击而加剧磨损。

9.6.4 刀架转塔故障处理

台湾 VT－50B 数控机床刀架使用的是有 16 个刀位的卧式刀架。机床出现刀架不能转动和定位的故障。

通过研究刀架剖面图(图 9－7)并结合刀架实际运转方式，分析了刀架的工作原理：刀架从锁紧位置开始动作，预分度定位销钉⑦处于工作定位状态，锁定齿轮组件的后部分。转位电机①带动行星齿轮箱②、转位驱动齿轮组件③开始旋转，此时旋转一个角度后，曲线滚轮④从凸台位置落入到曲线槽内，三分式鼠齿盘⑥在其内部的弹簧及销钉组件作用下开始脱离，电机继续旋转，行星齿轮箱②中的销钉开始由深槽位置向浅槽位置移动，进而消除曲线滚轮与曲线槽之间的间隙，保证电机带动传动轴转动。此时预分度定位销钉在电磁铁作用下去除对驱动齿轮组件的锁定，电机开始带动传动整个刀盘进行精确转位。

当刀盘旋转到位后，预分度定位销钉在电磁铁作用下重新对驱动齿轮组件的锁定，电机开始反向旋转，行星齿轮箱②中的销钉开始由浅槽位置向深槽位置移动，刀架的旋转与锁紧主要由①电动机提供动力，利用⑤定位销、⑥三分式鼠齿盘、④曲线滚轮和⑦定位销之间的相互位置关系来实现的。通过对刀架工作原理的分析，初步判断为定位销工作故障，导致其与三分式鼠齿盘分离、啮合不能正常进行，从而造成刀架不能旋转。

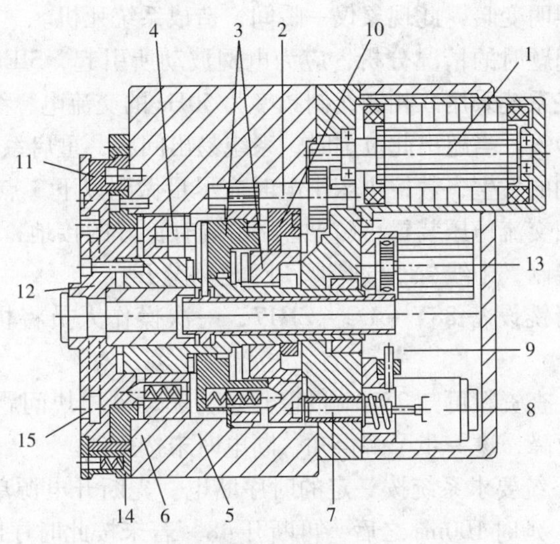

图 9－7　刀架剖面图

1—驱动电机；2—行星齿轮箱；3—转位驱动齿轮组件；4—曲线滚轮；5—锁紧/松开曲线槽；6—三分式鼠齿盘；7—预分度定位销；8—电磁铁；9—预分度定位开关；10—减震系统；11—冷却环形槽；12—刀盘连接盘；13—刀位编码器；14—T 形环槽

通过对刀架解体后发现，三分式鼠齿盘内的部分定位销磨损严重，且其后部弹簧弹性不足，导致定位销不能正常与三分式鼠齿盘进行分离、啮合，验证了起初对故障的判断。通过更换磨损的定位销和弹簧后，刀架回复正常运转，刀架定位正常。

9.7　数控车床常见电气故障的诊断和处理

数控机床是机电一体化的产物，技术先进、结构复杂、按照功能结构分为机械部分和电气部分，其中电气部分按照故障发生部位又可以分为控制系统故障和机床侧故障两大块，控制系统故障包括数控系统、伺服系统、PLC 等控制系统的软、硬件出现问题而引起的机床故障，该类故障一般都比较复杂、诊断难度比较大，占总故障的 10%，故必须深度掌握系统的工作原理。机床侧故障包括外围元件、线路问题、检测元件问题、强电问题、辅助装置问题，占总故障的 90%，而这其中占 13% 的故障难度系数较大，其余故障属一般故障。对机床侧故障须熟练掌握 PLC 系统的应用和系统诊断功能、机床结构原理及电路原理图。

现根据数控系统的构成、故障部位及故障现象、工作原理和特点，结合在实际维修中的经验，将常见的故障部位及故障现象分析如下。

9.7.1　电源故障

电源是整个机床正常工作的能量来源，我们常用的数控和伺服系统，如 SIEMENS 系统是由德国等西方国家设计制造的，由于他们国家的电力充足，电网质量高，因此其电气系统的电源设计考虑较少，这对于我国有较大波动和高次谐波的电力供电网来说就略显不足，再加上某些其他的因素，难免出现由电源而引起的故障。轻者会造成数据丢失、系统死机，重者会毁坏系统局部甚至全部。

例一：一台国产精车 6035A 机床，系统为 SIEMENS－840D 系统，正常加工状态下，突然因打雷电网不稳，照明变暗，此现象仅一瞬间，造成系统死机。

据此现象及发生问题时的情况分析，应为电网波动所引起，SIEMENS－840D 系统规定机床电源标准为：电气系统采用三相四线制频率为 50Hz 的交流电，线电压 380V，其电压波动范围为－10%～+10%。当超出此范围时，系统易出问题，重启系统后该机恢复正常。

为了避免上述案例的发生，数控机床供电时应尽量做到以下 3 点：(1)在资金允许的情况下，应尽量配备三相交流稳压装置；(2)电源始端有良好的接地；(3)进入数控机床的三相电源应采用三相五线制，中线(N)与接地(PE)严格分开。

例二：一台美国精铣设备 88Y－LC－ZH17，一次操作人员将机床断电重启后出现报警 25201。

分析及处理过程：查资料可知 25201 报警其意为驱动器模块问题，另据操作人员反映，机床断电重启即出该故障，进一步了解得知，断电时未按急停。

分析：SIEMENS 系统要求系统按一定的时序断电。先断开电源单元上的 64，等所有电机停止后，再断开 63，延时 100ms 之后，再断开 48。若未按此时序断电，则断电瞬间，驱动模块的直流母线回馈大电流有可能造成驱动单元的损坏。而机床制造厂家对断电控制电路设计不同，则造成不同的关机方法(请参照机床使用说明书)，总之，在机床断电之前，先按“紧急停”是一个好习惯。则可达到按一定时序断电的要求。

处理：在检查后确诊没有其他问题下，更换驱动模块后，恢复。

预防措施：提醒操作人员断电时先按急停按钮，再断电源。

9.7.2 数控系统位置环故障

1. 位置环报警

大多数情况下，若正在运动的轴实际位置误差超过机床参数所设定的允许值，则产生轮廓误差监控报警，若机床坐标轴定位使得实际位置与给定的位置之差超过机床参数设定的允许值，则产生静态误差监控报警，若测量装置有故障，则产生测量装置监控报警。位置环报警一般是由于位置测量元件，如光栅尺、编码器被污染或被损坏引起的，也有的是由于电缆破损或接头接触不良所致，还有一些故障是因机械误差引起的振动，此时需调整相关参数。

例一：一台国产精车 6035A 机床，系统为 SIEMENS－840D 系统，突然出现 Z 轴移动时震动非常厉害。

分析与排故：该故障应与位置反馈有关，遂逐项检修 Z 轴位置环元件、线路、接口、机械精度、间隙均无问题，经过再次仔细分析，认为是 Z 轴位置反馈与 Z 轴移动的实际位置不同步所致，遂调整相关参数轴加速度 32300、位置环增益 32200、测量系统的校准 34102 后，该机恢复正常。

例二：一台国产车床 SSCK80B 机床，系统为 SIEMENS－840D 系统，一次出现主轴定位故障，现象是当主轴定位时，出现来回不停地摆动，开始我们认为是主轴定向电路及定向传感器出现了问题，通过更换元器件，证明不是定向电路和传感器的问题。进一步检查，发现用手扭动传感器轴有一间隙，而这一间隙正好是主轴定向摆动的幅度。经分析，认为问题是主轴电机与传感器轴之间出现了问题。卸下传感器轴端机箱，发现主轴电机与传感器轴端机箱内连轴节损坏，连接部位之间产生间隙，主轴定向时，由于这个间隙的存在，定向传感器发出定向到位信号，通过控制器，主轴电机停转，由于惯性作用，主轴要继续转，这时传感器又发出信号，电机反转。这样主轴来回摆动。更换连轴节，主轴定向稳定。

例三：一台从德国引进的 DMU80P 机床，一次同时出现如下等多项报警，报警内容为主轴故障。

27001　Axis SP1 error in a monitoring channel，code 3…44，value：NCK－296573690，drive－296573509

300911　Axis SP1 drive 6 error in one monitoring channel

27023　Axis SP1 stop B triggered

27024　Axis SP1 stop B triggered

300508　Axis SP1 drive 6 zero mark monitoring of motor measuring system

21612　Channel 1 axis S1/SP1　signal "server enable" reset during motion

25201　Axis SP1 drive fault

分析及处理过程：该报警号众多，其意为主轴驱动、编码器错误，从现场了解到，机床上电后并无报警，当主轴旋转时即出此报警，这是一个很重要的信息。因为，上电即出此报警，则可能是主轴编码器硬件出现问题；旋转时出此报警，则可能是软故障。软故障的可能原因有编码器位置偏差、编码器信号干扰、参数设置不正确，线路接触不良，经仔细排查，编码器位置偏差的可能性较大，遂打开主轴箱编码器部位，发现该编码器是一种新型感应式编码器，进一步增大了位置偏差的故障可能，拆卸编码器，将编码器感应头位置重新调整、安装，使其感应良好，试机、恢复。

2. 坐标轴在没有指令的情况下产生运动，可能是漂移过大；位置或速度环接成正反馈；反馈回路开路；编码器安装不当引起的

例一：一台国产车床 SSCK80B 机床，系统为 SIEMENS－840D 系统，一次出现静止状态下 Z 轴缓缓蠕动现象。

分析认为是 Z 轴反馈系统出现问题，本着先简后繁的原则，先调整参数：自动漂移补偿 36700、精确粗准停 36000、精确精准停 36010、位置环增益 32200、基本漂移值 3720，调整后该机恢复正常。

例二：一台国产车床 SSCK80B 机床，系统为 SIEMENS－840D 系统，开机后出现 X 轴缓慢向正方向运动，系统无报警显示。

分析与处理过程：开机后系统无报警，X 轴缓慢向正方向运动，可以初步认为伺服系统的速度控制环工作正常，故障是由于位置环的问题引起的。

检查数控系统的跟随误差，发现在 X 轴缓慢运动的过程中，系统的位置跟随误差无变化，从而判定故障是由于位置反馈信号的不良引起的。

以前曾遇到过类似的问题，通常是由于反馈电缆的连接插头处 Ua1 方波信号线断引起。这次也首先检查位置检测系统的连接电缆，确认连接正确后，将 X 轴、Y 轴位置轴驱控制板更换后，发现 X 轴正常，Y 轴向一个方向缓慢移动，故判定 X 轴位置控制板故障，更换后，机床恢复正常。

3. 机床开机返回不了参考点

数控机床开机后返回不了参考点的故障一般有以下 3 种情况：第一种是由于是由于参考点开关出现问题，导致 PLC 没有产生减速信号；第二种情况使编码器或者光栅尺的零点脉冲出了问题；第三种情况是机床数控系统的测量模块出现问题，没有接收到零点脉冲。

例一：一台国产车床 SSCK80B 机床，系统为 SIEMENS－840D 系统，开机后，X 轴正、反方向手动运动正常，但机床无法进行回参考点操作，报警 25021。

据此报警分析：报警25021意为没有检侧到零脉冲，首先可排除回参考点减速开关，分析可能原因为编码器插头不良、检测板不良、编码器本身不良、编码器线路。通过排查，确系编码器问题，拆解编码器，发现其内部测量前置放大器松动，紧固之，恢复。

例二：车间一台台湾立车 TVL－8DC 机床无法回零故障。

机床正常启动后，必须执行机床回机械零点以确定各轴坐标位置（配置绝对脉冲编码器的机床除外）。如果机床在回零过程中出现故障，则会导致机床无法正常工作。我车间一台台湾立车 TVL－8DC 机床，采用系统为 SIEMENS－840D 数控系统，加工过程中发现 Z 向坐标值出现偏差，系统没有任何报警。打表测量后发现每次 Z 轴都回零不准，并且偏差没有规律。第一步检查回零开关的安装，未发现松动，观察机床的回零过程，同时通过西门子系统提供的诊断界面反复观察回零减速开关信号的变化，未发现异常，因此基本可以排除回零减速开关的问题。第二步将 Z 轴与 X 轴伺服控制板互换，故障依旧，因此基本可以排除驱动单元的问题。因为机床采用光栅尺全闭环控制，因此将怀疑的重点转向轴光栅尺。由于该机床设计环境比较差，怀疑光栅尺被加工液污染，影响机床回零。于是，将光栅尺拆下，用脱脂棉蘸无水酒精清洗，重新将其装上，故障得以到解决。

例三：车间一台 VT－50AX1000 车床，系统为 FANUC 0i 系统，一次出现 X 轴 300 号报警。

分析和处理：查阅该机资料得知，该报警意为 X 轴原点丢失所致，VT－50AX1000 车床 X 轴原点编码为绝对式，故引起该报警的原因为编码器电池电量过低、编码器有问题、编码器信号电缆不良等因素造成 X 轴 300 号报警，经确认确系编码器电池电量过低，遂更换新电池，并用以下参数重新设置原点。

参数可写入置 1，并改 1326 软超程为 99999999；

用百分表找 X 轴中心位（标准值：160、000）；

记下此时显屏的显示值（假如为 250、140）；

计算此时的显示值与标准值的差（250、140－160、000＝90、140）；

将 920、000＋90、140＝1010、140（注：920、000 为 X 轴原点的标准值）；

将 X 轴上移至 1010、140 显示值；

将参数 1815 中 APC 和 API 改为 0；

断电重启；

改参数 1815 中 APC 和 API 改为 1，断电重启；

改参数 1326 为 924000（软超程）；

参数可写入置 0；

重回原点；

经以上步骤处理，该机恢复。

例四：一台国产精车 6035A，采用的是 SIEMENS－840D 系统，开机后，出现 A 轴正反向运动正常，但机床无法进行回参考点操作。

分析与处理过程：机床 A 轴正、反向运动正常，证明数控系统、伺服驱动工作均正常，在这种情况下，回参考点不良一般是由于回参考点减速信号、零位脉冲信号、回参考点设定不当等原因引起的。

利用系统的诊断功能，检查回参考点减速信号正常，检查回参考点参数设定没有问题，初步判定故障是由于零位脉冲不良引起的。

在检查位置检测系统的连接电缆时发现，连接位置反馈电缆的过渡插头处有一信号线开焊，该信号线正是零脉冲 Ua0 信号线，没有零脉冲信号，机床就不会找到参考点。重新焊接好信号线，连接好过渡插头，机床恢复正常。

4. 机床的动态性能变差

机床在加工时，有时候会出现工件质量变差，甚至在一定速度下运动会有抖动，这其中有很大一种可能是由于机床长时间使用，机械传动系统间隙过大甚至磨损严重，或者导轨润滑不充分甚至磨损造成的；对于电气控制系统来说则可能是速度环、位置环和相关参数已不在最佳匹配状态，应在机械故障基本排除后重新进行最佳化调整。

例一：一台国产精车 6035A，采用的是 SIEMENS - 840D 系统，使用几年后 *Z* 轴加工的工件出现超差，尺寸极度不稳，无法正常加工，打表检查机械传动后发现有 20UM 间隙，于是紧固机械传动部分连接部位，适当调整系统参数 32450，直至打表检查误差消失，再行试机加工该现象消除。

例二：一台韩国引进的 KH63G 起亚加工中心，系统为 FANUC 18i 系统，一次出现 *B* 轴落位不正，导致有时落不下去的现象。

分析和处理：经查阅该机资料，综合现场故障，分析得出 *B* 轴因长期运行，产生机械误差，需重新调整该位置，调整方法如下。

处理步聚：

开机后将各轴回零后，执行如下操作；

参数可写入设定为“1”；

设参数 9940、3 为“0”，关机重启；

设定参数 1815、5 为“0”，1815、4 为“0”，关机重启；

（1815、5 的意义　0：位置检测器不使用绝对位置检测器
　　　　　　　　　1：位置检测器使用绝对位置检测器
　1815、4 的意义　0：绝对位置检测时，与机床位置不对应
　　　　　　　　　1：绝对位置检测时，与机床位置对应）

将电柜内维修开关打开；

开机不要回零，执行 M22（工作台升起）；

主轴头吸上磁力表座，表针打在工作台侧面上，用手轮移动 *X* 轴，用 JOG 方式微调 *B* 轴最终使工作台侧面与 *X* 轴的平行在 0.01mm 以内，执行该操作前确认工作台停在原点位置。用手轮移动 *X* 轴时，如 *X* 轴不动作则同时按下进给停止键（即程序停止键）或主轴停止键。微调 *B* 轴时，将手动进给倍率放置最慢。

执行 M21（工作台落下）；

将电柜内维修开关关闭；

设定参数 1815、5 为“1”，关机重启；

按下急停开关，设定参数 1815、4 为“1”，关机重启；

设参数 9940、3 为“1”，关机重启；

参数可写入设定为“0”。

经以上处理，该机恢复正常。

例三：一台韩国引进的 KH63G 起亚加工中心，系统为 FANUC　18i 系统，一次出现机械手换刀偶然有卡住的故障。

故障现象及分析处理：现场观察 KH63G 机床，主轴在换刀过程中，当主轴与换刀臂接触的一瞬间，发生接触碰撞异响故障。分析故障原因是因为主轴定位不准，造成主轴头与换刀臂吻合不好，无疑会引起机械撞击声，两处均有明显的撞伤痕迹。经查，换刀臂与主轴头均无机械松动，且换刀臂定位动作准确，故采用修改 N4077 参数值解决，即将原数据 1525 改为 1524 后，故障排除。

5. 偶发性停机故障

偶发性故障一般有两种情况：一种情况是机床厂家设计上有缺陷，在某些特定的操作与功能运行相组合所造成的停机故障，对于这种故障，一般机床断电重启后便会消失；另一种情况是由环境、线路问题引起的，如电网干扰、温度、湿度等，环境状况差，这些因素不仅会造成机床故障，严重的还会将机床系统和伺服驱动部分、分线盘 I/O 模块损坏，务必改善。

例一：FANUC 系统 VT－50AX1000 车床，偶然性出现冷却水、液压、刀架一系列报警，分析：因其为一系列报警，故应查其共性控制部分的线路、元件。其共性控制元件为分线盘 I/O 模块不良，而其不良的主因是外围线路脏污所致，排除脏污点、更换分线盘 I/O 模块，恢复。

例二：车间一台 SSCK80B 机床过载报警的故障维修。

故障现象：车间一台 SSCK80B 机床，系统为 SIEMENS 数控车床，在加工中经常出现过载报警，报警号为 300607，表现形式为 Z 轴电动机电流过大，电动机发热，驱动器模块报警，停上 40min 左右报警消失，接着再工作一阵，又出现同类报警。

分析及处理过程：经检查电气伺服系统无故障，估计是负载过重带不动造成。为了区分是电气故障还是机械故障，将 Z 轴电动机拆下与机械脱开，再运行时该故障不再出现。由此确认为机械丝杠或运动部位过紧造成。调整 Z 轴丝杠防松螺母后，效果不明显，后来又调整 Z 轴导轨镶条，机床负载明显减轻，该故障消除。

例三：车间一台发那科系统 VT－50AX1000，一次出现 9031 报警。

故障分析：查阅资料可知，该报警意为动力刀头刀具负载过重，据此得出解决方案如下。

减小进给量；降低进给速度；提高主轴转速；机械卡死。

经进一步逐步排除，确系为机械卡死，拆卸动力刀头刀具，更换损坏的齿轮，并注意安装、调整间隙，恢复。

6. 系统程序、数据丢失的故障

此问题在电网波动、磁干扰、操作不正确，电池电压过低情况下比较容易出现，故非常有必要对系统数据进行系统程序、数据的备份，并掌握恢复系统的技能，防患于未然。

例：车间一台台湾立车 TVL－8DC，采用的是 SIEMENS－840D 系统，一次出现开机后报警 PLC 程序丢失，分析认为是因 NCK 电池电量不足所致。

处理：更换 NCK 电池，用早前备份的 PLC 程序、机床数据，重新传输至 NCK 存储器后，恢复。

7. 机床动作不正常，且无报警信息的故障处理

部分机床会因因机械间隙、误差，及参数设置的不严谨，会出现机床动作不正常，但无报警信息的棘手故障。

例一：FANUC 系统 VT－50AX1000 车床，在自动加工过程中，经常出现偷停现象。特别是在 Z 轴移动后，出现偷停现象比较多。在出现此现象后，加工程序就不往下执行了，但可能几十秒后，加工程序又重新往下执行，有时又不行，机床就一直愣在那里没有发出任何的报警信息。

排除思路：在无任何报警信息的情况下，按调出诊断功能画面，希望从中找到一点故障的线索。

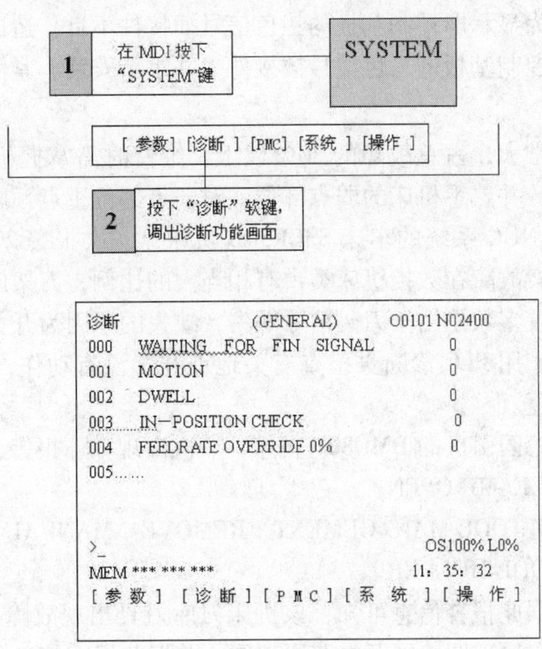

图 9－8

在对诊断功能画面进行查看时发现，诊断号 003 正在进行到位检测，信号为 1，于是查看诊断号为 300 的各伺服轴实时指令与实际位置偏差量，发现 Z 轴的实时指令与实际位置偏差量的值为 50，而定位的容许偏差值(到位宽度)是由参数 1826 设定的，也就是说只要诊断号为 300 的各伺服轴实时指令与实际位置偏差量不超过参数 1826 中所设定的值的话，系统就认为伺服轴的定位完成，否则的话系统认为伺服轴的定位未完成，于是就进行反复的定位，加工程序也就无法往下执行。而这台机床在参数 1826 中，Z 轴的到位宽度值是 4，所以是 Z 轴的实际位置偏差量大于参数设定的到位宽度值，于是出现了此故障现象。参数 1825 是各轴的伺服环增益，与位置偏差量的关系为：

位置偏差量＝进给速度/60×伺服环增益

根据此公式，可以将 Z 轴的伺服环增益值适当减少，从而减少位置偏差量。在对参数 1825 作出了适当的调整之后，Z 轴的位置偏差量减少为 1，即位置偏差量小于参数 1826 的设定值，故障排除。

例二：车间一台 SSCK50B 的 FANUC 系统车床，在手动操作时发现，显示变化，但实际坐标轴没有运动，系统无报警显示。

分析及处理过程：为了迅速判别坐标轴不运动的原因，检查时首先检查了移动坐标轴时，电动机是否转动。经观察，发现该机床各轴伺服电动机均未转动。考虑到 SSCK50B 为闭环系统，对于这种结构，出现显示变化，但伺服电动机不转，且系统无报警显示，其原因一般均为“机床锁住”信号生效而引起的，经进一步检查发现，该机床的 MLK(G117、1)为“1”，使机床进入了“锁住”状态，取消该信号后机床即可正常工作。

8. 显示屏花屏、黑屏的故障处理

该故障占有一定比例，主要表现为接触不良居多。

例：FANUC 系统 VY－33BLM 车床，正常工作中显示屏突现花屏，但加工动作依然正常。

分析可能原因：疑为显示屏控制基板的三色信号插接件不良，造成缺色，或控制基板损坏。经拆卸显示屏背部控制基板的三色信号插接件，并重新安装、紧固，恢复。

9. 机床侧故障

该故障所占比例非常大，占总故障的 80% 以上，维修时需掌握机床电气原理图、结构功能、原理、动作顺序，并熟悉机床的弱点部位，对弱点部位重点预防、维护。

例一：车间一台 FANUC 系统的车床 SSCK50B 机床，一次报警 2008TURRET FAULT 刀架旋转不停。分析：刀架故障在数控机床类占有相当大的比例，刀架旋转不停的原因是刀具编号错置，刀具编号错置多数是由于刀码信号缺失，缺失的原因为开关问题、位置偏差找不到信号、断线最为常见。用 PLC 诊断页检查有关地址开关没有动作，拆护罩细查，确系开关损坏，遂更换之，恢复。

例二：车间一台从德国引进的 DMU80P 机床，一次出现如下报警：

700713：TC TOOL CLAMP OPEN

17214：CHANNEL 1 TOOL MANAGEMENT、REMOVE MANUAL TOOL T＝(KOMET) TROM SPINDLE /TOOL HOLDER。

分析及处理过程：据此报警信息可知，该机床刀库刀具出现故障，这是机床外围故障，故首先必须非常熟悉电路原理图，展开电路原理图，并据此报警信息分析，应为刀库门控制线路出现问题，经检查，确系为刀库门下方的控制线路集成式插头内大量进水造成短路所致。

处理：拆卸该插头并用酒精清洁污水，并重新安装紧固之。

预防：在安装紧固该插头时，用密封胶将插头接口部位进行密封，以防复发。

例三：车间一台韩国引进的 KH63G 起亚加工中心，系统为 FANUC 18i，*Y* 轴硬限位报警。

分析及处理过程：为了保障机床的安全运行，机床各轴通常都设置有软限位和硬限位。软限位位于回零开关和硬限位之间，一般通过系统参数来设定，而硬限位则由行程限位开关来保证。在一般的机床设计中，软限位都是在机床回零成功后才生效。如果操作不规范则容易出现硬限位报警。我车间这台 KH63G 加工中心，采用 FANUC18i 数控系统，操作工在未回零的情况下移动机床导致 *Y* 轴负向硬限位报警。处理硬限位报警的常用方法是短接法或利用机床本身的超程解除功能。超程解除功能要求机床设置有超程解除开关，但是该机床没有设置超程解除开关；如果采用短接法，即强制满足条件，将机床移出限位，则会浪费宝贵的生产时间。在此情况下，我们就利用 FANUC18i 系统方便灵活的特点，通过修改参数硬限位开关有效/无效，将轴的值由 ON 改成了 OFF，关闭 *Y* 轴的硬件限位开关，使硬限位失效，然后在手动方式下，将 *Y* 轴沿相反方向移出限位，报警解除后再将该参数由 OFF 改成 ON，故障排除。因此，在日常机床维护中，熟悉掌握不同系统的特点，灵活应用，可以快速简单地排除故障，节约时间。

例四：车间一台从德国引进的 DMU80P 机床，一次 C 轴出现如下报警：27001　201711　27024　700919　27023 等一系列报警。

分析及处理过程：据此报警信息查阅资料可知，其意为 C 轴编码器故障，遂逐项检查编码器、信号电缆、位置轴驱控制板、系统各信号线路，均无问题，后按检查编码器与电机轴的连接皮带，发现该皮带断裂，更换新皮带，恢复正常。

例五：车间一台从德国引进的 DMU80P 机床，一次机床出现如下报警。

510305：OPERATING MOLE NOT POSSIBLE MACHING DOOR CLOSED

700508：U - AXIS WAITING FOR ACTIVDION WITH M144

701062：U - axis：Run - time exceeded on start axis mode

701115：U - axis：General data transfer error to tool

据此报警信息查阅资料可知，其意为 U 轴错误报警，遂逐项检查刀具、定子、线路、信号转换器、控制模块、系统等，确系为定子问题，更换后，恢复正常。

以上是数控机床在使用中会经常遇见的几类故障，仅作参考，实际中有些故障扑朔迷离、难度远高于上述案例，只有将机床的原理从根本上吃透，这样，不管机床故障如何变化，均可找到方法排除。另外，在故障诊断与维修中，还应该具体情况具体对待，根据故障发生时机床的状态、操作方式进行调查与分析、多和操作者进行交流，从中找出故障点，排除故障。

电气维修是一项内容丰富、非常具有挑战性的工作，这是其魅力所在，要想成为一名优秀维修人员，必须具备：

较强的逻辑思维能力。

勤思考、勤总结、勤学技术、但又不被技术所缚。

善于将复杂的问题简单化，再将简单的问题解决掉。

较强的逻辑思维能力。任何一台数控机床的设计，都是按一定的逻辑功能设计完成的，进行维修时，要按机床的逻辑原理进行逻辑性思维、分析、判断，否则，容易将故障越修越复杂。

勤思考，勤总结，勤学技术、但又不被技术所缚。勤学理论知识，但要灵活应用，切勿死搬硬套，要吃透其意，并与实际相结合，综合分析，否则易误入歧途，陷入盲区。另外，在实际维修中要善于总结，弃弊存利。

将复杂的问题简单化，再将简单的问题解决掉。在实际的维修过程中，情况要复杂的多，当故障出现一大串报警、或似是而非的问题时，需反复与操作人员沟通、尽量多的掌握详细的信息，再结合机床报警信息、机床的原理资料，仔细分析以确定问题的出处，将问题简单化。

9.8　数控车床数据的维护及备份

数控车床的使用过程中，一旦发生参数误改动，或故障造成参数的丢换，都可能造成机床陷入瘫痪状态。所以在数控机床安装调试完毕或进行重大调整后，进行正确、完整的参数和程序备份是非常必要的。对于不同的系统，数据备份和恢复的方法会有一些不同，但都是将数据通过某种方式存储到系统以外的介质中。

FANUC 0i - TD 和 SINUMERIK 802D sl 通常采用的数据备份方法：一是使用存储卡，进行数据的备份和恢复；二是通过 RS232 接口使用 PC 进行数据的备份和恢复。我们以存储卡为例对 FANUC 0i－TD 和 SINUMERIK 802D sl 数据的备份和恢复进行介绍。

9.8.1 FANUC 0i－TD 数据备份与恢复

FANUC 0i－TD 系统面板的左侧有 PCMCIA 接口（插槽），配合 PC 卡（或 CF 卡＋PCMCIA 适配器）和 PCMCIA 转 USB 接口的读卡器，可以非常方便地在计算机与数控机床之间实现加工程序的传送，实现数控系统参数的备份与恢复、DNC 加工、PMC 梯形图备份与恢复、屏幕拷贝等功能。

1. 通过 BOOT 画面备份全部数据

（1）按下如下 2 个软键，同时接通电源。

（2）显示如图 9－9 画面。

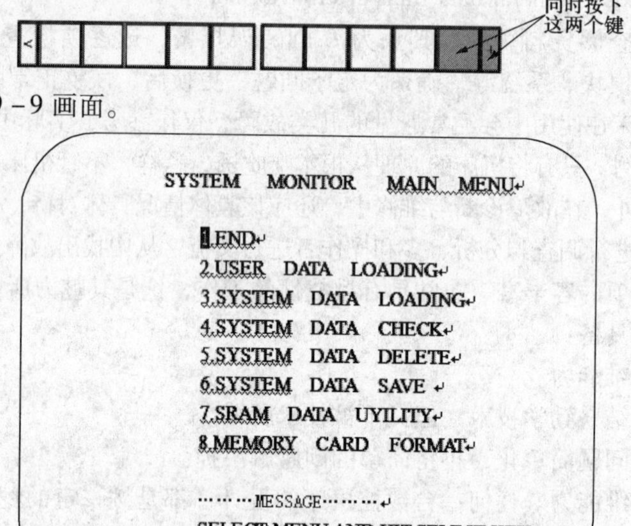

图 9－9

（3）选项的意义。

SYSTEM DATA LOADINC 把系统文件、用户文件从存储卡写入到数控系统的快闪存储器中。

SYSTEM DATA CHECK 显示数控系统快闪存储器上存储的文件一览表。

SYSTEM DATA DELETE 删除数控系统快闪存储器上存储的文件。

SYSTEM DATA SAVE 对数控系统 F－ROM 中存放的的用户文件，系统软件和机床厂家编写 PMC 程序以及 P－CODE 程序写到存储卡中。

SRAM DATA UYILITY 对数控系统 S－RAM 中存放的 CNC 参数、PMC 参数、螺距误差补偿量、加工程序、刀具补偿量、用户宏变量、宏 P－CODE 变量、SRAM 变量参数全部下载到存储卡中，作备份用或复原到存储器中。

注：使用绝对编码器的系统，若要把参数等数据从存储卡恢复到系统 SRAM 中去，需重新设置参考点。

MEMORY CARD FORMAT 可以进行存储卡的格式化。

END 结束引导系统 BOOT SYSTEM，起动 CNC。

（4）用软键或操作面板的上下移动键，选择“7. SRAM DATA UTILITY”，按软键

[SELECT]，显示如图 9－10 所示的画面。

图 9－10

（5）移动光标，选择“1. SRAM BACKUP(CNC－＞MEMORY CARD)”按照提示步骤将数控系统中数据备份到 CF 卡中；如选择“2. SRAM RESTORE(MEMORY CARD－＞CNC)”按照提示步骤将 CF 卡中备份的数据输入到数控系统中。

2. PMC 数据分项备份与恢复

（1）设定接口有关参数。按下操作面板[SET]键，出现如图 9－11 所示的界面，将 I/O 通道改为“4”或将 0020 参数改为“4”也可。

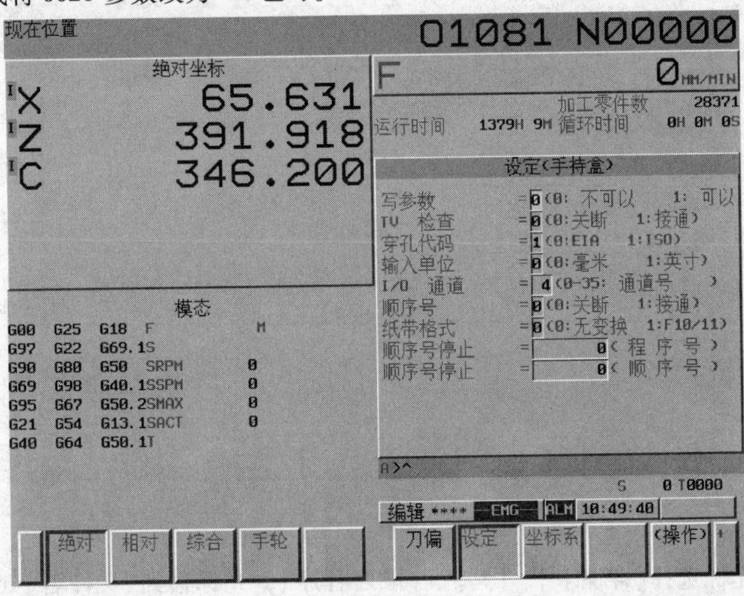

图 9－11

（2）选择 EDIT(编辑)方式。

（3）依次按[SYSTEM]键、软键[PARA]，按软键[＞]数次，显示如图 9－12 画面。

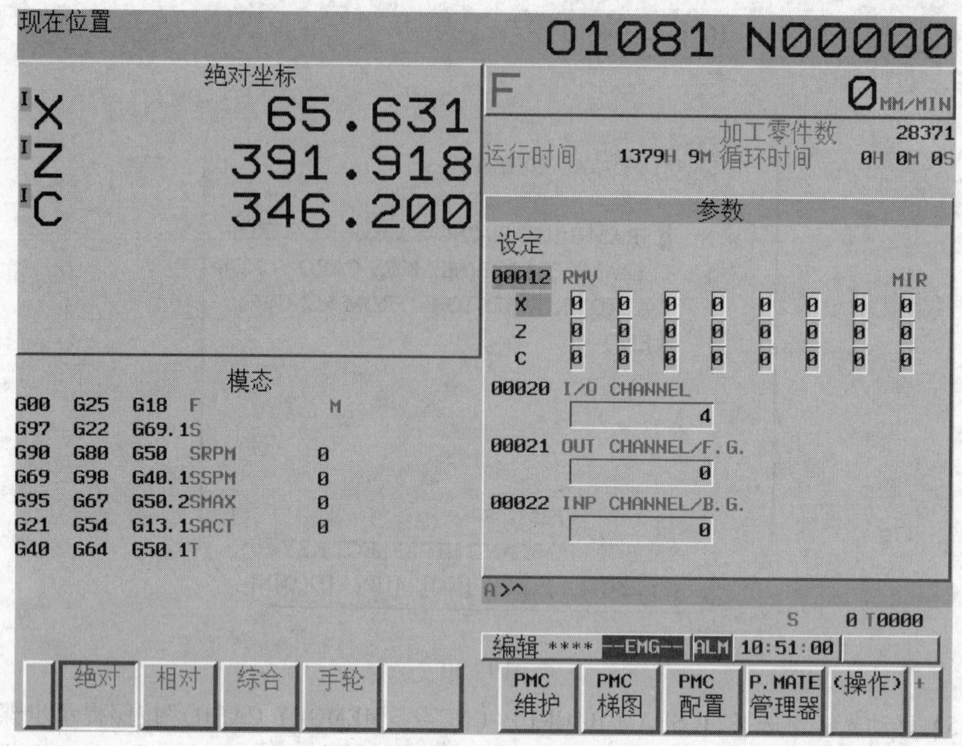

图 9－12

(4) 按下软键[PMC 维护]、软键[I/O]，显示如图 9－13 画面。

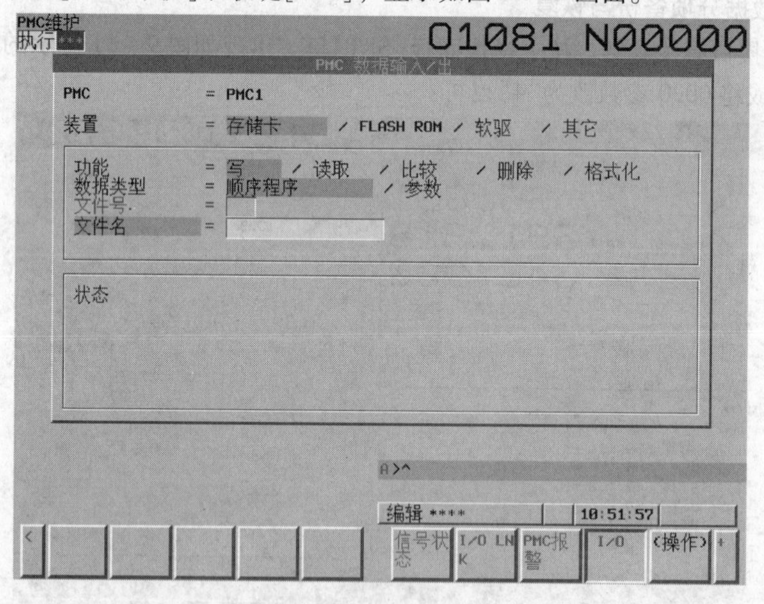

图 9－13

(5) 移动光标选择[存储卡]、[写]、[顺序程序]，光标移到“文件名”处，在“A >”后输入文件名(一般在选择“顺序程序”时输入“PMC－SB.000”，选择[参数]时输入“PMC－PARA.000 或 PMC－PARA.TXT”)。按下软键[执行]，开始数据的备份。图 9－14 为[顺序程序]的备份。

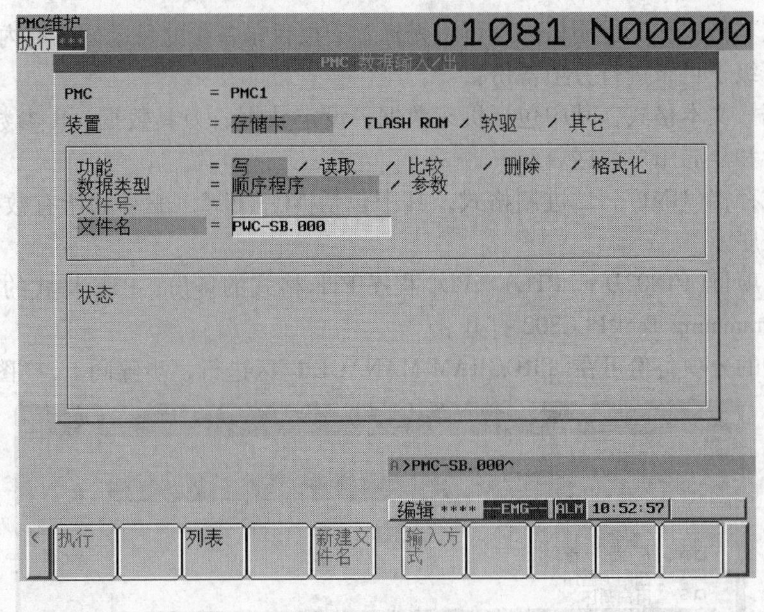

图 9－14

（6）将 CF 卡中数据读入到数控系统中时，则选择“功能”中的[读取]。

9.8.2 SINUMERIK 802D sl 数据备份与恢复

SINUMERIK 802D sl 的数据备份可在系统内部备份，也可在 CF 卡上备份，或在计算机的硬盘上备份。

数据存储到 CF 卡只需在 802D sl 上操作，具体步骤：选择系统，[调试文件]，在[802D 数据]中选择需要备份的数据，用软菜单[复制]后，进入[用户 CF 卡]，用[粘贴]键将备份文件复制到 CF 卡上。如图 9－15 所示。

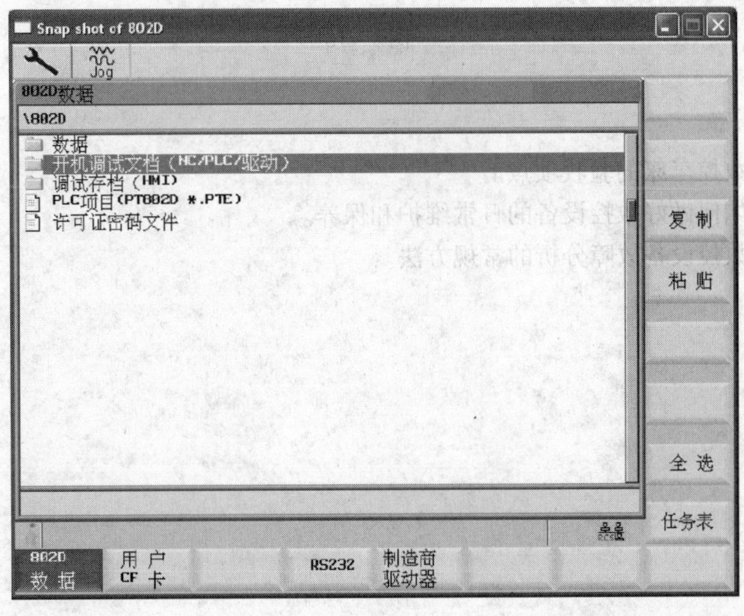

图 9－15

数据有文本格式和二进制格式，可将光标置于根目录备份此目录的所有内容，也可点击回车键进入下级子目录进行分项备份：

（1）数据。文本格式，其中包括机床数据、设定数据、刀具数据、R 参数、零点偏置、丝杠误差补偿和全局用户数据。

（2）调试存档(HMI)。二进制格式，其中包括 NC、PLC、驱动的所有数据和用户报警文本及加工程序。

（3）PLC 项目(PT802D *. PTE)。PLC 程序 PTE 格式的备份，PTE 格式的文件可以通过编程工具 programming Tool PLC802 打开。

加工程序的分项备份可在[PROGRAM MANAGER]区进行，步骤同上，(图 9－16)。

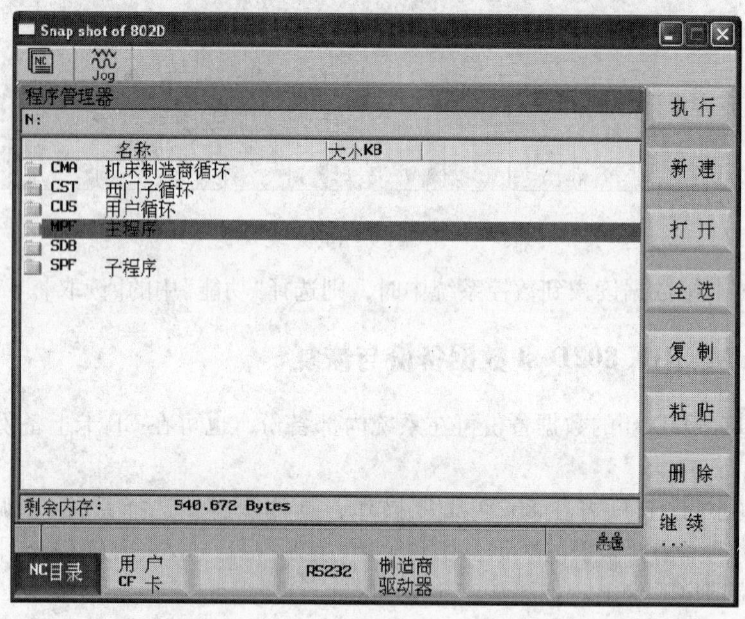

图 9－16

思考题

（1）简述数控车床的验收项点。

（2）简述如何做好数控设备的日常维护和保养。

（3）阐述数控设备故障分析的常规方法。

参 考 文 献

[1] 沈建峰，朱勤惠．数控车床技能鉴定考点分析和试题集萃．北京：化学工业出版社．2007
[2] 杨胜群．UG NX4 数控加工实用教程．北京：清华大学出版社．2006
[3] 肖世宏．UG NX5 中文版数控加工．北京：人民邮电出版社．2008
[4] 李柱．数控加工工艺及实施．北京：机械工业出版社．2011
[5] 袁峰．数控车床培训教程．北京：机械工业出版社．2008
[6] 吴敏．数控机床工操作技术(第 2 版)．上海：上海科学技术文献出版社．2008
[7] 张超英．数控车床．北京：化学工业出版社．2003
[8] 唐应谦．数控加工工艺学．北京：中国劳动保障出版社．2000.